AF563985

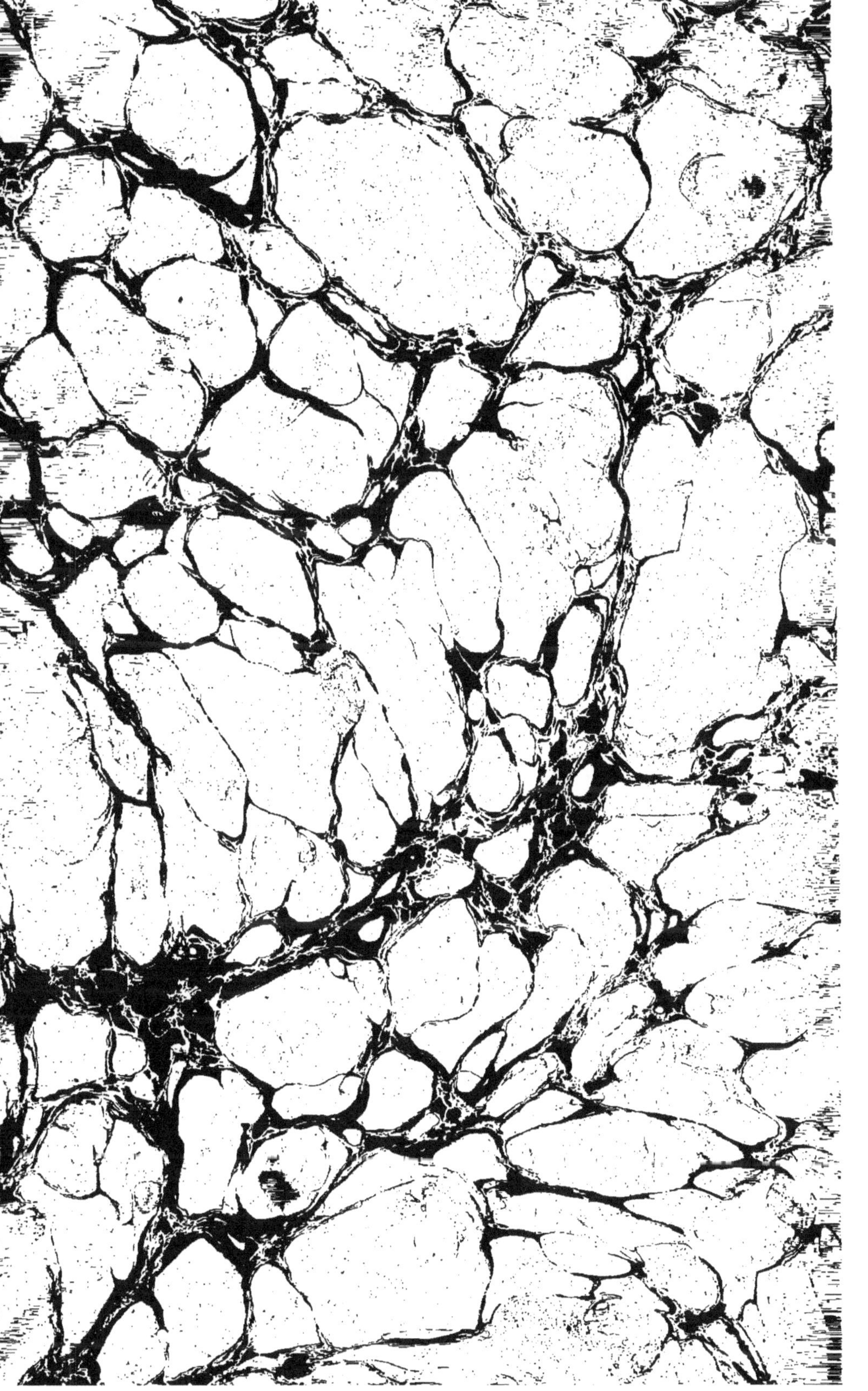

COURS DE LA FACULTÉ DES SCIENCES DE PARIS.

LEÇONS

DE

MÉCANIQUE CÉLESTE

PROFESSÉES A LA SORBONNE

PAR

H. POINCARÉ,

MEMBRE DE L'INSTITUT,

PROFESSEUR A LA FACULTÉ DES SCIENCES DE PARIS.

TOME III.

THÉORIE DES MARÉES

RÉDIGÉE PAR E. FICHOT, INGÉNIEUR HYDROGRAPHE DE LA MARINE.

PARIS,

GAUTHIER-VILLARS, IMPRIMEUR-LIBRAIRE

DU BUREAU DES LONGITUDES, DE L'ÉCOLE POLYTECHNIQUE,

Quai des Grands-Augustins, 55.

1910

LEÇONS

DE

MÉCANIQUE CÉLESTE.

PARIS. — IMPRIMERIE GAUTHIER-VILLARS,
43984 Quai des Grands-Augustins, 55.

COURS DE LA FACULTÉ DES SCIENCES DE PARIS.

LEÇONS

DE

MÉCANIQUE CÉLESTE

PROFESSÉES A LA SORBONNE

PAR

H. POINCARÉ,

MEMBRE DE L'INSTITUT,
PROFESSEUR A LA FACULTÉ DES SCIENCES
DE PARIS.

TOME III.

THÉORIE DES MARÉES

RÉDIGÉE PAR E. FICHOT, INGÉNIEUR HYDROGRAPHE DE LA MARINE.

PARIS,

GAUTHIER-VILLARS, IMPRIMEUR-LIBRAIRE

DU BUREAU DES LONGITUDES, DE L'ÉCOLE POLYTECHNIQUE,
Quai des Grands-Augustins, 55.

1910

LEÇONS

DE

MÉCANIQUE CÉLESTE.

INTRODUCTION.

Cet Ouvrage comprendra cinq Parties :

1° Théorie générale des marées ;

2° Méthodes pratiques de prédiction des marées ; analyse harmonique ; théorie de Laplace ;

3° Résumé et synthèse des observations, et comparaison de ces observations avec la théorie ;

4° Étude des marées fluviales et, accessoirement, des marées locales dans tous les cas où la profondeur est trop faible pour qu'on puisse négliger les variations de profondeur dues à la marée elle-même, ainsi que le frottement ;

5° Examen de diverses questions subsidiaires : marées du noyau interne, de la croûte terrestre ; influence des marées sur la rotation et le mouvement des corps célestes.

La première et la troisième Partie seront particulièrement développées. Nous mettrons à profit, d'une part, les progrès considérables apportés à la théorie des équations de la Physique mathématique par la méthode de Fredholm ; d'autre part, les publications nombreuses, récemment parues en Amérique, sur les observations de marées, lesquelles ont profondément modifié la physionomie des résultats.

Par contre, les deuxième et quatrième Parties, auxquelles de nombreux Ouvrages spéciaux sont consacrés, ne seront traitées que d'une façon succincte. Quant à la cinquième Partie, comme elle doit recevoir ultérieurement des développements plus complets dans les *Leçons de Mécanique céleste,* nous ne ferons guère qu'indiquer les résultats qui n'intéressent pas directement les marées océaniques.

PREMIÈRE PARTIE.

THÉORIE GÉNÉRALE DES MARÉES.

CHAPITRE I.

OSCILLATIONS D'UN SYSTÈME MÉCANIQUE.

1. Les marées sont des oscillations périodiques de la surface de la mer de part et d'autre de la figure d'équilibre, dues à de petites forces perturbatrices périodiques dérivées de l'attraction du Soleil et de la Lune.

Leur étude revient donc à celle des petites oscillations d'un système mécanique autour de sa position d'équilibre sous l'influence de forces perturbatrices périodiques.

2. **Application des équations de Lagrange.** — Nous considérerons d'abord un système mécanique ayant un nombre fini de degrés de liberté; par exemple, un système constitué par un nombre fini de points matériels. Lorsque nous voudrons ensuite appliquer les résultats au problème des marées, il suffira de remplacer les sommes finies par des intégrales.

Soit donc un système mécanique en équilibre possédant n degrés de liberté, c'est-à-dire dont la situation peut être définie par n paramètres $q_1, q_2, \ldots, q_n$.

Si nous avons, par exemple, k points matériels entièrement libres, ils constitueront un système ayant $3k$ degrés de liberté, et les q seront les coordonnées rectangulaires de ces points. Dans le cas général de k points assujettis à r équations de liaisons, on aura $n = 3k - r$, et nous conserverons aux n paramètres q le nom de *coordonnées* du système. De même, nous appellerons *vitesses* les dérivées $q'_i = \frac{dq_i}{dt}$ de ces paramètres par rapport au temps.

Représentons par T l'énergie cinétique du système, U son énergie potentielle due aux forces intérieures. Quant aux forces extérieures, nous les définirons par cette condition que, pour un déplacement virtuel du système correspondant aux accroissements virtuels δq_i des paramètres q_i, leur travail virtuel soit

$$Q_1 \delta q_1 + Q_2 \delta q_2 + \ldots + Q_n \delta q_n = \Sigma Q_i \delta q_i,$$

expression dans laquelle les quantités Q_i sont des fonctions données du temps.

Dans ces conditions, les équations de Lagrange s'écrivent

$$(1) \qquad \frac{d}{dt}\frac{dT}{dq'_i} - \frac{dT}{dq_i} + \frac{dU}{dq_i} = Q_i \qquad (i = 1, 2, \ldots, n).$$

T, la demi-force vive, est un polynome du deuxième degré homogène par rapport aux vitesses q', dont les coefficients sont fonctions des q.

U, l'énergie potentielle, ne dépend pas des vitesses q', mais seulement des coordonnées q.

3. Les équations de Lagrange dans le mouvement relatif. — Nous ne pourrions utiliser directement les équations (1) que si le système exécutait des oscillations de part et d'autre d'une position d'équilibre absolue. Mais les mers ne sont pas dans cet état, puisqu'elles sont entraînées par le mouvement de rotation de la Terre : il en résulte une force centrifuge composée (force de Coriolis) qui complique le phénomène.

Ceci nous conduit à distinguer parmi tous les paramètres q un paramètre particulier q_0 définissant l'orientation du système.

Le globe terrestre tout entier comprend une partie solide et une partie liquide. Supposons trois axes mobiles invariablement liés à la partie solide et considérons également trois axes fixes, les axes des z coïncidant dans les deux systèmes.

Alors, q_0 représentera l'angle des axes mobiles avec les axes fixes ; et les autres coordonnées q_i définissent la position relative du système par rapport aux axes mobiles.

On peut supposer que les q_i soient choisis de telle sorte que, dans la position d'équilibre, on ait $q_i = 0$.

Comme les oscillations sont petites, les q_i seront alors toujours petits ; tandis que q_0, au contraire, est un angle fini croissant au delà de toute limite.

La dérivée q'_0 n'est pas autre chose que la vitesse angulaire de rotation de la Terre.

Bien que T et U soient, en général, fonctions des q_i, elles ne dépendent cependant pas de q_0. En effet, q_0 définit l'orientation actuelle du système dans l'espace absolu, et l'énergie cinétique, ainsi que l'énergie potentielle, sont évidemment indépendantes de cette orientation.

Ainsi

$$\frac{d\mathrm{T}}{dq_0} = \frac{d\mathrm{U}}{dq_0} = 0.$$

Nous supposerons de plus qu'il n'y a pas de couple extérieur tendant à faire varier la vitesse de rotation de la Terre ; par suite,

$$\mathrm{Q}_0 = 0.$$

Alors, l'équation de Lagrange relative au paramètre q_0 se réduit à

$$\frac{d}{dt}\frac{d\mathrm{T}}{dq'_0} = 0;$$

donc

$$(2) \qquad \frac{d\mathrm{T}}{dq'_0} = p_0,$$

p_0 étant une constante. Nous avons ainsi une intégrale du problème, et ce n'est pas autre chose que l'intégrale des aires. En effet, d'après l'hypothèse admise, le moment des forces extérieures par rapport à l'axe de rotation est nul et, par suite, le moment des quantités de mouvement est une constante.

Nous donnerons bientôt l'expression de la constante p_0 ; remarquons pour l'instant que l'équation (2) nous fournit une relation linéaire entre q'_0, q'_i et p_0, relation dans les coefficients de laquelle figurent également les q_i.

En effet, T étant un polynome du deuxième degré par rapport

aux q', $\frac{dT}{dq'_0}$ sera du premier degré par rapport aux vitesses. La relation (2) nous permettra donc d'exprimer q'_0 en fonction des q_i, q'_i et de la constante p_0.

Soit maintenant

$$H = T - U - p_0 q'_0.$$

Dans le second membre de cette expression, nous considérerons T et U comme des fonctions de q'_0, q'_i et q_i; dans le premier, au contraire, nous supposerons qu'on a remplacé q'_0 par sa valeur tirée de (2) : H sera alors exprimé en fonction de p_0, q'_i et q_i. Si donc nous différentions par rapport à q'_i, nous aurons, en observant, d'une part, que T dépend de q'_i de deux manières, d'abord directement et ensuite indirectement, parce qu'il dépend aussi de q'_0 ; d'autre part, que U ne dépend ni de q'_0 ni de q'_i :

$$\frac{dH}{dq'_i} = \frac{dT}{dq'_i} + \frac{dT}{dq'_0}\frac{dq'_0}{dq'_i} - p_0\frac{dq'_0}{dq'_i},$$

ce qui se réduit, en tenant compte de (2), à

$$\frac{dH}{dq'_i} = \frac{dT}{dq'_i}.$$

De même, en différentiant par rapport à q_i et observant que T dépend de q_i directement, puis indirectement comme fonction de q'_0,

$$\frac{dH}{dq_i} = \frac{dT}{dq_i} - \frac{dU}{dq_i} + \frac{dT}{dq'_0}\frac{dq'_0}{dq_i} - p_0\frac{dq'_0}{dq_i},$$

ou, d'après (2),

$$\frac{dH}{dq_i} = \frac{dT}{dq_i} - \frac{dU}{dq_i}.$$

Il en résulte qu'avec les nouvelles variables, les équations de Lagrange deviennent

$$(3) \qquad \frac{d}{dt}\frac{dH}{dq'_i} - \frac{dH}{dq_i} = Q_i \qquad (i = 1, 2, \ldots, n),$$

n étant le nombre des paramètres à variation lente qui définissent la position du système par rapport aux axes mobiles.

On voit que les équations de Lagrange conservent la même

forme, même quand on considère l'équilibre dans le mouvement relatif.

4. T est un polynome homogène du deuxième degré, par rapport à q'_0 et aux q'_i; U ne dépend pas de ces quantités; les $\frac{dT}{dq_i}$ sont des polynomes homogènes du premier degré en q'_0 et q'_i; q'_0 tiré de l'équation (2) est d'ailleurs un polynome du premier degré, mais non homogène, par rapport aux q'_i : H est donc un polynome du deuxième degré, mais non homogène, par rapport aux q'_i.

En second lieu, nous savons que les q_i restent toujours très petits, puisqu'ils s'annulent dans la position d'équilibre relatif; les vitesses q'_i seront également très petites, et nous pourrons négliger les termes supérieurs au deuxième degré en q_i et q'_i. Dans ces conditions, H sera un polynome du deuxième degré, non homogène, par rapport aux q_i et aux q'_i.

Nous pourrons supposer, de plus, que ce polynome ne renferme ni terme de degré zéro, ni terme du premier degré.

En effet, H n'intervenant que par ses dérivées, on peut toujours lui ajouter une constante arbitraire de manière à annuler le terme de degré zéro. Il n'y aura pas non plus de terme du premier degré en q_i, parce que, si l'on suppose que les forces extérieures soient nulles, la position d'équilibre stable est caractérisée par les valeurs $q_i = q'_i = 0$ et que les équations (3) se réduisent alors à $\frac{dH}{dq_i} = 0$; $\frac{dH}{dq_i}$ s'annulant avec les q_i et les q'_i, il en résulte que le coefficient de q_i dans le développement de H est nul. Enfin, nous n'aurons pas non plus dans ce développement de terme tel que Aq'_i, car ce terme ne donnerait rien dans $\frac{dH}{dq_i}$ et donnerait zéro dans le premier membre de (3) : on le supprimerait donc en ajoutant $-Aq'_i$ à H, sans rien changer aux équations.

En définitive, nous pouvons regarder H comme un polynome du deuxième degré homogène par rapport aux q_i et aux q'_i.

Posons donc

$$H = H_2 + H_1 + H_0.$$

H_2 sera de degré 2 en q' et de degré 0 en q;
H_1 sera de degré 1 en q' et de degré 1 en q;
H_0 sera de degré 0 en q' et de degré 2 en q.

5. **Expression des divers éléments de H en fonction des caractéristiques mécaniques du système.** — Considérons dans notre système un point matériel de masse m et de coordonnées x, y, z par rapport *aux axes mobiles*. Les composantes de la vitesse relative par rapport à ces axes étant désignées par x', y', z', les composantes de la vitesse *absolue* du point, toujours par rapport aux axes *mobiles*, seront, d'après les formules fondamentales de la géométrie cinématique,

$$x' - q'_0 y; \qquad y' + q'_0 x; \qquad z'.$$

Donc l'énergie cinétique du système dans le mouvement absolu est

$$\mathrm{T} = \sum \frac{m}{2} [(x' - q'_0 y)^2 + (y' + q'_0 x)^2 + z'^2],$$

ou, en développant,

$$\mathrm{T} = \sum \frac{m}{2}(x'^2 + y'^2 + z'^2) + q'_0 \sum m(xy' - yx') + q'^2_0 \sum \frac{m}{2}(x^2 + y^2).$$

Le premier terme de cette expression est la demi-force vive T' du système dans son mouvement relatif : T' ne dépend pas de la vitesse q'_0, qui a été explicitement séparée.

$\Sigma m(xy' - yx')$ est le moment de rotation M, c'est-à-dire le moment résultant des quantités de mouvement dans le mouvement relatif; $\Sigma m(x^2 + y^2)$ est le moment d'inertie J du système.

Nous pouvons donc écrire

$$\mathrm{T} = \mathrm{T}' + q'_0 \mathrm{M} - q'^2_0 \frac{\mathrm{J}}{2}.$$

Par suite, l'équation (2) nous donne pour la valeur de la constante p_0

$$(2\ bis) \qquad p_0 = \frac{d\mathrm{T}}{dq'_0} = \mathrm{M} + q'_0 \mathrm{J}.$$

expression qui est bien une relation linéaire entre q'_0, p_0 et les vitesses relatives, mais où les coordonnées relatives figurent au deuxième degré.

En remplaçant maintenant T et p_0 par leurs valeurs dans l'expression de H (§ 3), on a

$$\begin{array}{l|l} H = T' - U & = T' - U - q_0'^2 \frac{J}{2}, \\ \quad + q_0' M - q_0' M & \\ \quad + q_0'^2 \frac{J}{2} - q_0'^2 J & \end{array}$$

ou, en éliminant q_0' au moyen de (2 *bis*),

$$H = T' - U - \frac{1}{2J}(p_0 - M)^2.$$

Or, T' est, par rapport aux q', un polynome homogène du deuxième degré dont les coefficients seraient fonctions des q; mais, d'après l'hypothèse déjà faite (§ 4) sur la petitesse des coordonnées et des vitesses, grâce à laquelle on peut négliger tous les termes supérieurs au deuxième degré, T' sera un polynome homogène du deuxième degré par rapport aux q' et indépendant des q. Dans les mêmes conditions d'approximation, U, qui est indépendant des q', sera du deuxième degré en q; il en est de même de J.

Quant à M, il sera du degré 1 en q et du degré 1 aussi en q'; p_0 est une constante.

Par conséquent, en ordonnant par rapport aux q', nous aurons nécessairement

$$H_2 = T' - \frac{M^2}{2J},$$

$$H_1 = \frac{p_0 M}{J},$$

$$H_0 = -U - \frac{p_0^2}{2J}.$$

Bien que cela ne paraisse pas explicitement dans tous les termes, nous sommes certains qu'en développant en fonction des q et conservant seulement les termes d'ordre 2, ces différentes expressions seront bien de l'ordre voulu en q.

Une circonstance permet d'ailleurs de les simplifier : c'est que le moment d'inertie de la partie solide du globe est beaucoup plus considérable que celui de la partie liquide. Par suite, la vitesse de rotation peut être regardée comme constante et nous poserons

$$J = J_0 + j.$$

J_0 étant le moment d'inertie constant de la partie solide et j celui, variable mais beaucoup plus petit, de la partie liquide.

Nous admettrons qu'on peut négliger tous les termes en $\frac{j}{J}$ et nous poserons

$$p_0 = J_0 \omega,$$

ω étant sensiblement égal à q'_0. En effet, le moment de rotation de la partie solide est $J_0 q'_0$ et la petitesse relative du moment M fait que p_0 ne diffère pas beaucoup de $J q'_0$ qui serait le moment de rotation de l'ensemble du globe si J était constant, c'est-à-dire si l'équilibre relatif n'était pas troublé.

Négligeant $\frac{j}{J}$, nous pourrons remplacer $\frac{J_0}{J}$ par 1 et, avec la même approximation, nous aurons

$$\frac{J_0^2}{J} = \frac{J_0^2}{J_0 + j} = J_0\left(1 - \frac{j}{J_0} + \frac{j^2}{J_0^2} - \ldots\right) = J_0 - j.$$

Nous allons pouvoir maintenant, dans les expressions des diverses portions de H déjà ordonnées par rapport aux q', mettre en évidence l'ordre des paramètres q. D'abord, M^2 étant de l'ordre du produit $q^2 q'^2$, c'est-à-dire de $j q'^2$, puisque M et j se rapportent tous deux à la partie liquide, $\frac{M^2}{2J}$ sera de l'ordre de $\frac{j}{J} q'^2$ et pourra se supprimer par rapport à T'; $\frac{p_0 M}{J}$ devient $\frac{J_0}{J} \omega M = \omega M$; enfin

$$\frac{p_0^2}{2J} = \frac{1}{2} J_0 \omega^2 - \frac{1}{2} j \omega^2,$$

et le premier terme, qui est une constante, peut se supprimer dans les équations différentielles.

Nous aurons donc finalement

$$(4) \qquad \begin{cases} H_2 = T', \\ H_1 = \omega M, \\ H_0 = -U + \dfrac{j\omega^2}{2}. \end{cases}$$

On voit donc que $-H_0$ représente l'énergie potentielle, en y comprenant le potentiel $-\frac{j\omega^2}{2}$ d'où dérive la force centrifuge ordinaire.

6. Oscillations possibles du système. — Un tel système peut prendre deux sortes d'oscillations distinctes : les oscillations *propres* et les oscillations *contraintes*.

Si l'on suppose qu'on écarte le système de sa position d'équilibre, et qu'on l'abandonne à lui-même, il oscillera : ce seront les oscillations *propres*, dont la période dépend de la configuration du système.

Au contraire, si l'on soumet le système à l'action d'une force extérieure périodique, il prendra des oscillations appelées oscillations *contraintes*, qui auront même période que la force et ne dépendront pas de la configuration du système. Nous allons étudier successivement ces deux sortes d'oscillations, en commençant par les oscillations propres.

7. Étude des oscillations propres. — Il nous faut supposer que les forces extérieures sont nulles, par suite faire $Q_i = 0$.

Alors, l'équation de Lagrange relative au paramètre q_k s'écrit

$$\frac{d}{dt}\frac{dH}{dq'_k} - \frac{dH}{dq_k} = 0 \tag{5}$$

et nous aurons n équations de ce genre, n étant le nombre des paramètres q_k, sans y comprendre q_0.

Ces équations sont des équations linéaires à coefficients constants.

En effet, mettons en évidence les différentes portions de H.

Comme H_2 est indépendant des q et H_0 des q', les équations (5) s'écriront

$$\frac{d}{dt}\frac{dH_2}{dq'_k} + \frac{d}{dt}\frac{dH_1}{dq'_k} - \frac{dH_1}{dq_k} - \frac{dH_0}{dq_k} = 0.$$

Or, H_2 étant un polynome du second degré en q', $\dfrac{dH_2}{dq'_k}$ sera de la forme

$$\frac{dH_2}{dq'_k} = a''_{1.k}q'_1 + a''_{2.k}q'_2 + \ldots + a''_{k.k}q'_k + \ldots + a''_{n,k}q'_n = \Sigma\, a''_{ik}q'_i$$
$$(i = 1, 2, \ldots, n)$$

et l'on a

$$a''_{ik} = \frac{d^2H_2}{dq'_i\, dq'_k},$$

les a''_{ik} étant des constantes.

De même, H_1 étant un polynome du premier degré en q et du premier degré en q', on aura

$$\frac{dH_1}{dq'_k} = \sum \frac{d^2 H_1}{dq_i\, dq'_k} q_i$$

et

$$\frac{dH_1}{dq_k} = \sum \frac{d^2 H_1}{dq'_i\, dq_k} q'_i.$$

Donc

$$\frac{d}{dt}\frac{dH_1}{dq'_k} - \frac{dH_1}{dq_k} = \sum \left(\frac{d^2 H_1}{dq_i\, dq'_k} - \frac{d^2 H_1}{dq'_i\, dq_k}\right) q'_i$$
$$= \sum a'_{ik} q'_i,$$

en posant

$$a'_{ik} = \frac{d^2 H_1}{dq_i\, dq'_k} - \frac{d^2 H_1}{dq'_i\, dq_k}.$$

H_0 étant un polynome du second degré en q, nous poserons également

$$-\frac{dH_0}{dq_k} = \sum a_{ik} q_i$$

avec

$$a_{ik} = -\frac{d^2 H_0}{dq_i\, dq_k}.$$

Avec ces notations, les équations de Lagrange prennent la forme

$$\sum (a''_{ik} q''_i + a'_{ik} q'_i + a_{ik} q_i) = 0. \tag{6}$$

Ce sont bien des équations linéaires à coefficients constants.

Chacune d'elles, celle relative au paramètre q_k, contient comme inconnues les n paramètres $q_i (i = 1, 2, \ldots, n)$ ainsi que leurs dérivées q'_i, q''_i ; et nous avons en tout n équations, puisque

$$k = 1, 2, \ldots, n.$$

On sait qu'un pareil système s'intègre en posant

$$q_i = \alpha_i e^{\lambda t},$$

et cherchant à déterminer λ et les α_i de manière à satisfaire aux équations. Celles-ci deviennent par la substitution

$$\sum \alpha_i (a''_{ik} \lambda^2 + a'_{ik} \lambda + a_{ik}) = 0,$$

ou, en posant

$$a''_{ik}\lambda^2 + a'_{ik}\lambda + a_{ik} = C_{ik},$$

$$(7) \qquad \sum \alpha_i C_{ik} = 0.$$

Nous avons alors n inconnues $\alpha_1, \alpha_2, \ldots, \alpha_n$, outre λ, et n équations linéaires homogènes. Donc, pour que le problème soit possible, il faut que le déterminant de ces équations soit nul,

$$(8) \qquad \Delta(\lambda) = 0.$$

Ce déterminant a n lignes et n colonnes; chacun de ses éléments étant un polynome du deuxième degré en λ, le déterminant lui-même sera un polynome de degré $2n$ en λ.

Je dis que l'équation (8) a ses racines deux à deux égales et de signes contraires. En effet, si l'on permute les indices i et k, a''_{ik}, d'après sa définition, ne change pas; il en est de même de a_{ik}. Au contraire, a'_{ik} change de signe :

$$a''_{ik} = a''_{ki},$$
$$a'_{ik} = -a'_{ki},$$
$$a_{ik} = a_{ki}.$$

Mais si, après avoir fait cette permutation d'indices, on change λ en $-\lambda$, on ne change pas l'expression d'un élément C_{ik} du déterminant; ainsi

$$C_{ik}(\lambda) = C_{ki}(-\lambda)$$

et, par conséquent,

$$\Delta_{ik}(\lambda) = \Delta_{ki}(-\lambda),$$

en désignant par $\Delta_{ik}(\lambda)$ la valeur du déterminant $\Delta(\lambda)$ constitué avec les éléments C_{ik}.

Or, permuter les indices i et k revient à permuter les lignes avec les colonnes, ce qui ne change pas la valeur du déterminant. Nous avons donc, en tenant compte de l'égalité précédente,

$$\Delta_{ik}(\lambda) = \Delta_{ki}(\lambda) = \Delta_{ik}(-\lambda),$$

c'est-à-dire

$$\Delta(\lambda) = \Delta(-\lambda).$$

L'équation (8) a donc bien ses racines égales deux à deux et de signes contraires.

Je dis maintenant que, si l'équilibre est stable, ces racines sont *purement imaginaires* et qu'on a

$$\lambda = \mu\sqrt{-1},$$

μ étant réel.

En effet, si λ avait une partie réelle positive, $e^{\lambda t}$ et, par suite, q_i pourraient croître indéfiniment avec t : l'équilibre ne saurait être stable. De même, si la partie réelle était négative, il existerait une racine $-\lambda$ dont la partie réelle serait positive, et le même raisonnement s'appliquerait. Donc, la partie réelle est nulle et, par suite, l'équation en λ n'admet que des racines imaginaires conjuguées deux à deux.

Si nous supposons l'équation en λ résolue, nous pourrons pour chaque racine de cette équation déterminer les valeurs correspondantes des inconnues α_i et, par conséquent, des paramètres q_i. Nous obtiendrons ainsi $2n$ solutions particulières satisfaisant aux équations de Lagrange et correspondant aux $2n$ racines de

$$\Delta(\lambda) = 0.$$

Chacune de ces solutions particulières sera une fonction périodique du temps; toutes les variables seront proportionnelles à une exponentielle imaginaire, c'est pourquoi ces solutions sont appelées *oscillations propres harmoniques complexes* du système.

Si nous posons

$$\alpha_i = \rho_i e^{\omega_i\sqrt{-1}},$$

ρ_i et ω_i étant respectivement le module et l'argument de α_i, chacune des oscillations propres harmoniques complexes du système sera donnée par les n valeurs

$$q_i = \rho_i e^{\sqrt{-1}\,\mu t + \omega_i}$$

des paramètres q.

Les équations différentielles étant linéaires et à coefficients réels, la partie réelle et la partie imaginaire des solutions complexes satisferont séparément au problème. Donc, de chaque solution complexe, nous pourrons déduire deux solutions réelles :

$$q_i = \rho_i \cos(\mu t + \omega_i),$$
$$q_i = \rho_i \sin(\mu t + \omega_i).$$

Ces solutions réelles seront appelées les *oscillations propres harmoniques réelles* du système.

Les $2n$ solutions particulières qui donnent les oscillations complexes étant conjuguées deux à deux, leur somme fournira également une oscillation propre harmonique réelle rentrant évidemment dans les précédentes.

En combinant les $2n$ solutions particulières des équations différentielles, on obtiendra la solution générale du problème. Une oscillation propre quelconque peut donc toujours se décomposer en oscillations harmoniques complexes, d'où l'on passera facilement aux oscillations harmoniques réelles. Dorénavant, quand nous parlerons d'une oscillation propre, il faudra toujours entendre une oscillation propre harmonique *complexe*.

On voit que la période d'une oscillation propre correspondant à la valeur μ est donnée par $\frac{2\pi}{\mu} = \frac{2\pi\sqrt{-1}}{\lambda}$. L'équation en λ définit donc les périodes des oscillations propres. L'amplitude est représentée par ρ_i et la phase par ω_i; dans la même oscillation, ces deux éléments diffèrent pour chaque paramètre.

Il nous reste à montrer comment on peut déterminer ρ_i et ω_i, c'est-à-dire α_i.

Pour cela, nous introduirons les mineurs du déterminant $\Delta(\lambda)$. Désignons-les par D_{ik}, de telle sorte que

$$\Delta = \Sigma\, C_{ik} D_{ik}.$$

D'après la théorie des équations linéaires homogènes, nous aurons

$$\frac{\alpha_1}{D_{1k}} = \frac{\alpha_2}{D_{2k}} = \ldots = \frac{\alpha_n}{D_{nk}}.$$

Les mineurs sont des quantités complexes entièrement déterminées quand on connaît λ; le problème est donc entièrement résolu.

Naturellement, les α_i ne sont déterminés qu'à un facteur constant près, et le rapport $\frac{\alpha_i}{D_{ik}}$ est indépendant de i.

Remarquons que toute racine de l'équation (8) nous fournit également comme racine son imaginaire conjuguée $-\lambda$.

A $-\lambda$ correspondra une oscillation propre harmonique

$$q_i = \beta_i\, e^{-\lambda t}$$

imaginaire conjuguée de la précédente, et nous aurons encore le rapport $\frac{\beta_i}{D_{ik}(-\lambda)}$ indépendant de i.

Mais le déterminant Δ jouit d'une symétrie particulière en vertu de laquelle, comme nous le savons déjà, on a

$$\Delta_{ik}(\lambda) = \Delta_{ki}(-\lambda),$$

c'est-à-dire

$$\Sigma\, C_{ik}(\lambda)\, D_{ik}(\lambda) = \Sigma\, C_{ki}(-\lambda)\, D_{ki}(-\lambda),$$

d'où

$$D_{ik}(\lambda) = D_{ki}(-\lambda),$$

puisque

$$C_{ik}(\lambda) = C_{ki}(-\lambda).$$

Par conséquent,

$$\frac{\beta_i}{D_{ik}(-\lambda)} = \frac{\beta_i}{D_{ki}(\lambda)}.$$

Il en résulte, en permutant les indices, que le rapport $\frac{\beta_k}{D_{ik}}$ est indépendant de k.

8. **Cas particulier de l'équilibre absolu.** — Si nous supposons que les oscillations du système s'effectuent de part et d'autre d'une position d'équilibre absolu, nous aurons pour les parties constitutives de H

$H_2 = T$ énergie cinétique,

$H_1 = 0$,

$H_0 = -U$ énergie potentielle changée de signe.

Alors $\alpha'_{ik} = 0$; par suite, ici, C_{ik} ne change pas quand on permute les indices.

Nous avons toujours

$$\Delta_{ik}(\lambda) = \Delta_{ki}(\lambda),$$

c'est-à-dire

$$\Sigma\, C_{ik}(\lambda)\, D_{ik}(\lambda) = \Sigma\, C_{ki}(\lambda)\, D_{ki}(\lambda),$$

et d'ailleurs

$$C_{ik}(\lambda) = C_{ki}(\lambda),$$

donc

$$D_{ik}(\lambda) = D_{ki}(\lambda).$$

Or, α_i est proportionnel à $D_{ik}(\lambda)$; β_i est proportionnel à $D_{ki}(\lambda) = D_{ik}(\lambda)$. Par suite, α_i et β_i ne diffèrent que par un facteur constant, qu'on peut prendre égal à 1 puisque chacune de ces quantités n'est déterminée qu'à un facteur constant près.

Ainsi

$$\alpha_i = \beta_i.$$

Or, ces quantités sont imaginaires conjuguées, donc elles sont réelles et l'on a $\omega_i = 0$, quel que soit i.

Par suite, les oscillations de tous les paramètres q, c'est-à-dire de tous les points du système, ont *même phase*.

Au contraire, dans le cas général, elles ont des phases différentes.

En effet, nous avons bien toujours

$$\Delta_{ik}(\lambda) = \Delta_{ki}(\lambda),$$

mais, comme $C_{ik}(\lambda)$ change par la permutation des indices, on ne peut plus en déduire

$$D_{ik}(\lambda) = D_{ki}(\lambda).$$

L'effet de la force de Coriolis est donc de décaler, dans une même oscillation propre, tous les paramètres les uns par rapport aux autres.

9. **Étude des oscillations contraintes.** — Dans ce cas, les forces extérieures ne sont plus nulles. Le terme Q_i de l'équation de Lagrange relative au paramètre q_i sera différent de zéro, et de la forme

$$Q_i = \Sigma\, K_{ih}\, e^{\lambda_h t},$$

les facteurs $e^{\lambda_h t}$ étant des fonctions périodiques du temps.

En effet, la force perturbatrice peut toujours se décomposer, d'après la série de Fourier, en composantes isochrones complexes dont les parties réelles fourniront des composantes isochrones réelles.

Considérons les composantes complexes. Chacune d'elles donnera lieu à une oscillation contrainte isochrone de même période; et lorsque toutes les composantes agiront à la fois, l'oscillation résultante sera, d'après le principe de la superposition des petits mouvements, la somme des oscillations dues à chacune d'elles. Il nous suffira, par conséquent, d'en envisager une seule.

Posons donc, en supprimant maintenant l'indice h,

$$Q_i = K_i e^{\lambda t}.$$

Cette force perturbatrice engendrera une oscillation contrainte

$$q_i = \varepsilon_i e^{\lambda t},$$

que nous nous proposons de déterminer.

Il nous suffit pour cela de voir ce que deviennent les équations de Lagrange. L'équation (5) aura un second membre $K_k e^{\lambda t}$ et s'écrira

$$(9) \qquad \frac{d}{dt}\frac{dH}{dq'_k} - \frac{dH}{dq_k} = K_k e^{\lambda t} \qquad (k = 1, 2, \ldots, n);$$

λ est ici une donnée de la question, tout comme K.

En distinguant les trois portions de H et introduisant les constantes a''_{ik}, a'_{ik} et a_{ik}, comme nous l'avons fait au paragraphe 7, les équations (9) s'écriront

$$\Sigma(a''_{ik} q''_i + a'_{ik} q'_i + a_{ik} q_i) = K_k e^{\lambda t} \qquad \begin{pmatrix} k = 1, 2, \ldots, n \\ i = 1, 2, \ldots, n \end{pmatrix},$$

et, en substituant la valeur $q_i = \varepsilon_i e^{\lambda t}$, que doit prendre le paramètre q_i sous l'influence de la force perturbatrice, nous aurons finalement le groupe d'équations

$$(10) \qquad \Sigma\, \varepsilon_i C_{ik} = K_k.$$

Les C_{ik} sont des constantes connues, puisque λ est connu.

Chacune des équations renferme les n inconnues ε_i et nous avons n équations. Ce sont encore des équations du premier degré comme les équations (7), mais elles ne sont plus homogènes et renferment un second membre. On les résoudra par le procédé habituel, et l'inconnue ε_i se présentera sous la forme du quotient de deux déterminants. Au dénominateur, nous aurons le déterminant $\Delta(\lambda)$ des coefficients C_{ik} des inconnues; au numérateur, ce même déterminant dans lequel on aura remplacé respectivement C_{i1}, C_{i2}, ..., C_{in} par K_1, K_2, ..., K_n : ce sera donc $\Sigma K_h D_{ih}(\lambda)$.

Par conséquent, une solution particulière du problème des oscillations contraintes nous est donnée par les n valeurs

$$\varepsilon_i = \frac{\Sigma K_h D_{ih}(\lambda)}{\Delta(\lambda)}.$$

10. Comparaison entre les oscillations contraintes et les oscillations propres. — K_h est une constante, D_{ih} est un polynome de degré $2n-2$ en λ puisque c'est un déterminant qui a $n-1$ lignes et dont chaque élément est du deuxième degré en λ, $\Delta(\lambda)$ est de degré $2n$. Donc ε_i est une fonction rationnelle qu'il est possible de décomposer en éléments simples.

Pour cela, nous introduirons les oscillations propres du système.

Nous avons vu qu'en désignant par λ_j une des $2n$ racines de l'équation (8),

$$\Delta(\lambda)=0 \qquad (j=1, 2, \ldots, 2n),$$

l'oscillation propre correspondante est donnée par les valeurs des paramètres

$$q_{ij}=\alpha_{ij}\, e^{\lambda_j t} \qquad (i=1, 2, \ldots, n).$$

Les $2n$ racines λ_j sont d'ailleurs égales deux à deux et de signes contraires. Ces valeurs de q sont une solution des équations différentielles sans second membre, tandis que $q_i=\varepsilon_i e^{\lambda t}$ est une solution particulière de ces équations avec second membre.

Pour avoir la solution générale de ces équations, c'est-à-dire du problème des oscillations contraintes, il nous suffira d'ajouter à la solution particulière une solution quelconque des équations sans second membre, c'est-à-dire une oscillation propre.

Ceci posé, procédons à la décomposition de ε_i en fonctions rationnelles. Les racines du dénominateur sont $\lambda=\lambda_j$, ces quantités étant les mêmes que celles qui définissent les périodes des oscillations propres du système; à chacune de ces racines correspondra un terme $\frac{\Sigma K_h D_{ih}(\lambda_j)}{(\lambda-\lambda_j)\Delta'(\lambda_j)}$ $(h=1, 2, \ldots, n)$ et nous aurons, en sommant par rapport à $j=1, 2, \ldots, 2n$,

$$\varepsilon_i=\sum \frac{\Sigma K_h D_{ih}(\lambda_j)}{(\lambda-\lambda_j)\Delta'(\lambda_j)}.$$

En vertu d'un théorème que nous avons démontré au paragraphe 7, le rapport $\frac{D_{ih}(\lambda_j)}{\alpha_{ij}}$ est indépendant de i. Mais nous savons que, outre la solution particulière $q_{ij}=\alpha_{ij}e^{\lambda_j t}$ des oscillations propres, nous avons également la solution imaginaire conjuguée $s_{ij} = \beta_{ij} e^{-\lambda_j t}$, et nous avons démontré aussi que le rapport $\frac{D_{ih}(\lambda_j)}{\beta_{hj}}$ était indépendant de h. Nous en concluons que

$$\frac{D_{ih}(\lambda_j)}{\alpha_{ij}\beta_{hj}}$$

est indépendant à la fois de i et de h. Ce rapport ne dépendra donc que de j et nous pourrons écrire

$$\frac{D_{ih}(\lambda_j)}{\alpha_{ij}\beta_{hj}} = \mu_j \Delta'(\lambda_j),$$

μ_j étant une quantité dont nous verrons bientôt la signification (§ 15).

Alors

$$\varepsilon_i = \sum\sum \frac{K_h \mu_j \alpha_{ij} \beta_{hj}}{\lambda - \lambda_j},$$

et nous en déduirons l'expression des paramètres q_i. En écrivant q_i^0 pour montrer qu'il s'agit d'une solution *particulière* des équations avec second membre, nous aurons

$$(11) \qquad q_i^0 = \sum_{j=1}^{j=2n} \left(\frac{\alpha_{ij} e^{\lambda t}}{\lambda - \lambda_j} \sum_{h=1}^{h=n} K_h \mu_j \beta_{hj} \right).$$

λ et K_h sont des constantes *données*, se rapportant à la force perturbatrice qui est connue; λ_j, μ_j, α_{ij} et β_{hj} sont aussi des constantes relatives à l'oscillation propre dont la période est définie par la racine λ_j de l'équation (8).

Par conséquent, à un coefficient près qui ne dépend que de j, le terme général de q_i^0 sera $\alpha_{ij} e^{\lambda t} (j = 1, 2, \ldots, 2n)$.

Chaque terme correspondra à une oscillation contrainte harmonique.

Si l'on compare cette oscillation à l'oscillation propre correspondante, on voit que α_{ij} est le même pour les deux oscillations, mais que le coefficient exponentiel est $e^{\lambda t}$ dans l'une et $e^{\lambda_j t}$ dans l'autre.

Chaque oscillation contrainte a donc en ses divers points les mêmes différences de phases que l'oscillation propre harmonique correspondante et une amplitude proportionnelle, mais sa période est différente : c'est celle de la force perturbatrice.

L'oscillation contrainte totale correspond à l'expression complète des q_i. Elle se trouve ainsi décomposée en oscillations isochrones harmoniques contraintes complexes dont on déduirait aisément les oscillations contraintes harmoniques réelles.

11. Résonance. — Il convient de signaler tout de suite un fait extrêmement important. Supposons que λ soit très voisin d'une des valeurs λ_j relatives aux oscillations propres.

Alors, le terme correspondant dans l'expression de q_i deviendra prépondérant, et l'oscillation contrainte observée différera très peu par la période, par le rapport des amplitudes et la différence de phases en divers points d'une des oscillations propres harmoniques du système. C'est en ceci que consiste le phénomène de résonance ; on en constate la production dans certains bassins maritimes où se produisent des marées considérables se rapprochant d'une oscillation harmonique propre.

12. Conséquence du principe des forces vives. Énergie d'une oscillation. — Formons l'expression

$$E = \sum q' \frac{dH}{dq'} - H. \tag{12}$$

Nous aurons alors, H dépendant de q et de q',

$$\begin{aligned}\frac{dE}{dt} &= \sum q'' \frac{dH}{dq'} + \sum q' \frac{d}{dt}\frac{dH}{dq'} - \sum \frac{dH}{dq} q' - \sum \frac{dH}{dq'} q'' \\ &= \sum q' \frac{d}{dt}\frac{dH}{dq'} - \sum \frac{dH}{dq} q' = \sum q' Q,\end{aligned}$$

d'après les équations de Lagrange.

Or, $\Sigma Q \delta q$ représente le travail virtuel des forces extérieures correspondant à un déplacement virtuel δq des paramètres. Le déplacement réel pendant le temps dt étant $q' dt$, $\Sigma q' Q$ est le travail des forces perturbatrices rapporté à l'unité de temps. Il en résulte que E *représente l'énergie*.

L'expression (12) peut se transformer aisément en appliquant le théorème des fonctions homogènes. Nous avons, en effet, en nous reportant aux définitions de H_2, H_1, H_0 (§ 4),

$$\sum q' \frac{dH_2}{dq'} = 2H_2,$$

$$\sum q' \frac{dH_1}{dq'} = H_1,$$

$$\sum q' \frac{dH_0}{dq'} = 0.$$

Par conséquent,

$$E = H_2 - H_0 = T' + U - \frac{j\omega^2}{2}. \tag{13}$$

Le moment de rotation M dans le mouvement relatif ne figure pas dans cette expression.

Dans le cas où l'oscillation s'effectue autour d'une position *d'équilibre absolu*, on a simplement pour l'énergie

$$E = T + U. \tag{13 bis}$$

13. Nous allons introduire les notations suivantes. Soient

$$x_1, \quad x_2, \quad \ldots, \quad x_n$$

des fonctions quelconques du temps;

$$x'_1, \quad x'_2, \quad \ldots, \quad x'_n$$

leurs dérivées. Posons

$$E(x_i) = H_2(x'_i) - H_0(x_i),$$

les fonctions H_0 et H_2 ayant les mêmes degrés respectifs par rapport aux x_i et x'_i que nos fonctions habituelles de même désignation en q_i et q'_i. Dans ces conditions, E sera un polynome homogène de deuxième degré en x et x', c'est-à-dire une forme quadratique sans terme en xx'.

Considérons maintenant une forme quadratique quelconque $F(x)$ et posons, *par définition*,

$$F(x, y) = \frac{1}{2} \Sigma x \frac{dF(y)}{dy}.$$

Si, dans cette expression, on fait $y = x$, on aura, d'après le théorème des fonctions homogènes,

$$F(x, x) = F(x).$$

De même

$$F(x, y) = F(y, x),$$
$$F(ax + by) = a^2 F(x) + b^2 F(y) + 2ab\,F(x, y).$$

Ces relations expriment les propriétés générales des formes quadratiques.

Enfin, nous poserons

$$E(x_i, y_i) = H_2(x'_i, y'_i) - H_0(x_i, y_i).$$

14. Application au cas des oscillations propres. — Considérons une oscillation propre formée par la combinaison de deux oscillations propres harmoniques

$$q_i = q_{ij} + q_{ik},$$

q_{ij} et q_{ik} étant les valeurs du paramètre q_i correspondant respectivement aux racines λ_j et λ_k de l'équation (8).

L'énergie de cette oscillation sera

$$E(q_i) = E(q_{ij}) + E(q_{ik}) + 2E(q_{ij}, q_{ik})$$

ou, en mettant en évidence les éléments de chaque composante,

$$E(q_i) = e^{2\lambda_j t}[\lambda_j^2 H_2(\alpha_{ij}) - H_0(\alpha_{ij})] + e^{2\lambda_k t}[\lambda_k^2 H_2(\alpha_{ik}) - H_0(\alpha_{ik})]$$
$$+ 2e^{(\lambda_j+\lambda_k)t}[\lambda_j\lambda_k H_2(\alpha_{ij}, \alpha_{ik}) - H_0(\alpha_{ij}, \alpha_{ik})].$$

Nous avons donc

$$E(q_{ij}) \sim e^{2\lambda_j t},$$
$$E(q_{ik}) \sim e^{2\lambda_k t},$$
$$E(q_{ij}, q_{ik}) \sim e^{(\lambda_j+\lambda_k)t}.$$

Or, dans le cas des oscillations propres, le système étant soustrait à l'influence des forces extérieures, l'énergie doit rester constante. Il faut donc que tous les termes renfermant des exponentielles disparaissent. Ainsi l'on aura

$$E(q_{ij}) = E(q_{ik}) = 0.$$

Si $\lambda_j + \lambda_k \gtrless 0$, nous aurons également

$$E(q_{ij}, q_{ik}) = 0.$$

Mais, si $\lambda_j + \lambda_k = 0$, ce dernier terme ne sera plus nul.

Dans ce cas, *l'équilibre étant supposé stable,* et l'équation en λ ayant, par suite, toutes ses racines purement imaginaires et conjuguées deux à deux, nous avons $q_{ik} = s_{ij}$, s_{ij} étant l'oscillation harmonique complexe imaginaire conjuguée de q_{ij}, et q_i sera une oscillation propre harmonique réelle.

Remarquons que H_2, énergie cinétique dans le mouvement relatif, est une somme de carrés toujours positive ; $-H_0$, qui se réduirait à l'énergie potentielle U s'il n'y avait pas de rotation, pourrait alors être considérée comme positive également dans toute position du système, puisqu'il serait toujours permis d'attribuer la valeur zéro au minimum de U qui correspond à la position d'équilibre stable. Bien que, dans le mouvement relatif, cette condition ne soit pas nécessaire à la stabilité de l'équilibre, nous nous restreindrons toujours désormais au cas où H_2 *et* $-H_0$ *sont deux formes quadratiques définies positives.*

Dans ces conditions, je dis que l'équilibre restera stable, c'est-à-dire que λ est purement imaginaire.

En premier lieu, λ ne peut pas être réel. En effet, si λ_j était réel, q_{ij} le serait, $E(q_{ij})$ serait une somme de carrés et ne pourrait donc être nul : donc, pas de racines réelles possibles.

En second lieu, λ ne peut pas avoir de partie réelle. En effet, si les racines avaient une partie réelle, en prenant pour λ_k l'imaginaire conjuguée de λ_j, $\lambda_j + \lambda_k$ ne serait pas nul et q_i serait réel. $E(q_i)$ devrait donc être positif; or, tous ses termes sont nuls.

Nous devons donc nécessairement supposer que λ_j est purement imaginaire. Alors, en prenant deux racines imaginaires conjuguées λ_j et λ_k, on aura bien une oscillation propre réelle q_i pour laquelle $\lambda_j + \lambda_k = 0$ et l'énergie se réduira à

$$E(q_i) = 2E(q_{ij}, s_{ij}) = -2[\lambda_j^2 H_2(\alpha_{ij}, \beta_{ij}) + H_0(\alpha_{ij}, \beta_{ij})].$$

Les paramètres n'étant d'ailleurs déterminés qu'à un facteur constant près, on pourra toujours choisir ce facteur de manière que

$$E(q_{ij}, s_{ij}) = 1.$$

On voit que, dans l'expression de l'énergie d'une oscillation propre complexe quelconque, tous les termes $E(q_{ij})$, $E(q_{ik})$, $E(q_{ij}, q_{ik})$ disparaîtront, sauf les termes $E(q_{ij}, s_{ij})$ correspondant aux oscillations harmoniques conjuguées. L'énergie totale sera donc égale à la somme des énergies des oscillations propres harmoniques réelles.

15. Application au cas des oscillations contraintes. Détermination de μ_j. — Supposons que nous considérions une oscillation contrainte quelconque q_i formée par la solution particulière q_i^0 des équations avec second membre, à laquelle on a ajouté une oscillation propre quelconque s_{ik},

$$q_i = q_i^0 + s_{ik},$$

s_{ik} ayant pour imaginaire conjuguée l'oscillation propre q_{ik}, de telle sorte que

$$s_{ik} = \beta_{ik} e^{-\lambda_k t}, \qquad q_{ik} = \alpha_{ik} e^{\lambda_k t}.$$

Nous aurons pour l'énergie de l'oscillation contrainte

$$\mathrm{E}(q_i) = \mathrm{E}(q_i^0) + \mathrm{E}(s_{ik}) + 2\,\mathrm{E}(q_i^0, s_{ik}).$$

Le premier terme contient en facteur $e^{2\lambda t}$.

Le deuxième terme contient en facteur $e^{-2\lambda_k t}$.

Le troisième terme contient en facteur $e^{(\lambda-\lambda_k)t}$.

Considérons exclusivement ces termes en $e^{(\lambda-\lambda_k)t}$ dans la relation fondamentale

$$\frac{d\mathrm{E}}{dt} = \Sigma \mathrm{Q} q'.$$

Le premier membre nous fournira $2(\lambda - \lambda_k)\,\mathrm{E}(q_i^0, s_{ik})$.

Or, chaque terme de $\mathrm{E}(q_i^0, s_{ik})$ est proportionnel au paramètre q_i^0 correspondant et se décompose, par suite, d'après la formule (11), en une série de termes ayant respectivement en dénominateur $\lambda - \lambda_j$ ($j = 1, 2, \ldots, 2n$). Faisons tendre maintenant λ vers λ_k.

Dans chaque produit $(\lambda - \lambda_k)\, q_i^0$, tous les termes tendront vers zéro, à l'exception d'un seul, celui qui contiendra précisément $\lambda - \lambda_k$ en dénominateur, et nous aurons

$$\lim(\lambda - \lambda_k) q_i^0 = \alpha_{ik} e^{\lambda t} \Sigma \mathrm{K}_h \mu_k \beta_{hk} = q_{ik} e^{(\lambda-\lambda_k)t} \Sigma \mathrm{K}_h \mu_k \beta_{hk},$$

d'où

$$\lim(\lambda - \lambda_k)\mathrm{E}(q_i^0, s_{ik}) = e^{(\lambda-\lambda_k)t}\,\mathrm{E}(q_{ik}, s_{ik}) \Sigma \mathrm{K}_h \mu_k \beta_{hk}.$$

Nous avons donc, pour $\lambda = \lambda_k$,

$$2\,E(q_{ik}, s_{ik})\,\Sigma K_h \mu_h \beta_{hk} = -\lambda_k \Sigma K_h \beta_{hk}.$$

Mais nous savons que

$$E(q_{ik}, s_{ik}) = 1.$$

Il en résulte que

$$2\mu_k = -\lambda_k,$$

ce qui détermine les coefficients μ.

En posant

$$T_0 = \Sigma K_h \beta_{hj},$$

l'expression (11) de l'oscillation contrainte peut alors s'écrire sous la forme

$$q_i^0 = -\frac{1}{2}\sum T_0\,\alpha_{ij}\,\frac{\lambda_j}{\lambda - \lambda_j}\,e^{\lambda t}.$$

16. Détermination des racines de l'équation $\Delta(\lambda) = 0$. — Nous allons montrer que les différentes racines de l'équation (8) peuvent être obtenues en considérant les minima successifs du rapport de deux formes quadratiques.

Supposons deux formes quadratiques

$$F = X_1^2 + X_2^2 + \ldots + X_n^2,$$
$$F_1 = \lambda_1^2 X_1^2 + \lambda_2^2 X_2^2 + \ldots + \lambda_n^2 X_n^2,$$

$X_1, X_2, \ldots, X_n$ étant des fonctions linéaires des variables x_1, $x_2, \ldots, x_n$, et considérons le rapport

$$\frac{F_1}{F} = \frac{\Sigma \lambda^2 X^2}{\Sigma X^2}.$$

Ce rapport ne peut varier qu'entre λ_1^2 et λ_n^2, en désignant par λ_1 et λ_n la plus grande et la plus petite des racines en valeur absolue. Donc, si l'on cherche son minimum, on aura une des valeurs de λ. Supposons-la trouvée, et assujettissons maintenant les variables à la condition $X_1 = 0$. Si nous prenons alors le rapport $\frac{F_1}{F}$, où les termes en X_1^2 ont disparu, il variera entre les limites λ_2^2 et λ_n^2 : d'où un nouveau minimum fournissant λ_2, et ainsi de suite.

On peut donner à ce résultat une forme géométrique intéressante.

Si nous considérons les variables $x_1, x_2, \ldots, x_n$ comme des coordonnées dans l'espace à n dimensions, $F = 0$ et $F_1 = 0$ représenteront deux ellipsoïdes, et $F - \varepsilon F_1 = 0$ sera un ellipsoïde passant par l'intersection des deux premiers.

Mais, pour certaines valeurs de ε, cet ellipsoïde se réduira à un cône.

Dans le cas particulier où $F = 0$ représenterait une sphère, c'est-à-dire si l'on avait

$$x_1^2 + x_2^2 + \ldots + x_n^2 = 0,$$

la recherche des λ reviendrait à celle des axes de l'ellipsoïde $F_1 = 0$.

Nous allons montrer maintenant quelles sont les formes quadratiques qui, dans le cas des oscillations, peuvent servir à la détermination des périodes.

17. Considérons une oscillation propre harmonique quelconque $q_{ij} = \alpha_{ij} e^{\lambda_j t}$ et son imaginaire conjuguée $s_{ij} = \beta_{ij} e^{-\lambda_j t}$.

Une oscillation propre quelconque q_i pourra, comme nous le savons, se décomposer en oscillations propres harmoniques, sous la forme

$$q_i = \Sigma A_j q_{ij},$$

les A_j étant des coefficients constants. Nous supposerons que q_i soit une oscillation *réelle* : les termes du deuxième membre seront alors imaginaires conjugués deux à deux ; $A_j q_{ij}$, par exemple, sera imaginaire conjugué de $B_j s_{ij}$, et les deux coefficients A_j et B_j seront imaginaires conjugués.

Ceci posé, considérons l'énergie $E(q_i)$. Rappelons que, F étant une forme quadratique quelconque, on a

$$F(x+y) = F(x) + F(y) + 2F(x, y),$$
$$F(Ax + By) = A^2 F(x) + B^2 F(y) + 2AB\,F(x, y),$$

A et B étant des coefficients constants. Cette dernière formule se généralise d'ailleurs immédiatement et nous pouvons l'appliquer à q_i qui est une somme de $2n$ termes; on a ainsi

$$E(q_i) = \Sigma A_j^2 E(q_{ij}) + 2\Sigma A_j A_k E(q_{ij}, q_{ik}).$$

Nous savons (§ **14**) que

$$\begin{array}{llll} \text{lorsque} & \lambda_j + \lambda_k \gtrless 0, & E(q_{ij}) = 0, & E(q_{ij}, q_{ik}) = 0, \\ \text{lorsque} & \lambda_j + \lambda_k = 0, & E(q_{ij}) = 0, & E(q_{ij}, q_{ik}) = 1. \end{array}$$

Il nous suffit donc, dans l'expression de $E(q_i)$, de considérer uniquement les termes tels que $\lambda_j + \lambda_k = 0$, c'est-à-dire de changer q_{ik} en s_{ij} et A_k en B_j. Il reste ainsi simplement

$$E(q_i) = 2\Sigma A_j B_j,$$

ce qui est essentiellement positif, puisque A_j et B_j sont imaginaires conjugués.

Développons q_i suivant les puissances croissantes du temps; nous aurons

$$q_i = \Sigma A_j \alpha_{ij} e^{\lambda_j t} = x_i + x'_i t + \frac{x''_i}{2} t^2 + \ldots,$$

avec

$$x_i = \Sigma A_j \alpha_{ij},$$
$$x'_i = \Sigma A_j \lambda_j \alpha_{ij},$$
$$x''_i = \Sigma A_j \lambda_j^2 \alpha_{ij}.$$

Les quantités x, x', x'' sont réelles, puisque q est réel.

Elles sont liées, d'ailleurs, par des relations linéaires, qui ne sont pas autre chose que les équations différentielles (6) où les paramètres q, q', q'' sont remplacés par leurs valeurs initiales x, x', x'' :

$$\Sigma(a''_{ik} x''_i + a'_{ik} x'_i + a_{ik} x_i) = 0.$$

Dans l'expression de l'énergie, qui est une constante, faisons $t = 0$.

Alors $E(q_i) = H_2(q'_i) - H_0(q_i)$ se réduira à

$$H_2(x'_i) - H_0(x_i) = 2\Sigma A_j B_j.$$

D'après la définition des fonctions H_2 et H_0, cette expression sera une forme quadratique des $2n$ variables x, x' : appelons-la F_1. Si nous changeons, dans F_1, A_j en $\lambda_j A_j$, ce qui entraîne le changement de B_j en $-\lambda_j B_j$, puis x en x' et x' en x'', nous aurons

$$H_2(x''_i) - H_0(x'_i) = -2\Sigma \lambda_j^2 A_j B_j.$$

Le premier membre est une forme quadratique en x' et x'', c'est-à-dire, puisque x'' s'exprime linéairement en x et x', une forme quadratique des $2n$ variables x, x' : appelons-la F_2.

Nous obtenons ainsi deux formes quadratiques,

$$F_1(x, x') = H_2(x') - H_0(x) = 2\Sigma A_j B_j,$$
$$F_2(x, x') = H_2(x'') - H_0(x') = -2\Sigma \lambda_j^2 A_j B_j,$$

des $2n$ variables x et x', qu'on peut former sans résoudre l'équation $\Delta(\lambda) = 0$. Ce sont des sommes de carrés essentiellement positives.

Considérons leur rapport

$$\frac{F_2}{F_1} = -\frac{\Sigma \lambda_j^2 A_j B_j}{\Sigma A_j B_j}.$$

Les variables x et x' sont réelles, mais arbitraires. Le rapport $\frac{F_2}{F_1}$ variera par suite de $-\lambda_1^2$ à $-\lambda_n^2$, λ_1 et λ_n étant la plus petite et la plus grande des racines de $\Delta(\lambda)$ considérées en valeur absolue. Donc

$$\frac{F_2}{F_1} > -\lambda_1^2,$$

et la recherche du minimum du rapport des deux formes nous fournira la racine λ_1.

Supposons que λ_1 soit déterminé. On pourra alors calculer α_1 et β_1 (*voir* § 7).

Assujettissons maintenant les x et x' à deux relations linéaires

$$A_1 = B_1 = 0.$$

Nous formerons ces relations en considérant que

$$E(q_i, s_{i1}) = \Sigma A_j E(q_{ij}, s_{i1}) = A_1,$$

puisque tous les autres termes pour lesquels $j \neq 1$ sont nuls.

Par conséquent, l'une de nos relations sera, puisque $s'_{i1} = -\lambda_1 \beta_{i1}$ pour $t = 0$,

$$-\lambda_1 H_2(\beta_{i1}, x'_i) - H_0(\beta_{i1}, x_i) = 0.$$

Pareillement, nous aurons la relation imaginaire conjuguée

$$\lambda_1 H_2(\alpha_{i1}, x'_i) - H_0(\alpha_{i1}, x_i) = 0.$$

Dans ces conditions, A_1 et B_1 seront nuls, et le rapport $\frac{F_2}{F_1}$ aura un nouveau minimum $-\lambda_2^2$; d'où α_2 et β_2.

Nous assujettirons ensuite les variables aux conditions

$$A_2 = B_2 = 0,$$

formées d'une façon analogue, et ainsi de suite.

18. Dans le cas de l'équilibre absolu, les deux formes quadratiques se simplifient. En effet, on a alors (§ 8) $a'_{ik} = 0$. Si donc nous supposons que tous les x soient nuls, ce qui revient à faire correspondre l'origine du temps à la position d'équilibre, les x'' seront tous nuls aussi, en vertu de la relation linéaire qui les lie aux x et aux x'. Comme on a, d'ailleurs, $\alpha_i = \beta_i$, il en résulte que les coefficients A_j et B_j sont égaux et de signes contraires ; étant imaginaires conjugués, ils seront alors purement imaginaires.

La forme F_1 se réduit à $H_2(x')$ et la forme F_2 à $-H_0(x')$; elles ne dépendent plus que de n variables au lieu de $2n$.

Mais, dans l'un comme dans l'autre cas, la recherche des racines de $\Delta(\lambda) = 0$ est ramenée à celle des minima successifs du rapport de deux formes quadratiques.

19. **Cas où l'équation $\Delta(\lambda) = 0$ admet des racines multiples.**

1° *Oscillations propres.* — Reprenons les équations (7)

$$\Sigma \alpha_i C_{ik} = 0.$$

Nous savons (§ 7) qu'elles fourniront les solutions du problème si leur déterminant $\Delta(\lambda)$ est nul : les racines de l'équation

$$\Delta(\lambda) = 0, \tag{8}$$

que l'on peut déterminer comme nous venons de le montrer, donnent alors les périodes des oscillations propres.

Nous avons supposé jusqu'ici que l'équation (8) avait toutes ses racines distinctes, c'est-à-dire que les mineurs du premier ordre D_{ik} ne pouvaient s'annuler tous en même temps que Δ. Les inconnues α_{ij} sont alors respectivement proportionnelles à $D_{ik}(\lambda_j)$, elles peuvent s'exprimer en fonction de l'une quelconque d'entre elles prise arbitrairement, et la solution générale q_i, correspondant à l'ensemble des $2n$ racines λ_j, comprend bien, comme cela doit être, $2n$ constantes arbitraires.

Supposons maintenant que Δ admette la racine double λ_j. D'après la théorie générale des systèmes d'équations différentielles linéaires à coefficients constants, deux cas sont à envisager :

1° Si les mineurs D_{ik} ne s'annulent pas tous pour $\lambda = \lambda_j$, les équations admettent nécessairement une solution de la forme $\alpha_{ij} P(t) e^{\lambda_j t}$, P étant un polynome du premier degré en t, renfermant deux constantes arbitraires ; de telle sorte que, dans la solution générale, le nombre de ces constantes reste égal à $2n$.

2° Si tous les mineurs $D_{ik}(\lambda_j)$ sont nuls, la solution précédente sera illusoire; mais, en admettant que λ_j ne soit pas racine de Δ d'ordre de multiplicité supérieur à 2, un au moins des mineurs du second ordre ne s'annulera pas. Les inconnues α_{ij} pourront alors s'exprimer linéairement en fonction de deux d'entre elles prises arbitrairement : il en résulte qu'à la racine double λ_j correspondront deux oscillations q_{ij} *distinctes,* ayant même période, et différant non seulement par les amplitudes, mais encore par les phases respectives des divers paramètres. Quant au nombre des constantes arbitraires dans la solution générale, il restera bien toujours égal à $2n$.

Or, je dis qu'en vertu des conditions mécaniques auxquelles est assujetti le système étudié, cette dernière hypothèse est seule réalisable, c'est-à-dire que dans l'expression d'une oscillation propre quelconque, le temps ne peut pas figurer en dehors des exponentielles.

Admettons, en effet, que le système soit susceptible de prendre une oscillation de la forme

$$q_i = t\alpha_{ij} e^{\lambda_j t} + \gamma_{ij} e^{\lambda_j t}.$$

Nous aurions

$$q'_i = \lambda_j \alpha_{ij} t e^{\lambda_j t} + (\alpha_{ij} + \lambda_j \gamma_{ij}) e^{\lambda_j t}.$$

D'ailleurs, nous aurions également la solution imaginaire conjuguée

$$s_i = t\beta_{ij} e^{-\lambda_j t} + \delta_{ij} e^{-\lambda_j t}$$

et $q_i + s_i$ constituerait une oscillation réelle du système.

Considérons l'expression $E(q_i + s_i)$ de l'énergie correspondante.

On a

$$E(q_i + s_i) = E(q_i) + E(s_i) + 2E(q_i, s_i).$$

Elle doit se réduire à une constante.

Or, q_i et q'_i contiennent un terme en $te^{\lambda_j t}$ et un terme en $e^{\lambda_j t}$; $E(q_i)$ qui est de degré 2 en q_i et q'_i sera de la forme $e^{2\lambda_j t}P_2(t)$, P_2 étant de degré 2 en t. Ce terme non constant devant disparaître, on aura

$$E(q_i) = 0,$$

de même

$$E(s_i) = 0.$$

Il reste donc simplement

$$2E(q_i, s_i),$$

c'est-à-dire une forme bilinéaire en q et s', s et q'; par suite, un polynome du deuxième degré en t.

Le coefficient de t^2 devra être nul. On l'obtiendra en remplaçant respectivement, dans l'expression de $2E(q_i, s_i)$, q_i, q'_i, s_i et s'_i par leur terme de degré le plus élevé, c'est-à-dire par tq_{ij}, tq'_{ij}, ts_{ij} ts'_{ij}. Le terme en t^2 sera ainsi

$$2t^2 E(q_{ij}, s_{ij}).$$

Or, il ne peut pas être nul, puisque nous savons que

$$E(q_{ij}, s_{ij}) = 1.$$

Par conséquent, une seule hypothèse reste admissible : les équations (7) n'admettent que des solutions où le temps figure seulement dans les exponentielles. Si donc λ_j est racine double, non seulement le déterminant Δ, mais encore tous ses mineurs du premier ordre D_{ik} s'annulent.

Supposons, par exemple, $\lambda_1 = \lambda_2$; nous aurons alors deux oscillations harmoniques, q_{i1} et q_{i2}, correspondant à la même racine. La période étant la même, on pourrait remplacer q_{i1} et q_{i2} par deux combinaisons linéaires quelconques de ces quantités.

Mais nous conviendrons de les choisir en restreignant le sens du mot *oscillation harmonique*, de manière à conserver les relations

$$E(q_{i1}, s_{i2}) = E(q_{i2}, s_{i1}) = 0,$$
$$E(q_{i1}, s_{i1}) = E(q_{i2}, s_{i2}) = 1.$$

20. 2° *Oscillations contraintes.* — Nous avons trouvé (§ 9) que la solution des équations avec second membre était donnée par

$$q_i = \varepsilon_i e^{\lambda t},$$
$$\varepsilon_i = \sum \frac{K_h D_{ih}(\lambda)}{\Delta(\lambda)},$$

et nous avons décomposé ε_i en éléments simples de la forme

$$\frac{\text{const.}}{\lambda - \lambda_j}.$$

Si l'équation en λ a une racine double, aurons-nous dans cette décomposition un terme en $\frac{1}{(\lambda - \lambda_j)^2}$? Non, car, la racine double de $\Delta(\lambda)$ annulant D_{ih}, il ne nous restera au dénominateur que $\lambda - \lambda_j$ au premier degré.

De même pour une racine triple ou d'ordre quelconque de multiplicité ; t ne pourra pas sortir du terme exponentiel et les mineurs d'ordre 2 ou d'ordre supérieur s'annuleront : ε_i restera toujours infini du premier ordre.

21. **Cas où l'équation $\Delta(\lambda) = 0$ admet des racines nulles.** — D'abord la racine zéro sera d'ordre pair de multiplicité, puisque $\Delta(\lambda)$ ne contient que des puissances paires de λ.

Si l'on fait $\lambda = 0$ dans les équations différentielles, cela revient à faire $q'_i = q''_i = 0$, et ces équations se réduisent à

$$\Sigma a_{ik} q_i = 0,$$

c'est-à-dire à

$$-\frac{dH_0}{dq_k} = 0.$$

Par conséquent, $-H_0$ n'est plus une somme de n carrés, mais une somme de moins de n carrés.

Soit donc

$$-H_0 = X_1^2 + X_2^2 + \ldots + X_p^2 \qquad (p < n),$$

les $X_1, X_2, \ldots, X_p$ étant des combinaisons linéaires des paramètres q.

Nous pouvons prendre $X_1, X_2, \ldots, X_p$ eux-mêmes comme paramètres.

Alors, nous aurons deux catégories de paramètres : les uns, les q_a au nombre de p; les autres, les q_b au nombre de $n-p$. H_0 ne dépendra que des q_a et pas des q_b ; tandis que H_2 dépendra à la fois des q'_a et des q'_b.

Quelle peut être la signification de ces différents paramètres?

Ils définissent à eux tous la position des molécules de la mer.

Supposons qu'elles se déplacent de manière que la surface des mers ne varie pas. Il y a une infinité de manières de réaliser cette condition ; si, par exemple, on considère à l'intérieur des mers une surface de révolution et qu'on la fasse tourner d'un petit angle quelconque, la surface extérieure ne bougera pas.

S'il en est ainsi, je dis que $-H_0$, l'énergie potentielle, ne changera pas. En effet, les molécules se remplaçant les unes les autres, aucune force ne peut produire de travail, tant extérieur qu'intérieur.

H_0 ne dépend donc que de la surface extérieure de la mer.

Si les paramètres q_a définissent la surface extérieure et les paramètres q_b la position des molécules à l'intérieur de cette surface, il est clair que H_0 dépendra seulement des q_a.

Qu'en résultera-t-il alors ? Nous avons

$$E = H_2 - H_0,$$

H_2 et $-H_0$ étant tous deux positifs. Si q et q' sont réels, E ne pouvait s'annuler, dans le cas général ne comportant aucune restriction, que si tous les q et q' s'annulaient à la fois. Ceci ne sera plus vrai maintenant.

Il faut toujours que H_2 et H_0 soient nuls. H_2 étant une somme de n carrés, tous les q' seront nuls encore ; la nullité de H_0 entraîne bien la nullité des q_a, mais pas celle des q_b.

Dans ces conditions, les résultats précédemment acquis vont-ils subsister?

En premier lieu, nous avons démontré que l'équation en λ ne pouvait pas avoir de racine réelle (§ **14**). Nous ne pouvons plus dire ici que, si λ_j était réel, tous les q_{ij} devraient également être identiquement nuls; mais nous savons que l'on aura $q'_{ij} = 0$, donc $\lambda_j = 0$. Par conséquent, pas de racine réelle différente de zéro.

Nous avons vu aussi que E (q_{ij}, s_{ij}) ne pouvait pas être nul, parce qu'alors E $(q_{ij} + s_{ij})$ serait nul et que, $q_{ij} + s_{ij}$ étant réel, on en déduirait $q_{ij} + s_{ij} = 0$; un choix arbitraire nous permettait, d'ailleurs, de prendre E $(q_{ij} + s_{ij}) = 1$. Ici, de ce que E $(q_{ij} + s_{ij})$ sera nul, nous pourrons seulement déduire que

$$q'_{ij} + s'_{ij} = 0,$$

d'où

$$q_{ij} + s_{ij} = \text{const.},$$

ce qui exige que l'on ait $\lambda_j = 0$. Pour toute autre valeur de λ_j, on aura donc bien encore E $(q_{ij}, s_{ij}) \neq 0$.

Reprenons enfin le raisonnement par lequel nous avons montré que le temps t ne pouvait pas figurer en dehors des exponentielles (§ 19). Il n'est plus applicable ici, puisque nous sommes précisément dans le cas où E $(q_{ij}, s_{ij}) = 0$. Nous pourrions donc avoir une oscillation propre de la forme $q_i = \alpha_i t + \beta_i$. Par exemple, si l'on prend $H_2 = \sum \frac{q'^2}{2}$ et $H_0 = 0$, comme alors $E = H_2 = \text{const.}$, on aura $q''_i = 0$, d'où $q_i = \alpha_i t + \beta_i$, polynome du premier degré.

Mais ne pourrait-on pas avoir comme solution un polynome du second degré? Je dis que non. En effet, admettons que nous ayons

$$q_i = \frac{\alpha_i t^2}{2} + \beta_i t + \gamma_i,$$

α_i, β_i, γ_i étant des constantes qu'on peut supposer réelles, car, si elles étaient complexes, on prendrait séparément les parties réelles et imaginaires. L'énergie $E(q_i)$ doit rester constante; écrivons son expression

$$E(q_i) = H_2(q'_i) - H_0(q_i) = H_2(\alpha t + \beta) - H_0\left(\frac{\alpha_a t^2}{2} + \beta_a t + \gamma_a\right)$$

en écrivant l'indice a dans H_0, pour mettre en évidence que H_0 ne dépend pas des q_b.

H_2 est un polynome du deuxième degré par rapport aux $\alpha t + \beta$, donc du deuxième degré par rapport à t; H_0 est un polynome du deuxième degré par rapport aux $\frac{\alpha_a}{2} t^2 + \beta_a t + \gamma_a$, donc du quatrième degré par rapport à t. L'expression de $E(q_i)$ devant se réduire à une constante, il faut que le terme en t^4 disparaisse; donc

$$-\frac{t^4}{4} H_0(\alpha_a) = 0$$

et par suite

$$H_0(\alpha_a) = 0.$$

Ainsi, il faut que tous les α_a soient nuls; quant aux α_b, nous ne savons pas. Il reste alors

$$E(q_i) = H_2(\alpha t + \beta) - H_0(\beta_a t + \gamma_a)$$

et H_0 n'est plus que du deuxième degré en t. Il faut que le coefficient de t^2 disparaisse; donc

$$H_2(\alpha_b) - H_0(\beta_a) = 0.$$

Les deux termes étant essentiellement positifs, on devra avoir séparément

$$H_2(\alpha_b) = 0, \qquad H_0(\beta_a) = 0,$$

ce qui entraîne la nullité de tous les α_b et de tous les β_a. Pour ce qui est des β_b, nous ne savons pas.

Mais, tous les α étant nuls, il reste simplement

$$q_i = \beta_i t + \gamma_i,$$

polynome du premier degré.

En outre, on voit que q_a se réduit à une constante, tandis que q_b est une fonction linéaire du temps.

Il en résulte donc que la surface est invariable, ou du moins qu'elle n'est altérée que d'une façon constante, mais que les molécules sont mobiles : en d'autres termes, il y a des courants internes qui n'altèrent pas la surface extérieure.

Ainsi, nous venons de démontrer que l'énergie $E\left(\frac{\alpha t^2}{2} + \beta t + \gamma\right)$ ne pouvait se réduire à une constante que si tous les α étaient nuls, aussi bien les α_b que les α_a ; mais nous avons démontré aussi quelque chose de plus, c'est que, si tous les α ne sont pas nuls, l'énergie ne pourra même pas être un polynome du premier degré.

22. Étude des marées statiques. — Sous l'influence d'une force perturbatrice constante, la surface des mers prend une forme qui constitue la *marée statique*. Nous allons chercher comment se comporte dans ce cas le système que nous venons de considérer. Reprenons donc les équations différentielles des oscillations d'un système soumis à l'action d'une force extérieure

$$F_k(q_i) = \sum (a''_{ik} q''_i + a'_{ik} q'_i + a_{ik} q_i) = Q_k = K_k e^{\lambda t}.$$

Comme nous supposons ici la force perturbatrice constante, nous aurons

$$Q_k = \text{const.}, \qquad \lambda = 0.$$

Nous avons évidemment une solution particulière du système d'équations différentielles en prenant $q_i = \text{const.}$; il suffira d'y ajouter, pour avoir la solution générale, la solution générale des équations sans seconds membres, c'est-à-dire une oscillation propre quelconque du système.

Mais le système particulier que nous considérons est constitué de telle sorte que H_0 ne dépende que de la surface extérieure; nous nous trouvons donc dans le cas étudié au précédent paragraphe, où l'équation caractéristique des périodes des oscillations propres admet des racines nulles.

Eh bien, je dis que, pas plus dans le cas d'une force perturbatrice constante que dans celui des oscillations propres, il n'est possible d'avoir comme solution un polynome du second degré.

En effet, la surface extérieure ne dépend que des paramètres q_a; par conséquent, si les q_b subissent des variations, les q_a ne variant pas, le travail des forces extérieures sera nul. Nous avons donc dans notre hypothèse $Q_b = 0$. Nous allons voir alors que l'énergie E sera un polynome du premier degré.

On a (§ 12)

$$\frac{dE}{dt} = \sum Q q'$$

et, comme $Q_b = 0$, cette expression se réduit à

$$\frac{dE}{dt} = \sum Q_a q'_a.$$

Supposons pour un instant que nos équations différentielles

admettent comme solution un polynome du second degré; en différentiant l'équation

$$F_k\left(\frac{\alpha_i t^2}{2} + \beta_i t + \gamma_i\right) = Q_k,$$

nous obtiendrons

$$F_k(q'_i) = F_k(\alpha_i t + \beta_i) = 0.$$

Or, en posant $q_{i(p)} = q'_i$, on voit que les équations $F_k(q'_i) = 0$ ne sont pas autre chose que les équations qui définissent les oscillations propres du système.

Par conséquent, les expressions $q'_i = \alpha_i t + \beta_i$ seront les coordonnées d'une oscillation propre du système, de celle qui correspond à $\lambda = 0$; et, d'après ce que nous avons vu au paragraphe précédent, on doit avoir

$$q'_b = \alpha_b t + \beta_b,$$
$$q'_a = \beta_a = \text{const.},$$

d'où

$$q_b = \frac{1}{2}\alpha_b t^2 + \beta_b t + \gamma_b,$$
$$q_a = \beta_a t + \gamma_a.$$

Comme Q_a est une constante, on a bien $\frac{dE}{dt} = \text{const.}$ et E est un polynome du premier degré.

Mais nous avons démontré que ceci ne pouvait avoir lieu, dans une oscillation quelconque, que si tous les α étaient nuls. Par conséquent, dans les marées statiques, les valeurs des paramètres q seront simplement des polynomes du premier degré,

$$q_i = \beta_i t + \gamma_i.$$

En outre, la dérivée β_i sera une solution des équations sans second membre, c'est-à-dire une oscillation propre. Pour cette oscillation, on aura $H_0 = 0$, ce qui entraîne la condition que tous les β_a soient nuls.

Finalement, les oscillations constituant les marées statiques sont données par les valeurs

$$q_b = \beta_b t + \gamma_b,$$
$$q_a = \gamma_a.$$

Les q_a se réduisent à des constantes, tandis que les q_b sont des fonctions linéaires du temps et ne sont pas nuls en général. La forme de la surface est donc invariable, mais à l'intérieur nous pouvons avoir des courants continus.

23. Suivant que ces courants existent ou non, nous pourrons distinguer deux sortes de marées statiques :

1° *Marées statiques de la première sorte.* $q'_b = 0$. Il n'y a pas de courants continus, simplement une déformation.

Dans ce cas, tous les q' et les q'' sont nuls; les équations différentielles se réduisent à

$$\sum a_{ik} q_i = Q_k,$$

c'est-à-dire

$$-\frac{dH_0}{dq_k} = Q_k.$$

On déterminera les paramètres constants q à l'aide de ces équations; c'est un pur problème de Statique.

2° *Marées statiques de la deuxième sorte.* H_0 dépend seulement des q_a,

$$\frac{dH_0}{dq_b} = 0.$$

Si nous prenons les équations différentielles relatives à $k = b$, nous aurons, puisque $Q_b = 0$,

$$\sum (a''_{ib} q''_i + a'_{ib} q'_i) = 0;$$

$\sum a_{ib} q_i$ sera nul, puisque c'est $-\frac{dH_0}{dq_b}$.

Alors, les équations s'intègrent immédiatement et donnent

$$\sum (a''_{ib} q'_i + a'_{ib} q_i) = M_b.$$

Chaque constante M_b est ce qu'on peut appeler un *moment* du système.

Un second cas remarquable est celui où tous ces moments M_b sont nuls.

Ainsi donc, nous aurons deux sortes remarquables de marées statiques :

Celles de la première sorte, correspondant à $q'_b = 0$: toutes les vitesses sont nulles, pas de courants à l'intérieur;

Celles de la deuxième sorte, correspondant à $M_b = 0$: ce sont les moments qui sont nuls, il y a des courants constants à l'intérieur.

24. Il y a deux cas où ces deux sortes de marées statiques se confondent :

1° Si l'équation en λ des oscillations propres n'a pas de racine nulle. En effet, dans ce cas, il n'existe pas de q_b et la question ne se pose pas; nous savons qu'un polynome du premier degré ne peut être solution du problème.

2° Si l'équilibre est absolu. On a alors (§ 8) $a'_{ik} = 0$.

Les équations $M_b = 0$ qui donnent les marées statiques de la deuxième sorte deviennent simplement

$$\sum a''_{ib} q'_i = 0,$$

et, comme les q'_a sont toujours nuls, ces équations sont des relations linéaires entre les q'_b. Nous aurons autant de relations distinctes que de q'_b. Par suite, ces q'_b sont tous nuls, et l'on retrouve les marées statiques de la première sorte.

Au contraire, dans le cas des axes tournants, qui est celui de la nature, les deux sortes de marées sont à distinguer. En effet, supposons qu'il n'y ait pas de courants internes, $q'_b = 0$, la surface tendra vers une position d'équilibre correspondant à l'action des forces extérieures.

Mais, s'il y a des courants internes, une force nouvelle s'introduira outre les forces extérieures : c'est la force de Coriolis, laquelle est perpendiculaire à la direction des courants, et dont l'action altérera la surface d'équilibre.

Nous verrons plus tard l'importance de cette distinction.

25. Oscillations contraintes d'un système à deux groupes de paramètres. — Nous avons alors $q_i = \varepsilon_i e^{\lambda t}$, λ étant ici une constante qui définit la période de la force perturbatrice. Mais, dans l'hypothèse d'un système constitué de telle sorte que H_0 ne dépende pas des paramètres q_b, on a $Q_b = 0$ et l'équation des moments subsiste,

$$\sum (a''_{ib} q'_i + a'_{ib} q_i) = M_b.$$

Seulement, comme dans le cas des marées statiques de la deuxième sorte, les moments M_b seront forcément nuls; en effet, ils doivent être à la fois constants et proportionnels à $e^{\lambda t}$ comme les q et les q'.

Alors, une première question se pose. Supposons qu'il s'agisse d'une marée à très longue période : λ sera alors très petit, et nous aurons une marée que nous pourrons traiter comme une marée statique. Mais comme une marée statique de quelle sorte? D'après ce que nous venons de dire, quel que soit λ, $M_b = 0$; lorsque λ tendra vers zéro, M_b restera nul et, par conséquent, les q_i tendront, non vers les valeurs de la première sorte, mais vers les valeurs qui correspondent à une marée statique de la deuxième sorte.

Supposons maintenant le cas général, où λ n'est pas très petit. ε_i, comme nous l'avons vu au paragraphe 10, est une fonction rationnelle de λ qui peut se décomposer en éléments simples de la forme $\frac{\text{const.}}{\lambda - \lambda_j}$, les λ_j étant les racines de l'équation caractéristique des oscillations propres.

Si cette équation a des racines nulles, aurons-nous des termes en $\frac{1}{\lambda}$ et $\frac{1}{\lambda^2}$? Pour nous en rendre compte, supposons ε_i développé suivant les puissances croissantes de λ,

$$\varepsilon_i = \frac{\alpha_i}{\lambda^2} + \frac{\beta_i}{\lambda} + \gamma_i + \ldots,$$

et remplaçons ε_i par cette valeur dans nos équations différentielles

$$F_k(\varepsilon_i e^{\lambda t}) = K_k e^{\lambda t}.$$

Nous aurons, en ne conservant que les termes de degré -2, -1 et 0 en λ,

$$q_i = \frac{\alpha_i}{\lambda^2} + \frac{\alpha_i t + \beta_i}{\lambda} + \frac{\alpha_i t^2}{2} + \beta_i t + \gamma_i,$$

$$q'_i = \frac{\alpha_i}{\lambda} + \alpha_i t + \beta_i,$$

$$q''_i = \alpha_i,$$

et, par suite, en égalant les coefficients de ces termes dans les deux membres des équations différentielles,

$$F_k(\alpha_i) = 0, \qquad \text{termes en } \frac{1}{\lambda^2},$$

$$F_k(\alpha_i t + \beta_i) = 0, \qquad \text{» en } \frac{1}{\lambda},$$

$$F_k\left(\frac{\alpha_i t^2}{2} + \beta_i t + \gamma_i\right) = K_k, \qquad \text{» de degré 0 en } \lambda.$$

On reconnaît les trois équations que nous avons déjà rencontrées en étudiant les marées statiques (§ 22). Nous en conclurons de même qu'on a

$$\alpha_a = \alpha_b = 0.$$

Donc, dans ε_i, pas de terme en $\frac{1}{\lambda^2}$ et *a fortiori* pas de terme en $\frac{1}{\lambda^3}$, etc.

Mais nous pourrons avoir un terme en $\frac{1}{\lambda}$ parce que, si les β_a sont nuls, les β_b peuvent être différents de zéro. Seulement ces termes ne figureront que dans l'expression des q_b; les q_a, qui seuls nous intéressent, n'en auront pas.

26. Influence du frottement. — Cette influence est extrêmement faible; nous verrons qu'elle est presque négligeable, sauf le cas des canaux étroits et si la période est très longue. Elle se manifeste de plusieurs manières.

D'abord, si nous considérons les λ_j correspondant aux oscillations propres, ils ne seront plus purement imaginaires, mais auront une partie réelle qui sera toujours négative parce que l'énergie ira en décroissant. Les racines de l'équation en λ seront bien encore imaginaires conjuguées deux à deux, mais elles ne seront plus deux à deux égales et de signes contraires. Voilà un premier point.

En voici la conséquence : Considérons les oscillations contraintes; nous avons $q_i = \varepsilon_i e^{\lambda t}$, qui est une solution particulière, mais la solution générale des équations avec second membre est

$$q_i = \varepsilon_i e^{\lambda t} + \sum A_j \alpha_{ij} e^{\lambda_j t}.$$

Les A_j dépendent des conditions initiales. Dans le cas des marées, il est évident que ces termes ont dû disparaître. En effet, λ_j ayant sa partie réelle négative, $e^{\lambda_j t}$ va constamment en décroissant et, depuis que les marées existent, le mouvement dû aux oscillations propres doit être considéré comme complètement éteint : il reste donc seulement l'oscillation contrainte proprement dite.

En second lieu, le frottement produit une diminution d'amplitude très légère et aussi un léger décalage.

Nous avons de plus une résonance moins parfaite. En effet, nous avions

$$\varepsilon_i = \sum \frac{D_j}{\lambda - \lambda_j},$$

et le phénomène de résonance était dû à ce que, pour $\lambda = \lambda_j$, un des termes devenait infini et, pour ainsi dire, écrasait les autres. Avec le frottement, une résonance aussi parfaite ne sera plus possible. En effet, λ est purement imaginaire, car les forces perturbatrices sont essentiellement périodiques ; λ_j, au contraire, a une partie réelle négative. Donc $\lambda - \lambda_j$ ne s'annulera jamais.

Cependant, en pratique, la différence n'est pas très grande, car la partie réelle de λ_j est toujours extrêmement petite en valeur absolue ; il en résulte que $\lambda - \lambda_j$ pourra devenir extrêmement faible, et que nous aurons une résonance presque parfaite.

Enfin, l'existence du frottement nous oblige à modifier les conclusions auxquelles nous étions parvenus en ce qui concerne les marées statiques. Pour le montrer, prenons un exemple simple. Supposons

$$H = \frac{x'^2 + y'^2}{2} + \omega(xy' - yx') - \frac{x^2}{2};$$

x et y représentent ici nos paramètres q, et H_0 ne dépend pas de y. Nous devrons donc faire $Q_y = 0$, et les équations de Lagrange relatives à notre système seront

$$\begin{aligned} x'' - 2\omega y' + x &= Ce^{\lambda t}, \\ y'' + 2\omega x' &= 0. \end{aligned}$$

Mais, pour tenir compte du frottement, nous ajouterons les termes $-\rho x'$, $-\rho y'$ à chacun des premiers membres, et nous aurons ainsi

$$x'' - 2\omega y' + x - \rho x' = C e^{\lambda t},$$
$$y'' + 2\omega x' \qquad - \rho y' = 0.$$

Pour résoudre ces équations, posons

$$x = A e^{\lambda t},$$
$$y = B e^{\lambda t}.$$

Il viendra

$$A(\lambda^2 - \rho\lambda + 1) - 2\omega B\lambda = C,$$
$$2\omega A\lambda + B(\lambda^2 - \rho\lambda) = 0.$$

d'où l'on tire

$$\lambda B = -\frac{2\omega A\lambda}{\lambda - \rho}.$$

Imaginons que la période de la force perturbatrice soit très longue, et faisons tendre λ vers zéro. La limite de λB ne sera pas la même selon qu'il y aura ou qu'il n'y aura pas de frottement. S'il n'y a pas frottement,

$$\rho = 0, \qquad \text{limite } \lambda B = -2\omega A.$$

S'il y a frottement,

$$\rho > 0, \qquad \text{limite } \lambda B = 0.$$

Prenons d'abord le cas où $\rho = 0$. La première équation nous donne alors à la limite

$$A + 4\omega^2 A = C,$$

d'où

$$A = \frac{C}{1 + 4\omega^2};$$

x sera constant, et nous aurons une marée statique.

Je dis que ce sera une marée statique de la deuxième sorte. Pour le montrer, il suffit de faire voir que y ne se réduit pas à une constante. En effet, nous avons, à une constante près,

$$y = -\frac{2\omega A}{\lambda} e^{\lambda t}.$$

Nous pouvons prendre la constante égale à $-\frac{2\omega A}{\lambda}$, ce qui donne

$$y = -2\omega A\left(\frac{e^{\lambda t}}{\lambda} - \frac{1}{\lambda}\right),$$

expression qui tend vers $-2\omega A t$ lorsque λ tend vers zéro. Donc, marée statique de la deuxième sorte.

Considérons maintenant le cas où il y a frottement : $\rho > 0$. On a alors simplement $A = C$; $y =$ const. Donc, marée statique de la première sorte.

Ainsi, lorsque la période tend vers l'infini, la limite de la marée n'est pas la même selon qu'il y a ou non frottement. S'il y a frottement, si petit qu'il soit, la limite est la marée statique de la première sorte; s'il n'y a pas de frottement, la limite est la marée statique de la deuxième sorte.

Laplace et ses successeurs ont envisagé simplement le phénomène statique de la première sorte. Depuis, M. Hough, astronome à l'Observatoire du Cap, dont nous analyserons plus loin d'importants travaux, a introduit cette distinction et a conclu, dans le cas de la nature, à une marée statique de la deuxième sorte. Cette conclusion doit-elle subsister?

Assurément, il y a frottement. Seulement, ce frottement est extrêmement petit. Si donc λ tend vers zéro de manière à donner des périodes de plus en plus longues, la période pourra devenir très longue tout en restant encore petite par rapport à la durée qui serait nécessaire pour que l'influence du frottement fût sensible : dans ce cas, la marée se rapprochera de la marée statique de la deuxième sorte. Mais, la période continuant à augmenter, il arrivera un moment où λ sera petit par rapport à ρ: la période devra alors être considérée comme grande par rapport au temps d'influence sensible du frottement, et l'on aura une marée statique de la première sorte.

Toute la question est donc de savoir alors si les marées à longue période qu'il y a lieu de considérer (c'est-à-dire celles dont les périodes sont de 15 jours, de 1 mois ou de 6 mois) ont des périodes petites ou grandes par rapport au temps d'influence du frottement. A cette question, M. Hough répond que les périodes sont petites, et que, par suite, on aura des marées statiques de la deuxième sorte.

C'est un point sur lequel nous reviendrons.

CHAPITRE II.

APPLICATION DES PRINCIPES GÉNÉRAUX AU PHÉNOMÈNE DES MARÉES.

---

27. Nous allons maintenant appliquer à l'Océan lui-même les résultats obtenus dans le cas d'un système de points matériels. Bien que l'Océan soit un milieu continu, nous pourrons le considérer comme constitué par un nombre fini, mais très grand, de points matériels; alors, les théorèmes précédents subsisteront; il suffira de remplacer les sommes par des intégrales. Nous nous contenterons pour le moment d'admettre cette proposition, sous réserve d'en donner plus tard une démonstration rigoureuse.

28. Que deviennent alors, dans le cas de la mer, nos fonctions H, H_2, H_1 et H_0?

Considérons une molécule quelconque dans sa position d'équilibre relatif, et soient x, y, z ses coordonnées par rapport aux axes tournants invariablement liés à la partie solide. Sous l'action des marées, cette molécule se déplace et ses coordonnées deviennent alors $x + u$, $y + v$, $z + w$.

Les quantités u, v, w sont très petites et joueront le rôle des paramètres q du Chapitre premier. Nous désignerons par u', v', w' les composantes de la vitesse.

Alors, H_2, qui est la demi-force vive T', sera

$$H_2 = \int \frac{u'^2 + v'^2 + w'^2}{2} d\tau, \tag{1}$$

en désignant par $d\tau$ l'élément de volume $dx\,dy\,dz$, et la densité de l'eau de mer étant prise comme unité.

Nous avons trouvé ensuite que H_1 était égal à ωM, M étant le moment de rotation dans le mouvement relatif. Ici, nous aurons

$$M = \int d\tau [v'(x+u) - u'(y+v)].$$

Dans cette expression, nous pouvons distinguer deux termes.

Celui en $v'x - u'y$ est du premier degré en u' et v', c'est-à-dire par rapport à ce que nous avions précédemment appelé les q'; et nous avons vu qu'on pouvait toujours faire disparaître les termes du premier degré en q' (§ 4).

L'autre terme en $v'u - u'v$ est, au contraire, à conserver, et nous aurons

$$H_1 = \omega \int (v'u - u'v)\, d\tau. \tag{2}$$

Enfin, nous savons qu'en désignant par U l'énergie potentielle due à la gravitation, et par j le moment d'inertie de la partie liquide, on a

$$H_0 = -U + \frac{j\omega^2}{2}. \tag{3}$$

Le terme $\frac{j\omega^2}{2}$ correspond à la force centrifuge ordinaire.

Quant à U, si nous appelons Π le potentiel de la gravitation au point considéré de masse dm, nous aurons

$$-U = \frac{1}{2} \int \Pi\, dm.$$

Il convient de distinguer deux parties dans Π.

Représentons d'abord la partie solide du globe, puis la surface Σ de la mer dans sa position d'équilibre, enfin la surface

Fig. 1.

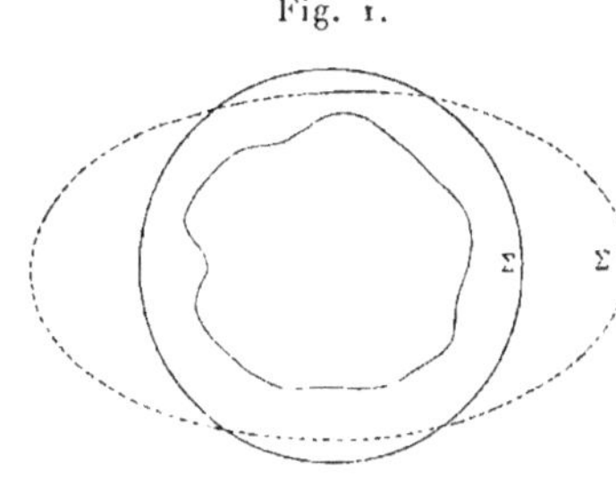

troublée Σ' (*fig.* 1). Entre les surfaces Σ et Σ' se trouve un bourrelet liquide, et, comme le volume total des mers est invariable, ce bourrelet se trouvera en partie positif, en partie négatif.

Si nous envisageons l'attraction en un point quelconque, elle se décompose en deux : d'une part, l'attraction due à l'ensemble de la partie solide et de la partie liquide dans sa position d'équilibre; d'autre part, l'attraction du bourrelet. Nous pourrons donc écrire

$$\Pi = \Pi' + \Pi'',$$

Π' étant le potentiel dû à la partie solide et à la partie liquide dans sa position d'équilibre.

De même, le volume τ limité par la surface troublée Σ' se composera de deux parties, et nous aurons

$$\tau = \tau' + \tau'';$$

τ' est le volume de la partie solide et de la partie liquide jusqu'à la surface d'équilibre; τ'' est le volume du bourrelet et se trouve en partie négatif.

L'élément de masse dm aura pour valeur

$$dm = \rho\, d\tau,$$

ρ étant la densité, qui est égale à 1 pour la partie liquide et plus grande que 1 pour la partie solide.

Nous pouvons alors développer l'expression de l'énergie potentielle et écrire

$$-\mathrm{U} = \frac{1}{2}\int_{\tau'} \Pi'\, dm + \frac{1}{2}\int_{\tau'} \Pi''\, dm + \frac{1}{2}\int_{\tau''} \Pi'\, dm + \frac{1}{2}\int_{\tau''} \Pi''\, dm.$$

Le premier terme représente l'énergie provenant de l'attraction sur lui-même du volume constitué par la partie solide et la partie liquide en équilibre; le deuxième terme représente l'énergie provenant de l'attraction du bourrelet sur la partie solide et la partie liquide en équilibre; le troisième terme, l'énergie provenant de l'attraction de la partie solide et de la partie liquide en équilibre sur le bourrelet; enfin le quatrième terme représente l'énergie provenant de l'attraction du bourrelet sur lui-même.

Le premier terme est donc une constante, et nous pouvons, par suite, le supprimer. Le deuxième et le troisième terme sont égaux entre eux d'après la théorie du potentiel newtonien; nous pouvons les grouper ensemble, et écrire simplement

$$-\mathrm{U} = \int_{\tau''} \Pi'\, dm + \frac{1}{2}\int_{\tau''} \Pi''\, dm.$$

Pour avoir H_0, il nous suffit d'ajouter $\frac{j\omega^2}{2}$. Ainsi

$$H_0 = \int_{\tau''} H' dm + \frac{1}{2}\int_{\tau''} H'' dm + \frac{\omega^2}{2}\int (x^2+y^2)\, dm.$$

Posons

$$H' + \frac{\omega^2}{2}(x^2+y^2) = G;$$

G est le potentiel dû à l'attraction de la partie invariable limitée par la surface d'équilibre Σ, plus le potentiel dû à la force centrifuge : c'est donc le potentiel qui engendre la pesanteur. Nous avons alors

$$(4) \qquad H_0 = \int G\, dm + \frac{1}{2}\int H'' dm,$$

nos intégrales s'étendant uniquement au volume τ'' du bourrelet, parce qu'on a pu supprimer également la partie constante du moment d'inertie.

Considérons le premier terme de H_0. Soit G_0 la valeur de G sur la surface d'équilibre Σ; c'est une constante sur cette surface. Prenons un point à une distance ζ de sa position d'équilibre comptée positivement vers le bas; comme ζ est toujours petit, le potentiel sera devenu

$$G = G_0 + g\zeta,$$

g étant l'intensité de la pesanteur, qui est constante si nous négligeons l'aplatissement.

Le volume total du bourrelet étant nul, on aura, puisque la densité est 1 dans τ'',

$$\int G_0\, dm = \int G_0\, d\tau = G_0 \int d\tau = 0.$$

Le premier terme de H_0 se réduit donc à $g\int \zeta\, d\tau$.

Pour évaluer $d\tau$, prenons sur la surface Σ un élément $d\sigma$ et élevons sur cette base un petit cylindre que nous découperons en petites tranches de hauteur $d\zeta$ (*fig.* 2). Nous aurons

$$d\tau = d\sigma\, d\zeta,$$

$$g\int \zeta\, d\tau = g\int d\sigma\, \zeta\, d\zeta = \frac{g}{2}\int \zeta^2\, d\sigma.$$

Donc, le premier terme de H_0 sera $\frac{g}{2}\int\zeta^2\,d\sigma$, $d\sigma$ étant un élément de la surface d'équilibre Σ et ζ la valeur correspondante de l'abaissement vertical dû à la marée.

Fig. 2.

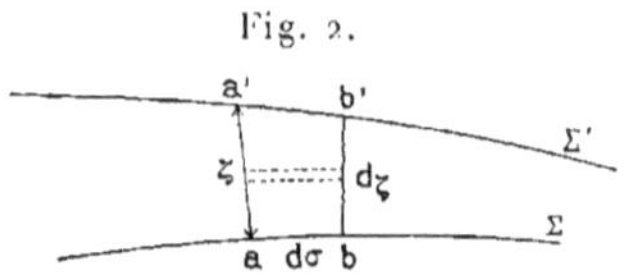

Occupons-nous maintenant du second terme, celui qui correspond à l'attraction du bourrelet sur lui-même. Nous pourrions considérer deux éléments de volume $\zeta\,d\sigma$, $\zeta'\,d\sigma'$ et calculer l'intégrale double

$$\int\int\frac{\zeta\zeta'\,d\sigma\,d\sigma'}{r},$$

r étant la distance des deux petits cylindres, c'est-à-dire des deux éléments $d\sigma$, $d\sigma'$ de la surface. Mais il est plus commode de décomposer en fonctions sphériques.

On sait qu'une fonction quelconque ζ à la surface de la sphère peut se décomposer en fonctions sphériques, sous la forme

$$\zeta = \Sigma A_n X_n,$$

A_n étant un coefficient et X_n une fonction sphérique d'ordre n. Si X_n et X_p sont deux fonctions sphériques d'ordre différent, on a la relation générale

$$\int X_n X_p\,d\sigma = 0,$$

l'intégrale étant étendue à tous les éléments $d\sigma$ de la sphère.

Nous pouvons supposer de plus que nous ayons choisi nos fonctions de telle sorte que

$$\int X_n^2\,d\sigma = 1.$$

Si nous considérons chaque élément de masse $\zeta\,d\sigma$ comme concentré sur la surface, nous pourrons admettre que Π'' est le potentiel dû à l'attraction d'une couche superficielle dont la densité serait $-\zeta$. A l'intérieur de la sphère, Π'' satisfait à l'équation de Laplace

$$\Delta\Pi'' = 0.$$

On peut d'ailleurs le décomposer à l'intérieur en fonctions sphériques sous la forme

$$H'' = \Sigma B_n r^n X_n,$$

r étant la distance au centre rapportée au rayon pris comme unité. Sur la surface, on aura, d'après un théorème connu,

$$\lim\left(2r\frac{dH''}{dr} + H''\right) = -4\pi\zeta,$$

c'est-à-dire, en faisant $r = 1$,

$$\Sigma(2n+1)B_n X_n = -4\pi\zeta = -4\pi\Sigma A_n X_n.$$

Nous aurons donc, en égalant les coefficients des fonctions sphériques de même ordre,

$$B_n = -\frac{4\pi A_n}{2n+1},$$

ce qui détermine les coefficients du développement de H'' en fonction de ceux du développement de ζ.

Il est alors aisé d'exprimer H_0 en fonction des coefficients A_n. Effectivement, on a, d'une part,

$$\int \zeta^2\, d\sigma = \sum A_n^2 \int X_n^2\, d\sigma + 2\sum A_n A_p \int X_n X_p\, d\sigma = \sum A_n^2,$$

puisque toutes les intégrales de la première somme sont égales à 1, et que toutes celles de la seconde sont nulles.

D'autre part, on a de même

$$\int H''\, dm = \int H''\zeta\, d\sigma = \sum A_n B_n \int X_n^2\, d\sigma + \sum (A_n B_p + A_p B_n) \int X_n X_p\, d\sigma$$
$$= \sum A_n B_n = -\sum \frac{4\pi A_n^2}{2n+1}.$$

Il en résulte que

$$2H_0 = g\sum A_n^2 - \sum \frac{4\pi}{2n+1} A_n^2.$$

Or, g est la pesanteur à la surface. Le volume de la Terre étant $\frac{4\pi}{3}$, si D est la densité moyenne, la masse sera $\frac{4\pi D}{3}$; il faut la diviser par le carré du rayon pour obtenir g; par suite,

$$g = \frac{4\pi D}{3}.$$

Donc, finalement,

$$(5) \qquad H_0 = 2\pi \sum A_n^2 \left(\frac{D}{3} - \frac{1}{2n+1} \right)$$

lorsqu'on suppose g constant, c'est-à-dire en négligeant l'aplatissement.

Remarquons que, la fonction sphérique d'ordre zéro étant une constante, son coefficient A_0 devra être nul. En effet, l'invariabilité du volume des mers impose la condition

$$\int \zeta \, d\sigma = 0,$$

qui peut s'écrire, puisque $A_0 X_0$ est une constante,

$$\sum A_0 A_n \int X_0 X_n \, d\sigma = 0.$$

Toutes les intégrales pour lesquelles $n \neq 0$ étant nulles, il reste simplement

$$A_0^2 \int d\sigma = 0,$$

d'où

$$A_0 = 0.$$

Nous verrons plus tard que A_1 est généralement très petit. C'est le terme en A_2 qui est le plus important. Comme $D = 5,5$, on a sensiblement

$$(6) \qquad H_0 = 2\pi A_2^2 \left(\frac{5,5}{3} - \frac{1}{5} \right).$$

Le second terme est donc environ 9 fois plus petit que le premier. Nous pourrons souvent le négliger, c'est-à-dire négliger l'attraction du bourrelet sur lui-même, l'ordre de l'erreur commise de ce fait étant environ $\frac{1}{10}$.

29. Expression du potentiel des forces perturbatrices. — Il nous faut étudier maintenant les quantités Q qui définissent les forces extérieures. Nous savons (§ 2) que $\Sigma Q \delta q$ représente le travail virtuel des forces extérieures lorsqu'on fait subir aux paramètres q des déplacements virtuels δq.

Les forces extérieures qui interviennent ici sont d'abord l'attraction des astres : Soleil et Lune. Mais ce ne sont pas les seules; comme nos axes de comparaison, au lieu d'être fixes, sont animés d'un double mouvement, il faut également considérer les forces fictives correspondantes : force d'inertie d'entraînement et force centrifuge composée de Coriolis. Le mouvement de rotation des axes est le seul qui introduise une force de Coriolis, et nous avons déjà tenu compte de cette force par l'adjonction du terme H_1; il n'y a donc pas lieu de la compter dans les forces extérieures.

Quant aux forces d'inertie d'entraînement, il faut distinguer celle qui est due au mouvement de rotation des axes : c'est la force centrifuge ordinaire dont on a également tenu compte par le terme $\frac{j\omega^2}{2}$. Il reste donc à considérer uniquement la force d'inertie d'entraînement dans le mouvement de translation des axes autour du centre de gravité de l'ensemble formé par la Terre et l'astre attirant; et cette force peut aisément s'adjoindre à la force d'attraction elle-même.

En effet, soit P le potentiel des astres au point considéré de masse dm; appelons $-P_0$ le potentiel des forces fictives en ce point, de telle sorte que

$$(7)\qquad \sum Q\,\delta q = \delta\int P\,dm - \delta\int P_0\,dm = \delta\int (P - P_0)\,dm.$$

Le potentiel P peut se développer suivant les puissances croissantes des coordonnées x, y, z du point considéré :

$$P = A + Bx + Cy + Dz + Ex^2 + \ldots.$$

Les composantes de la force réelle seront

$$\frac{dP}{dx}\,dm,\quad \frac{dP}{dy}\,dm,\quad \frac{dP}{dz}\,dm.$$

Quelles seront celles de la force fictive? L'accélération d'entraînement est l'accélération prise par le centre de la Terre sous l'action des astres; ses composantes seront les valeurs de $\frac{dP}{dx}$, $\frac{dP}{dy}$, $\frac{dP}{dz}$ relatives à ce centre, c'est-à-dire pour $x = y = z = 0$.

Par conséquent, les composantes de la force d'entraînement sont

$$B\,dm, \quad C\,dm, \quad D\,dm,$$

et son travail virtuel $\delta P_0\,dm$ sera

$$\delta P_0\,dm = (B\,\delta x + C\,\delta y + D\,\delta z)\,dm.$$

Il en résulte, le choix de la constante étant arbitraire, qu'on a

(8) $$P_0 = A + Bx + Cy + Dz.$$

P_0 n'est donc pas autre chose que l'ensemble des termes de degrés 0 et 1 de P.

Calculons P. On a

$$P = \sum \frac{\mu}{r},$$

μ étant la masse de l'un des astres attirants et r la distance du centre de cet astre à l'élément dm de la surface terrestre.

Fig. 3.

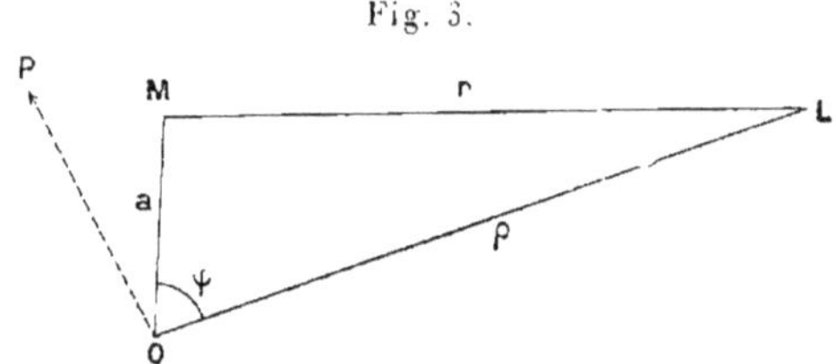

Considérons, par exemple, la Lune; soient O le centre de la Terre et a le rayon OM (*fig.* 3). Nous avons, en appelant ρ la distance OL et φ l'angle MOL,

$$r^2 = a^2 + \rho^2 - 2a\rho\cos\varphi.$$

Développons $\frac{1}{r}$ suivant les puissances croissantes de $\frac{1}{\rho}$:

$$\frac{1}{r} = \frac{1}{\rho} + \frac{a\cos\varphi}{\rho^2} + \frac{a^2(3\cos^2\varphi - 1)}{2\rho^3} + \ldots.$$

D'où, en négligeant les termes en $\frac{1}{\rho^4}$,

(9) $$P = \sum \frac{\mu}{\rho} + \sum \frac{\mu a\cos\varphi}{\rho^2} + \sum \frac{\mu a^2(3\cos^2\varphi - 1)}{2\rho^3}.$$

Les trois termes du développement sont respectivement de degrés 0, 1 et 2 en x, y, z; les deux premiers représentent donc P_0 et l'on a

$$P - P_0 = \sum \frac{\mu a^2}{2\rho^3}(3\cos^2\varphi - 1). \tag{10}$$

Considérons le trièdre formé par les trois vecteurs menés du centre de la Terre à l'astre, à dm et au pôle; il nous fournit la relation

$$\cos\varphi = \cos\delta\cos\theta + \sin\delta\sin\theta\cos\gamma,$$

θ étant la colatitude du lieu, δ la distance polaire de l'astre et γ l'angle horaire de l'astre par rapport au lieu; on a, d'ailleurs,

$$\gamma = \omega t + \psi - \text{Æ},$$

ω étant la vitesse angulaire de rotation de la Terre, ψ la longitude du lieu et Æ l'ascension droite de l'astre.

On voit que $\cos\varphi$ est un polynome du premier degré en $\cos\gamma$. $3\cos^2\varphi - 1$ sera donc un polynome du second degré en $\cos\gamma$, par suite un polynome du second degré en $e^{i\gamma}$ et $e^{-i\gamma}$.

Par conséquent, l'expression

$$\left\{\begin{aligned} P - P_0 = {} & \frac{3}{4}a^2\sin^2\theta\sum\frac{\mu}{\rho^3}\sin^2\delta\cos 2\gamma \\ & + \frac{3}{4}a^2\sin 2\theta\sum\frac{\mu}{\rho^3}\sin 2\delta\cos\gamma \\ & + \frac{a^2}{4}(3\cos^2\theta - 1)\sum\frac{\mu}{\rho^3}(3\cos^2\delta - 1) \end{aligned}\right. \tag{11}$$

du potentiel des astres en un point déterminé, de coordonnées θ, ψ, pourra se mettre sous la forme

$$P - P_0 = \sum\sum_s \Phi e^{si\gamma}.$$

Le premier Σ est relatif aux différents astres; s est un nombre entier pouvant prendre les valeurs 0, ± 1, ± 2; les coefficients Φ dépendent des distances polaires δ et des distances ρ des astres, ainsi que de la colatitude θ, mais pas de la longitude ni des ascensions droites.

En remplaçant γ par sa valeur, on aura, pour un astre considéré isolément,

$$P - P_0 = \sum_s \Phi e^{-si\mathfrak{R}} e^{si\omega t + si\psi}.$$

$\Phi e^{-si\mathfrak{R}}$, qui est une fonction de la colatitude et du temps, pourra se développer en une série trigonométrique dont le terme général sera $Be^{\pm i\mu t}$, B n'étant plus fonction que de la colatitude et μ étant petit par rapport à ω, parce que le mouvement de l'astre est beaucoup plus lent que la rotation de la Terre.

Par suite,

$$(12) \qquad P - P_0 = \sum e^{si\omega t + si\psi} \sum Be^{\pm i\mu t} = \sum Be^{si\psi + \lambda t},$$

en posant

$$\lambda = si\omega \pm i\mu.$$

D'après (11), on voit qu'on aura

$$\begin{aligned} B &\sim 3\cos^2\theta - 1 &\quad \text{pour} \quad & s = 0, \\ B &\sim \sin 2\theta & \text{»} \quad & s = \pm 1, \\ B &\sim \sin^2\theta & \text{»} \quad & s = \pm 2. \end{aligned}$$

Nous obtenons ainsi le développement du potentiel de l'astre au point θ, ψ considéré.

En considérant alors la variation $\delta(P - P_0)\zeta d\rho$, on aura les coefficients Q correspondant aux déplacements virtuels δq des paramètres q relatifs à ce point.

Finalement, l'expression $\Sigma Q\delta q$ étendue à tout le système se trouvera développée aussi en une série de termes contenant en facteur $e^{\lambda t}$, λ pouvant avoir les valeurs

$$\begin{gathered} i(2\omega \pm \mu), \quad i(-2\omega \pm \mu), \\ i(\omega \pm \mu), \quad i(-\omega \pm \mu), \\ \pm i\mu. \end{gathered}$$

30. Classification des différents termes. — Nous avons donc trois catégories différentes de termes.

Si nous considérons les valeurs de la première ligne, comme μ est petit par rapport à ω, nous aurons des termes pour lesquels λ sera très voisin de $2\omega i$ ou de $-2\omega i$, c'est-à-dire des éléments isochrones imaginaires conjugués dont la période sera voisine de 12 heures : il en résultera des marées *semi-diurnes*.

Les valeurs de la seconde ligne donneront de même des termes imaginaires conjugués deux à deux, dont la période sera voisine de 24 heures, et qui donneront naissance à des marées *diurnes*.

Enfin, pour $\lambda = i\mu$, μ étant voisin de zéro, nous aurions des termes produisant des marées *à longue période*.

Les termes ainsi obtenus sont très nombreux. Parmi les termes *lunaires semi-diurnes*, il en est deux principaux :

	Vitesse angulaire $\vert\lambda\vert$.
M_2	$2(\omega - n)$
K_2	2ω

Le terme M_2, qui dépend du moyen mouvement n de la Lune, existerait seul si l'orbite lunaire coïncidait avec l'équateur, et s'il n'y avait pas d'excentricité.

Le terme K_2 contient en facteur $\sin^2 I$, I étant l'inclinaison de l'orbite lunaire sur l'équateur. Imaginons que nous répartissions la masse de la Lune sur son orbite, proportionnellement au temps mis à parcourir chaque portion : nous obtiendrons ainsi l'effet moyen de la Lune. L'orbite, par rapport à nos axes qui sont liés à la Terre, tournera : cette rotation serait sans influence si l'on avait $I = 0$, mais l'existence de l'inclinaison donnera naissance à K_2.

L'effet de l'excentricité e se traduit dans le groupe semi-diurne par trois termes :

	$\vert\lambda\vert$.
N....................	$2\omega - 3n + \dot{\varpi}$
L....................	$2\omega - n - \dot{\varpi}$
2N..................	$2\omega - 4n + 2\dot{\varpi}$

dépendant de $\dot{\varpi}$, moyen mouvement du périgée lunaire.

N et L, qui contiennent e en facteur, sont les termes *elliptiques de premier ordre*, l'un *moyen*, l'autre *mineur*; 2N est le terme *elliptique de second ordre*, il contient e^2 en facteur.

Enfin, les inégalités, évection et variation, introduiront chacune deux termes, mais on ne considère pas, en général, le second terme variationnel en raison de la petitesse de son coefficient; il reste ainsi :

	$\lvert\lambda\rvert$.
ν	$2\omega - 3n + 2n_1 - \dot{\varpi}$
λ	$2\omega - n - 2n_1 + \varpi$
μ	$2\omega - 4n + 2n_1$.

n_1 est le moyen mouvement du Soleil.

Parmi les termes *lunaires diurnes,* on considère :

	$\lvert\lambda\rvert$.
O	$\omega - 2n$
K_1	ω
OO	$\omega + 2n$
Q	$\omega - 3n + \dot{\varpi}$
M_1	$\omega - n + \dot{Q}$
J	$\omega + n - \dot{\varpi}$
»	$\omega - 4n + 2\dot{\varpi}$
»	$\omega - 3n + 2n_1 - \varpi$

Les termes O et K_1 sont de beaucoup les plus importants. Tous les termes du groupe diurne contiendront en facteur une puissance impaire de sin I, car, si l'on change δ en $\pi - \delta$, $\sin 2\delta$ change de signe.

Tous les termes à partir de Q contiennent e en facteur, l'avant-dernier contient e^2.

$\dot{Q}$ est la différence des moyens mouvements du nœud et du périgée.

Enfin, les termes lunaires *à longue période* sont :

	$\lvert\lambda\rvert$.
Mf	$2n$
Mm	$n - \dot{\varpi}$
»	$3n - \dot{\varpi}$
»	$n - 2n_1 + \dot{\varpi}$
MSf	$2(n - n_1)$

Le terme Mf, qui est le plus important de ce groupe, a pour période $\frac{2\pi}{2n}$, c'est-à-dire environ 15 jours; il contient en facteur $\sin^2 I$. Quand on change δ en $\pi - \delta$, ce qui revient à changer I en $-I$, $3\cos^2\delta - 1$ ne change pas : les facteurs des termes du groupe à longue période ne peuvent donc contenir que des puissances paires de $\sin I$, de même que les termes du groupe semi-diurne.

Nous aurons maintenant des termes *solaires,* mais le nombre des termes efficaces sera moins grand. Dans le groupe *semi-diurne*, il suffit d'en retenir trois :

	Vitesse angulaire $\vert\lambda\vert$.
S_2	$2(\omega - n_1)$
K_2	2ω
T	$2\omega - 3n_1$

Le terme K_2 est inséparable du terme lunaire correspondant : leur somme ne forme qu'un seul terme distinct, dit *luni-solaire* ou *sidéral.*

Dans le groupe *solaire diurne,* deux termes seulement importent :

	$\vert\lambda\vert$.
P	$\omega - 2n_1$
K_1	ω

K_1 doit s'ajouter également au terme lunaire correspondant, pour constituer le terme *luni-solaire* ou *sidéral diurne.*

Enfin, il suffit de considérer deux termes solaires *à longue période :*

	$\vert\lambda\vert$.
S_{sa}	$2n_1$
S_a	n_1

qui sont respectivement *semi-annuel* et *annuel.*

La Lune et le Soleil étant les seuls astres perturbateurs, nous nous trouvons ainsi avoir développé $\Sigma Q\delta q$ en série harmonique dont chaque terme contient en facteur $e^{\lambda t}$, λ ayant les valeurs ci-dessus énumérées, et donnera lieu, si on le considère isolément, à une composante isochrone de l'oscillation contrainte.

Nous allons nous proposer maintenant de rechercher ces composantes.

CHAPITRE III.

ÉTUDE DES MARÉES A LONGUE PÉRIODE.

---

31. Dans le cas d'une marée à longue période, λ est très petit, et nous pourrons considérer tout de suite le passage à la limite, c'est-à-dire le cas d'une marée *statique*.

Nous savons alors (§ 26) que, s'il y a frottement, la limite sera une marée statique *de la première sorte*; nous n'envisagerons que ce cas pour le moment.

Les résultats sont différents, suivant qu'on considère le globe comme entièrement ou partiellement recouvert par les mers, suivant aussi qu'on néglige ou non l'attraction du bourrelet.

32. Nous avons vu (§ 23) que, pour une marée statique de la première sorte, les équations du problème sont

$$-\frac{dH_0}{dq} = Q.$$

Ajoutant les équations relatives à tous les paramètres, on a

$$\sum \frac{dH_0}{dq}\,\delta q + \sum Q\,\delta q = 0,$$

c'est-à-dire

$$\delta H_0 + \delta \int (P - P_0)\zeta\, d\sigma = 0.$$

Calculons δH_0. Nous savons (§ 28) que

$$H_0 = \int (g\zeta + \Pi'')\frac{\zeta}{2}\, d\sigma = 2\pi \sum A_n^2 \left(\frac{D}{3} - \frac{1}{2n+1}\right),$$

les coefficients A_n étant ceux du développement de ζ en fonctions sphériques,

$$\zeta = \sum A_n X_n.$$

On en déduit

$$\delta H_0 = \int g\zeta\,\delta\zeta\,d\sigma + \delta\int \Pi''\frac{\zeta}{2}\,d\sigma.$$

Mais

$$\delta\int \frac{\Pi''}{2}\zeta\,d\sigma = \int \frac{\delta\Pi''}{2}\zeta\,d\sigma + \int \frac{\Pi''}{2}\delta\zeta\,d\sigma = \int \Pi''\,\delta\zeta\,d\sigma,$$

parce que les deux intégrales du second membre sont égales en vertu de la théorie du potentiel.

Nous avons, par suite,

$$\delta H_0 = \int (\Pi'' + g\zeta)\,\delta\zeta\,d\sigma = 4\pi\sum A_n\,\delta A_n\left(\frac{D}{3} - \frac{1}{2n+1}\right).$$

Occupons-nous maintenant de $P - P_0$. En se reportant au développement du potentiel, on voit que pour le terme à longue période considéré, de vitesse angulaire $|\lambda|$, $P - P_0$ sera de la forme

$$P - P_0 = R(3\cos^2\theta - 1)\cos i\lambda t,$$

R étant une constante proportionnelle à $a^2\mu$.

$3\cos^2\theta - 1$ est, au facteur $\frac{1}{2}$ près, le polynome de Legendre du second ordre; et, en remarquant que

$$\int (3\cos^2\theta - 1)^2\,d\sigma = \frac{8\pi}{15},$$

nous pourrons poser

$$3\cos^2\theta - 1 = \sqrt{\frac{8\pi}{15}}\,X_2,$$

la fonction sphérique X_2 répondant bien à la condition

$$\int X_2^2\,d\sigma = 1.$$

Si nous posons maintenant

$$R\cos i\lambda t\sqrt{\frac{8\pi}{15}} = C,$$

nous aurons

$$P - P_0 = CX_2.$$

D'où

$$\delta\int (P - P_0)\zeta\,d\sigma = \int CX_2\,\delta\zeta\,d\sigma.$$

En ajoutant à cette variation celle de H_0, nous avons alors pour la condition d'équilibre

$$\int (\Pi'' + g\zeta + CX_2)\,\delta\zeta\, d\sigma = 0,$$

équation qui doit être satisfaite pour toutes les valeurs possibles de $\delta\zeta$.

Dans le cas où la mer recouvre le globe entièrement, $\delta\zeta$ n'est assujetti qu'à une seule condition, c'est que le volume total de la mer reste invariable; on doit donc avoir également

$$\int \delta\zeta\, d\sigma = 0.$$

Ces deux équations ne peuvent être satisfaites en même temps que si l'on a

$$\Pi'' + g\zeta + CX_2 = \text{const.},$$

c'est-à-dire, en remplaçant Π'' et ζ par leurs développements en fonctions sphériques (§ 28),

$$-4\pi\left(\frac{1}{2n+1} - \frac{D}{3}\right)\sum A_n X_n + CX_2 = 0,$$

la constante du second membre étant prise égale à zéro, parce qu'on peut toujours ajouter une constante à Π''.

Or, les A_n ne sont assujettis qu'à la condition d'invariabilité $\int \zeta d\sigma = 0$ qui, ainsi que nous le savons déjà, se réduit à $A_0 = 0$. Tous les autres coefficients étant arbitraires, il en résulte que l'équation précédente est une identité. On en tire donc $A_n = 0$, sauf pour $n = 2$, et

$$-A_2\left(\frac{4\pi}{5} - \frac{4\pi D}{3}\right) + C = 0,$$

d'où

$$A_2 = -\frac{C}{\frac{4\pi D}{3} - \frac{4\pi}{5}}.$$

La variation de niveau due à la marée considérée sera donc

$$\zeta = A_2 X_2 = -\frac{CX_2}{\frac{4\pi D}{3} - \frac{4\pi}{5}} = -\frac{R(3\cos^2\theta - 1)\cos i\lambda t}{\frac{4\pi D}{3} - \frac{4\pi}{5}}.$$

La surface troublée s'obtiendra en portant sur toutes les normales à la surface d'équilibre des longueurs proportionnelles à $3\cos^2\theta - 1$: on obtiendra ainsi un ellipsoïde de révolution, dont l'aplatissement varie proportionnellement à $\cos i\lambda t$. La marée sera d'ailleurs nulle sur les deux parallèles de $\pm 35°$ environ, correspondant à $3\cos^2\theta - 1 = 0$.

Le problème est dans ce cas complètement résolu, même en tenant compte de l'attraction du bourrelet.

33. **Influence des continents.** — Dans le cas où la mer ne recouvre pas tout le globe, la présence des continents introduira de nouvelles liaisons, les A_n ne seront plus quelconques et l'équation à laquelle nous sommes parvenus ne sera plus une identité.

Sur les continents, nous devrons avoir

$$\zeta = 0, \qquad \text{par suite} \qquad \delta\zeta = 0.$$

Les variations $\delta\zeta$ sont donc assujetties maintenant, non plus à une seule condition, mais encore à la condition $\delta\zeta = 0$ sur toute la surface des continents. Il en résulte que l'équation d'équilibre

$$\int (\mathrm{H}'' + g\zeta + \mathrm{C}X_2)\,\delta\zeta\, d\sigma = 0,$$

où l'intégrale est étendue à la surface des mers seulement, doit être une conséquence de

$$\int \delta\zeta\, d\sigma = 0$$

sur l'ensemble du globe et de

$$\delta\zeta = 0$$

sur la surface des continents.

On doit donc avoir encore

$$\mathrm{H}'' + g\zeta + \mathrm{C}X_2 = \text{const.}$$

à la surface des mers, et, à la surface des continents,

$$\zeta = 0.$$

Le calcul serait très compliqué et conduirait à des conclusions fort complexes si l'on voulait tenir compte de l'attraction du bourrelet. Mais, si nous admettons qu'on puisse négliger Π'', on aura

$$g\zeta = -CX_2 + \text{const.},$$

d'où

$$\zeta = -\frac{R\cos i\lambda t(3\cos^2\theta - 1)}{\frac{4\pi D}{3}} - \frac{K}{\frac{4\pi D}{3}},$$

K étant une constante.

La nouvelle surface d'équilibre sera encore un ellipsoïde, puisque la marée ζ comprend encore un terme proportionnel à X_2.

L'introduction du terme constant revient à considérer, au lieu de la sphère entièrement recouverte par les mers, une sphère de rayon légèrement moindre, la différence représentant le volume des continents au-dessus des eaux; et l'ellipsoïde limité par la surface troublée aura même volume que cette sphère réduite, mais non pas que la sphère limitée par la surface d'équilibre supposée prolongée sous les continents (*fig.* 4).

Fig. 4.

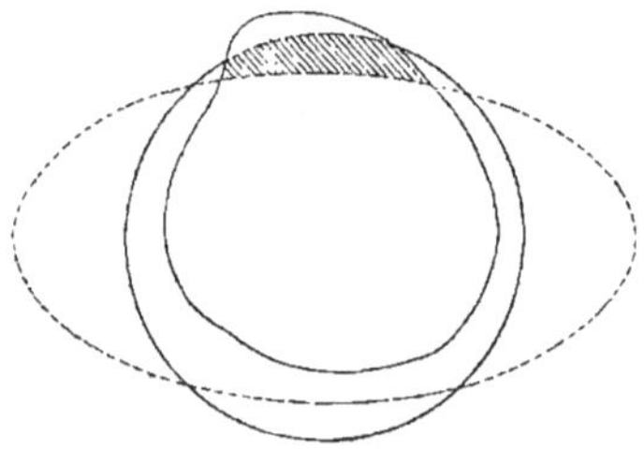

En effet, si nous considérons la surface d'équilibre et la surface déformée, ce sont les volumes à l'*extérieur des continents* qui doivent rester égaux; mais les portions sous les continents n'entrent pas en ligne de compte et ne sont pas égales en général.

Comment calculerons-nous la constante K? De manière que le volume total des mers reste invariable. La condition est

$$\int \zeta \, d\sigma = 0,$$

c'est-à-dire, en remplaçant ζ par sa valeur,

$$R\cos i\lambda t\int(3\cos^2\theta-1)\,d\sigma+K\int d\sigma=0.$$

Appelons Ω la surface totale des mers,

$$\Omega=\int d\sigma,$$

et posons

$$\int(3\cos^2\theta-1)\,d\sigma=-E\Omega.$$

Nous aurons alors

$$K=RE\cos i\lambda t$$

et

$$\zeta=-\frac{R(3\cos^2\theta-1+E)\cos i\lambda t}{\frac{4\pi D}{3}}.$$

On voit que l'introduction du terme E change la valeur des parallèles pour lesquels la marée reste nulle.

Pour calculer E, il suffirait de connaître la distribution des continents; la loi de profondeur des mers n'intervient pas. Or, la répartition des continents est parfaitement connue, sauf dans le voisinage du pôle antarctique. Le calcul a été fait dans deux hypothèses, et l'on a trouvé

$$E=0{,}00486$$

dans le cas d'une mer libre,

$$E=0{,}01520$$

dans le cas d'un continent.

L'observation des marées à longue période aurait donc permis théoriquement de décider de l'existence d'un continent antarctique, laquelle n'est plus douteuse actuellement; malheureusement cette observation présente, en pratique, de très grandes difficultés.

34. Si l'on voulait tenir compte à la fois des continents et de l'attraction du bourrelet sur lui-même, le problème se poserait ainsi : il faudrait trouver une fonction H'' qui satisfasse, à l'inté-

rieur de la sphère, à l'équation de Laplace

$$\Delta \Pi'' = 0,$$

et aux conditions aux limites suivantes :

A la surface des mers on devrait avoir

$$\Pi'' + g\zeta + C X_2 = \text{const.},$$

c'est-à-dire, puisque

$$-4\pi\zeta = 2r\frac{d\Pi''}{dr} + \Pi'',$$

et qu'il est toujours permis d'ajouter une constante à Π'',

$$\frac{g}{4\pi}\left(2r\frac{d\Pi''}{dr} + \Pi''\right) - \Pi'' = C X_2.$$

De plus, à la surface des continents, on aurait

$$\zeta = 0,$$

c'est-à-dire

$$2r\frac{d\Pi''}{dr} + \Pi'' = 0.$$

On parvient à résoudre le problème en introduisant certaines fonctions dont les propriétés rappellent celles des fonctions sphériques, auxquelles elles se réduisent d'ailleurs dans le cas d'une mer recouvrant tout le globe, mais qui dépendent de la forme des continents. [H. POINCARÉ, *Sur l'équilibre et le mouvement des mers* (*Journal de Mathématiques pures et appliquées*).]

CHAPITRE IV.

ÉTUDE DES MARÉES A COURTE PÉRIODE OU MARÉES DYNAMIQUES.

---

35. Il s'agit ici de trouver les composantes des oscillations contraintes correspondant aux deux premiers termes du développement de $P - P_0$ (§ 29). Pour cela, il est nécessaire de recourir aux équations de l'Hydrodynamique.

Soient dm l'élément de masse correspondant à l'élément de volume $d\tau$; $X\,dm$, $Y\,dm$, $Z\,dm$ les composantes de la force extérieure appliquée à cet élément; p la pression. On a, dans le cas de l'équilibre,

$$X\frac{dm}{d\tau} = \frac{dp}{dx},$$

et, si la densité de l'eau de mer est prise pour unité, les équations de l'Hydrostatique s'écrivent

$$X = \frac{dp}{dx}, \qquad Y = \frac{dp}{dy}, \qquad Z = \frac{dp}{dz}.$$

Pour passer aux équations de l'Hydrodynamique, il suffit d'introduire la force d'inertie.

Soient x, y, z les coordonnées de la molécule dans sa position d'équilibre; $x+u$, $y+v$, $z+w$ les coordonnées de cette même molécule dérangée; u', v', w' les composantes de sa vitesse. Nous savons qu'on peut donner aux équations deux formes différentes, celle d'Euler et celle de Lagrange.

Si, comme l'a fait Lagrange, nous prenons comme variables les coordonnées *initiales* de la molécule et le temps t, c'est-à-dire si nous considérons la molécule dont les coordonnées initiales x, y, z sont actuellement devenues $x+u$, $y+v$, $z+w$, les composantes de l'accélération sont simplement

$$\frac{du'}{dt}, \quad \frac{dv'}{dt}, \quad \frac{dw'}{dt}.$$

Si, au contraire, nous considérons avec Euler la molécule dont les coordonnées *actuelles* sont x, y, z, la vitesse à l'instant t considéré sera une fonction de x, y, z et t et la composante de l'accélération suivant Ox sera

$$\frac{du'}{dt} + \frac{du'}{dx}\frac{dx}{dt} + \frac{du'}{dy}\frac{dy}{dt} + \frac{du'}{dz}\frac{dz}{dt},$$

c'est-à-dire

$$\frac{du'}{dt} + \frac{du'}{dx}u' + \frac{du'}{dy}v' + \frac{du'}{dz}w'.$$

Mais, dans le cas des marées, il n'y a pas de pareille distinction à faire. Les déplacements u, v, w sont, en effet, toujours très petits ainsi que leurs dérivées : l'accélération de la molécule dont les coordonnées actuelles sont $x + u$, $y + v$, $z + w$ et celle de la molécule dont les coordonnées actuelles sont x, y, z ne différeront que par des quantités du second ordre, toujours négligeables, et nous pourrons indifféremment représenter l'une ou l'autre par $\frac{du'}{dt}$ ou $\frac{d^2 u}{dt^2}$.

Alors, en tenant compte de la force d'inertie, la force totale appliquée à l'élément dm sera

$$\left(X - \frac{d^2 u}{dt^2}\right) dm, \quad \ldots,$$

et les équations de l'Hydrodynamique seront

$$X - \frac{d^2 u}{dt^2} = \frac{dp}{dx},$$

$$Y - \frac{d^2 v}{dt^2} = \frac{dp}{dy},$$

$$Z - \frac{d^2 w}{dt^2} = \frac{dp}{dz}.$$

Il faudra, en outre, leur adjoindre l'équation de continuité

$$\sum \frac{du}{dx} = 0$$

et les équations résultant des conditions aux limites : le déplacement u, v, w ne peut avoir de composante normale le long de la paroi, et sur la surface libre on doit avoir

$$p = \text{const.}$$

36. En raison des difficultés que présente le problème considéré dans toute sa généralité, nous procéderons par étapes successives en traitant une série de cas de plus en plus compliqués.

Nous nous occuperons d'abord des oscillations d'un liquide pesant dans un vase, en négligeant la courbure de la Terre, la force centrifuge composée et l'attraction du bourrelet sur lui-même.

En second lieu, nous aborderons les oscillations d'un liquide recouvrant une sphère non tournante, c'est-à-dire que nous tiendrons compte de la courbure, mais nous négligerons encore la force centrifuge composée.

Ensuite, nous étudierons les oscillations d'un liquide dans un vase tournant, c'est-à-dire que nous négligerons la courbure, mais en considérant cette fois la force centrifuge composée.

Enfin, nous tiendrons compte de tous les éléments du problème en étudiant les oscillations d'un liquide pesant recouvrant tout ou partie d'une sphère tournante ; même, dans certains cas, nous verrons quelle peut être l'influence de l'attraction du bourrelet.

37. **Oscillations d'un liquide pesant dans un vase.** — Nous avons trouvé les équations fondamentales

$$\frac{d^2 u}{dt^2} = X - \frac{dp}{dx},$$

$$\frac{d^2 v}{dt^2} = Y - \frac{dp}{dy},$$

$$\frac{d^2 w}{dt^2} = Z - \frac{dp}{dz};$$

u, v, w étant les composantes du déplacement ; $X\,dm$, $Y\,dm$, $Z\,dm$ celles de la force appliquée à l'élément dm ; p la pression ; la densité du liquide étant prise d'ailleurs pour unité.

Nous supposerons la force X, Y, Z soumise à un potentiel V,

$$X\,dx + Y\,dy + Z\,dz = dV.$$

Ce potentiel se compose ici du potentiel dû à la pesanteur et de celui des forces extérieures. La pesanteur n'est pas une force troublante, c'est elle qui engendre H_0; on peut prendre son potentiel égal à gz en comptant les z positifs vers le bas.

Les forces extérieures se réduisent à l'attraction des astres; cette attraction est soumise à un potentiel $P - P_0$ qui, ainsi que nous le savons, dépend du temps. Considérons un des éléments isochrones du développement de ce potentiel, et posons

$$V = gz + C\,e^{\lambda t};$$

C est une fonction connue de x, y, z.

Les équations du problème s'écrivent alors

$$\frac{d^2 u}{dt^2} = \frac{d}{dx}(V - p),$$

$$\frac{d^2 v}{dt^2} = \frac{d}{dy}(V - p),$$

$$\frac{d^2 w}{dt^2} = \frac{d}{dz}(V - p).$$

Sous l'influence des forces extérieures, le liquide du vase prendra des oscillations contraintes; par conséquent, les composantes u, v, w du déplacement, qui jouent ici le même rôle que les paramètres q relatifs à un système de points discrets, seront proportionnelles à $e^{\lambda t}$. Nous aurons donc, qu'il s'agisse d'ailleurs d'oscillations propres ou d'oscillations contraintes,

$$\frac{d^2 u}{dt^2} = \lambda^2 u, \qquad \frac{d^2 v}{dt^2} = \lambda^2 v, \qquad \frac{d^2 w}{dt^2} = \lambda^2 w,$$

et les équations deviendront

$$\lambda^2 u = \frac{d}{dx}(V - p),$$

$$\lambda^2 v = \frac{d}{dy}(V - p),$$

$$\lambda^2 w = \frac{d}{dz}(V - p),$$

λ^2 étant essentiellement négatif.

Si maintenant nous posons

$$\lambda^2 \varphi = V - p,$$

les équations du problème prendront la forme simple

$$u = \frac{d\varphi}{dx},$$

$$v = \frac{d\varphi}{dy},$$

$$w = \frac{d\varphi}{dz}.$$

On voit que φ est un potentiel analogue à un potentiel des vitesses : c'est une fonction de x, y, z, multipliée par le facteur $e^{\lambda t}$ qu'il nous arrivera parfois de sous-entendre dans ce qui suit.

Quant à l'équation de continuité, elle s'écrira

$$\Delta\varphi = 0,$$

Δ désignant, comme d'ordinaire, le laplacien de la fonction φ. φ devra satisfaire à cette dernière équation en tous les points à l'intérieur du vase ; mais, en plus, φ devra satisfaire aux conditions aux limites.

Quelles seront ces conditions? Il nous faut distinguer entre les parois et la surface libre.

En un point quelconque des parois, le déplacement doit être tangent à la surface de la paroi ; donc

$$\alpha u + \beta v + \gamma w = 0,$$

α, β, γ étant les cosinus directeurs de la normale. Par suite, la fonction φ est assujettie sur la paroi solide à la condition

$$\alpha \frac{d\varphi}{dx} + \beta \frac{d\varphi}{dy} + \gamma \frac{d\varphi}{dz} = 0,$$

qui peut s'écrire encore

$$\frac{d\varphi}{dn} = 0,$$

en désignant par dn le petit élément de la normale à la paroi dont les composantes suivant les axes sont respectivement dx, dy, dz.

Sur la surface libre, la condition à remplir est que la pression p soit égale à la pression atmosphérique. Nous devrons donc avoir

$$\lambda^2\varphi - V = \text{const.}$$

Or, quelle est la valeur de V sur la surface libre?

Soit V_0 la valeur de V sur la surface d'équilibre, que nous prendrons comme plan des xy, l'axe des z étant dirigé vers le bas. On aura

$$V_0 = Ce^{\lambda t},$$

C ayant une valeur connue au point considéré de la surface.

En ce point, élevons une perpendiculaire à la surface d'équilibre jusqu'à sa rencontre avec la surface libre, et soit ζ la longueur de cette perpendiculaire comptée positivement vers le bas; nous aurons

$$V = V_0 + \frac{dV}{dz}\zeta.$$

Or, nous pourrons prendre simplement

$$\frac{dV}{dz} = g,$$

car le potentiel des astres peut être considéré comme constant quand on passe de la surface d'équilibre à la surface libre. De plus, ζ est la composante normale du déplacement; c'est donc $\frac{d\varphi}{dz}$.

Par suite, à la surface libre,

$$V = g\frac{d\varphi}{dz} + Ce^{\lambda t},$$

et la condition à cette surface sera

$$\lambda^2\varphi - g\frac{d\varphi}{dz} - Ce^{\lambda t} = 0,$$

car, φ n'étant définie que par ses dérivées, la constante peut être supposée nulle.

Ainsi, la fonction φ doit satisfaire aux conditions suivantes :

1° A l'intérieur du vase, on doit avoir

$$\Delta\varphi = 0;$$

2° Sur les parois solides

$$\frac{d\varphi}{dn} = 0;$$

3° A la surface libre

$$\lambda^2 \varphi - g\frac{d\varphi}{dz} - Ce^{\lambda t} = 0.$$

S'il s'agit d'oscillations contraintes, λ et C sont des données. S'il s'agit d'oscillations propres, λ est une inconnue à déterminer, mais $C = 0$, et la dernière condition se réduit à

$$\lambda^2 \varphi = g\frac{d\varphi}{dz}.$$

38. **Cas où la profondeur du vase est infiniment petite.** — Nous avons le droit de faire cette hypothèse, parce que la profondeur de la mer est très petite par rapport à la longueur d'onde d'une ondulation de la marée. En effet, on peut admettre pour la mer une profondeur moyenne de 5^{km}, tandis que la longueur d'une onde marée est comparable aux dimensions mêmes des bassins océaniques.

De même que précédemment, nous négligeons encore la sphéricité et la force centrifuge composée. Soit h la profondeur; z est également très petit, et l'on peut développer φ suivant les puissances croissantes de z :

$$\varphi = \varphi_0 + \varphi_1 z + \varphi_2 z^2 + \ldots,$$

$\varphi_0, \varphi_1, \varphi_2, \ldots$ étant des fonctions de x et de y, multipliées par $e^{\lambda t}$.

A quelles conditions devront satisfaire ces fonctions?

A l'intérieur, on devra avoir

$$\Delta\varphi = 0.$$

Or

$$\frac{d^2\varphi}{dx^2} + \frac{d^2\varphi}{dy^2} = \Delta\varphi_0 + z\,\Delta\varphi_1 + z^2\,\Delta\varphi_2 + \ldots,$$

$$\frac{d^2\varphi}{dz^2} = 2\varphi_2 + 6z\varphi_3 + \ldots;$$

donc

$$\Delta\varphi = \Delta\varphi_0 + 2\varphi_2 + z(\Delta\varphi_1 + 6\varphi_3) + \ldots,$$

les termes négligés étant du second ordre.

La condition $\Delta\varphi = 0$ devant être satisfaite pour $z = 0$, on devra avoir entre φ_0 et φ_2 la relation

(1) $$\Delta\varphi_0 + 2\varphi_2 = 0.$$

Au fond, nous aurons

$$\frac{d\varphi}{dn} = \alpha\frac{d\varphi}{dx} + \beta\frac{d\varphi}{dy} + \gamma\frac{d\varphi}{dz} = 0,$$

α, β, γ étant les cosinus directeurs de la normale au fond, ou des quantités proportionnelles à ces cosinus. Or, la surface du fond a pour équation

$$z = h = f(x, y),$$

et les cosinus directeurs de la normale sont proportionnels à $\frac{dh}{dx}$, $\frac{dh}{dy}$ et -1. La condition au fond s'écrit donc

$$\frac{d\varphi}{dz} = \frac{dh}{dx}\frac{d\varphi}{dx} + \frac{dh}{dy}\frac{d\varphi}{dy},$$

ou, plus simplement,

$$(2) \qquad \frac{d\varphi}{dz} = \sum \frac{dh}{dx}\frac{d\varphi}{dx}.$$

Maintenant

$$\frac{d\varphi}{dz} = \varphi_1 + 2\varphi_2 z,$$

en négligeant les termes en z^2; ce qui donne au fond, pour $z = h$, et en tenant compte de ce que $2\varphi_2 = -\Delta\varphi_0$,

$$\frac{d\varphi}{dz} = \varphi_1 - h\Delta\varphi_0.$$

Par conséquent,

$$(3) \qquad \varphi_1 = h\Delta\varphi_0 + \sum \frac{dh}{dx}\frac{d\varphi}{dx}.$$

Remarquons que, pour $z = h$, on a, en négligeant h^2,

$$\frac{d\varphi}{dx} = \frac{d\varphi_0}{dx} + h\frac{d\varphi_1}{dx}.$$

Par suite, dans $\sum \frac{dh}{dx}\frac{d\varphi}{dx}$, nous pourrons substituer $\frac{d\varphi_0}{dx}$ à $\frac{d\varphi}{dx}$, à condition toutefois de supposer que les dérivées de h sont également très petites. Sous cette réserve, la condition au fond nous donne entre φ_0 et φ_1 la relation

$$\varphi_1 = h\Delta\varphi_0 + \sum \frac{dh}{dx}\frac{d\varphi_0}{dx} = \sum \frac{d}{dx}\left(h\frac{d\varphi_0}{dx}\right). \tag{4}$$

Reste la condition à la surface libre. On doit avoir (§ 37)

$$\lambda^2\varphi - g\frac{d\varphi}{dz} - Ce^{\lambda t} = 0,$$

ce qui s'écrit ici, pour $z = 0$,

$$\lambda^2\varphi_0 - g\varphi_1 - Ce^{\lambda t} = 0,$$

ou, en tenant compte de (4),

$$\lambda^2\varphi_0 - g\sum \frac{d}{dx}\left(h\frac{d\varphi_0}{dx}\right) - Ce^{\lambda t} = 0. \tag{5}$$

Nous pouvons maintenant supprimer sans ambiguïté l'indice o, et nous voyons que le problème se ramène à la détermination d'une fonction φ de x et y qui, en tous les points de la surface libre, qui est une aire plane, doit satisfaire à l'équation (5)

$$\lambda^2\varphi = g\sum \frac{d}{dx}\left(h\frac{d\varphi}{dx}\right) - Ce^{\lambda t}.$$

φ étant proportionnel à $e^{\lambda t}$, on a, d'ailleurs, dans tous les cas,

$$\lambda^2\varphi = \frac{d^2\varphi}{dt^2}.$$

Pour les oscillations contraintes, l'équation du problème sera donc

$$\lambda^2\varphi = \frac{d^2\varphi}{dt^2} = g\sum \frac{d}{dx}\left(h\frac{d\varphi}{dx}\right) - Ce^{\lambda t}. \tag{6}$$

Pour les oscillations propres, cette équation sera

$$\lambda^2\varphi = \frac{d^2\varphi}{dt^2} = g\sum \frac{d}{dx}\left(h\frac{d\varphi}{dx}\right). \tag{6 bis}$$

La fonction φ devra, en outre, satisfaire aux conditions aux limites de l'aire plane.

Si le vase se termine par des parois verticales, sur ces parois les dérivées de h sont infinies et, par suite, les équations (6) établies dans l'hypothèse où ces dérivées sont très petites ne subsistent plus; mais la condition aux limites est très simple, la normale à la paroi se trouve dans le plan même de la surface libre, et l'on devra avoir

$$\frac{d\varphi}{dn} = 0.$$

Si, au contraire, la paroi est inclinée, cette condition ne donne plus rien, car il faudrait introduire la dérivée de φ par rapport à z. La condition aux limites est alors que φ devra rester fini. A première vue, cette condition peut paraître superflue, mais elle n'est cependant pas remplie d'elle-même. Supposons, en effet, que φ et h dépendent de x seulement; l'équation (6 *bis*) des oscillations propres se réduit alors à

$$h\varphi'' + h'\varphi' = \frac{\lambda^2}{g}\varphi.$$

Cette équation différentielle linéaire du second ordre admet, par hypothèse, une solution finie, mais elle en admet deux distinctes, et la seconde peut ne pas être finie. Soit ψ cette seconde solution,

$$h\psi'' + h'\psi' = \frac{\lambda^2}{g}\psi.$$

Entre φ et ψ existe donc la relation

$$h(\varphi''\psi - \psi''\varphi) + h'(\varphi'\psi - \psi'\varphi) = 0,$$

qui s'intègre immédiatement et donne

$$h(\varphi'\psi - \psi'\varphi) = C;$$

d'où

$$\psi = C\varphi \int \frac{dx}{h\varphi^2}.$$

Or, φ est fini par hypothèse; sur le bord, $h = 0$ et, par conséquent, la seconde solution est infinie et ne saurait convenir. Il est donc bien nécessaire d'énoncer la condition.

39. **Cas où la profondeur du vase est constante.** — Les parois seront alors verticales, et la condition aux limites sera $\frac{d\varphi}{dn} = 0$.

Supposons qu'il s'agisse d'un vase *rectangulaire*, dont les parois latérales seront les plans (*fig*. 5)

$$x = 0, \qquad y = 0,$$
$$x = a, \qquad y = b,$$

et proposons-nous d'étudier les oscillations propres du liquide qu'il renferme. h étant constant, l'équation (6 *bis*) se réduit à

$$\lambda^2 \varphi = gh\Delta\varphi.$$

On peut y satisfaire en prenant

$$\varphi = \cos\frac{\mu\pi x}{a}\cos\frac{\nu\pi y}{b}e^{\lambda t},$$

μ et ν étant des entiers.

Fig. 5.

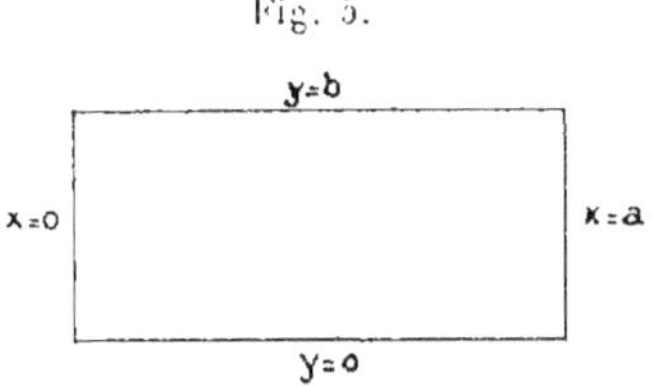

Nous voyons d'abord que les conditions aux parois seront remplies; en effet, $\frac{d\varphi}{dx}$, contenant en facteur $\sin\frac{\mu\pi x}{a}$, sera nul pour $x = 0$ et $x = a$; de même, $\frac{d\varphi}{dy}$ s'annulera pour $y = 0$ et $y = b$.

D'autre part, on aura

$$\Delta\varphi = -\varphi\pi^2\left(\frac{\mu^2}{a^2} + \frac{\nu^2}{b^2}\right) = -\varphi\pi^2\sum\frac{\mu^2}{a^2}.$$

L'équation du problème sera donc satisfaite si l'on prend

$$\lambda^2 = -gh\pi^2\sum\frac{\mu^2}{a^2}.$$

Il suffira de donner à μ et ν toutes les valeurs entières possibles et l'on obtiendra ainsi toutes celles de λ, qui sont purement imaginaires.

La fonction φ correspondant à une des périodes d'oscillations propres étant ainsi connue, on obtiendrait facilement, d'après les formules du paragraphe précédent, la fonction φ_1 et, par suite, le déplacement vertical

$$\zeta = \left(\frac{d\varphi}{dz}\right)_0 = \varphi_1 = \sum \frac{d}{dx}\left(h\frac{d\varphi}{dx}\right)$$

d'un point de la surface d'équilibre. Le problème est donc complètement résolu.

Il nous reste cependant à montrer qu'il ne comporte pas d'autres solutions. Pour cela, décomposons le plan en une série de rectangles par des parallèles aux axes

$$x = \mu a, \qquad y = \nu b.$$

La fonction φ n'est définie que dans le premier de ces rectangles. Nous la définirons dans tout le plan, par symétrie, en admettant que φ reprenne la même valeur en des points également distants, de part et d'autre d'un côté. Si l'on considère un des axes de symétrie, des deux côtés de cette coupure, la fonction reprend la même valeur; elle est donc continue. Il en sera de même de ses dérivées d'ordre pair; tandis que ses dérivées d'ordre impair, changeant de signe, ne seront pas continues, en général, sur les lèvres de la coupure : seules seront continues celles qui s'annuleront sur la coupure. C'est précisément le cas de la dérivée première, puisque $\frac{d\varphi}{dn} = 0$ sur les côtés du premier rectangle.

La fonction φ et ses dérivées premières et secondes sont donc continues dans tout le plan. Nous pourrons, par suite, développer φ, qui est essentiellement périodique, sous la forme

$$\varphi = \sum A \cos\frac{\mu\pi x}{a}\cos\frac{\nu\pi y}{b},$$

et nous pourrons différentier terme à terme deux fois, ce qui donne

$$\Delta\varphi = \sum A\left(-\pi^2\sum\frac{\mu^2}{a^2}\right)\cos\frac{\mu\pi x}{a}\cos\frac{\nu\pi y}{b}.$$

Si nous substituons ces valeurs dans l'équation

$$\lambda^2\varphi = gh\Delta\varphi,$$

nous aurons

$$\sum A\cos\frac{\mu\pi x}{a}\cos\frac{\nu\pi y}{b}\left(\lambda^2 + gh\pi^2\sum\frac{\mu^2}{a^2}\right) = 0,$$

et cette expression doit être identiquement nulle. Il faut donc que tous les coefficients soient nuls, c'est-à-dire que

$$A\left(\lambda^2 + gh\pi^2 \sum \frac{\mu^2}{a^2}\right) = 0.$$

Par conséquent, ou bien tous les A sont nuls, auquel cas φ est identiquement nul; ou bien λ^2 est tel qu'il annule un des coefficients

$$\lambda^2 + gh\pi^2 \sum \frac{\mu^2}{a^2} = 0.$$

Alors le coefficient A correspondant est différent de zéro; on peut le prendre égal à 1, et tous les autres A sont nuls. Nous retombons ainsi sur la solution précédente.

Il n'y en a donc pas d'autre.

40. **Interprétation des résultats précédents. Ondes stationnaires par réflexion.** — On peut donner des résultats qui viennent d'être obtenus une interprétation facile. Nous avons trouvé que l'équation des oscillations propres d'un liquide contenu dans un vase rectangulaire était

$$\lambda^2 \varphi = \frac{d^2 \varphi}{dt^2} = gh\,\Delta\varphi.$$

Si l'on suppose que φ ne dépende pas de y, cette équation se réduira à

$$\frac{d^2 \varphi}{dt^2} = gh\,\frac{d^2 \varphi}{dx^2}.$$

C'est l'équation des cordes vibrantes. On sait qu'elle admet pour solution générale

$$\varphi = F(t - \alpha x) + F_1(t + \alpha x),$$

en prenant $\alpha = \dfrac{1}{\sqrt{gh}}$.

Le premier terme de φ représente une onde plane se propageant dans le sens des x positifs avec la vitesse $\sqrt{gh}$; le deuxième terme représente une onde plane se propageant avec la même vitesse dans le sens des x négatifs.

Considérons l'une quelconque de ces ondes, F par exemple, et supposons qu'elle rencontre la paroi verticale $x = 0$.

Sur cette paroi, nous devrons avoir $\frac{d\varphi}{dx} = 0$, c'est-à-dire

$$F'(t) - F'_1(t) = 0.$$

Donc

$$F' = F'_1$$

et, par suite,

$$F = F_1.$$

Ceci montre qu'il y a réflexion complète de l'onde sur la paroi verticale et que les deux termes de φ représentent, l'un l'onde incidente, l'autre l'onde réfléchie.

Chacune de ces ondes aura la période $\tau = \frac{2\pi}{i\lambda}$ du facteur $e^{\lambda t}$ et, comme la vitesse de propagation est $\frac{1}{\alpha}$, la longueur d'onde sera $\Lambda = \frac{\tau}{\alpha} = \frac{2\pi}{i\lambda\alpha}$. L'expression de chaque onde sera donc

$$\cos 2\pi\left(\frac{t}{\tau} \mp \frac{x}{\lambda}\right) = \cos i\lambda(t \mp \alpha x)$$

et leur ensemble constituera, après réflexion sur la paroi, une onde stationnaire

$$\varphi = 2\cos i\lambda\alpha x \cos i\lambda t.$$

Imaginons maintenant dans le bassin rectangulaire considéré au paragraphe 39 une onde de perturbation se dirigeant de l'origine vers la droite. Elle va heurter la paroi $x = a$, se réfléchir en arrière, heurter $x = 0$, se réfléchir de nouveau. et ainsi de suite. Toutes ces diverses ondes vont interférer et se détruiront en général. Mais, si la longueur d'onde est convenable, elles pourront s'ajouter et donner naissance à une oscillation propre, analogue à celle des tuyaux sonores ou d'une corde fixée à ses deux extrémités.

Cette oscillation propre ne pourra se produire que si la longueur a du bassin est un multiple de la demi-longueur d'onde $\frac{\pi}{i\lambda\alpha}$. Nous devons donc retrouver toutes les solutions précédentes correspondant à $\nu = 0$ en choisissant λ de telle sorte qu'on ait

$$a = \frac{\mu\pi}{i\lambda\alpha},$$

μ étant un entier quelconque. Il en résulte $i\lambda\alpha = \frac{\mu\pi}{a}$ et, par suite,

$$\varphi = \cos\frac{\mu\pi x}{a} e^{\lambda t},$$

c'est-à-dire, effectivement, les solutions du paragraphe 39.

L'interprétation des solutions correspondant à $\nu \neq 0$ peut se faire d'une manière analogue, en considérant, non plus une onde normale à l'axe des x, mais une onde oblique. Nous tâcherons alors de satisfaire à l'équation générale

$$\frac{d^2\varphi}{dt^2} = gh\,\Delta\varphi$$

en prenant

$$\varphi = \mathrm{F}(t - \alpha x - \beta y),$$

ce qui représente une onde plane dont le plan a une direction quelconque.

La substitution dans l'équation différentielle donne

$$\mathrm{F}'' = gh(\alpha^2 + \beta^2)\mathrm{F}'',$$

d'où la condition

$$\alpha^2 + \beta^2 = \frac{1}{gh}.$$

Imaginons maintenant une rencontre avec la paroi $x = 0$. Nous poserons, pour représenter le système des deux ondes,

$$\varphi = \mathrm{F}(t - \alpha x - \beta y) + \mathrm{F}_1(t + \alpha x - \beta y).$$

La fonction F_1 doit avoir, en effet, tout le long de la paroi réfléchissante $x = 0$, le même argument $t - \beta y$ que la fonction F. De plus, sur cette paroi, on doit avoir $\dfrac{d\varphi}{dx} = 0$; donc

$$\mathrm{F}'(t - \beta y) - \mathrm{F}'_1(t - \beta y) = 0,$$

ce qui entraîne

$$\mathrm{F} = \mathrm{F}_1.$$

Il y a donc encore réflexion, et l'on retrouve bien les lois ordinaires de la réflexion, c'est-à-dire l'égalité entre les angles des normales aux ondes et à la paroi.

L'onde incidente primitive se réfléchira sur les quatre parois, et nous aurons quatre directions possibles de propagation, symétriques deux à deux. Pour qu'il en résulte une oscillation propre, il faudra que la fonction φ représentant l'ensemble de ces ondes soit

$$\cos\frac{\mu\pi x}{a}\cos\frac{\nu\pi y}{b}\cos i\lambda t,$$

λ^2 ayant ici la valeur $-\dfrac{\pi^2}{\alpha^2+\beta^2}\sum\dfrac{\mu^2}{a^2}$.

41. Cas où la profondeur du vase est constante, mais finie. — Nous nous sommes placés jusqu'ici dans l'hypothèse d'une profondeur infiniment petite, ce qui se rapproche sensiblement des conditions du problème des marées; mais on peut traiter très facilement aussi le cas plus général d'une profondeur finie. Soit h cette profondeur, supposée constante. Au fond, c'est-à-dire pour $z = h$, nous devrons avoir $\frac{d\varphi}{dz} = 0$ et, sur les parois latérales, $\frac{d\varphi}{dn} = 0$.

Nous allons montrer qu'on peut satisfaire aux conditions du problème en prenant

$$\varphi = \varphi_1(x, y)\,\varphi_2(z).$$

Considérons d'abord l'équation $\Delta\varphi = 0$. Il faut que nous ayons

$$\Delta\varphi = \varphi_2\,\Delta\varphi_1 + \varphi_1\,\Delta\varphi_2 = 0;$$

donc

$$\frac{\Delta\varphi_1}{\varphi_1} = -\frac{\Delta\varphi_2}{\varphi_2}.$$

Or, le premier terme de cette égalité ne dépend que de x et y, le second dépend de z seulement. Il faut, par suite, qu'ils soient constants; d'où la condition

$$\frac{\Delta\varphi_1}{\varphi_1} = -\frac{\Delta\varphi_2}{\varphi_2} = -k^2,$$

qui nous fournit les deux relations

$$(1)\qquad \begin{cases} \Delta\varphi_1 + k^2\varphi_1 = 0, \\ \dfrac{d^2\varphi_2}{dz^2} - k^2\varphi_2 = 0; \end{cases}$$

φ_1 et φ_2 devront satisfaire à ces conditions pour que l'équation de continuité soit satisfaite.

Voyons maintenant ce qui se passe sur les parois latérales.

Comme $\gamma = 0$, nous devrons avoir

$$\alpha\frac{d\varphi}{dx} + \beta\frac{d\varphi}{dy} = 0,$$

c'est-à-dire, puisque φ_2 ne dépend que de z,

$$\varphi_2\left(\alpha\frac{d\varphi_1}{dx} + \beta\frac{d\varphi_1}{dy}\right) = 0,$$

$$\varphi_2\frac{d\varphi_1}{dn} = 0,$$

d'où

$$\frac{d\varphi_1}{dn} = 0. \tag{2}$$

Ainsi, la fonction φ_1 doit satisfaire aux deux conditions suivantes :

$$\Delta\varphi_1 + k^2\varphi_1 = 0, \qquad \text{à l'intérieur,}$$

$$\frac{d\varphi_1}{dn} = 0, \qquad \text{sur le contour de la surface.}$$

La fonction φ_2 va se trouver assujettie, à son tour, par les conditions à la surface libre et au fond.

Pour $z = 0$, nous devrons avoir, dans le cas des oscillations propres,

$$\lambda^2\varphi - g\frac{d\varphi}{dz} = 0,$$

ce qui donne ici, en supprimant le facteur commun φ_1,

$$\lambda^2\varphi_2 - g\frac{d\varphi_2}{dz} = 0. \tag{3}$$

Enfin, pour $z = h$, nous aurons

$$\frac{d\varphi_2}{dz} = 0. \tag{4}$$

φ_2 doit satisfaire, en outre, à la seconde des équations (1), laquelle admet pour intégrale générale

$$\varphi_2 = A e^{kz} + B e^{-kz}. \tag{5}$$

On tire de là

$$\frac{d\varphi_2}{dz} = A k e^{kz} - B k e^{-kz},$$

d'où, pour $z = 0$,

$$\frac{d\varphi_2}{dz} = (A - B)k \qquad \text{et} \qquad \varphi_2 = A + B$$

et, pour $z = h$,

$$\frac{d\varphi_2}{dz} = A k e^{kh} - B k e^{-kh}.$$

Les deux conditions à la surface libre et au fond nous fournissent donc les relations

$$g(\mathrm{A}-\mathrm{B})k = \lambda^2(\mathrm{A}+\mathrm{B}),$$
$$\mathrm{A}e^{kh} - \mathrm{B}e^{-kh} = 0,$$

d'où l'on tire

$$\mathrm{B} = \mathrm{A}e^{2kh}$$

et

$$(6) \qquad \frac{\lambda^2}{g} = k\frac{1-e^{2kh}}{1+e^{2kh}}.$$

Si donc on a choisi k de manière à satisfaire à la première des équations (1) qui définit φ_1, on aura

$$\varphi_2 = \mathrm{A}(e^{kz} + e^{2kh}e^{-kz})$$

et la relation (6) déterminera λ. Le problème est, par suite, entièrement résolu.

Dans le cas particulier d'un vase rectangulaire, traité au paragraphe 39 pour une profondeur infiniment petite, on pourra prendre

$$\varphi_1 = \cos\frac{\mu\pi x}{a}\cos\frac{\nu\pi y}{b},$$

à condition d'attribuer à k^2 en vertu de (1) la valeur

$$k^2 = \pi^2\sum\frac{\mu^2}{a^2}.$$

On voit que nous avons ici

$$\lambda^2 = g\pi\sqrt{\sum\frac{\mu^2}{a^2}}\,\frac{1-e^{2kh}}{1+e^{2kh}},$$

tandis que nous avions trouvé, dans le cas où l'on négligeait les termes en h^2,

$$\lambda^2 = -gh\pi^2\sum\frac{\mu^2}{a^2}.$$

Mais la première valeur se réduit à la seconde si l'on suppose petit, car le facteur contenant des exponentielles devient alors

$$-kh = -\pi h\sqrt{\sum\frac{\mu^2}{a^2}}.$$

42. Vitesse de propagation d'une onde plane dans un canal indéfini. — Nous avons vu au paragraphe 40 que, dans le cas d'une profondeur constante infiniment petite, la vitesse d'une onde plane qui se propage parallèlement à Ox est égale à $\sqrt{gh}$ et ne dépend, par suite, que de cette profondeur.

Ce résultat ne subsiste plus dans le cas d'une profondeur finie : la vitesse de propagation est alors fonction, à la fois, de la profondeur et de la longueur d'onde.

En effet, nous avons alors

$$\Delta\varphi_1 + k^2\varphi_1 = 0,$$

équation qui, en tenant compte de ce que $\lambda^2\varphi_1 = \frac{d^2\varphi_1}{dt^2}$, se réduit, dans le cas où φ_1 ne dépend pas de y, à

$$\frac{d^2\varphi_1}{dt^2} = -\frac{\lambda^2}{k^2}\frac{d^2\varphi_1}{dx^2}.$$

L'onde se propagera donc avec une vitesse

$$\sqrt{-\frac{\lambda^2}{k^2}} = \sqrt{\frac{g}{k}\frac{e^{2kh}-1}{e^{2kh}+1}}.$$

Cette vitesse est bien fonction, non seulement de h, mais encore de k, c'est-à-dire de la longueur d'onde qui est égale ici à $\frac{2\pi}{k}$.

Si h était infiniment grand, la vitesse de propagation serait $\sqrt{\frac{g}{k}}$, c'est-à-dire proportionnelle à la racine carrée de la longueur d'onde $\Lambda\left(c = \sqrt{\frac{g\Lambda}{2\pi}}\right)$.

Si, au contraire, h est infiniment petit, on retrouve bien, en négligeant les quantités de l'ordre de h^2, une vitesse égale à $\sqrt{gh}$, indépendante de la longueur d'onde. C'est le cas des marées ainsi que nous l'avons déjà fait remarquer.

Si l'onde considérée est oblique par rapport à l'axe Ox de notre canal indéfini, φ_1 ne sera plus indépendant de y, mais proportionnel à $\cos\frac{\nu\pi y}{b}$, et nous aurons

$$\frac{d^2\varphi_1}{dy^2} = -\frac{\nu^2\pi^2}{b^2}\varphi_1.$$

Par suite,

$$\frac{d^2\varphi_1}{dx^2} = -k^2\varphi_1 + \frac{\nu^2\pi^2}{b^2}\varphi_1 = -\left(k^2 - \frac{\nu^2\pi^2}{b^2}\right)\varphi_1$$

ou

$$\frac{d^2\varphi_1}{dt^2} = -\frac{\lambda^2}{k^2 - \frac{\nu^2\pi^2}{b^2}}\frac{d^2\varphi_1}{dx^2}.$$

Ce n'est pas autre chose que l'équation relative à la propagation de l'onde normale, dans laquelle on a remplacé k^2 par $k^2 - \frac{\nu^2\pi^2}{b^2}$.

Par suite, l'onde oblique considérée paraîtra se propager dans le canal avec une vitesse égale à

$$\sqrt{-\frac{\lambda^2}{k^2 - \frac{\nu^2\pi^2}{b^2}}},$$

vitesse supérieure à celle de l'onde normale.

On se rend compte aisément de cette différence. Il faut considérer non seulement l'onde primitive, mais encore l'onde réfléchie : c'est pourquoi la longueur d'onde apparente de l'oscillation résultante sera ac, plus grande que la longueur d'onde normale ab.

Fig. 5 *bis*.

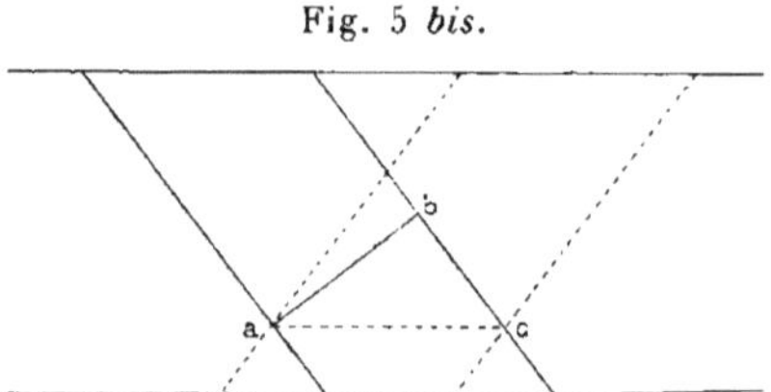

Si le canal, au lieu d'être indéfini, constitue un bassin rectangulaire de longueur a, il ne pourra naître d'oscillations propres qu'autant que a sera un multiple de la demi-longueur d'onde apparente, c'est-à-dire qu'on devra avoir

$$a = \frac{\mu\pi}{\sqrt{k^2 - \frac{\nu^2\pi^2}{b^2}}}.$$

On retrouve bien ainsi la condition

$$k^2 = \pi^2 \sum \frac{\mu^2}{a^2}.$$

43. Propagation dans un canal de profondeur discontinue. — Supposons maintenant que le canal considéré présente une variation de profondeur, mais une variation discontinue. Par exemple, pour $x < 0$, nous aurons une profondeur h, pour $x > 0$ une profondeur h', et pour $x = 0$ la profondeur passera brusquement de h à h' (*fig.* 6).

Fig. 6.

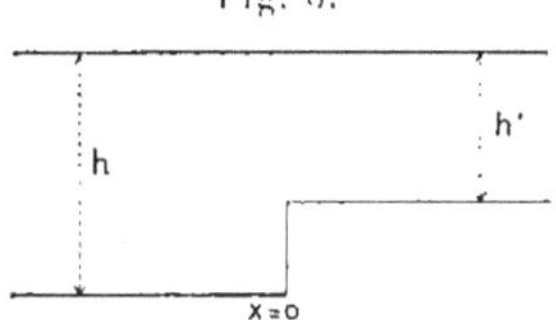

Pour nous rapprocher des conditions du problème des marées, nous admettrons que ces profondeurs sont infiniment petites par rapport à la longueur d'onde.

Considérons dans le premier bief $x < 0$ une onde incidente normale se propageant dans le sens des x positifs. A sa rencontre avec le seuil $x = 0$, cette onde éprouvera une réflexion partielle; de sorte que le mouvement dans le premier bief dépendra d'une fonction

$$\varphi = F(t - \alpha x) + F_1(t - \alpha x),$$

expression dans laquelle on a $\alpha = \frac{1}{\sqrt{gh}}$.

Dans le deuxième bief $x > 0$, se propagera une seule onde réfractée, et nous aurons

$$\varphi = F_2(t - \alpha' x)$$

avec $\alpha' = \frac{1}{\sqrt{gh'}}$.

Quelles relations aurons-nous entre les fonctions F, F_1 et F_2?

D'abord, pour $x = 0$, φ doit être continu; donc

$$F + F_1 = F_2.$$

En second lieu $\frac{d\varphi}{dx}$ n'est pas continu, mais $h\frac{d\varphi}{dx}$ reste continu.

En effet, en nous reportant aux notations du paragraphe 38, nous voyons que la surélévation ζ est égale à φ_1, en négligeant les termes de l'ordre de h^2; et, d'après la formule (4),

$$= \sum \frac{d}{dx}\left(h\frac{d\varphi}{dx}\right).$$

Ici, la fonction φ ne dépendant pas de y, nous aurons simplement

$$\zeta = \frac{d}{dx}\left(h\frac{d\varphi}{dx}\right).$$

Si donc $h\frac{d\varphi}{dx}$ était discontinu, ζ serait infini, ce qui est impossible.

Exprimons donc que, pour $x = 0$, la valeur de $h\frac{d\varphi}{dx}$ est la même des deux côtés du seuil; nous obtiendrons la relation

$$\alpha h F'(t) - \alpha h F'_1(t) = \alpha' h' F'_2(t),$$

d'où l'on tire, en intégrant,

$$\alpha h(F - F_1) = \alpha' h' F_2.$$

Cette relation, combinée avec

$$F + F_1 = F_2,$$

nous déterminera F_1 et F_2, connaissant F. On a, d'ailleurs,

$$\frac{\alpha' h'}{\alpha h} = \sqrt{\frac{h'}{h}}.$$

Si donc $h' < h$, on aura $F_2 > F$.

41. Voyons maintenant ce qui se passe dans le cas d'une onde oblique. Nous aurons, pour $x < 0$,

$$\varphi = F(t - \alpha x - \beta y) + F_1(t + \alpha x - \beta y)$$

avec la condition (§ 40)

$$\alpha^2 + \beta^2 = \frac{1}{gh}.$$

Pour $x > 0$, nous aurons seulement l'onde réfractée

$$\varphi = F_2(t - \alpha' x - \beta y),$$

la valeur de β devant rester la même, car autrement il n'y aurait pas raccordement pour $x = 0$; de plus,

$$\alpha'^2 + \beta^2 = \frac{1}{gh'}.$$

Écrivons que, pour $x = 0$, φ reste continu; il vient

$$F(t - \beta y) + F_1(t - \beta y) = F_2(t - \beta y).$$

c'est-à-dire

$$F + F_1 = F_2$$

comme précédemment.

Je dis que $h\frac{d\varphi}{dx}$ reste encore continu. En effet,

$$\zeta = \sum \frac{d}{dx}\left(h\frac{d\varphi}{dx}\right) = \frac{d}{dx}\left(h\frac{d\varphi}{dx}\right) + \frac{d}{dy}\left(h\frac{d\varphi}{dy}\right).$$

Si donc $h\frac{d\varphi}{dx}$ ne restait pas continu, il faudrait, ou bien que ζ devienne infini, ce qui est impossible, ou bien que $\frac{d\varphi}{dy}$, c'est-à-dire φ, devienne infini, ce qui est impossible également. Nous retrouverons alors, en exprimant cette continuité, la même équation que tout à l'heure, où l'argument t sera remplacé par $t - \beta y$. Finalement, nous aurons encore les deux équations

$$F + F_1 = F_2,$$
$$\alpha h(F - F_1) = \alpha' h' F_2,$$

d'où l'on tirera F_1 et F_2.

Ce sont les mêmes équations que pour l'onde normale; seulement, le rapport $\frac{\alpha' h'}{\alpha h}$ n'est plus égal à $\sqrt{\frac{h'}{h}}$.

Fig. 7.

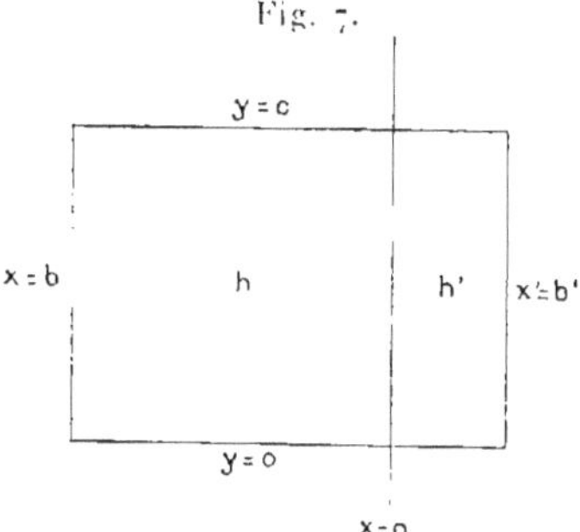

45. **Oscillations propres d'un bassin rectangulaire partagé en deux biefs où la profondeur reste constante.** — Imaginons que le canal indéfini que nous venons de considérer soit limité par deux parois verticales $x = -b$, $x = +b'$, le seuil restant $x = 0$. Dans le bief de gauche, nous avons la profondeur constante h; dans le bief de droite, la profondeur constante h' : h et h' sont supposés infiniment petits.

Cherchons quelles seront les oscillations propres de ce bassin.

Il faut trouver une fonction φ de x et y satisfaisant à la condition

$$\lambda^2 \varphi = gh\,\Delta\varphi.$$

Posons, dans le premier bief, pour $x < 0$,

$$\varphi = \mathrm{A}\,e^{\lambda t} \cos i\lambda\alpha(x+b).$$

On aura

$$\frac{d^2\varphi}{dx^2} = \lambda^2\alpha^2\varphi,$$

$$\frac{d\varphi}{dy} = 0, \qquad \frac{d^2\varphi}{dy^2} = 0.$$

Les conditions aux limites sont satisfaites sur $y = 0$ et sur $y = c$. Elles le sont également sur $x = -b$, puisque alors $\frac{d\varphi}{dx} = 0$.

On voit alors que φ satisfera à l'équation différentielle, à condition de prendre

$$\alpha = \frac{1}{\sqrt{gh}}.$$

Dans le deuxième bief, posons de même

$$\varphi = \mathrm{A}'e^{\lambda t} \cos i\lambda\alpha'(x-b').$$

Les conditions aux limites sont satisfaites également, et l'équation différentielle le sera si

$$\alpha' = \frac{1}{\sqrt{gh'}}.$$

Maintenant, écrivons que la fonction φ est continue, c'est-à-dire qu'elle prend la même valeur de part et d'autre de $x = 0$. On aura

$$\mathrm{A} \cos i\lambda\alpha b = \mathrm{A}' \cos i\lambda\alpha' b'.$$

De plus, ainsi que nous l'avons déjà montré (§ 43), $h\frac{d\varphi}{dx}$ doit être continu, donc avoir la même valeur sur les deux lèvres de la coupure; par suite,

$$\mathrm{A}\alpha h \sin i\lambda\alpha b = -\mathrm{A}'\alpha' h' \sin i\lambda\alpha' b'.$$

Divisant membre à membre ces deux dernières équations, on obtient

$$\alpha h \,\mathrm{tang}\, i\lambda\alpha b + \alpha' h' \,\mathrm{tang}\, i\lambda\alpha' b' = 0.$$

Telle est l'équation qui nous donnera les différentes valeurs de λ définissant les périodes des oscillations propres.

Nous voyons d'abord que, si $h = h'$, nous retrouvons bien les valeurs correspondant au cas d'un bassin rectangulaire de profondeur constante. En effet, comme alors $\alpha = \alpha'$, l'équation en λ se réduit à

$$\operatorname{tang} i\lambda\alpha b + \operatorname{tang} i\lambda\alpha b' = 0,$$

d'où l'on tire

$$i\lambda\alpha(b + b') = \mu\pi,$$

μ étant un entier. En posant $b + b' = a$, on retrouve bien la condition

$$i\lambda\alpha = \frac{\mu\pi}{a}.$$

Si, au contraire, nous supposons $h' < h$, α' et α seront différents, et nous aurons

$$\frac{\alpha' h'}{\alpha h} = \sqrt{\frac{h'}{h}};$$

donc

$$\alpha' h' < \alpha h$$

et, par suite,

$$|\operatorname{tang} i\lambda\alpha b| < |\operatorname{tang} i\lambda\alpha' b'|.$$

Les arguments $i\lambda\alpha b$ et $i\lambda\alpha' b'$ sont réels; les cosinus décroissent en valeur absolue lorsque les tangentes croissent : donc

$$|\cos i\lambda\alpha b| > |\cos i\lambda\alpha' b'|.$$

Il en résulte que

$$A' > A.$$

L'amplitude de la marée sera donc plus grande dans le bief de profondeur moindre; c'est là un résultat qui trouvera son application dans un grand nombre d'exemples concrets.

46. Le problème admet encore d'autres solutions, plus générales que celles que nous venons d'étudier.

Posons, pour $x < 0$,

$$\varphi = A\, e^{\lambda t} \cos\frac{\nu\pi y}{c} \cos i\lambda\alpha(x + b),$$

et, pour $x > 0$,

$$\varphi = A' e^{\lambda t} \cos\frac{\nu\pi y}{c} \cos i\lambda\alpha'(x - b').$$

Nous aurons alors

$$\frac{d^2\varphi}{dx^2} = \lambda^2 \alpha^2 \varphi,$$

$$\frac{d^2\varphi}{dy^2} = -\frac{\nu^2\pi^2}{c^2}\varphi.$$

Pour que l'équation différentielle soit satisfaite, on devra avoir, dans le premier bief,

$$\lambda^2\alpha^2 - \frac{\nu^2\pi^2}{c^2} = \frac{\lambda^2}{gh}$$

et, de même, dans le second bief,

$$\lambda^2\alpha'^2 - \frac{\nu^2\pi^2}{c^2} = \frac{\lambda^2}{gh'}.$$

On voit tout de suite que les conditions aux limites sont encore satisfaites.

Quant aux conditions de continuité de φ et de $h\frac{d\varphi}{dx}$ pour $x = 0$, elles resteront exactement les mêmes; seulement, $\frac{\alpha' h'}{\alpha h}$ ne sera plus égal à $\sqrt{\frac{h'}{h}}$. Dans l'équation en λ

$$\lambda\alpha h \operatorname{tang} i\lambda\alpha b + \lambda\alpha' h' \operatorname{tang} i\lambda\alpha' b' = 0,$$

on remplacera respectivement $\lambda\alpha$ et $\lambda\alpha'$ par $\sqrt{\frac{\lambda^2}{gh} + \frac{\nu^2\pi^2}{c^2}}$ et $\sqrt{\frac{\lambda^2}{gh'} + \frac{\nu^2\pi^2}{c^2}}$, et l'on obtiendra ainsi une équation où ν sera un entier quelconque, laquelle fournira les valeurs de λ.

47. **Expression des conditions aux limites lorsque la profondeur ne reste pas constante.** — Dans tous les exemples que nous avons traités jusqu'ici, nous avons supposé que la profondeur restait constante, ou du moins qu'elle n'éprouvait que des variations brusques; de telle sorte que les parois des bassins restaient toujours verticales.

Si la profondeur h est variable, tout en restant infiniment petite, l'équation différentielle à laquelle doit satisfaire la fonction φ dans le cas des oscillations propres sera (§ 38)

$$\sum \frac{d}{dx}\left(h\frac{d\varphi}{dx}\right) = \frac{\lambda^2\varphi}{g}.$$

Mais, si h s'annule au bord, la condition aux limites ne pourra plus être $\frac{d\varphi}{dn} = 0$, comme dans le cas d'une paroi verticale, puisque la normale à la paroi ne se trouvera plus dans le plan des xy et que φ ne dépend pas de z.

Nous avons montré alors que la condition aux limites était que φ devait rester fini, et qu'il était nécessaire d'énoncer cette condition, puisque la solution générale était alors infinie.

Si la paroi, sans être absolument verticale, offre néanmoins une pente très accusée sur les bords, dans la partie voisine du bord $\sum \frac{d}{dx}\left(h\frac{d\varphi}{dx}\right)$ sera très grand par rapport au second membre de l'équation différentielle. Nous pourrons alors écrire sensiblement, dans le cas simple où h et φ ne dépendent que de x,

$$\frac{d}{dx}\left(h\frac{d\varphi}{dx}\right) = 0,$$

d'où

$$h\frac{d\varphi}{dx} = c.$$

La constante sera d'ailleurs nulle, puisque h est nul au bord.

Il en résulte que nous aurons, dans tout l'intervalle où la variation de h est rapide,

$$\frac{d\varphi}{dx} = 0.$$

Cette égalité aura lieu aussi sur le bord même, et, par suite, la condition aux limites se ramènera à

$$\frac{d\varphi}{dn} = 0$$

tout comme si nous avions une paroi verticale.

Voyons maintenant ce qui se passe au bord dans le cas général. Écrivons pour cela, sous sa forme développée, l'équation différentielle à laquelle doit satisfaire la fonction φ :

$$h\,\Delta\varphi + \frac{dh}{dx}\frac{d\varphi}{dx} + \frac{dh}{dy}\frac{d\varphi}{dy} = \frac{\lambda^2\varphi}{g}.$$

Considérons un point situé sur le bord, menons la normale au bord en ce point et prenons-la pour axe des x.

Nous aurons, au point considéré,

$$h = 0, \qquad \frac{dh}{dy} = 0;$$

donc

$$\frac{dh}{dx}\frac{d\varphi}{dx} = \frac{\lambda^2\varphi}{g},$$

ce qu'on peut écrire

$$\frac{dh}{dn}\frac{d\varphi}{dn} = \frac{\lambda^2\varphi}{g}.$$

Nous avons, sous cette forme, une relation indépendante du choix des axes, et qui devra exister en tous les points du bord.

Elle s'applique également au cas d'une paroi verticale, car alors $\frac{dh}{dn}$ est infini, et l'on retrouve bien la condition

$$\frac{d\varphi}{dn} = 0.$$

Nous allons traiter un exemple de profondeur variable.

48. **Oscillations d'un liquide contenu dans un vase ayant la forme d'un paraboloïde de révolution.** — Nous aurons dans ce cas

$$h = \varepsilon(1 - x^2 - y^2),$$

ε étant une constante que nous supposerons encore très petite.

L'équation du problème est

$$h\,\Delta\varphi - \sum \frac{d\varphi}{dx}\frac{dh}{dx} = \frac{\lambda^2\varphi}{g}.$$

Transformons cette équation en prenant des coordonnées polaires :

$$x = \rho\cos\omega,$$
$$y = \rho\sin\omega,$$
$$h = \varepsilon(1 - \rho^2).$$

Nous aurons alors

$$\Delta\varphi = \frac{d^2\varphi}{d\rho^2} + \frac{1}{\rho}\frac{d\varphi}{d\rho} + \frac{1}{\rho^2}\frac{d^2\varphi}{d\omega^2},$$

$$\sum \frac{dh}{dx}\frac{d\varphi}{dx} = \frac{dh}{d\rho}\frac{d\varphi}{d\rho} + \frac{1}{\rho^2}\frac{dh}{d\omega}\frac{d\varphi}{d\omega}.$$

En substituant, et tenant compte de ce que $\frac{dh}{d\omega} = 0$, il vient

$$(1 - \rho^2)\left(\frac{d^2\varphi}{d\rho^2} + \frac{1}{\rho}\frac{d\varphi}{d\rho} - \frac{1}{\rho^2}\frac{d^2\varphi}{d\omega^2}\right) - 2\rho\frac{d\varphi}{d\rho} = \frac{\lambda^2\varphi}{g\varepsilon}.$$

Supposons que la fonction φ soit développée en une série de Fourier,

$$\varphi = \sum \psi \frac{\cos}{\sin} m\omega,$$

m étant un entier et ψ une fonction de ρ seul.

On pourra considérer séparément chaque terme et nous aurons alors

$$\frac{d^2\varphi}{d\omega^2} = -m^2\varphi.$$

En substituant dans l'équation, nous obtenons

$$(1-\rho^2)\left(\psi'' - \frac{\psi'}{\rho} - \frac{m^2}{\rho^2}\psi\right) - 2\rho\psi' = \frac{\lambda^2}{g\varepsilon}\psi,$$

équation différentielle du second ordre.

Nous devrons adopter une solution qui demeure finie aux bords, c'est-à-dire pour $\rho = \pm 1$ et aussi à l'intérieur, en particulier pour $\rho = 0$.

Ces trois valeurs particulières sont les seules pour lesquelles la fonction ψ pourrait présenter des singularités, puisque ce sont les points singuliers de l'équation différentielle.

La théorie de Fuchs nous apprend que pour ces trois valeurs une des deux intégrales reste holomorphe, l'autre devenant infinie parce qu'elle contient un logarithme dans son développement. Notre fonction ψ devant rester finie, nous devons choisir λ de telle sorte que ce soit *la même* solution qui reste holomorphe en ces trois points; ψ, restant alors holomorphe pour les trois points singuliers $\rho = 0$ et $\rho = \pm 1$, restera holomorphe dans tout le plan : ce sera donc une fonction entière.

Voyons comment elle se comporte à l'infini. On sait, d'après la même théorie, que les deux solutions sont alors développables suivant les puissances décroissantes de ρ

$$\rho^\alpha, \quad \rho^{\alpha-1}, \quad \rho^{\alpha-2}, \quad \ldots.$$

Pour ρ très grand, ψ se comporte donc comme ρ^α; une transcendante entière, qui se comporte à l'infini comme ρ^α, ne peut être qu'un polynome entier et α ne peut être qu'un nombre entier positif. Par suite, la solution qui convient ne peut être qu'un polynome entier.

Cherchons donc à satisfaire à l'équation par un polynome entier

$$\varphi = \sum A_q \rho^q.$$

En substituant dans l'équation différentielle, nous aurons

$$(1-\rho^2)\sum A_q \rho^{q-2}[q(q-1)+q-m^2] - 2\sum A_q q \rho^q = \frac{\lambda^2}{g\varepsilon}\sum A_q \rho^q$$

ou

$$\sum A_q \rho^{q-2}(q^2-m^2) - \sum A_q \rho^q (q^2-m^2) = \sum A_q \rho^q \left(2q + \frac{\lambda^2}{g\varepsilon}\right).$$

Égalant les coefficients de ρ^{q-2} dans les deux membres, nous obtenons la relation de récurrence

$$A_q(q^2-m^2) = A_{q-2}\left[q(q-2) - m^2 + \frac{\lambda^2}{g\varepsilon}\right]$$

qui nous permettra de calculer A_q quand on connaîtra A_{q-2}, ou inversement. Seulement, il est nécessaire qu'on puisse s'arrêter.

Supposons que le polynome se termine par un terme de degré m et que le terme le plus élevé soit de degré n. Il faut alors que notre formule de récurrence ne nous donne pas de terme A_{q-2}, q étant égal à m ; et c'est effectivement ce qui arrive, puisque le premier membre est alors nul.

De plus, il faut, si l'on prend $q-2=n$, que nous n'ayons pas de terme A_q ; ce qui exige que l'on ait

$$-\frac{\lambda^2}{g\varepsilon} = n(n+2) - m^2.$$

Cette relation nous déterminera les périodes des oscillations propres du système. m et n sont deux entiers quelconques, et l'on a

$$n \geq m.$$

49. **Lignes cotidales.** — Représentons par ζ la surélévation de la mer au-dessus de sa position d'équilibre : ζ est la valeur de $w = \frac{d\varphi}{dz}$ pour $z = 0$.

D'après ce qui précède, qu'il s'agisse d'oscillations contraintes ou d'oscillations propres, ζ se présentera sous la forme

$$\zeta = f(x, y)e^{\lambda t};$$

$f(x, y)$ peut être une quantité complexe et λ est purement imaginaire. Nous aurons donc, en somme, une solution imaginaire dont il faudra prendre la partie réelle pour passer aux applications.

Si nous considérons cette solution imaginaire, λ définit la période de la solution réelle correspondante, le module du coefficient $f(x, y)$ en définit l'amplitude, et son argument la phase.

Une *ligne cotidale* est le lieu des points où la marée se produit à une heure déterminée : c'est donc une ligne d'égal argument du coefficient $f(x, y)$.

Remarquons que, s'il existe un point où la marée est nulle, toutes les lignes cotidales se croiseront en ce point.

Fig. 8.

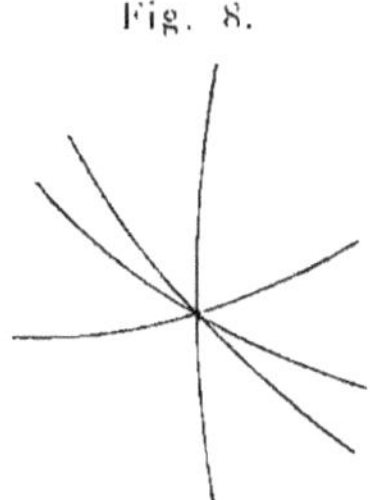

En ce qui concerne le problème des oscillations d'un liquide renfermé dans un vase non tournant, si nous considérons d'abord les oscillations propres, nous savons que, dans le cas particulier de l'équilibre absolu (§ 8), le coefficient de $e^{\lambda t}$ est réel. Son argument ne peut donc être que 0 ou π. Il en résulte que le bassin va se trouver divisé en un certain nombre de régions par des lignes sur

Fig. 9.

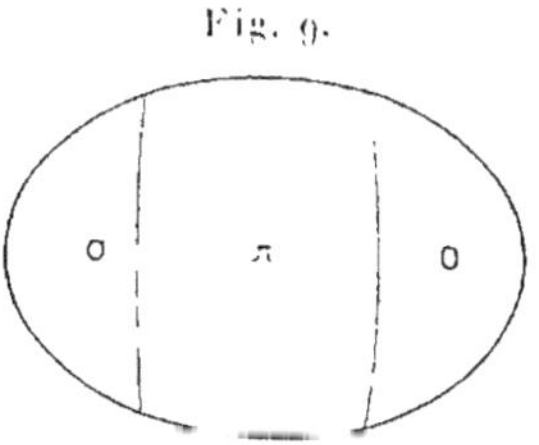

lesquelles la marée est constamment nulle ; ce sont des *lignes nodales*, et, dans les régions qu'elles séparent, la phase est alternativement 0 et π.

Il n'en est plus de même lorsqu'on tient compte de la force centrifuge composée.

Ainsi donc, pour les oscillations propres et dans le cas de l'équilibre absolu, nous aurons des lignes nodales et pas de lignes cotidales.

Cependant, il est un cas particulier où il existe des lignes cotidales pour les oscillations propres : c'est celui où l'équation en λ a des racines multiples. Considérons, comme au paragraphe 39, un bassin rectangulaire de profondeur constante. En général, l'équation en λ n'a pas de racines multiples ; mais, si le bassin se réduit à un carré, elle aura une racine double.

En effet, nous avons une oscillation propre correspondant à $\mu = 1$, $\nu = 0$, d'où $\lambda = i\sqrt{gh}\,\frac{\pi}{a}$ et dans laquelle

$$\zeta \sim \cos\frac{\pi x}{a}.$$

Une autre oscillation propre correspond à $\mu = 0$, $\nu = 1$, d'où $\lambda = i\sqrt{gh}\,\frac{\pi}{b}$ et donne

$$\zeta \sim \cos\frac{\pi y}{b}.$$

Les deux valeurs de λ deviennent égales dans le cas du carré.

On peut alors combiner les deux solutions, puisque leurs périodes sont les mêmes, et écrire

$$\zeta = \left(A\cos\frac{\pi x}{a} + B\cos\frac{\pi y}{a}\right)e^{\lambda t},$$

A et B étant des coefficients quelconques.

Choisissons A réel et B imaginaire, $B = iB'$. L'argument ω de $f(x, y)$ sera donné alors par

$$\operatorname{tang}\omega = \frac{B'\cos\frac{\pi y}{a}}{A\cos\frac{\pi x}{a}},$$

et nous aurons des lignes cotidales dont l'équation sera

$$\frac{B'\cos\frac{\pi y}{a}}{A\cos\frac{\pi x}{a}} = \text{const.}$$

Nous pourrons néanmoins conserver notre conclusion en tenant compte de ce que nous avons réservé la qualification d'oscillations propres harmoniques à certaines oscillations particulières, aux seules pour lesquelles on ait $A = 0$ ou $B' = 0$ (§ 20).

Pour ces oscillations propres harmoniques au sens restreint du mot, le théorème reste vrai : nous avons, dans le cas de l'équilibre absolu, des lignes nodales et pas de lignes cotidales.

Pour les oscillations contraintes, au contraire, il y aura généralement des lignes cotidales.

Mais que se passera-t-il dans le cas de la résonance ?

L'oscillation contrainte peut se décomposer en composantes harmoniques dont l'une, par le fait de la résonance, l'emporte sur toutes les autres : l'oscillation contrainte différera donc extrêmement peu d'une oscillation propre. Ceci revient à dire que le coefficient $f(x, y)$ ne sera pas entièrement réel, mais que sa partie imaginaire sera très petite. Nous aurons donc des lignes cotidales

Fig. 10.

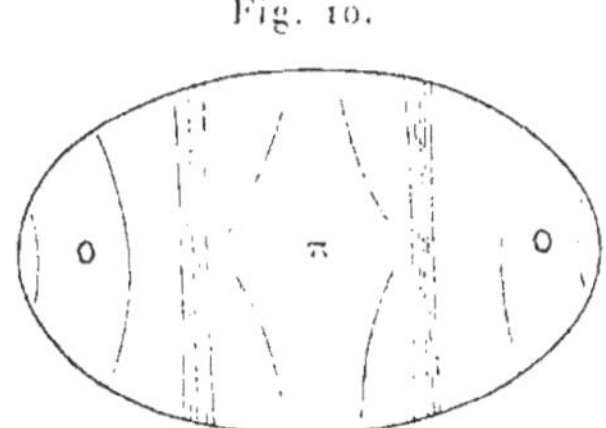

très serrées dans le voisinage des lignes nodales de l'oscillation propre correspondante ; tandis que, dans les plages comprises entre ces lignes nodales, la phase variera très lentement.

50. Similitude au point de vue des oscillations. — Imaginons deux bassins tels que l'on puisse passer de l'un à l'autre en augmentant les dimensions horizontales dans le rapport k et les dimensions verticales dans le rapport k^2.

Les périodes des oscillations propres de ces bassins seront les mêmes.

En effet, on a

$$\frac{\lambda^2 \varphi}{g} = \sum \frac{d}{dx}\left(h \frac{d\varphi}{dx}\right).$$

Si donc on change x et y en kx et ky, dx en kdx, h en $k^2 h$, comme on aura

$$\frac{dh}{dx} = k\frac{dh}{d(kx)}, \qquad \frac{d\varphi}{dx} = k\frac{d\varphi}{d(kx)}, \qquad \frac{d^2\varphi}{dx^2} = k^2\frac{d^2\varphi}{d(kx)^2},$$

rien ne sera changé dans l'équation qui détermine λ.

On voit en quoi consiste la similitude dans un problème de ce genre.

51. **Marées des bassins peu étendus. Seiches des lacs.** — L'équation développée

$$\frac{\lambda^2\varphi}{g} = h\,\Delta\varphi + \sum\frac{d\varphi}{dx}\frac{dh}{dx},$$

qui détermine λ dans le cas d'une profondeur h infiniment petite, montre que λ^2 est de l'ordre de h. Il résulte donc de la notion de similitude qu'un bassin de peu d'étendue ne pourra avoir que des oscillations insignifiantes, de période extrêmement courte. Pour que la période soit longue, il faudrait que les dimensions verticales fussent infiniment petites du second ordre.

En particulier, les lacs auront donc des périodes d'oscillations très courtes.

Comme les lacs sont peu étendus, le potentiel des astres varie peu d'un point à l'autre et leur action ne produira que des oscillations insignifiantes ; il n'y aura qu'une marée statique. Mais, si le lac est dérangé de sa position d'équilibre par une cause météorologique, il exécutera des oscillations propres : ce sont ces oscillations que l'on appelle des *seiches*. Comme il est permis ici de négliger la sphéricité et la force centrifuge composée, ces seiches correspondent bien aux solutions du problème que nous venons de traiter.

CHAPITRE V.

INFLUENCE DE LA COURBURE. — OSCILLATIONS D'UN LIQUIDE RECOUVRANT UNE SPHÈRE ATTIRANTE, NON-TOURNANTE.

---

52. Nous allons supposer maintenant que le bassin contenant le liquide soit assez grand pour que la surface libre d'équilibre ne puisse plus être regardée comme plane, mais doive être considérée comme sphérique.

Nous supposerons toujours qu'il n'y a pas de rotation, donc pas de force de Coriolis.

Nous prendrons le rayon de la sphère comme unité ; soient θ la colatitude et ψ la longitude. Considérons, non seulement les points de la sphère, mais aussi leur représentation sur une Carte plane, et soient x, y les coordonnées rectangulaires sur cette Carte du point θ, ψ.

Nous supposerons qu'il s'agisse d'une représentation conforme, c'est-à-dire conservant les angles : notre Carte sera, par exemple, une projection stéréographique ou une projection de Mercator. Par suite, une figure infiniment petite de la sphère sera représentée par une figure infiniment petite semblable : soit k le rapport de similitude.

En partant de cette représentation conforme, nous pourrions en déduire une infinité d'autres. Si, par exemple, $\xi + i\eta$ est une fonction analytique de $x + iy$, toute figure infiniment petite dans le plan xy sera semblable à la figure correspondante infiniment petite dans le plan $\xi\eta$; et le rapport de similitude sera multiplié par la valeur absolue de la dérivée f', il deviendra $k\,|f'|$.

Ainsi, dans le cas où l'on prendrait

$$f = \log(x + iy),$$

on aurait

$$\xi = \log\rho, \qquad \eta = \omega,$$

ρ, ω étant les coordonnées polaires du point x, y.

53. Équation de continuité. — Représentons sur la sphère une courbe fermée quelconque C et soit ds un élément de cette courbe ; appelons $d\sigma$ un élément quelconque de la portion de la surface sphérique limitée par C. Considérons le cône ayant pour sommet le centre de la sphère et pour directrice la courbe C. En vertu de la marée, le volume du liquide renfermé dans l'intérieur de ce cône éprouvera une variation, et nous pouvons exprimer cette variation de deux manières différentes.

D'abord, l'augmentation de volume sera représentée par la quantité de liquide qui, par suite du déplacement, a pénétré à travers la surface latérale. Si u, v, w sont les composantes du déplacement, nous avons vu (§ 37) que ces quantités sont respectivement égales aux dérivées partielles d'une fonction φ telle que

$$\lambda^2\varphi = V - p.$$

A chaque élément ds de C correspond, sur la surface latérale du cône, un petit rectangle de hauteur h très petite, puisque, comme nous l'avons déjà expliqué, nous pouvons faire cette hypothèse sur la profondeur des mers. La surface de ce rectangle sera $h\,ds$ et il faudra la multiplier par la composante normale du déplacement pour obtenir la quantité de liquide pénétrant dans l'intérieur du cône par cet élément de la surface latérale. Si dn est l'élément de normale, la composante normale du déplacement sera $\frac{d\varphi}{dn}$, et le volume d'eau entrant dans l'intérieur du cône par suite de la marée aura pour première expression

$$\int h \frac{d\varphi}{dn} ds,$$

l'intégrale étant étendue à toute la courbe C.

Pour obtenir une seconde expression de cette même quantité, décomposons le volume intercepté dans la masse liquide par le cône de directrice C, en prenant chaque élément $d\sigma$ de la surface limitée par C et le cône infiniment délié ayant le centre de la sphère pour sommet et le contour de $d\sigma$ pour directrice. Ce cône découpera dans la masse liquide un tronc de cône élémentaire assimilable à un cylindre. Dans la position d'équilibre, le volume de ce petit cylindre est $h\,d\sigma$; quand la surface de la mer se déplace, les z étant comptés positivement vers le bas, la profondeur devient $h - \zeta$, le volume du cylindre $(h - \zeta)\, d\sigma$. L'augmentation totale du volume d'eau, en vertu de la marée, est donc

$$-\int \zeta\, d\sigma,$$

l'intégrale étant étendue à tous les éléments $d\sigma$ de la surface sphérique limitée par la courbe C.

En égalant les deux expressions trouvées, nous avons donc l'équation

$$(1) \qquad \int h \frac{d\varphi}{dn}\, ds = -\int \zeta\, d\sigma.$$

34. Considérons maintenant la représentation conforme de C sur la Carte : ce sera une courbe plane C'. A l'élément ds correspondra ds' ; à dn, dn' ; et à $d\sigma$ l'élément de surface $d\sigma'$. k étant le rapport de similitude, nous aurons

$$ds' = k\, ds,$$
$$dn' = k\, dn,$$
$$d\sigma' = k^2\, d\sigma.$$

L'équation (1) deviendra

$$(2) \qquad \int h \frac{d\varphi}{dn'}\, ds' = -\int \zeta \frac{d\sigma'}{k^2}.$$

Or, les cosinus directeurs de l'élément dn' sont $-\frac{dy}{ds'}$ et $+\frac{dx}{ds'}$; donc

$$\frac{d\varphi}{dn'} = -\frac{d\varphi}{dx}\frac{dy}{ds'} + \frac{d\varphi}{dy}\frac{dx}{ds'}.$$

En substituant cette valeur dans l'équation (2), nous obtenons alors

$$\int h\left(\frac{d\varphi}{dy}\, dx - \frac{d\varphi}{dx}\, dy\right) = -\int \zeta \frac{dx\, dy}{k^2}.$$

Nous avons dans le premier membre une intégrale de ligne ; nous pouvons la transformer en intégrale de surface d'après la formule de Riemann

$$-\int_C (M\, dx + N\, dy) = \int\int_S \left(\frac{dM}{dy} - \frac{dN}{dx}\right) dx\, dy.$$

Ici

$$M = h\frac{d\varphi}{dy} \qquad \text{et} \qquad N = -h\frac{d\varphi}{dx};$$

notre équation devient donc

$$\int\left(\sum \frac{d}{dx} h \frac{d\varphi}{dx}\right) dx\, dy = \int \frac{\zeta}{k^2} dx\, dy.$$

Cette égalité doit avoir lieu, quelle que soit la surface considérée sur la sphère ; il faut donc que l'on ait

$$(3) \qquad k^2 \sum \frac{d}{dx} h \frac{d\varphi}{dx} = \zeta.$$

Dans le cas où nous négligions la sphéricité, et toujours avec la même hypothèse d'une profondeur infiniment petite, nous avions trouvé (§ 38)

$$\sum \frac{d}{dx} h \frac{d\varphi}{dx} = \zeta.$$

Nous obtenons donc ici, par l'intermédiaire d'une représentation conforme, une formule absolument semblable ; elle n'en diffère que par la présence du facteur k^2, qui n'est pas constant, mais est fonction de x et y.

55. Le même calcul peut se faire sur la formule (1) en conservant les coordonnées sphériques, et sans avoir égard à la représentation conforme. Il s'agit d'évaluer $\frac{d\varphi}{dn}$.

Si nous considérons un élément d'arc de parallèle, nous avons

$$d\theta = 0, \qquad ds = d\psi \sin\theta$$

et

$$\frac{d\varphi}{dn} = -\frac{d\varphi}{d\theta}.$$

S'il s'agit d'un élément d'arc de méridien,

$$d\psi = 0, \qquad ds = d\theta$$

et

$$\frac{d\varphi}{dn} = \frac{d\varphi}{\sin\theta\, d\psi}.$$

Maintenant, si nous supposons un arc de direction quelconque, on pourra toujours le remplacer par un triangle rectangle infiniment petit dont il sera l'hypoténuse. La quantité de liquide qui entre à travers cet élément devra être égale à la somme des quantités qui sortent par les deux côtés de l'angle droit. En effet, les flux sont du second ordre, puisque h et ds sont du premier; si donc la

Fig. 11.

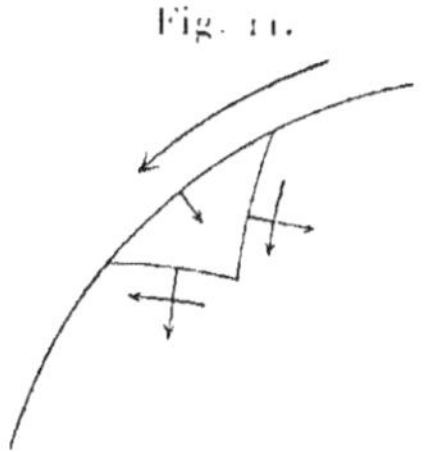

compensation ne se faisait pas, aux termes du troisième ordre près, il faudrait que ζ fût infini. En exprimant l'égalité des flux, nous obtenons la relation

$$ds\frac{d\varphi}{dn} = \frac{1}{\sin\theta}\frac{d\varphi}{d\psi}d\theta - \frac{d\varphi}{d\theta}\sin\theta\, d\psi.$$

L'équation (1) devient alors, en remarquant que l'élément de surface $d\sigma$ compris entre deux parallèles et deux méridiens infiniment voisins est égal à $\sin\theta\, d\theta\, d\psi$,

$$\int h\left(\frac{d\varphi}{d\psi}\frac{d\theta}{\sin\theta} - \frac{d\varphi}{d\theta}\sin\theta\, d\psi\right) = -\int \zeta \sin\theta\, d\theta\, d\psi.$$

Si nous transformons, comme tout à l'heure, l'intégrale du premier membre en une intégrale de surface, nous obtiendrons une égalité qui devra subsister quel que soit le domaine limité sur la sphère et d'où résultera l'équation de continuité

$$(4)\qquad \frac{d}{d\theta}\left(h\sin\theta\frac{d\varphi}{d\theta}\right) - \frac{d}{d\psi}\left(\frac{h}{\sin\theta}\frac{d\varphi}{d\psi}\right) = \zeta\sin\theta.$$

On voit que cette équation a une forme moins simple que l'équation (3) établie par rapport aux coordonnées sur la Carte.

56. Si nous remplaçons, dans (3) ou (4), ζ par sa valeur en fonction de φ et du potentiel, nous obtiendrons l'équation différentielle à laquelle doit satisfaire φ. L'expression de ζ nous est fournie par la condition à la surface libre

$$\lambda^2\varphi - V = 0,$$

les pressions étant comptées à partir de la pression extérieure.

Le potentiel V comprend deux parties :

1° Le potentiel dû aux forces intérieures, celui qui donne naissance au terme Π_0, et qui, à une constante près, est égal à

$$\Pi'' + g\zeta,$$

Π'' étant le potentiel dû à l'attraction du bourrelet et la dénivellation ζ de la surface d'équilibre étant comptée positivement vers le bas;

2° Le potentiel dû aux forces extérieures, action de la Lune ou du Soleil, que nous pouvons supposer décomposé en éléments isochrones, de façon que chaque terme se présente sous la forme $Ce^{\lambda t}$, C étant une fonction donnée des coordonnées θ et ψ, donc aussi de x et y.

Nous avons donc, abstraction faite de la valeur constante du potentiel dû à la pesanteur sur la surface d'équilibre non troublé,

$$V = g\zeta + \Pi'' + Ce^{\lambda t};$$

et la condition à la surface libre nous donne

$$\zeta = \frac{\lambda^2 \varphi}{g} - \frac{\Pi''}{g} - \frac{Ce^{\lambda t}}{g}. \tag{5}$$

Alors l'équation générale à laquelle doit satisfaire la fonction φ sur la surface s'écrit

$$k^2 \sum \frac{d}{dx}\left(h\frac{d\varphi}{dx}\right) = \frac{\lambda^2\varphi}{g} - \frac{\Pi''}{g} - \frac{Ce^{\lambda t}}{g}; \tag{3 bis}$$

φ une fois déterminé, l'équation (5) nous donnera la hauteur ζ de la marée.

Si nous négligeons l'attraction du bourrelet sur lui-même, nous supprimerons Π''. Si alors il s'agit simplement de déterminer les oscillations propres, nous supprimerons également le dernier terme, et l'équation du problème se réduira à

$$k^2 \sum \frac{d}{dx}\left(h\frac{d\varphi}{dx}\right) = \frac{\lambda^2\varphi}{g}.$$

Elle ne diffère de l'équation (6 *bis*) du paragraphe 38 que par l'introduction du facteur k^2, fonction de x et y.

Si nous voulions tenir compte de l'attraction du bourrelet, voici comment il conviendrait d'opérer. Supposons qu'on ait développé ζ

en fonctions sphériques

$$\zeta = \sum A_n X_n;$$

nous aurons alors (§ 28)

$$\Pi'' = -\sum \frac{4\pi A_n}{2n+1} X_n.$$

D'un autre côté, supposons $Ce^{\lambda t}$ développé en fonctions sphériques sous la forme $\Sigma \alpha_n X_n$. Mais remarquons ici que, dans le développement du potentiel $P - P_0$ dû à la Lune ou au Soleil, ne figurent que des fonctions sphériques du second ordre : les coefficients α_n seront donc tous nuls, à l'exception de ceux des cinq fonctions sphériques du second ordre.

Le terme en Π'' étant toujours petit, on commencera par le négliger ; on aura alors une équation de même forme que celle qui a été étudiée et d'où résultera pour ζ une première approximation. On en déduira une première valeur approchée de Π'' qui, substituée, fournira une équation de même forme encore. Cela suffira généralement, mais il arrive souvent qu'on ne puisse même pas pousser la solution jusqu'à la première approximation.

57. **Cas où la profondeur est constante.** — On peut alors résoudre complètement le problème.

Considérons, par exemple, les coordonnées sur la sphère. L'équation de continuité s'écrit, puisque $\zeta = -\frac{d\varphi}{dr}$,

$$\frac{d}{d\theta}\left(h \sin\theta \frac{d\varphi}{d\theta}\right) + \frac{d}{d\psi}\left(\frac{h}{\sin\theta}\frac{d\varphi}{d\psi}\right) = -\sin\theta \frac{d\varphi}{dr}.$$

La fonction φ, si l'on considère un point dans l'intérieur de la masse liquide, dépend de r, θ et ψ. Sur la surface, nous supposons $r = 1$, et nous avons alors

$$-\frac{d\varphi}{dr} = \frac{\lambda^2 \varphi}{g} - \frac{\Pi''}{g}$$

pour le cas des oscillations propres.

Si nous supposons la profondeur h constante, le premier membre de l'équation de continuité devient

$$h \sin\theta\left(\cot\theta \frac{d\varphi}{d\theta} + \frac{d^2\varphi}{d\theta^2} + \frac{1}{\sin^2\theta}\frac{d^2\varphi}{d\psi^2}\right),$$

c'est-à-dire

$$h\sin\theta\left(\Delta\varphi - r^2\frac{d^2\varphi}{dr^2} - 2r\frac{d\varphi}{dr}\right)$$

puisque

$$\Delta\varphi = \frac{d}{dr}\left(r^2\frac{d\varphi}{dr}\right) + \frac{1}{\sin\theta}\frac{d}{d\theta}\left(\sin\theta\frac{d\varphi}{d\theta}\right) + \frac{1}{\sin^2\theta}\frac{d^2\varphi}{d\psi^2}.$$

Introduisons une fonction χ de θ et ψ seulement, définie par cette condition que, pour $r = 1$, on ait

$$\varphi = \chi.$$

Sur la surface, nous pourrons remplacer φ par χ, et l'équation du problème s'écrira alors

$$h\sin\theta\left(\Delta\chi - r^2\frac{d^2\chi}{dr^2} - 2r\frac{d\chi}{dr}\right) = \frac{\lambda^2\varphi - H''}{g}\sin\theta,$$

c'est-à-dire

$$h\,\Delta\chi = \frac{\lambda^2\varphi - H''}{g} = \zeta$$

puisque χ ne dépend pas de r.

Cherchons à satisfaire à cette équation en posant

$$\varphi = r^n X_n e^{\lambda t},$$

X_n étant une fonction sphérique d'ordre n de θ et de ψ. Pour $r = 1$, nous aurons

$$\chi = X_n e^{\lambda t}.$$

D'après les propriétés des fonctions sphériques, nous avons la relation

$$\Delta\chi = -n(n+1)\chi.$$

Si, d'ailleurs, nous considérons le terme d'ordre n du développement de ζ, nous avons

$$\zeta = A_n X_n$$

et

$$H'' = -\frac{4\pi A_n}{2n+1}X_n = -\frac{4\pi}{2n+1}\zeta;$$

d'où la relation

$$\lambda^2\varphi + \frac{4\pi}{2n+1}\zeta = g\zeta.$$

On a donc l'équation

$$h\,\Delta\chi = \frac{\lambda^2\varphi}{g - \dfrac{4\pi}{2n+1}}.$$

Comme d'ailleurs, sur la surface,

$$\Delta\chi = -n(n+1)\varphi,$$

il vient finalement

$$\lambda^2 = -n(n+1)\left(g - \frac{4\pi}{2n+1}\right)h,$$

relation qui fournira les périodes des oscillations propres.

Dans le cas où H'' peut se négliger, on aura simplement

$$\lambda^2 = -n(n+1)gh.$$

58. L'équation

$$h\,\Delta\chi = \frac{1}{g}(\lambda^2\varphi - H'')$$

pourrait s'obtenir en partant directement de l'équation (1)

$$\int h\frac{d\varphi}{dn}\,ds = -\int \zeta\,d\sigma = -\frac{1}{g}\int(\lambda^2\varphi - H'')\,d\sigma.$$

Transformons, en effet, la première intégrale en supposant la profondeur constante. Le fond et la surface d'équilibre se trouveront alors sur deux sphères concentriques Σ' et Σ.

Fig. 12.

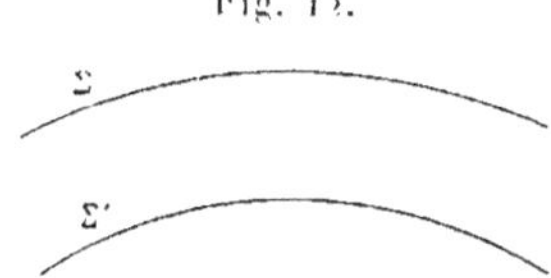

Décrivons sur Σ une courbe C limitant un domaine D. On aura d'abord

$$\frac{d\varphi}{dn} = \frac{d\chi}{dn}.$$

En effet, $\varphi = \chi$ sur la sphère Σ de rayon égal à un, et comme r ne change pas sur la normale, qui est tangente à cette sphère, φ reste égal à χ.

Si nous désignons par $d\sigma$ un élément de la surface latérale, nous aurons

$$d\sigma = h\, ds$$

et, par suite,

$$\int h \frac{d\chi}{dn} ds = \int \frac{d\chi}{dn} d\sigma.$$

De plus, dans cette égalité, nous pourrons étendre l'intégrale du second membre, non seulement à la surface latérale, mais à la surface totale du tronc de cône, car en un point quelconque de Σ nous avons

$$\frac{d\chi}{dn} = \frac{d\chi}{dr} = 0,$$

puisque χ est indépendant de r.

Le théorème de Green nous donne alors

$$\int \frac{d\chi}{dn} d\sigma = -\int \Delta\chi\, d\tau.$$

Or

$$d\tau = h\, d\sigma,$$

$d\sigma$ étant ici un élément de surface du domaine D.

On a donc

$$\int h\, \Delta\chi\, d\sigma = \frac{1}{g} \int (\lambda^2 \varphi - \mathrm{H}'')\, d\sigma,$$

les intégrales étant étendues à tous les éléments $d\sigma$ du domaine D. Il en résulte qu'on doit avoir

$$h\, \Delta\chi = \frac{1}{g}(\lambda^2 \varphi - \mathrm{H}'').$$

On retrouve bien ainsi la même équation.

CHAPITRE VI.

INFLUENCE DE LA FORCE CENTRIFUGE COMPOSÉE. OSCILLATIONS D'UN LIQUIDE PESANT RENFERMÉ DANS UN VASE TOURNANT.

39. Nous allons étudier maintenant l'influence de la force de Coriolis sur les oscillations, mais en commençant par négliger la courbure : le liquide considéré sera supposé renfermé dans un vase assez petit pour que la pesanteur puisse être regardée comme constante en grandeur et en direction, et ce vase sera animé d'un mouvement de rotation.

Les équations du problème se déduisent aisément de celles de l'Hydrodynamique. Nous avons obtenu (§ 35) les équations absolument générales

$$(1)\quad \begin{cases} \dfrac{d^2 u}{dt^2} = X - \dfrac{dp}{dx}, \\ \dfrac{d^2 v}{dt^2} = Y - \dfrac{dp}{dy}, \\ \dfrac{d^2 w}{dt^2} = Z - \dfrac{dp}{dz}, \end{cases}$$

dans lesquelles $X\,dm$, $Y\,dm$, $Z\,dm$ sont les composantes de la force appliquée à l'élément de masse dm et p la pression.

La force appliquée se composera ici de la force réelle due aux astres et à la gravitation, soumise au potentiel V, et de la force centrifuge composée.

Supposons d'abord que la rotation s'effectue autour de Oz, et soit ω sa vitesse angulaire ; les trois composantes de la force centrifuge composée seront

$$2\omega\frac{dv}{dt}, \quad -2\omega\frac{du}{dt}, \quad 0,$$

et les équations précédentes deviendront

$$(2)\quad \begin{cases} \dfrac{d^2u}{dt^2} - 2\omega\dfrac{dv}{dt} = \dfrac{d(V-p)}{dx}, \\ \dfrac{d^2v}{dt^2} + 2\omega\dfrac{du}{dt} = \dfrac{d(V-p)}{dy}, \\ \dfrac{d^2w}{dt^2} \qquad\qquad = \dfrac{d(V-p)}{dz}. \end{cases}$$

Nous savons, par la théorie générale des oscillations, que les composantes u, v, w du déplacement, qui jouent ici le rôle des paramètres q du Chapitre I, seront proportionnelles à $e^{\lambda t}$. En posant alors

$$\lambda^2\varphi = V - p,$$

les équations du problème prendront la forme

$$(3)\quad \begin{cases} \lambda^2 u - 2\omega\lambda v = \lambda^2\dfrac{d\varphi}{dx}, \\ \lambda^2 v - 2\omega\lambda u = \lambda^2\dfrac{d\varphi}{dy}, \\ \lambda^2 w \qquad\qquad = \lambda^2\dfrac{d\varphi}{dz}. \end{cases}$$

En résolvant ces équations par rapport à u, v, w, de manière à obtenir les composantes du déplacement en fonction des dérivées de la fonction φ, nous avons

$$(4)\quad \begin{cases} u\left(1 + \dfrac{4\omega^2}{\lambda^2}\right) = \dfrac{d\varphi}{dx} + \dfrac{2\omega}{\lambda}\dfrac{d\varphi}{dy}, \\ v\left(1 + \dfrac{4\omega^2}{\lambda^2}\right) = \dfrac{d\varphi}{dy} - \dfrac{2\omega}{\lambda}\dfrac{d\varphi}{dx}, \\ w \qquad\qquad = \dfrac{d\varphi}{dz}. \end{cases}$$

On voit que, par suite de la rotation, les composantes u et v ne sont plus les dérivées partielles d'une même fonction φ; ce sont des combinaisons linéaires de ces dérivées, dont les coefficients dépendent de λ, c'est-à-dire de la période, et ne seront donc pas les mêmes pour les diverses oscillations.

A ces équations, il faut adjoindre l'équation de continuité

$$\sum \frac{du}{dx} = 0,$$

qui ne se réduira plus ici à $\Delta\varphi = 0$, mais devient

$$\frac{d^2\varphi}{dx^2} + \frac{d^2\varphi}{dy^2} + \frac{d^2\varphi}{dz^2}\left(1 + \frac{4\omega^2}{\lambda^2}\right) = 0. \tag{5}$$

Cette analyse suppose que la rotation s'effectue autour de l'axe des z. Si l'axe de rotation est quelconque, désignons par p, q, r les composantes de la rotation suivant les trois axes de coordonnées. Les composantes de la force centrifuge composée seront alors

$$-2\left(q\frac{dw}{dt} - r\frac{dv}{dt}\right), \qquad 2\left(r\frac{du}{dt} - p\frac{dw}{dt}\right), \qquad -2\left(p\frac{dv}{dt} - q\frac{du}{dt}\right),$$

et les équations (3) deviendront

$$\left\{\begin{aligned} \lambda^2 u - 2r\lambda v + 2q\lambda w &= \lambda^2\frac{d\varphi}{dx}, \\ 2r\lambda u + \lambda^2 v - 2p\lambda w &= \lambda^2\frac{d\varphi}{dy}, \\ -2q\lambda u + 2p\lambda v + \lambda^2 w &= \lambda^2\frac{d\varphi}{dz}. \end{aligned}\right. \tag{3 bis}$$

Telles sont les équations générales du problème.

Nous allons les appliquer au cas dont les conditions se rapprochent le plus de celui de la nature, c'est-à-dire supposer la profondeur infiniment petite.

60. **Vase tournant de profondeur infiniment petite.** — Le vase étant animé d'un mouvement de rotation, la surface libre du liquide en équilibre ne sera pas rigoureusement un plan hori-

Fig. 13.

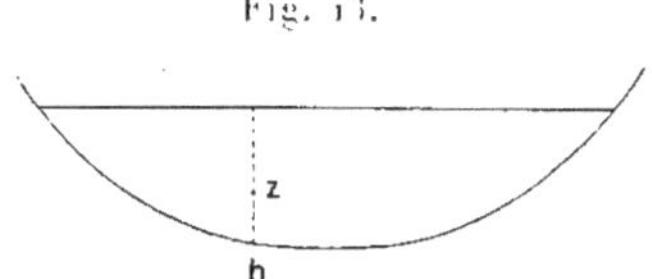

zontal; mais, si toutefois la vitesse de rotation est faible, nous pourrons, aux termes près de l'ordre de ω^2, regarder cette surface libre comme un plan horizontal $z = 0$. Soit

$$z = h(x, y)$$

l'équation de la paroi du vase.

Supposons, comme nous l'avons déjà fait précédemment (§ 38), que h soit très petit, ainsi que ses dérivées. Dans ces conditions, w sera négligeable vis-à-vis de u et v.

En effet, la composante normale du déplacement est nulle au fond; les cosinus directeurs de la normale au fond étant proportionnels à

$$\frac{dh}{dx}, \quad \frac{dh}{dy}, \quad -1,$$

nous aurons sur cette surface

$$u\frac{dh}{dx} + v\frac{dh}{dy} = w.$$

Cette relation nous montre, si les dérivées de h sont très petites comme h lui-même, que w au fond est très petit par rapport à u et v. Soit w_0 cette valeur au fond; pour un point quelconque de l'intérieur, à la distance z de la surface libre, nous aurons

$$w = w_0 + (z - h)\frac{dw}{dz}.$$

D'après l'hypothèse faite, $z - h$ est très petit; il en est de même de $\frac{dw}{dz}$, puisque les déplacements des molécules, dans le cas des marées, sont toujours de petites quantités.

Par conséquent, w restera constamment du second ordre comme w_0 et pourra se négliger devant u et v.

Les deux premières équations deviennent donc

$$\lambda^2 u - 2r\lambda v = \lambda^2\frac{d\varphi}{dx},$$

$$2r\lambda u - \lambda^2 v = \lambda^2\frac{d\varphi}{dy}.$$

On voit que p et q n'interviennent plus; tout se passe comme si la rotation se réduisait à sa composante verticale. Par suite, nous n'aurons à envisager que le cas d'une rotation ω autour de Oz, et nos équations générales seront simplement

$$\lambda^2 u - 2\omega\lambda v = \lambda^2\frac{d\varphi}{dx},$$

$$2\omega\lambda u + \lambda^2 v = \lambda^2\frac{d\varphi}{dy}.$$

Résolues par rapport à u et v, elles nous fourniront les deux premières des équations (4). Quant à l'expression de la surélévation, elle se déduira de l'équation de continuité.

61. Interprétation géométrique des équations. — Avant d'aller plus loin, nous allons montrer comment on peut interpréter géométriquement les deux équations

$$u - \frac{2\omega}{\lambda} v = \frac{d\varphi}{dx},$$

$$\frac{2\omega}{\lambda} u + v = \frac{d\varphi}{dy},$$

auxquelles nous sommes parvenus.

Si λ était réel, l'interprétation serait immédiate.

Soient OA le vecteur dont les composantes sont $\frac{d\varphi}{dx}$, $\frac{d\varphi}{dy}$, et OB celui dont les composantes sont u et v.

Fig. 14.

Le vecteur OB serait la projection orthogonale du vecteur OA, l'angle γ des deux vecteurs étant donné par

$$\operatorname{tang} \gamma = \frac{2\omega}{\lambda}.$$

Mais λ est imaginaire. Posons alors $\lambda = i\mu$, et supposons que nous ayons trouvé la solution complexe

$$u = \alpha e^{i\mu t} = (\alpha' + i\alpha'') e^{i\mu t},$$

$$v = \beta e^{i\mu t} = (\beta' + i\beta'') e^{i\mu t}.$$

Les équations admettront alors la solution réelle

$$u = \alpha' \cos \mu t - \alpha'' \sin \mu t,$$

$$v = \beta' \cos \mu t - \beta'' \sin \mu t,$$

ce qui donne, en désignant par ψ la différence des arguments de α et β, et par $|\alpha|$ et $|\beta|$ leurs modules respectifs,

$$\frac{u^2}{|\alpha|^2} + \frac{v^2}{|\beta|^2} - \frac{2uv}{|\alpha||\beta|} \cos \psi = \sin^2 \psi.$$

L'extrémité B du vecteur OB est donc animée d'une vibration elliptique, le centre de cette ellipse étant occupé par la position d'équilibre de la molécule.

Cette ellipse se réduira à une droite

$$\frac{u}{|\alpha|} = \frac{v}{|\beta|},$$

si l'on a $\psi = 0$, c'est-à-dire si

$$\alpha' \beta'' - \alpha'' \beta' = 0,$$

ce qui montre que le rapport $\frac{\beta}{\alpha}$ est alors réel.

Si nous prenons pour Ox le grand axe de l'ellipse, α sera réel et β purement imaginaire; nous aurons, dans ce système d'axes : $\alpha'' = \beta' = 0$; $\alpha = \alpha'$; $\beta = i\beta''$. Donc

$$u = \alpha' \cos \mu t,$$
$$v = -\beta'' \sin \mu t,$$

et l'équation de l'ellipse sera

$$\frac{u^2}{\alpha'^2} - \frac{v^2}{\beta''^2} = 1.$$

Voyons maintenant quel sera le lieu du point A. Posons

$$\frac{2\omega}{\lambda} = i\gamma;$$

γ est réel. Les valeurs de $\frac{d\varphi}{dx}$, $\frac{d\varphi}{dy}$ devant être proportionnelles à $e^{i\mu t}$, posons également

$$\frac{d\varphi}{dx} = \alpha_1 e^{i\mu t}, \qquad \frac{d\varphi}{dy} = \beta_1 e^{i\mu t}.$$

Nous aurons alors, en substituant dans les équations,

$$\alpha_1 = \alpha - i\gamma\beta = \alpha' + \gamma\beta'',$$
$$\beta_1 = \beta + i\gamma\alpha = i(\beta'' + \gamma\alpha');$$

α_1 est donc réel et β_1 purement imaginaire, de même que α et β.

Par suite, le point A décrit également une ellipse dont les axes sont dirigés suivant les axes de coordonnées, c'est-à-dire suivant les axes de l'ellipse décrite par le point B, et il n'y a aucune différence de phase entre les deux vibrations elliptiques. Le grand axe α' de l'une a même direction que le grand axe $\alpha' + \gamma\beta''$ de l'autre; de même pour les petits axes.

Si $\beta'' = 0$, la vibration de B sera rectiligne, et le rapport des axes de la vibration elliptique de A sera alors égal à γ. Par exemple, si nous avons une paroi verticale assujettissant le déplacement de la molécule à s'effectuer suivant l'intersection de la surface libre et de cette paroi, l'extrémité A du vecteur OA décrira une ellipse dont le grand axe sera dirigé suivant la surface de séparation et le petit axe suivant la normale, le rapport des axes étant γ.

Si $\beta'' = \pm\alpha'$, la vibration de B sera circulaire; de même celle de A. Le rapport des rayons sera $1 + \gamma$ ou $1 - \gamma$ selon que les vibrations s'effectueront dans le sens direct ou le sens inverse.

62. **Équation de continuité. Expression de la surélévation.** — Soient toujours Σ la surface libre, Σ' la surface du fond. Décrivons encore sur Σ une courbe fermée C et, par tous les points de C, menons jusqu'au fond les normales à Σ : nous limiterons ainsi un volume liquide cylindrique, et nous évaluerons l'augmentation du volume liquide à l'intérieur de ce cylindre produite par la marée.

En désignant par N la composante du déplacement suivant la normale intérieure à l'élément ds de la courbe plane C, par $d\sigma$ l'élément de surface du domaine limité par cette courbe, et par ζ la surélévation due à la marée comptée positivement vers le bas, nous obtiendrons, comme au paragraphe 53, l'équation

$$\int h\,N\,ds = -\int \zeta\,d\sigma,$$

où N a remplacé $\frac{d\varphi}{dn}$, qui n'est plus ici l'expression de la composante normale du déplacement.

Évaluons N. α et β étant les cosinus directeurs de la normale intérieure, on a

$$N = \alpha u + \beta v,$$

c'est-à-dire

$$N = -u\frac{dy}{ds} + v\frac{dx}{ds},$$

en conservant le sens positif déjà adopté pour parcourir la courbe C.

L'équation de continuité s'écrit donc ici

$$\int h\left(-u\frac{dy}{ds}+v\frac{dx}{ds}\right)ds=-\int \zeta\, dx\, dy$$

ou

$$\int h(-u\, dy+v\, dx)=-\int \zeta\, dx\, dy.$$

Or, d'après la formule de Riemann,

$$\int h(v\, dx-u\, dy)=-\int\left[\frac{d(hu)}{dx}+\frac{d(hv)}{dy}\right]dx\, dy$$
$$=-\int dx\, dy\sum\frac{d(hu)}{dx}.$$

Il en résulte, les intégrales devant être étendues à tout le domaine limité par C, que l'équation de continuité est

$$\sum\frac{d(hu)}{dx}=\zeta. \tag{6}$$

Remplaçons maintenant u et v par leurs valeurs tirées des équations (4); on aura

$$hu=\frac{h\lambda^2}{\lambda^2+4\omega^2}\frac{d\varphi}{dx}+\frac{2\omega\lambda h}{\lambda^2+4\omega^2}\frac{d\varphi}{dy},$$
$$hv=\frac{h\lambda^2}{\lambda^2+4\omega^2}\frac{d\varphi}{dy}-\frac{2\omega\lambda h}{\lambda^2+4\omega^2}\frac{d\varphi}{dx};$$

d'où finalement

$$\zeta=\frac{\lambda^2}{\lambda^2+4\omega^2}\sum\frac{d}{dx}\left(h\frac{d\varphi}{dx}\right)+\frac{2\omega\lambda}{\lambda^2+4\omega^2}\frac{\partial(h,\varphi)}{\partial(x,y)}, \tag{7}$$

en introduisant le jacobien ou déterminant fonctionnel de h et de φ par rapport à x et y

$$\frac{\partial(h,\varphi)}{\partial(x,y)}=\frac{dh}{dx}\frac{d\varphi}{dy}-\frac{dh}{dy}\frac{d\varphi}{dx}.$$

De plus, nous avons toujours (§ 37)

$$\zeta=\frac{\lambda^2\varphi}{g}-\frac{Ce^{\lambda t}}{g}. \tag{8}$$

La fonction φ devra donc satisfaire sur la surface libre à l'équation différentielle

$$\frac{\lambda^2}{\lambda^2+4\omega^2}\sum\frac{d}{dx}\left(h\frac{d\varphi}{dx}\right)+\frac{2\omega\lambda}{\lambda^2+4\omega^2}\frac{\partial(h,\varphi)}{\partial(x,y)}=\frac{1}{g}(\lambda^2\varphi-Ce^{\lambda t}). \tag{9}$$

Une fois φ déterminé, les équations (4) et (8) feront connaître le mouvement d'une molécule sur la surface libre et la surélévation.

Dans le cas du vase non tournant, nous avions trouvé (§ 38) avec la même hypothèse de profondeur infiniment petite

$$\sum \frac{d}{dx}\left(h\frac{d\varphi}{dx}\right) = \frac{1}{g}(\lambda^2\varphi - Ce^{\lambda t}).$$

On voit donc quels sont les changements apportés par la considération de la force de Coriolis. Le second membre de l'équation n'a pas changé. Dans le premier membre, le premier terme reste le même, mais il est affecté du coefficient $\frac{\lambda^2}{\lambda^2 - 4\omega^2}$; de plus, il s'est introduit un terme complémentaire contenant le déterminant fonctionnel de h et de φ.

63. Influence de la rotation sur la formation des lignes cotidales. — De ces quelques modifications résulte une différence essentielle dans la physionomie du phénomène. Remarquons, en effet, que ω est essentiellement réel, λ essentiellement imaginaire; par conséquent, le coefficient du déterminant fonctionnel est purement imaginaire. Si donc nous supposons ζ déterminé, sous la forme

$$\zeta = f(x, y)e^{\lambda t},$$

nous voyons que, par suite de la rotation, le coefficient $f(x, y)$ sera imaginaire, *même dans le cas des oscillations propres*. Son argument ne sera donc pas constamment égal à o ou à π comme lorsqu'il n'y avait pas de rotation (§ 49); il pourra prendre toutes les valeurs possibles, et, au lieu de lignes nodales séparant des plages où la marée était simultanée et inversée, il existera des lignes cotidales qui seront les lieux d'égal argument du coefficient $f(x, y)$.

64. Conditions aux limites. — La fonction φ ne doit pas satisfaire seulement à l'équation (9) qui résulte à la fois de l'équation de continuité et de la condition à la surface libre; il faut encore qu'elle satisfasse aux conditions sur les bords.

Si nous considérons le cas général d'une paroi inclinée, on a alors $h = 0$ sur les bords, et nous savons (§ 38) que φ doit satisfaire à la condition de rester finie quand h s'annule.

Supposons, au contraire, une paroi verticale; il ne suffirait plus d'écrire ici $\frac{d\varphi}{dn} = 0$ comme lorsque la rotation n'existait pas, car $\frac{d\varphi}{dn}$ ne représente plus la composante normale du déplacement. Si l'on a, par exemple, une paroi perpendiculaire à Ox, u devra être nul, et la condition sera

$$\frac{d\varphi}{dx} + \frac{2\omega}{\lambda}\frac{d\varphi}{dy} = 0.$$

Si la paroi est perpendiculaire à Oy, la condition sera

$$\frac{d\varphi}{dy} - \frac{2\omega}{\lambda}\frac{d\varphi}{dx} = 0.$$

En général, sur une paroi de direction quelconque, on devra avoir

$$-u\frac{dy}{ds} + v\frac{dx}{ds} = 0,$$

ce qui fournit la condition

$$\frac{d\varphi}{dn} - \frac{2\omega}{\lambda}\frac{d\varphi}{ds} = 0. \tag{10}$$

On peut encore mettre la condition aux bords sous une forme très générale qui s'applique aussi bien au cas d'une paroi inclinée qu'à celui d'une paroi verticale. Considérons pour cela, dans le

Fig. 15.

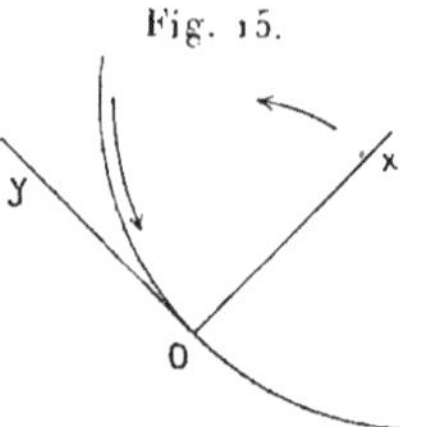

plan de la surface libre, la normale au bord et prenons cette normale pour axe des x. Nous aurons au pied de cette normale, dans le cas général,

$$h = 0, \qquad \frac{dh}{dy} = 0,$$

et l'équation (9) se réduira à

$$\frac{\lambda^2}{\lambda^2 + 4\omega^2}\frac{dh}{dx}\frac{d\varphi}{dx} + \frac{2\omega\lambda}{\lambda^2 + 4\omega^2}\frac{dh}{dx}\frac{d\varphi}{dy} = \frac{\lambda^2\varphi - Ce^{i\lambda t}}{g},$$

c'est-à-dire

$$\frac{dh}{dx}\left(\frac{d\varphi}{dx} - \frac{2\omega}{\lambda}\frac{d\varphi}{dy}\right) = \frac{\lambda^2 - 4\omega^2}{g}\left(\varphi - \frac{C}{\lambda^2}e^{\lambda t}\right).$$

Si les axes sont quelconques, nous devrons donc avoir, en un point quelconque du bord, puisque $dx = dn$ et $dy = -ds$,

$$\frac{dh}{dn}\left(\frac{d\varphi}{dn} - \frac{2\omega}{\lambda}\frac{d\varphi}{ds}\right) = \frac{\lambda^2 - 4\omega^2}{g}\left(\varphi - \frac{C}{\lambda^2}e^{\lambda t}\right). \tag{11}$$

Cette relation, indépendante du choix des axes, convient également au cas où la paroi serait verticale en un point du bord; en effet, nous n'aurions plus en ce point $h = 0$, mais $\frac{dh}{dn}$ serait infini, et l'on retrouverait bien la condition (10)

$$\frac{d\varphi}{dn} - \frac{2\omega}{\lambda}\frac{d\varphi}{ds} = 0.$$

Il convient de remarquer que le facteur $\frac{2\omega}{\lambda}$ qui figure dans la condition aux limites est également imaginaire.

65. Oscillations propres d'un liquide renfermé dans un vase de profondeur constante. — Dans le cas des oscillations propres, nous n'aurons qu'à faire $C = 0$ dans toutes les équations précédentes. L'équation différentielle à laquelle doit satisfaire la fonction φ s'écrira alors

$$\sum \frac{d}{dx}\left(h\frac{d\varphi}{dx}\right) - \frac{2\omega}{\lambda}\frac{d(h, \varphi)}{d(h, x)} = \frac{\lambda^2 - 4\omega^2}{g}\varphi.$$

Si, de plus, la profondeur h est constante, l'équation se simplifie considérablement et se réduit à

$$h\,\Delta\varphi = \frac{\lambda^2 + 4\omega^2}{g}\varphi, \tag{12}$$

qui ne diffère de celle relative au vase non tournant qu'en ce que λ^2 est remplacé par $\lambda^2 + 4\omega^2$.

On voit que cette équation a tous ses coefficients réels; néanmoins φ reste, en général, imaginaire comme dans le cas d'une profondeur variable, à cause de la condition aux limites, laquelle s'exprime ici par la relation

$$\frac{d\varphi}{dn} - \frac{2\omega}{\lambda}\frac{d\varphi}{ds} = 0.$$

puisque la paroi est verticale.

66. **Propagation d'une onde plane dans un canal de profondeur constante.** — L'équation (12) peut être satisfaite par la fonction

$$\varphi = e^{\lambda(t-\alpha x-\beta y)},$$

qui représente une onde plane indéfinie, se propageant dans une direction quelconque.

En effet, nous aurons

$$\Delta\varphi = \lambda^2(\alpha^2+\beta^2)\varphi,$$

et, en substituant ces valeurs dans l'équation différentielle, nous voyons qu'elle sera satisfaite si α et β sont tels que

$$\alpha^2+\beta^2 = \left(1+\frac{4\omega^2}{\lambda^2}\right)\frac{1}{gh}.$$

Rappelons que, dans le cas de l'équilibre absolu, nous avions trouvé simplement (§ 40)

$$\alpha^2+\beta^2 = \frac{1}{gh}.$$

Pour obtenir la vitesse de propagation, considérons une onde plane se propageant parallèlement à Ox, c'est-à-dire faisons $\beta = 0$. L'équation de l'onde sera alors

$$\varphi = e^{\lambda(t-\alpha x)},$$

et sa vitesse de propagation $\frac{1}{\alpha}$. Or

$$\alpha^2 = \left(1+\frac{4\omega^2}{\lambda^2}\right)\frac{1}{gh}.$$

Par conséquent,

$$V = \sqrt{gh}\sqrt{\frac{1}{1+\frac{4\omega^2}{\lambda^2}}}.$$

La vitesse de propagation d'une onde plane dans un milieu indéfini soumis à un mouvement de rotation n'est donc plus égale à $\sqrt{gh}$; elle est toujours proportionnelle à cette quantité, mais elle dépend également de la période, et varie avec chaque oscillation.

Mais ce n'est pas ainsi que le problème se posera, car nous n'aurons pas affaire à un milieu indéfini.

Considérons, comme nous l'avons déjà fait, un canal limité par deux parois verticales parallèles à l'axe des x

$$y = 0, \qquad y = b,$$

et supposons une onde de direction quelconque se propageant dans ce canal. Nous aurons alors à faire intervenir les conditions aux limites, et la conclusion précédente va se trouver modifiée. En effet, sur chacune des parois, la composante normale du déplacement devra être nulle; donc, pour $y = 0$ et $y = b$,

$$\frac{d\varphi}{dy} = \frac{2\omega}{\lambda}\frac{d\varphi}{dx}.$$

Il en résulte

$$\beta = \frac{2\omega}{\lambda}\alpha.$$

Nous ne pouvons donc pas prendre $\beta = 0$ comme nous l'avons fait dans un milieu indéfini. On pourrait croire alors qu'il n'existe pas d'onde plane normale à l'axe du canal susceptible de se propager dans le sens de cet axe; mais il n'en est rien.

Effectivement, l'équation différentielle sera satisfaite si l'on a

$$\alpha^2\left(1 + \frac{4\omega^2}{\lambda^2}\right) = \frac{1}{gh}\left(1 + \frac{4\omega^2}{\lambda^2}\right);$$

d'où

$$\alpha = \frac{1}{\sqrt{gh}},$$

et la relation qui lie β à α en vertu des conditions aux limites donne

$$\beta = \frac{2\omega}{\lambda\sqrt{gh}}.$$

Par conséquent, $\lambda\beta$ sera réel et indépendant de la période, et la phase ne dépendra pas de y. L'équation de l'onde sera

$$\varphi = e^{-\frac{2\omega y}{\sqrt{gh}}}\, e^{\lambda\left(t - \frac{x}{\sqrt{gh}}\right)}.$$

C'est une onde plane normale à l'axe du canal, et dont la vitesse de propagation est encore $\sqrt{gh}$, tout comme s'il n'y avait pas de force centrifuge composée. Mais l'effet de cette force se traduit par ceci que l'amplitude est fonction de y : par conséquent, suivant le sens de la rotation, la hauteur de l'onde sera plus grande sur un bord que sur l'autre.

Si nous considérons une onde se propageant en sens inverse, α se changeant en $-\alpha$, β devra se changer en $-\beta$; nous aurons donc

$$\varphi = e^{\frac{2\omega}{\sqrt{gh}}y}\, e^{i\lambda\left(t+\frac{x}{\sqrt{gh}}\right)}.$$

Par conséquent, si dans un cas l'onde est plus forte sur le bord $y = b$ que sur le bord $y = 0$, ce sera l'inverse pour l'onde de retour.

Il en résulte que, si nous supposons le canal limité par une paroi $x = 0$, nous ne pourrons plus avoir de réflexion régulière comme cela se présentait dans le cas de l'équilibre absolu. En effet, l'onde incidente est proportionnelle à $e^{-\frac{2\omega y}{\sqrt{gh}}}$ et l'onde réfléchie devrait être proportionnelle à $e^{\frac{2\omega y}{\sqrt{gh}}}$, si la réflexion était régulière. Pour exprimer que la composante normale du déplacement est nulle sur la paroi réfléchissante, il faudra égaler à zéro

$$\frac{d\varphi}{dx} - \frac{2\omega}{\lambda}\frac{d\varphi}{dy}.$$

D'où une relation à laquelle y devra satisfaire, et, comme y varie de 0 à b, cette relation ne pourra être satisfaite pour toutes les valeurs de y. Donc, pas de réflexion régulière dans un canal.

67. Onde plane se propageant dans un bassin indéfini présentant une variation brusque de profondeur. — Si, au lieu d'un canal, nous considérons un bassin indéfini, il pourra y avoir réflexion régulière, parce qu'alors il n'y aura plus de parois latérales imposant une relation entre α et β. De même pour la réfraction.

Imaginons, par exemple, un bassin indéfini partagé par $x = 0$ en deux biefs dans lesquels nous avons :

Pour $x < 0$, la profondeur h, et, pour $x > 0$, la profondeur h'.

Cherchons si nous pouvons représenter le mouvement dans le premier milieu par

$$\varphi = A e^{i\lambda(t-\alpha x-\beta y)} + B e^{i\lambda(t+\alpha x-\beta y)}.$$

et dans le second par

$$\varphi = C e^{\lambda(t-\alpha' x-\beta y)},$$

la valeur de β restant la même pour chacune des trois ondes, incidente, réfléchie et réfractée.

Nous devrons avoir, pour $x < 0$,

$$\alpha^2 - \beta^2 = \left(1 - \frac{4\omega^2}{\lambda^2}\right)\frac{1}{gh},$$

et, pour $x > 0$,

$$\alpha'^2 - \beta^2 = \left(1 + \frac{4\omega^2}{\lambda^2}\right)\frac{1}{gh'}.$$

En écrivant que, pour $x = 0$, φ reste continu, nous avons

$$A + B = C.$$

Mais la fonction φ n'est pas la seule qui doive rester continue; il faut encore que $h\left(\frac{d\varphi}{dx} + \frac{2\omega}{\lambda}\frac{d\varphi}{dy}\right)$ reste continu. Cela résulte de l'expression de ζ donnée par la formule (6), car autrement ζ deviendrait infini. Nous aurons donc aussi

$$hA\left(\alpha + \frac{2\omega}{\lambda}\beta\right) - hB\left(\alpha - \frac{2\omega}{\lambda}\beta\right) = h'C\left(\alpha' + \frac{2\omega}{\lambda}\beta\right).$$

Les conditions de continuité nous fournissent ainsi deux équations qui détermineront B et C quand on connaît A.

68. Solution générale de la propagation dans un canal de profondeur constante. — L'équation des oscillations propres

$$h\,\Delta\varphi = \frac{\lambda^2 + 4\omega^2}{g}\varphi \tag{12}$$

n'admet pas seulement, dans le cas du canal considéré au paragraphe 66, la solution

$$\varphi = e^{-\frac{2\omega}{\sqrt{gh}}y}\,F(x - t\sqrt{gh}).$$

Nous pouvons prendre plus généralement

$$\varphi = e^{\lambda(t-\alpha x)}\psi(y).$$

Cherchons à déterminer α et ψ.

Nous aurons

$$\frac{d^2\varphi}{dx^2} = \lambda^2\alpha^2 e^{\lambda(t-\alpha x)}\psi,$$

$$\frac{d^2\varphi}{dy^2} = e^{\lambda(t-\alpha x)}\frac{d^2\psi}{dy^2};$$

d'où, en substituant dans l'équation différentielle (12),

$$\frac{d^2\psi}{dy^2} = \lambda^2\beta^2\psi,$$

en posant

$$\alpha^2+\beta^2 = \left(1+\frac{4\omega^2}{\lambda^2}\right)\frac{1}{gh}.$$

La fonction ψ est donc de la forme

$$\psi = \mathrm{A}\,e^{\lambda\beta y}+\mathrm{B}\,e^{-\lambda\beta y}.$$

De plus, il faut satisfaire aux conditions aux limites. Nous devrons donc avoir, pour $y = 0$ et $y = b$,

$$\frac{d\varphi}{dy} = \frac{2\omega}{\lambda}\frac{d\varphi}{dx},$$

c'est-à-dire

$$\mathrm{A}\,e^{\lambda\beta y}\left(\beta+\frac{2\omega}{\lambda}\alpha\right)-\mathrm{B}\,e^{-\lambda\beta y}\left(\beta-\frac{2\omega}{\lambda}\alpha\right) = 0.$$

D'où les deux équations

$$\mathrm{A}\left(\beta+\frac{2\omega}{\lambda}\alpha\right)-\mathrm{B}\left(\beta-\frac{2\omega}{\lambda}\alpha\right) = 0,$$

$$\mathrm{A}\,e^{\lambda\beta b}\left(\beta+\frac{2\omega}{\lambda}\alpha\right)-\mathrm{B}\,e^{-\lambda\beta b}\left(\beta-\frac{2\omega}{\lambda}\alpha\right) = 0.$$

Elles admettent deux solutions :

1° $\beta = \frac{2\omega}{\lambda}\alpha$ avec $\mathrm{A} = 0$. La relation qui lie α et β nous donne alors

$$\alpha = \frac{1}{\sqrt{gh}},$$

$$\lambda\beta = \frac{2\omega}{\sqrt{gh}},$$

et nous avons

$$\varphi = \mathrm{B}\,e^{-\frac{2\omega}{\sqrt{gh}}y}\,e^{\lambda\left(t-\frac{x}{\sqrt{gh}}\right)},$$

c'est-à-dire l'onde plane précédemment étudiée ;

2° $e^{\lambda\beta b} = e^{-\lambda\beta b}$, c'est-à-dire

$$\lambda\beta b = mi\pi,$$

m étant un entier. Il en résulte

$$\alpha^2 - \frac{m^2\pi^2}{\lambda^2 b^2} = \left(1 + \frac{4\omega^2}{\lambda^2}\right)\frac{1}{gh}.$$

La vitesse de propagation $\frac{1}{\alpha}$ de l'onde suivant l'axe du canal dépend donc ici de la période et de la vitesse de rotation, ainsi que de la largeur du canal. De plus, on a

$$\psi = Ae^{\frac{im\pi}{b}y} + Be^{-\frac{im\pi}{b}y}.$$

Les exponentielles où entre y sont maintenant imaginaires, et, pour une valeur donnée de x, la phase dépendra de y : nous n'avons plus affaire à une onde plane, mais à une onde dont la crête est ondulée.

Cette onde ne pourra pas subir non plus de réflexion régulière, car, si l'on change α en $-\alpha$, on ne pourra pas satisfaire pour toutes les valeurs de y à la condition exprimant que la composante du déplacement normale à la paroi réfléchissante est nulle.

Dans le cas de l'équilibre absolu, à cause de la réflexion régulière sur les parois, on avait une solution très simple pour les oscillations d'un bassin rectangulaire.

On voit qu'il n'en est plus de même lorsqu'on tient compte de la force de Coriolis.

En revanche, on peut traiter complètement le cas d'un vase de forme circulaire.

69. Oscillations propres d'un liquide renfermé dans un vase circulaire de profondeur constante — Si nous prenons des coordonnées polaires

$$x = \rho\cos\theta, \qquad y = \rho\sin\theta,$$

l'équation (12) devient

$$\frac{d^2\varphi}{d\rho^2} + \frac{1}{\rho}\frac{d\varphi}{d\rho} + \frac{1}{\rho^2}\frac{d^2\varphi}{d\theta^2} = \frac{\lambda^2 + 4\omega^2}{gh}\varphi. \tag{13}$$

Nous pourrons satisfaire à cette équation en prenant

$$\varphi = \psi(\rho) e^{mi\theta + \lambda t},$$

m étant un entier.

En effet, on a alors

$$\frac{d^2\varphi}{d\theta^2} = -m^2\varphi$$

et l'équation (13) devient, par substitution,

$$\varphi'' + \frac{\varphi'}{\rho} - \frac{m^2\varphi}{\rho^2} = \frac{\lambda^2 + 4\omega^2}{gh}\varphi.$$

On reconnaît l'équation différentielle qui définit les fonctions de Bessel : φ nous sera donc donné par une des fonctions de Bessel d'ordre m. On sait qu'il y a deux solutions : l'une qui est une fonction entière de ρ, l'autre qui devient infinie pour $\rho = 0$. Il faudra nécessairement choisir la première.

Observons, en effet, que nous avons trois indéterminées : λ et les deux constantes d'intégration de l'équation différentielle. Il nous faudra donc deux conditions, car il doit rester un paramètre arbitraire dans l'expression des oscillations propres, qui ne sont déterminées qu'à un facteur constant près.

La première condition est que φ doit rester fini ; elle impose donc le choix de la fonction de Bessel.

La seconde nous sera fournie par la condition aux bords

$$\frac{d\varphi}{dn} - \frac{2\omega}{\lambda}\frac{d\varphi}{ds} = 0.$$

Ici,

$$\frac{d\varphi}{dn} = -\frac{d\varphi}{d\rho},$$

$$\frac{d\varphi}{ds} = \frac{d\varphi}{\rho\, d\theta} = \frac{mi\varphi}{\rho}.$$

Par conséquent, on aura aux bords du vase, pour $\rho = \rho_0$,

$$\frac{d\varphi}{d\rho} + \frac{2\omega mi}{\lambda\rho}\varphi = 0.$$

Cette équation déterminera λ. Le coefficient de φ est réel, puisque λ est imaginaire.

70. Cas d'un vase cylindrique annulaire. — Supposons maintenant que notre vase de profondeur constante soit limité par deux cercles de rayons $\rho = \rho_0$ et $\rho = \rho_1$ (*fig.* 16). Alors, la condition

Fig. 16.

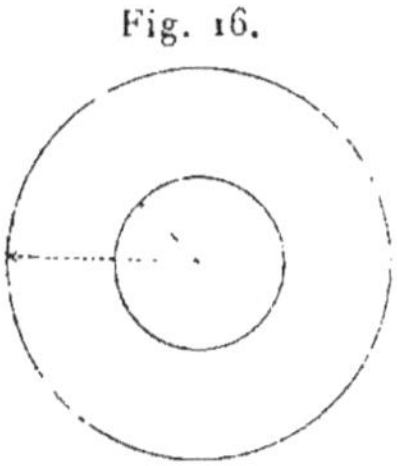

que φ reste finie pour $\rho = 0$ n'aura plus aucune signification, puisqu'il n'y a pas de liquide au centre. Mais nous aurons deux conditions aux limites, qui nous permettront de déterminer à la fois λ et le rapport des deux constantes d'intégration. Ici encore, le problème est donc entièrement résolu par les fonctions de Bessel.

71. Canal circulaire de profondeur constante. — Si ρ_0 et ρ_1 sont très grands par rapport à leur différence, nous aurons, au lieu d'un vase, un canal annulaire. Les oscillations propres d'un tel canal s'obtiendront en remplaçant les fonctions de Bessel par leurs valeurs asymptotiques. Posons, en effet,

$$\psi(\rho) = e^{b\rho},$$
$$\varphi = e^{b\rho} e^{mi\theta + \lambda t}.$$

L'équation (13) sera satisfaite si l'on a

$$b^2 + \frac{b}{\rho} - \frac{m^2}{\rho^2} = \frac{\lambda^2 - 4\omega^2}{gh}.$$

Quant aux conditions aux limites, elles exigent qu'on ait

$$mi = -\frac{b\lambda\rho_m}{2\omega},$$

ρ_m représentant le rayon moyen du canal, devant lequel nous négligeons la différence $\rho_0 - \rho_1$. On a alors, dans les mêmes conditions d'approximation,

$$b = \frac{2\omega}{\sqrt{gh}},$$

et la solution s'écrit

$$\varphi = e^{\frac{2\omega}{\sqrt{gh}}\rho}\, e^{\lambda\left(t - \frac{\rho_m \theta}{\sqrt{gh}}\right)}.$$

Nous retrouvons une onde se propageant avec la vitesse $\sqrt{gh}$. Les périodes seront définies par l'expression

$$m\tau = \frac{2mi\pi}{\lambda} = \frac{2\pi\rho_m}{\sqrt{gh}},$$

m étant un entier : on voit que la période est, pour chaque oscillation, un sous-multiple du temps employé pour parcourir la circonférence moyenne, de sorte que l'onde reste bien concordante avec elle-même après avoir fait un tour complet.

72. Oscillations propres d'un liquide renfermé dans un vase tournant de profondeur variable. — Ce cas plus compliqué peut se traiter d'une façon analogue.

Choisissons, comme exemple, un vase circulaire dont le fond serait un paraboloïde de révolution (§ 48). Alors

$$h = \varepsilon(1 - x^2 - y^2) = \varepsilon(1 - \rho^2).$$

L'équation du problème est dans ce cas

$$\sum \frac{d}{dx}\left(h\frac{d\varphi}{dx}\right) + \frac{2\omega}{\lambda}\frac{\partial(h, \varphi)}{\partial(h, x)} = \frac{\lambda^2 + 4\omega^2}{g}\varphi.$$

Nous chercherons à y satisfaire, comme dans le cas d'une profondeur constante, par

$$\varphi = \psi(\rho)e^{mi\theta + \lambda t},$$

d'où

$$\frac{d\varphi}{d\theta} = mi\varphi.$$

h ne dépendant que de ρ, le déterminant fonctionnel s'écrit

$$\frac{\partial(h, \varphi)}{\partial(x, y)} = \frac{\partial(h, \varphi)}{\partial(\rho, \theta)}\frac{\partial(\rho, \theta)}{\partial(x, y)} = \frac{dh}{d\rho}\frac{d\varphi}{d\theta}\frac{1}{\rho} = -2\varepsilon mi\varphi.$$

L'équation transformée en coordonnées polaires devient donc

$$(1 - \rho^2)\left(\varphi'' + \frac{\varphi'}{\rho} - \frac{m^2}{\rho^2}\varphi\right) - 2\rho\varphi' = \left(\frac{\lambda^2 + 4\omega^2}{g\varepsilon} + \frac{4\omega mi}{\lambda}\right)\varphi.$$

C'est une équation différentielle de même forme que celle du paragraphe 48, mais renfermant en plus le facteur $\frac{4\omega mi}{\lambda}$ qui est réel. Elle se traitera absolument de la même manière; on en déduira que le coefficient de φ doit être $m^2 - n(n+2)$, m et n étant deux entiers quelconques tels que $n > m$.

Par conséquent, les périodes d'oscillation seront données par

$$\frac{\lambda^2 + 4\omega^2}{g\varepsilon} + \frac{4\omega mi}{\lambda} = m^2 - n(n+2).$$

Cette équation est du troisième degré en λ. Pour ω très petit, deux des racines tendent vers des valeurs finies et une vers zéro. D'où l'existence de deux classes de solutions : l'une pour laquelle λ reste fini, et l'autre pour laquelle λ tend vers zéro avec ω.

Cela est d'ailleurs général (*cf.* § 93).

73. **Remarque sur une particularité des équations dans le problème du vase tournant.** — Reprenons l'équation générale des oscillations propres

$$\sum \frac{d}{dx}\left(h\frac{d\varphi}{dx}\right) + \frac{2\omega}{\lambda}\frac{\partial(h, \varphi)}{\partial(x, y)} = \frac{\lambda^2 + 4\omega^2}{g}\varphi,$$

où λ est purement imaginaire.

Supposons que l'on ait

$$\frac{2\omega}{\lambda} = i.$$

L'équation admet alors une infinité de solutions simples.

En effet, le second membre s'annule, et l'on peut écrire l'équation sous la forme

$$\frac{d}{dx}\left[h\left(\frac{d\varphi}{dx} + i\frac{d\varphi}{dy}\right)\right] + \frac{d}{dy}\left[h\left(\frac{d\varphi}{dy} - i\frac{d\varphi}{dx}\right)\right] = 0.$$

Elle sera donc satisfaite si nous faisons à la fois

$$\frac{d\varphi}{dx} + i\frac{d\varphi}{dy} = 0,$$

$$\frac{d\varphi}{dy} - i\frac{d\varphi}{dx} = 0.$$

Il suffit pour cela que φ soit une fonction analytique quelconque

$$\varphi = f(x + iy).$$

D'où une infinité de solutions.

Mais ces solutions sont, en général, illusoires. Rappelons, en effet, que nous n'avons obtenu l'équation sous la forme considérée qu'en multipliant l'équation (9) par le facteur $\lambda^2 + 4\omega^2$ qui, ici, est nul. Il faut donc voir si à toute fonction φ analytique de x et y peuvent correspondre des quantités u et v. Or, nous devons avoir (§ 60)

$$u - \frac{2\omega}{\lambda} v = \frac{d\varphi}{dx},$$

$$v + \frac{2\omega}{\lambda} u = \frac{d\varphi}{dy},$$

et, dans notre hypothèse, le déterminant de ces équations est nul. Elles ne sont donc plus distinctes. Nous pouvons, en effet, les écrire

$$u - iv = \varphi',$$
$$v + iu = i\varphi',$$

et l'on voit qu'on passe de l'une à l'autre en la multipliant par i.

Si donc nous prenons pour φ une fonction arbitraire de $z = x + iy$, elle pourra très bien ne pas satisfaire aux conditions du problème. Il faudrait, en effet, que nous ayons, d'abord

$$u - iv = \varphi',$$

puis, en vertu de l'équation de continuité,

$$\frac{d(hu)}{dx} + \frac{d(hv)}{dy} = \frac{\lambda^2\varphi}{g}.$$

La question qui se pose est alors celle-ci : u et v peuvent-elles rester finies et satisfaire à ces deux équations différentielles ?

Cela n'est pas certain et, pour le montrer, nous examinerons seulement le cas d'une profondeur constante. Les équations différentielles sont alors

$$u - iv = \varphi',$$

$$\frac{du}{dx} + \frac{dv}{dy} = \frac{\lambda^2\varphi}{gh} = -\frac{4\omega^2}{gh}\varphi = -2C\varphi.$$

en posant

$$\frac{2\omega^2}{gh} = C.$$

Si nous différentions la première équation par rapport à y, nous aurons

$$\frac{du}{dy} - i\frac{dv}{dy} = \varphi' \frac{dz}{dy} = i\varphi'',$$

d'où

$$\frac{dv}{dy} = -\varphi'' - i\frac{du}{dy}$$

et, par substitution dans la deuxième équation,

$$\frac{du}{dx} - i\frac{du}{dy} = -2C\varphi - \varphi''.$$

Prenons pour variables les deux imaginaires conjuguées

$$z = x + iy,$$
$$z_1 = x - iy.$$

Nous aurons

$$\frac{du}{dx} = \frac{du}{dz} - \frac{du}{dz_1},$$
$$\frac{du}{dy} = i\frac{du}{dz} - i\frac{du}{dz_1},$$

d'où

$$2\frac{du}{dz} = \frac{du}{dx} - i\frac{du}{dy} = -2C\varphi + \varphi''.$$

C est essentiellement réel et positif. Le dernier membre de cette équation différentielle est une fonction analytique de z; on en déduira donc que u est une fonction analytique de z, à laquelle l'intégration ajoutera une constante, c'est-à-dire une fonction de z_1,

$$u = f(z) + f_1(z_1).$$

Si nous posons

$$\varphi = \psi',$$

ψ' étant la dérivée d'une certaine fonction de z, nous aurons donc en intégrant

$$u = \quad C\psi + \frac{1}{2}\psi'' + \psi_1,$$

ψ_1 représentant une fonction arbitraire de z_1.

Il en résulte

$$v = i\left(C\psi + \frac{1}{2}\psi'' - \psi_1\right).$$

On a donc

$$u + iv = 2\psi_1 - 2C\psi,$$
$$u - iv = \psi''.$$

Mais il reste encore à satisfaire aux conditions aux limites, et ce sont elles qui nous détermineront les fonctions ψ et ψ_1, si toutefois elles peuvent l'être. Or, en général, le problème ne pourra pas être résolu, car ces relations imposeront à la constante C une nouvelle condition incompatible avec sa valeur $\frac{2\omega^2}{gh}$.

Si, par exemple, nous prenons le cas d'un vase annulaire, nous devrons avoir sur les bords

$$u\cos\theta + v\sin\theta = 0,$$

c'est-à-dire

$$u(e^{i\theta} + e^{-i\theta}) - iv(e^{i\theta} - e^{-i\theta}) = 0$$

ou

$$\frac{u + iv}{u - iv} = -e^{2i\theta}.$$

Nos variables indépendantes étant

$$z = \rho e^{i\theta}, \qquad z_1 = \rho e^{-i\theta},$$

la condition aux limites s'écrit

$$\frac{u + iv}{u - iv} = -\frac{z}{z_1},$$

c'est-à-dire, en remplaçant u et v par leurs valeurs en fonction de ψ et ψ_1,

$$\frac{2\psi_1 - 2C\psi}{\psi''} = -\frac{z}{z_1}.$$

Nous avons ainsi une relation entre ψ, ψ_1, z et z_1, qui doit être satisfaite sur les deux circonférences du vase, pour $zz_1 = \rho_0^2$ et $zz_1 = \rho_1^2$.

Posons

$$\psi = z^m,$$
$$\psi_1 = A z_1^{-m} = A z^m \rho^{-2m}.$$

La relation précédente s'écrira

$$m(m-1)+2\rho^2(A\rho^{-2m}-C)=0$$

et devra être satisfaite pour $\rho=\rho_0$ et $\rho=\rho_1$.

Si nous regardons ρ_0 et ρ_1 comme donnés, cela fait deux équations qui détermineront A et C; on en tire

$$2C=\frac{4\omega^2}{gh}=\frac{m(m-1)(\rho_0^{2-2m}-\rho_1^{2-2m})}{\rho_0^2\rho_1^2(\rho_0^{-2m}-\rho_1^{-2m})}.$$

Telle est la relation qui doit exister entre ρ_0 et ρ_1 pour que la solution existe.

CHAPITRE VII.

OSCILLATIONS D'UN LIQUIDE PESANT RECOUVRANT UNE SPHÈRE TOURNANTE.

74. Nous allons maintenant aborder le problème dans toute sa généralité, en tenant compte à la fois de l'attraction du bourrelet, de la sphéricité de la Terre et de la force centrifuge composée.

Considérons une sphère dont le rayon sera pris pour unité, et soient θ et ψ les coordonnées colatitude et longitude.

Faisons de la surface de cette sphère une représentation conforme sur une Carte géographique et désignons par x, y les coordonnées rectangulaires sur cette Carte du point θ, ψ.

Imaginons sur la surface de la sphère une courbe fermée quelconque C limitant un domaine D dont l'élément de surface sera $d\sigma$; soient également ds l'élément d'arc de la courbe C et dn l'élément de la normale intérieure à cette courbe dans le plan tangent à la sphère.

Sur la Carte, nous aurons comme éléments correspondants une courbe plane C', un élément de surface $d\sigma'$, un élément d'arc ds' et un élément de normale dn'; et nous aurons les relations

$$ds' = k\,ds, \qquad dn' = k\,dn, \qquad d\sigma' = k^2\,d\sigma,$$

k étant le rapport de similitude, lequel est fonction de x et y, ou de θ et ψ.

75. Si nous considérons le cône ayant pour sommet le centre de la sphère et pour directrice la courbe C, la quantité de liquide renfermé à l'intérieur de ce cône éprouvera un accroissement par le fait de la marée. Cet accroissement est égal, d'une part, à la quantité de liquide qui pénètre à travers la surface latérale; si nous désignons par N la composante du déplacement nor-

male à l'élément ds, il entrera par le petit rectangle $h\,ds$, dont cet élément est la base, une quantité $hN\,ds$. D'autre part, si ζ représente la surélévation, à chaque élément $d\sigma$ de surface correspondra un accroissement de volume élémentaire égal à $-\zeta\,d\sigma$, en comptant, comme précédemment, ζ positivement dans le sens des z positifs, c'est-à-dire vers le bas. L'équation de continuité sera donc

$$\int hN\,ds = -\int \zeta\,d\sigma, \tag{1}$$

l'intégrale du premier membre étant étendue à toute la courbe C et celle du deuxième membre à tout le domaine D que limite cette courbe sur la surface de la sphère.

76. Il faut maintenant évaluer hN. Reportons-nous pour cela aux résultats obtenus dans le problème du vase tournant.

Nous avons vu (§ 60) qu'en supposant la profondeur très petite, ce qui est la seule hypothèse à considérer lorsqu'il s'agit des marées, w est du second ordre, u et v étant du premier, et que tout se passe alors comme si la rotation se réduisait à sa composante verticale.

ω représentant cette composante, les composantes u et v du déplacement suivant Ox et Oy sont données par les équations

$$u - \frac{2\omega}{\lambda} v = \frac{d\varphi}{dx},$$

$$v + \frac{2\omega}{\lambda} u = \frac{d\varphi}{dy},$$

la fonction φ étant toujours définie par la relation

$$\lambda^2\varphi = V - p.$$

Ces équations, résolues par rapport à u et à v, nous ont donné

$$u = \frac{\lambda^2}{\lambda^2 + 4\omega^2}\left(\frac{d\varphi}{dx} + \frac{2\omega}{\lambda}\frac{d\varphi}{dy}\right),$$

$$v = \frac{\lambda^2}{\lambda^2 + 4\omega^2}\left(\frac{d\varphi}{dy} - \frac{2\omega}{\lambda}\frac{d\varphi}{dx}\right).$$

D'une manière générale, si nous appelons N la composante du déplacement suivant la normale intérieure à l'élément ds d'une courbe quelconque tracée dans le plan de la surface libre, nous aurons

$$N = -u\frac{dy}{ds} + v\frac{dx}{ds} = \frac{\lambda^2}{\lambda^2 + 4\omega^2}\left(\frac{d\varphi}{dn} - \frac{2\omega}{\lambda}\frac{d\varphi}{ds}\right).$$

Tout ceci suppose que le contour fermé C est décrit dans le sens positif généralement adopté, c'est-à-dire que, si nous imaginons

Fig. 17

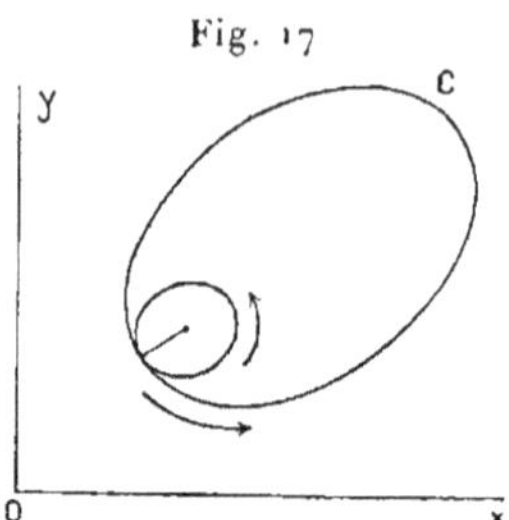

une petite circonférence tangente intérieurement à la courbe C, cette circonférence doit être supposée parcourue dans le sens de Ox vers Oy par rapport à son centre, et déterminera ainsi le sens positif sur C (*fig.* 17).

77. Ces résultats s'étendent immédiatement au cas de la sphère tournante.

En effet, si nous considérons une portion suffisamment petite de la surface de cette sphère, nous pourrons la regarder comme plane, et nous nous trouverons ramenés ainsi au problème du vase. Seulement, la quantité ω qui figure dans les équations que nous venons de rappeler était la composante effective de la rotation suivant la normale à la surface libre; si donc nous désignons ici par ω la vitesse de rotation de la Terre, nous devrons introduire dans nos équations $\omega \cos\theta$ au lieu de ω.

L'expression du déplacement normal à la courbe C tangentiellement à la sphère est alors

$$(2) \qquad N = \frac{\lambda^2}{\lambda^2 + 4\omega^2\cos^2\theta}\left(\frac{d\varphi}{dn} - \frac{2\omega\cos\theta}{\lambda}\frac{d\varphi}{ds}\right).$$

Posons

$$(3) \qquad h_1 = \frac{\lambda^2 h}{\lambda^2 + 4\omega^2\cos^2\theta}, \qquad h_2 = \frac{2\omega\cos\theta}{\lambda}h_1.$$

Nous aurons

$$(4) \qquad \int h \mathrm{N}\, ds = \int \left(h_1 \frac{d\varphi}{dn} - h_2 \frac{d\varphi}{ds} \right) ds$$

ou bien encore, en remplaçant dn et ds respectivement par $\frac{dn'}{k}$ et $\frac{ds'}{k}$ dans le second membre,

$$(4\ bis) \qquad \int h \mathrm{N}\, ds = \int \left(h_1 \frac{d\varphi}{dn'} - h_2 \frac{d\varphi}{ds'} \right) ds'.$$

Transformons d'abord l'équation (4). Observons pour cela que nous pouvons, au troisième ordre près (§ 55), substituer au flux

Fig. 18.

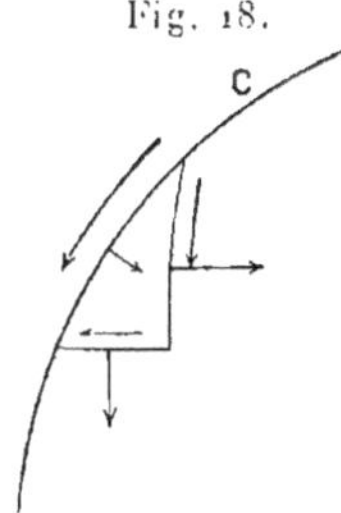

qui traverse chaque élément ds de la courbe C la somme des flux pénétrant à travers les côtés de l'angle droit du triangle rectangle infiniment petit dont ds est l'hypoténuse (*fig.* 18). Par conséquent

$$\int h_1 \frac{d\varphi}{dn} ds = \int h_1 \left(\frac{d\varphi}{\sin\theta\, d\psi} d\theta - \frac{d\varphi}{d\theta} \sin\theta\, d\psi \right).$$

L'intégrale du second membre est une intégrale de ligne étendue à toute la courbe C ; transformons-la, par la formule de Riemann, en une intégrale de surface étendue au domaine superficiel limité par C, et nous aurons

$$\int h_1 \frac{d\varphi}{dn} ds = -\int d\theta\, d\psi \left[\frac{d}{d\theta} \left(h_1 \sin\theta \frac{d\varphi}{d\theta} \right) + \frac{d}{d\psi} \left(\frac{h_1}{\sin\theta} \frac{d\varphi}{d\psi} \right) \right].$$

D'autre part,

$$\int h_2 \frac{d\varphi}{ds} ds = \int h_2 \left(\frac{d\varphi}{d\theta} d\theta + \frac{d\varphi}{d\psi} d\psi \right)$$
$$= \int d\theta\, d\psi \left(\frac{dh_2}{d\theta} \frac{d\varphi}{d\psi} - \frac{dh_2}{d\psi} \frac{d\varphi}{d\theta} \right) = \int \frac{\partial(h_2, \varphi)}{\partial(\theta, \psi)} d\theta\, d\psi.$$

Il vient donc, en portant ces valeurs dans (4) et (1),

$$(5)\quad \int h\mathrm{N}\,ds = -\int \zeta \sin\theta\,d\theta\,d\psi$$
$$= -\int d\theta\,d\psi\left[\frac{d}{d\theta}\left(h_1 \sin\theta\frac{d\varphi}{d\theta}\right) + \frac{d}{d\psi}\left(\frac{h_1}{\sin\theta}\frac{d\varphi}{d\psi}\right) + \frac{\partial(h_2,\varphi)}{\partial(\theta,\psi)}\right].$$

Opérons maintenant une transformation analogue sur l'équation (4 *bis*) ; nous aurons

$$\int h_1 \frac{d\varphi}{dn'}\,ds' = \int h_1\left(\frac{d\varphi}{dy}\,dx - \frac{d\varphi}{dx}\,dy\right) = -\int \sum \frac{d}{dx}\left(h_1\frac{d\varphi}{dx}\right)dx\,dy,$$
$$\int h_2 \frac{d\varphi}{ds'}\,ds' = \int h_2\left(\frac{d\varphi}{dx}\,dx + \frac{d\varphi}{dy}\,dy\right) = \int\left(\frac{dh_2}{dx}\frac{d\varphi}{dy} - \frac{dh_2}{dy}\frac{d\varphi}{dx}\right)dx\,dy,$$

et, comme en passant de la sphère à la Carte l'équation (1) devient

$$\int h\mathrm{N}\,ds = -\int \frac{\zeta}{k^2}\,dx\,dy,$$

on a, en substituant dans (4 *bis*),

$$(5\ bis)\quad \int h\mathrm{N}\,ds = -\int dx\,dy\left[\sum \frac{d}{dx}\left(h_1\frac{d\varphi}{dx}\right) + \frac{\partial(h_2,\varphi)}{\partial(x,y)}\right] = -\int \frac{\zeta}{k^2}\,dx\,dy.$$

Les relations (5) et (5 *bis*) ont lieu pour une courbe C quelconque ; ce sont donc des identités.

Par suite, les équations du problème seront :

En coordonnées sphériques,

$$(6)\quad \frac{d}{d\theta}\left(h_1\sin\theta\frac{d\varphi}{d\theta}\right) + \frac{d}{d\psi}\left(\frac{h_1}{\sin\theta}\frac{d\varphi}{d\psi}\right) + \frac{\partial(h_2,\varphi)}{\partial(\theta,\psi)} = \zeta\sin\theta$$

et, en coordonnées rectangulaires sur la Carte,

$$(6\ bis)\quad \sum \frac{d}{dx}\left(h_1\frac{d\varphi}{dx}\right) + \frac{\partial(h_2,\varphi)}{\partial(x,y)} = \frac{\zeta}{k^2}.$$

La valeur de ζ nous est fournie par la condition à la surface libre, qui donne (§ 56)

$$(7)\quad \zeta = \frac{\lambda^2\varphi}{g} - \frac{\mathrm{H}''}{g} - \frac{\mathrm{C}e^{\lambda t}}{g}.$$

Le dernier terme, qui représente celle des composantes isochrones du potentiel perturbateur que l'on considère spécialement, est à supprimer pour l'étude des oscillations propres : λ est alors une inconnue dont la détermination, comme celle de φ, résultera des équations précédentes, ainsi que des conditions aux limites.

Lorsqu'on voudra obtenir les oscillations contraintes, C et λ seront des données de la question.

En éliminant ζ entre les équations (6) et l'équation (7), on obtiendra, soit sur la sphère, soit sur la Carte, l'équation qui doit déterminer φ :

$$(8) \quad \frac{d}{d\theta}\left(h_1 \sin\theta \frac{d\varphi}{d\theta}\right) + \frac{d}{d\psi}\left(\frac{h_1}{\sin\theta}\frac{d\varphi}{d\psi}\right) + \frac{\partial(h_2, \varphi)}{\partial(\theta, \psi)} = \frac{\sin\theta}{g}(\lambda^2\varphi - \text{H}'' - \text{C}e^{\lambda t})$$

ou

$$(8\,bis) \quad \sum \frac{d}{dx}\left(h_1 \frac{d\varphi}{dx}\right) + \frac{\partial(h_2, \varphi)}{\partial(x, y)} = \frac{1}{k^2 g}(\lambda^2\varphi - \text{H}'' - \text{C}e^{\lambda t}).$$

Ensuite, l'équation (7) donnera la surélévation et l'on obtiendrait par l'équation (2) la composante du déplacement suivant la normale à un élément quelconque de courbe tracée sur la surface libre.

78. **Autre forme des équations.** — Ces équations ont un avantage : c'est que, dans le cas des oscillations propres et sous la réserve de ne pas tenir compte de l'attraction du bourrelet, elles ne renferment qu'une seule fonction inconnue, à savoir la fonction φ.

Mais elles présentent aussi un inconvénient : c'est de contenir les quantités h_1 et h_2, dans l'expression desquelles figure en dénominateur $\lambda^2 + 4\omega^2\cos^2\theta$. Or, λ^2 étant toujours négatif, ce dénominateur pourra s'annuler pour certaines valeurs de θ. h_1 et h_2 sont donc susceptibles de devenir infinis. Pour voir ce qui se passe alors, prenons, par exemple, l'équation (6 *bis*) sur la Carte, et remarquons qu'elle peut s'écrire

$$\frac{d}{dx}\left[h_1\left(\frac{d\varphi}{dx} + \frac{2\omega\cos\theta}{\lambda}\frac{d\varphi}{dy}\right)\right] + \frac{d}{dy}\left[h_1\left(\frac{d\varphi}{dy} - \frac{2\omega\cos\theta}{\lambda}\frac{d\varphi}{dx}\right)\right] = \frac{\zeta}{k^2}.$$

Considérons le terme en $\frac{d}{dx}$. Pour la colatitude θ telle que

$$2i\omega\cos\theta = \pm\lambda,$$

$h_1 \frac{d\varphi}{dx}$ devient infini ; de même $h_1 \frac{d\varphi}{dy}$. Mais on a

$$\frac{d\varphi}{dx} + \frac{2\omega\cos\theta}{\lambda}\frac{d\varphi}{dy} = \frac{\lambda^2 + 4\omega^2\cos^2\theta}{k\lambda^2}u$$

et, par suite, cette expression s'annule pour la valeur de θ considérée. Les termes infinis se détruisent donc. De même pour le terme en $\frac{d}{dy}$; de sorte que l'ensemble des termes reste fini.

Néanmoins, pour éviter cette difficulté, il peut y avoir avantage à présenter les équations sous une autre forme.

Considérons pour cela le déplacement d'une molécule et les composantes de ce déplacement suivant les axes des x et des y tracés sur la Carte. Si nous désignons ces composantes par u et v, les composantes du déplacement réel sur la sphère seront ku et kv, de telle sorte que l'élément d'intégrale $h\text{N}\,ds$ reste le même, qu'il soit estimé sur la courbe C ou sur sa transformée C'. De plus, si nous désignons par $d\xi$ et $d\eta$ les éléments rectangulaires correspondant sur la sphère à dx et dy, nous aurons, en vertu de la similitude,

$$k\,d\xi = dx, \qquad k\,d\eta = dy.$$

Les composantes ku et kv sont liées par les relations

$$ku - \frac{2\omega\cos\theta}{\lambda}kv = \frac{d\varphi}{d\xi} = k\frac{d\varphi}{dx},$$

$$kv + \frac{2\omega\cos\theta}{\lambda}ku = \frac{d\varphi}{d\eta} = k\frac{d\varphi}{dy},$$

qui s'écrivent, après suppression du facteur k,

$$(9)\qquad \begin{cases} u - \dfrac{2\omega\cos\theta}{\lambda}v = \dfrac{d\varphi}{dx}, \\ v + \dfrac{2\omega\cos\theta}{\lambda}u = \dfrac{d\varphi}{dy}. \end{cases}$$

On retrouve les équations connues du vase tournant, la vitesse de rotation étant $\omega\cos\theta$.

Nous avons, de plus, l'équation de continuité

$$\int h\text{N}\,ds = -\int \frac{\zeta}{k^2}\,dx\,dy.$$

N est la composante du déplacement vrai normal à l'élément ds sur la sphère; ses cosinus directeurs sont proportionnels à $-\frac{d\eta}{ds}$ et $+\frac{d\xi}{ds}$, c'est-à-dire à $-\frac{dy}{ds'}$ et $+\frac{dx}{ds'}$.

On peut donc évaluer facilement la première intégrale en fonction des éléments sur la Carte; on a

$$\int h\mathrm{N}\,ds = \int h\left(kv\frac{dx}{ds'} - ku\frac{dy}{ds'}\right)ds = \int hk\frac{ds}{ds'}\left(v\,dx - u\,dy\right)$$
$$= \int h\left(v\,dx - u\,dy\right) = -\int\sum\frac{d}{dx}(hu)\,dx\,dy.$$

D'où, en égalant les deux valeurs de $\int h\mathrm{N}\,ds$, l'équation

$$k^2\sum\frac{d(hu)}{dx} = \zeta = \frac{\lambda^2\varphi - \mathrm{H}'' - \mathrm{C}e^{\lambda t}}{g} \tag{10}$$

qui tient lieu des deux équations (6) et (6 *bis*).

Nous avons ici trois fonctions inconnues : u, v et φ, et trois équations.

Si l'on veut éliminer φ, il suffira de différentier l'équation (10) d'abord par rapport à x, ensuite par rapport à y : nous obtiendrons ainsi deux équations en u et v, dans lesquelles n'entreront plus de coefficients susceptibles de devenir infinis (*voir* § 165).

79. Théorèmes de Laplace. — 1° *Cas où la profondeur est seulement fonction de la latitude.* — Laplace a montré que, si h ne dépend que de la latitude, la marée ne subit pas de retard : sa phase est la même que celle de la force perturbatrice.

Considérons, en effet, le terme $\mathrm{C}e^{\lambda t}$. Nous savons (§ 29) que le potentiel $\mathrm{P} - \mathrm{P}_0$ d'un astre en un point déterminé peut se décomposer en une somme de termes de la forme

$$\mathrm{P} - \mathrm{P}_0 = \sum_s \Phi e^{si\gamma},$$

γ étant l'angle horaire $\omega t + \psi -$ Æ de l'astre;

Φ dépend de la colatitude θ, de la distance polaire δ et de la distance ρ de l'astre au centre de la Terre, mais pas de la longitude;

s est un nombre entier pouvant prendre les valeurs $0, \pm 1, \pm 2$.

En remplaçant γ par sa valeur, on peut écrire

$$P - P_0 = \sum \Phi e^{-si\mathfrak{R}} e^{si\omega t + si\psi}.$$

Les coordonnées de l'astre variant lentement, $\Phi e^{-si\mathfrak{R}}$ sera une fonction de θ et du temps qu'on pourra développer en une série trigonométrique de la forme $\sum B e^{i\mu t}$.

B ne dépend que de θ et est proportionnel à

$3\cos^2\theta - 1$	pour	$s = 0,$
$\sin 2\theta$	»	$s = \pm 1,$
$\sin^2\theta$	»	$s = \pm 2.$

Si maintenant nous posons

$$\lambda = si\omega + i\mu,$$

nous aurons

$$P - P_0 = \sum B e^{si\psi + \lambda t},$$

μ étant très petit, λ diffère peu de $si\omega$. Pour une composante isochrone $Ce^{\lambda t}$ du potentiel perturbateur, nous avons donc

$$C = f(\theta) e^{si\psi},$$

s ayant une valeur entière voisine de $\frac{\lambda}{i\omega}$.

Considérons alors les équations du problème. Dans le cas où h ne dépend pas de ψ, elles se simplifient et deviennent

$$(11) \quad \frac{d}{d\theta}\left(h_1 \sin\theta \frac{d\varphi}{d\theta}\right) + \frac{h_1}{\sin\theta}\frac{d^2\varphi}{d\psi^2} + \frac{2\omega}{\lambda}\frac{d\varphi}{d\psi}\frac{d(h_1\cos\theta)}{d\theta}$$
$$= \frac{\sin\theta}{g}(\lambda^2\varphi - \mathrm{H}'' - Ce^{\lambda t}) = \zeta \sin\theta.$$

C étant proportionnel à $e^{si\psi}$, nous pourrons satisfaire à ces équations en prenant φ, ζ et, par conséquent, H'' proportionnels à $e^{si\psi}$, sous la forme $F(\theta)e^{si\psi + \lambda t}$. Nous obtiendrons ainsi pour chaque composante isochrone une onde se propageant suivant les parallèles avec la vitesse $\frac{\lambda}{si}$.

Mais, de plus, il faut montrer qu'il n'y a pas décalage.

Or, nous avons

$$\frac{d\varphi}{d\psi} = si\varphi,$$

$$\frac{d^2\varphi}{d\psi^2} = -s^2\varphi,$$

d'où, en substituant dans les équations,

$$(12)\qquad \frac{d}{d\theta}\left(h_1 \sin\theta \frac{d\varphi}{d\theta}\right) - s^2 \frac{h_1\varphi}{\sin\theta} + \frac{2\omega si}{\lambda} \frac{d(h_1\cos\theta)}{d\theta}\varphi = \zeta \sin\theta.$$

De plus,

$$\zeta = \frac{1}{g}(\lambda^2\varphi - \Pi'' - Ce^{\lambda t})$$

et

$$-4\pi\zeta = 2r\frac{d\Pi''}{dr} + \Pi''.$$

Nous avons ainsi entre les inconnues φ, ζ, Π'' et la donnée $Ce^{\lambda t}$ trois relations qui sont des équations différentielles linéaires dont tous les coefficients sont réels, puisque $\frac{\lambda}{i}$ est réel.

Il y aura donc forcément une solution réelle. Si, en effet, nous pouvions avoir une solution imaginaire, la solution imaginaire conjuguée conviendrait également, et leur combinaison donnerait encore une solution réelle. La solution étant, en général, unique, il en résulte qu'elle est réelle, c'est-à-dire que les fonctions de θ qui entreront dans les expressions de φ et de ζ n'auront pas de partie imaginaire.

Or, la phase de la force perturbatrice est l'argument de la quantité imaginaire $Ce^{\lambda t}$; la phase de la marée est l'argument de la quantité imaginaire ζ. Ces quantités étant toutes deux égales au produit de l'exponentielle $e^{si\psi+\lambda t}$ par une fonction de θ réelle, leurs arguments seront tous deux égaux à $s\psi + \frac{\lambda}{i}t$ et, par suite, il n'y aura pas de différence de phase, ou du moins elle ne pourra être que 0 ou π. Ainsi donc :

Le retard de la marée serait nul si la profondeur ne dépendait que de la latitude.

Il importe de remarquer que ce théorème n'est plus vrai pour une loi quelconque de la profondeur; en particulier, il ne s'applique pas au cas des mers. Beaucoup d'auteurs, néanmoins, s'y sont trompés et, attribuant au théorème de Laplace une généralité qu'il ne comporte pas, ont cru pouvoir en conclure que le décalage de la marée par rapport à la force perturbatrice avait pour cause le frottement. Or, l'influence du frottement est tout à fait insignifiante et le retard constaté doit être imputé entièrement à la loi de profondeur.

On peut voir aisément d'une autre manière que ce théorème de Laplace n'est pas général. Comme il ne dépend pas de la grandeur de la rotation, il serait vrai même si l'on ne tenait pas compte de la force centrifuge composée. Or, nous savons que dans ce cas, si l'on considère les oscillations propres harmoniques, il y a partout concordance de phase dans le système (§ 8). Lorsque λ serait très voisin de l'une des valeurs d'oscillation propre, l'oscillation contrainte serait très voisine de cette oscillation et devrait, par suite, avoir comme elle même phase en tous les points de la mer considérée. Pour le potentiel perturbateur, au contraire, la phase dépend de la longitude : il y a donc forcément décalage.

Et cependant le théorème nous apprend qu'il n'y a pas décalage lorsque la profondeur ne dépend que de la latitude. C'est qu'alors l'équation qui donne les périodes des oscillations propres pour $\omega = 0$ a toutes ses racines doubles (*voir* § 93); et nous savons que le système peut dans ce cas prendre des oscillations propres qui ne sont pas harmoniques au sens restreint du mot, et présentent des lignes cotidales (§§ 20, 49).

Il n'est pas inutile de faire remarquer encore que ce théorème de Laplace n'exige nullement que la mer recouvre tout le globe; seulement, s'il existe des continents, ils devront être limités par des parallèles.

80. Théorème II. — *La marée diurne est nulle si la profondeur est constante.* — Plaçons-nous d'abord dans le cas où la profondeur n'est fonction que de la latitude, et cherchons quelle doit être la loi de profondeur pour que la marée diurne soit nulle. Pour cette marée, on a $s = 1$. Prenons également

$$\lambda = i\omega.$$

En posant cette égalité, nous faisons une approximation, puisque en réalité

$$\lambda = i\omega + i\mu.$$

Ce que nous dirons ne s'applique donc rigoureusement qu'à la marée diurne sidérale, mais sera vrai aussi avec une grande approximation pour la marée diurne solaire et lunaire, en raison de la petitesse de μ.

Pour l'onde diurne, C est proportionnel à $\sin 2\theta$.

Si nous supposons la marée nulle, $\zeta = 0$, le bourrelet sera nul également et l'on aura aussi $H'' = 0$: il en résulte donc que $\varphi = \frac{g C e^{\lambda t}}{\lambda^2}$ sera proportionnel à $\sin 2\theta$.

En faisant $s = 1$, $\lambda = i\omega$ et $\zeta = 0$, l'équation (12) devient

$$\frac{d}{d\theta}\left(h_1 \sin\theta \frac{d\varphi}{d\theta}\right) - \frac{h_1\varphi}{\sin\theta} + 2\varphi\frac{d(h_1\cos\theta)}{d\theta} = 0,$$

et la question qui se pose est de savoir quelle doit être la valeur de h_1, c'est-à-dire de h, pour que cette équation soit satisfaite lorsqu'on y fait $\varphi = \sin 2\theta$.

En opérant la substitution, nous avons

$$\begin{gathered} 2h'_1 \sin\theta\cos 2\theta + 2h_1\cos\theta\cos 2\theta - 4h_1\sin\theta\sin 2\theta \\ - 2h_1\cos\theta + 2h'_1\sin 2\theta\cos\theta - 2h_1\sin 2\theta\sin\theta = 0 \end{gathered}$$

ou, en réduisant,

$$2h'_1\sin\theta(4\cos^2\theta - 1) - 8h_1\sin\theta\sin 2\theta = 0,$$

d'où

$$\frac{h'_1}{h_1} = \frac{4\sin 2\theta}{4\cos^2\theta - 1} = -\frac{\frac{d}{d\theta}(4\cos^2\theta - 1)}{4\cos^2\theta - 1}.$$

On en déduit donc

$$h_1 = \frac{\text{const.}}{4\cos^2\theta - 1},$$

et, par suite, puisque $\lambda^2 = -\omega^2$,

$$h = (1 - 4\cos^2\theta)h_1 = \text{const.}$$

Cette condition étant nécessaire et suffisante pour que l'équation soit satisfaite, le théorème est démontré.

On retrouve encore la même condition en supposant que la profondeur dépende à la fois de θ et de ψ. Revenons, en effet, à l'équation générale (6) qui contient $\frac{dh_1}{d\psi}$, et recommençons la précédente analyse. Il faudra qu'en remplaçant ζ par zéro, φ par $\sin 2\theta$, λ par $i\omega$ et $\frac{d\varphi}{d\psi}$ par $i\varphi$, l'équation soit satisfaite. Cette équation va se présenter ici sous forme complexe, et, comme h_1 est essentiellement réel, nous devrons annuler le coefficient de la partie imaginaire. En tenant compte de ce que, pour l'onde diurne, on a

$$h_2 = -2i\cos\theta\, h_1;$$

on voit que l'ensemble des termes imaginaires est égal à

$$2\cos\theta\frac{dh_1}{d\psi}(1 - 2\cos 2\theta).$$

On devra donc avoir, pour que la marée diurne soit constamment nulle,

$$\frac{dh_1}{d\psi} = 0.$$

Par suite, la profondeur ne doit dépendre que de la latitude et nous sommes ramenés à l'analyse précédente, laquelle exige que la profondeur soit constante. Il en résulte donc que la mer devra recouvrir tout le globe.

81. Loi de profondeur pour laquelle la marée diurne serait proportionnelle à la marée statique. — Nous allons rechercher s'il existe une loi de profondeur de la mer telle que la hauteur de la marée diurne soit proportionnelle au terme correspondant $Ce^{\lambda t}$ du potentiel perturbateur. Nous supposons toujours que la profondeur ne dépende que de la latitude et, de plus, ici, que la mer recouvre le globe entier.

C étant proportionnel à $\sin 2\theta e^{i\psi}$, ζ devra contenir également ce facteur : ce sera donc une fonction sphérique du second ordre, et nous aurons

$$\Pi'' = -\frac{4\pi\zeta}{5}.$$

Par suite, Π'' sera comme ζ et C proportionnel à $\sin 2\theta e^{i\psi}$, et il résulte de

$$\zeta = \frac{1}{g}(\lambda^2\varphi - \Pi'' - Ce^{\lambda t}),$$

que φ devra être proportionnel à la même quantité.

Si donc nous posons

$$\varphi = a \sin 2\theta\, e^{i\psi+\lambda t},$$
$$\zeta = b \sin 2\theta\, e^{i\psi+\lambda t},$$

a et b étant des constantes, la substitution de ces valeurs dans l'équation (12) où l'on aura fait préalablement $s = 1$ et $\lambda = i\omega$ nous donnera, comme tout à l'heure,

$$2a\frac{dh_1}{d\theta}(4\cos^2\theta - 1) - 8ah_1 \sin 2\theta = b \sin 2\theta,$$

c'est-à-dire, en tenant compte de ce que

$$(1 - 4\cos^2\theta)\frac{dh_1}{d\theta} - \frac{dh}{d\theta} - 4h_1 \sin 2\theta,$$
$$= -2a\frac{dh}{d\theta} = b \sin 2\theta.$$

On tire de là

$$h = h_0(1 - q\cos^2\theta),$$

h_0 et q étant deux constantes telles que $qh_0 = -\frac{b}{2a}$.

Si la profondeur suit cette loi, la marée diurne sera proportionnelle au terme correspondant du potentiel.

On a d'ailleurs, immédiatement, l'expression de la hauteur de cette marée; en substituant dans l'expression de ζ les valeurs proportionnelles des différents termes, on a, entre les coefficients, la relation

$$gb = \lambda^2 a - \frac{4\pi b}{5} - 1,$$

d'où l'on tire, puisque $g = \frac{4\pi D}{3}$ et $\lambda^2 = -\omega^2$,

$$b = \frac{1}{g\left(1 - \frac{3}{5D} - \frac{\omega^2}{2gqh_0}\right)}.$$

Suivant la valeur de q, b pourra être positif ou négatif, c'est-à-dire que la marée diurne produite sera inverse ou directe par rapport à la marée statique.

Si $q = 0$, la profondeur est uniforme, et l'on a $\zeta = 0$: on retrouve bien le second théorème de Laplace.

82. **Loi de profondeur pour laquelle une oscillation contrainte quelconque serait proportionnelle au terme correspondant du potentiel.** — Nous pouvons nous poser une question plus générale, et rechercher s'il existe, pour une mer couvrant tout le globe, une loi de profondeur dépendant de la latitude seule, et telle qu'une composante quelconque de la marée soit proportionnelle au terme correspondant du développement du potentiel.

Reprenons donc l'équation (12), dans laquelle nous n'attribuerons plus aucune valeur particulière ni à s, ni à λ. Quel que soit celui des trois groupes auquel appartient l'onde considérée, C sera une fonction sphérique du second ordre : il devra donc en être de même de ζ, donc de Π'' et, par suite, de φ. Si nous posons alors

$$\varphi = a f(\theta) e^{s i \psi + \lambda t},$$
$$\zeta = b f(\theta) e^{s i \psi + \lambda t},$$

$f(\theta)$ étant la fonction sphérique du second ordre qui figure dans l'expression de C, la question est de savoir quelle devra être la valeur de h_1 pour que l'équation (12) soit satisfaite.

Or, il suffit pour cela que h_1 soit une constante.

En effet, l'équation peut s'écrire dans ce cas

$$h_1\left(\cot\theta \frac{d\varphi}{d\theta} + \frac{d^2\varphi}{d\theta^2} + \frac{1}{\sin^2\theta}\frac{d^2\varphi}{d\psi^2} - \frac{2\omega}{\lambda}\frac{d\varphi}{d\psi}\right) = \zeta,$$

c'est-à-dire

$$h_1\left(\Delta\varphi - r^2\frac{d^2\varphi}{dr^2} - 2r\frac{d\varphi}{dr} - \frac{2\omega}{\lambda}\frac{d\varphi}{d\psi}\right) = \zeta.$$

En introduisant maintenant, comme au paragraphe 57, une fonction χ de θ et ψ seulement, telle que pour $r = 1$ on ait $\varphi = \chi$, nous aurons

$$h_1\left(\Delta\chi - \frac{2\omega s i}{\lambda}\chi\right) = \zeta.$$

Or, χ devant être une fonction sphérique du second ordre, on a

$$\Delta\chi = -2(2+1)\chi = -6\chi.$$

Donc, sur la surface libre,

$$-2h_1\varphi\left(3+\frac{\omega s i}{\lambda}\right)=\zeta$$

ou, en remplaçant φ et ζ par leurs valeurs proportionnelles,

$$h_1=\frac{\lambda^2 h}{\lambda^2-4\omega^2\cos^2\theta}=-\frac{b}{2a\left(3+\dfrac{\omega i s}{\lambda}\right)}.$$

La loi de profondeur cherchée est donc

$$h=-\frac{b\left(1+\dfrac{4\omega^2}{\lambda^2}\cos^2\theta\right)}{2a\left(3-\dfrac{\omega i s}{\lambda}\right)}=h_0\left(1+\frac{4\omega^2}{\lambda^2}\cos^2\theta\right),$$

la profondeur à l'équateur étant

$$h_0=-\frac{b}{2a\left(3+\dfrac{\omega i s}{\lambda}\right)}.$$

On voit que la loi de profondeur obtenue dépend de λ; elle ne peut donc convenir que pour une composante déterminée, et non pour les autres. Il n'y a pas de loi générale permettant que toutes les ondes de la marée soient respectivement proportionnelles aux marées statiques correspondantes.

Si la loi convient pour une composante, on aura aisément l'expression de la marée correspondante. Nous avons, en effet, toujours entre les coefficients a et b la relation

$$gb=\lambda^2 a+\frac{4\pi b}{5}-1,$$

d'où l'on tire

$$\frac{b}{2a}=\frac{\lambda^2}{2\left[g\left(1-\dfrac{3}{5D}\right)+\dfrac{1}{b}\right]}=-h_0\left(3-\frac{\omega i s}{\lambda}\right)$$

et

$$b=-\frac{1}{g\left[1-\dfrac{3}{5D}+\dfrac{\lambda^2}{2gh_0\left(3+\dfrac{\omega i s}{\lambda}\right)}\right]}.$$

Pour l'onde semi-diurne sidérale, $\lambda=2i\omega$, $s=2$: la loi de profondeur est

$$h = h_0(1 - \cos^2\theta)$$

et l'on a

$$b = -\frac{1}{g\left(1 - \frac{3}{5D} - \frac{\omega^2}{2gh_0}\right)}.$$

83. **Remarque.** — λ^2 est essentiellement négatif. Si donc

$$|\lambda^2| > 4\omega^2,$$

nous aurons pour la profondeur h des valeurs qui seront toujours positives. Mais si, au contraire,

$$|\lambda^2| < 4\omega^2,$$

la loi de profondeur nous donnerait pour h des valeurs qui seraient positives ou négatives suivant la latitude.

Or, parmi les principales composantes isochrones du potentiel, nous n'en avons précisément aucune pour laquelle $|\lambda| > 2\omega$. La loi de profondeur ci-dessus trouvée conduirait donc à des valeurs négatives inacceptables.

Faut-il en conclure alors que notre équation est dépourvue de toute signification? Il est possible de lui en conserver une, mais à condition de négliger II''.

Nous avons, en effet, pour chaque composante, deux parallèles symétriques, séparant des régions où la profondeur de la mer devrait être alternativement positive ou négative; si ces dernières sont occupées par des continents, nous aurons une loi de profondeur admissible, mais il est nécessaire de négliger II'' dans l'analyse que nous avons précédemment faite, parce que II'' ne reste plus proportionnel à $\frac{4\pi\zeta}{5}$.

Il est d'ailleurs inutile de se préoccuper de la condition aux limites qui est d'elle-même remplie puisque φ reste finie.

Pour les marées semi-diurnes, les continents se réduiront à de petites zones circumpolaires.

Pour les marées diurnes, leurs rivages coïncideront à peu près avec les parallèles de latitude 30° $\left(\cos\theta = \frac{1}{2}\right)$.

Enfin, pour les marées à longue période, les mers se réduiraient à une étroite bande équatoriale.

Pour chacun de ces cas, un changement dans le signe de h_0 intervertirait les positions respectives des mers et des continents.

84. **Étude de l'équation de Laplace d'après les travaux de Hough.** — Dans le Livre IV de la *Mécanique céleste*, Laplace a poussé plus loin l'étude de l'équation (12).

Plus récemment, M. Hough, astronome à l'Observatoire du Cap, a publié sur cette question un important Mémoire, dans lequel il a déterminé complètement les oscillations propres et contraintes dans l'hypothèse d'une profondeur constante.

Nous allons donner ici une analyse des travaux de M. Hough, qui ont paru dans les Volumes CLXXXIX (1897) et CXCI (1898) des *Philosophical Transactions of the Royal Society of London*.

85. La méthode employée par M. Hough pour intégrer l'équation de Laplace est une méthode de coefficients indéterminés, dont le principe consiste à représenter la fonction φ par une série de fonctions sphériques

$$\varphi = \sum \Gamma_n X_n.$$

Les coefficients Γ_n de ces séries décroissent très rapidement de part et d'autre du terme le plus important, lequel n'a pas la même place dans la série suivant les solutions.

Si, par exemple, pour une certaine solution, le terme le plus important est X_p, les coefficients

$$\begin{array}{lll} \Gamma_{p+1}, & \Gamma_{p+2}, & \ldots, \\ \Gamma_{p-1}, & \Gamma_{p-2}, & \ldots \end{array}$$

décroissent très rapidement.

On peut donc arrêter les séries de part et d'autre du terme principal à un certain rang, et l'on a alors un polynome limité dont on détermine les coefficients par la méthode des coefficients indéterminés.

86. Reprenons l'équation (12)

$$(12) \qquad \frac{d}{d\theta}\left(h_1 \sin\theta \frac{d\varphi}{d\theta}\right) - \frac{s^2 h_1 \varphi}{\sin\theta} + \frac{2\omega s i}{\lambda}\varphi \frac{d(h_1 \cos\theta)}{d\theta} = \zeta \sin\theta,$$

que nous pouvons encore écrire

$$(12\ bis)\qquad \frac{d}{d\theta}\left(h_1 \sin\theta \frac{d\varphi}{d\theta} + \frac{2\omega si}{\lambda}\varphi h_1 \cos\theta\right) - h_1\left(\frac{s^2\varphi}{\sin\theta} + \frac{2\omega si}{\lambda}\cos\theta \frac{d\varphi}{d\theta}\right) = \zeta \sin\theta.$$

Rappelons que

$$h_1 = \frac{\lambda^2 h}{\lambda^2 + 4\omega^2 \cos^2\theta}.$$

Nous allons d'abord commencer par transformer cette équation. Posons

$$\cos\theta = \mu,$$
$$\frac{2\omega si}{\lambda} = \sigma = fs;$$

nous aurons alors

$$h_1 = \frac{h}{1 - f^2\mu^2}.$$

Nous introduirons aussi les notations symboliques suivantes :

$$D\varphi = (1-\mu^2)\frac{d\varphi}{d\mu} = -\sin\theta \frac{d\varphi}{d\theta},$$
$$D\varphi + \sigma\mu\varphi = (D + \sigma\mu)\varphi.$$

Remarquons que

$$D\mu\varphi = (1-\mu^2)\varphi + \mu(1-\mu^2)\frac{d\varphi}{d\mu} = \mu D\varphi + \varphi D\mu;$$

nous pourrons donc écrire symboliquement

$$D\mu - \mu D = 1 - \mu^2.$$

Écrivons aussi

$$D^2\varphi = D(D\varphi).$$

Nous aurons alors

$$(D^2 - s^2)\varphi = \sin\theta \frac{d}{d\theta}\left(\sin\theta \frac{d\varphi}{d\theta}\right) + \frac{d^2\varphi}{d\psi^2} = \sin^2\theta\, \Delta\chi.$$

χ étant la fonction déjà souvent rencontrée, ne dépendant pas de r, et égale à φ pour $r = 1$. Comme la confusion n'est plus à craindre, nous écrirons simplement $\Delta\varphi$ au lieu de $\Delta\chi$, et nous aurons le symbole

$$D^2 - s^2 = (1-\mu^2)\Delta.$$

Enfin, nous aurons besoin de la formule

$$\begin{aligned}(D-\sigma\mu)(D+\sigma\mu) &= D^2-\sigma^2\mu^2+(1-\mu^2)\sigma\\ &= s^2+(1-\mu^2)(\Delta+\sigma)-\sigma^2\mu^2\\ &= (1-\mu^2)(\Delta+\sigma)+s^2(1-f^2\mu^2).\end{aligned}$$

Si nous changeons σ en $-\sigma$, nous aurons

$$(D+\sigma\mu)(D-\sigma\mu) = (1-\mu^2)(\Delta-\sigma)+s^2(1-f^2\mu^2).$$

A l'aide de ces formules symboliques, nous allons pouvoir transformer l'équation de Laplace.

Nous avons

$$\sin\theta\frac{d\varphi}{d\theta}+\frac{2\omega is}{\lambda}\varphi\cos\theta = -(D-\sigma\mu)\varphi,$$

d'où, en multipliant par $\sigma\mu = \frac{2\omega is}{\lambda}\cos\theta$,

$$\sigma^2\mu^2\varphi+\frac{2\omega is}{\lambda}\cos\theta\sin\theta\frac{d\varphi}{d\theta} = -\sigma\mu(D-\sigma\mu)\varphi.$$

Il en résulte qu'on a

$$\sin\theta\frac{d}{d\theta}\left(h_1\sin\theta\frac{d\varphi}{d\theta}+\frac{2\omega is}{\lambda}h_1\varphi\cos\theta\right) = D[h_1(D-\sigma\mu)\varphi],$$

$$\begin{aligned}-h_1\left(s^2\varphi+\frac{2\omega is}{\lambda}\cos\theta\sin\theta\frac{d\varphi}{d\theta}\right) &= h_1\sigma\mu(D-\sigma\mu)\varphi+s^2h_1(f^2\mu^2-1)\varphi\\ &= h_1\sigma\mu(D-\sigma\mu)\varphi-s^2h\varphi.\end{aligned}$$

L'équation (12) peut donc s'écrire

$$D[h_1(D-\sigma\mu)\varphi]+h_1\sigma\mu(D-\sigma\mu)\varphi-s^2h\varphi = \zeta\sin^2\theta,$$

c'est-à-dire encore

$$(13)\qquad (D+\sigma\mu)[h_1(D-\sigma\mu)\varphi]-s^2h\varphi = \zeta(1-\mu^2).$$

87. Pour intégrer cette équation, M. Hough introduit deux fonctions auxiliaires φ_1 et φ_2 définies par les relations suivantes :

$$(14)\qquad \begin{cases}\varphi = (D+\sigma\mu)\varphi_1+(1-f^2\mu^2)\varphi_2,\\ (\Delta-\sigma)\varphi_1 = 2f^2\mu\varphi_2.\end{cases}$$

Alors nous aurons, en effectuant l'opération $D-\sigma\mu$ sur la première de ces relations,

$$(D - \sigma\mu)\varphi = (1-\mu^2)(\Delta - \sigma)\varphi_1 + s^2(1 - f^2\mu^2)\varphi_1 + D(1 - f^2\mu^2)\varphi_2 - \sigma\mu(1 - f^2\mu^2)\varphi_2,$$

et, comme

$$D(1-f^2\mu^2)\varphi_2 = (1-f^2\mu^2)D\varphi_2 - 2f^2\mu(1-\mu^2)\varphi_2,$$

il vient

$$(D - \sigma\mu)\varphi = (1-\mu^2)(\Delta + \sigma)\varphi_1 + s^2(1-f^2\mu^2)\varphi_1 + (1-f^2\mu^2)(D - \sigma\mu)\varphi_2 - 2f^2\mu(1-\mu^2)\varphi_2,$$

ce qui, en vertu des relations (14), se réduit à

$$(15) \qquad (D - \sigma\mu)\varphi = (1-f^2\mu^2)[s^2\varphi_1 + (D-\sigma\mu)\varphi_2].$$

Si nous substituons les valeurs de φ et $(D - \sigma\mu)\varphi$ fournies par (14) et (15), l'équation (13) devient

$$(16) \qquad (D+\sigma\mu)[hs^2\varphi_1 + h(D-\sigma\mu)\varphi_2] - s^2h[(D+\sigma\mu)\varphi_1 + (1-f^2\mu^2)\varphi_2] = \zeta(1-\mu^2).$$

Dans le cas où la profondeur h serait constante, les termes en φ_1 se détruisent et l'équation se réduit à

$$h(D+\sigma\mu)(D-\sigma\mu)\varphi_2 - s^2(1-f^2\mu^2)h\varphi_2 = \zeta(1-\mu^2),$$

c'est-à-dire

$$(17) \qquad h(\Delta - \sigma)\varphi_2 = \zeta.$$

88. **Intégration dans le cas d'une profondeur constante.** — Rappelons d'abord quelques notions générales relatives aux fonctions sphériques.

Si V_n est un polynome homogène en x, y, z, satisfaisant à l'équation de Laplace $\Delta V = 0$, on l'appelle *polynome sphérique* ou *harmonique solide* de degré n. En exprimant x, y, z en coordonnées polaires, nous aurons

$$V_n = r^n Y_n,$$

Y_n étant uniquement une fonction de ψ et de $\mu = \cos\theta$, qu'on appelle *fonction sphérique de degré n* ou encore *harmonique de surface*.

Il y a $2n+1$ fonctions sphériques de degré n indépendantes, et la fonction Y_n la plus générale a pour expression

$$Y_n = \sum_{s=-n}^{s=n} e^{si\psi} P_n^s(\mu).$$

Les fonctions P_n^s sont des fonctions de μ seulement ; ce sont des polynomes en μ et $\sqrt{1-\mu^2}$ qui ne contiennent $\sqrt{1-\mu^2}$ qu'à des puissances de même parité que s : on les appelle *fonctions adjointes de degré n et de rang s*. Elles ont pour expression à un facteur près

$$P_n^s(\mu) = (1-\mu^2)^{\frac{s}{2}} \frac{d^{n+s}(1-\mu^2)^n}{d\mu^{n+s}} = (1-\mu^2)^{\frac{s}{2}} \frac{d^s P_n^0}{d\mu^s} = A P_n^{-s}(\mu).$$

La fonction adjointe de rang zéro

$$P_n^0(\mu) = P_n(\mu) = \frac{1}{2^n n!} \frac{d^n(\mu^2-1)^n}{d\mu^n}$$

n'est pas autre chose que le polynome de Legendre : on l'appelle aussi *fonction harmonique zonale de degré n*.

Pour intégrer l'équation (17), M. Hough introduit les harmoniques de surface

$$e^{si\psi} P_n^s,$$

qui satisfont à la même équation différentielle que les fonctions adjointes

$$\frac{d}{d\mu}\left[(1-\mu^2)\frac{dP_n^s}{d\mu}\right] + \frac{n(n+1)(1-\mu^2)-s^2}{1-\mu^2} P_n^s = 0.$$

Pour $s=0$, elles se réduisent au polynome de Legendre. Si $n<s$, toutes les fonctions de degré n sont nulles.

Les fonctions adjointes satisfont à certaines relations de récurrence qui se déduisent aisément des relations analogues relatives aux polynomes de Legendre.

On sait qu'on a

$$(n+1)P_{n+1} - (2n+1)\mu P_n - n P_{n-1} = 0$$

et

$$\frac{dP_{n+1}}{d\mu} - \frac{dP_{n-1}}{d\mu} = (2n+1)P_n.$$

Différentions s fois la première de ces relations ; nous obtiendrons

$$(n+1)\frac{d^s P_{n+1}}{d\mu^s} - (2n+1)\mu\frac{d^s P_n}{d\mu^s} - (2n+1)s\frac{d^{s-1} P_n}{d\mu^{s-1}} + n\frac{d^s P_{n-1}}{d\mu^s} = 0$$

et, en différentiant $s-1$ fois la seconde,

$$\frac{d^s P_{n+1}}{d\mu^s} - \frac{d^s P_{n-1}}{d\mu^s} = (2n+1)\frac{d^{s-1} P_n}{d\mu^{s-1}}.$$

D'où l'on tire

$$(n-s+1)\frac{d^s P_{n+1}}{d\mu^s} - (2n+1)\mu\frac{d^s P_n}{d\mu^s} + (n+s)\frac{d^s P_{n-1}}{d\mu^s} = 0,$$

c'est-à-dire, en multipliant par $(1-\mu^2)^{\frac{s}{2}}$,

$$(18)\qquad (n-s+1)P_{n+1}^s - (2n+1)\mu P_n^s + (n+s)P_{n-1}^s = 0.$$

Cette première relation de récurrence entre les fonctions adjointes permet d'exprimer linéairement μP_n^s avec P_{n-1}^s et P_{n+1}^s.

Pour obtenir une autre relation, où interviendront les dérivées de ces fonctions, différentions $s-1$ fois l'équation

$$\frac{d}{d\mu}\left[(1-\mu^2)\frac{dP_n}{d\mu}\right] + n(n+1)P_n = 0,$$

à laquelle satisfont les polynomes de Legendre; nous aurons

$$(1-\mu^2)\frac{d^{s+1} P_n}{d\mu^{s+1}} - 2\mu s\frac{d^s P_n}{d\mu^s} + [n(n+1) + s(s+1)]\frac{d^{s-1} P_n}{d\mu^{s-1}} = 0,$$

c'est-à-dire, en multipliant par $(1-\mu^2)^{\frac{s}{2}}$,

$$(1-\mu^2)\frac{dP_n^s}{d\mu} - \mu s(1-\mu^2)^{\frac{s}{2}}\frac{d^s P_n}{d\mu^s} + (n+s)(n-s+1)(1-\mu^2)^{\frac{s}{2}}\frac{d^{s-1} P_n}{d\mu^{s-1}} = 0$$

ou, en exprimant $\frac{d^{s-1} P_n}{d\mu^{s-1}}$ en fonction de $\frac{d^s P_{n+1}}{d\mu^s}$ et $\frac{d^s P_{n-1}}{d\mu^s}$,

$$(1-\mu^2)\frac{dP_n^s}{d\mu} - \mu s P_n^s + \frac{(n+s)(n-s+1)}{2n+1}(P_{n+1}^s - P_{n-1}^s) = 0.$$

Si maintenant nous éliminons μP_n^s au moyen de la relation (18), nous obtiendrons

$$(19)\qquad DP_n^s = -\frac{n(n-s+1)}{2n+1}P_{n+1}^s + \frac{(n+1)(n+s)}{2n+1}P_{n-1}^s.$$

Par conséquent, DP_n^s s'exprime aussi linéairement en fonction de P_{n-1}^s et P_{n+1}^s.

Enfin, avec nos notations symboliques, l'équation différentielle à laquelle satisfont les fonctions adjointes peut s'écrire

$$\Delta P_n^s = -n(n+1)P_n^s. \tag{20}$$

89. Ceci posé, nous savons que, si la profondeur est constante ou, plus généralement, fonction seulement de θ, on pourra satisfaire aux équations du problème à l'aide d'une fonction φ de la forme

$$\varphi = \sum e^{is\psi+\lambda t} f(\theta),$$

s étant un entier.

S'il s'agit d'oscillations propres, chaque oscillation propre se présentera sous la forme $e^{is\psi+\lambda t}f(\theta)$ et sera caractérisée par la valeur de s.

Dans le cas des oscillations contraintes, si nous considérons une composante isochrone de la force perturbatrice, représentée par $Ce^{\lambda t}$, cette composante sera de la forme

$$Ce^{\lambda t} = e^{is\psi+\lambda t}f(\theta),$$

s ayant, suivant les cas, les valeurs 0, ± 1, ± 2, et la fonction φ aura encore la même forme.

s caractérise donc aussi bien chacune des oscillations contraintes que chacune des oscillations propres.

La méthode d'intégration de M. Hough consiste à représenter la hauteur de la marée par une série de fonctions harmoniques de la forme $e^{is\psi}P_n^s$, le nombre s étant déterminé.

Dans cette série, s restera ainsi constant, tandis que n variera d'un terme à l'autre.

Posons donc, en laissant de côté les facteurs exponentiels,

$$\left\{\begin{aligned} \zeta &= \sum A_n^s P_n^s, \\ C &= \sum \gamma_n^s P_n^s, \\ \varphi &= \sum \Gamma_n^s P_n^s, \\ \varphi_1 &= \sum \alpha_n^s P_n^s, \\ \varphi_2 &= \sum \beta_n^s P_n^s, \end{aligned}\right. \tag{21}$$

ces séries de même rang s ayant leurs termes nuls pour $n < s$. La sommation s'opère donc de $n = s$ à $n = \infty$. C est une donnée de la question.

Les équations du problème sont, d'une part,

$$g\zeta = \lambda^2\varphi - \Pi'' - Ce^{\lambda t}; \tag{22}$$

ensuite les relations (14), que nous pouvons écrire

$$\left\{\begin{aligned} \varphi &= (D + \sigma\mu)\varphi_1 + \varphi_2 - \frac{\mu}{2}(\Delta + \sigma)\varphi_1, \\ (\Delta + \sigma)\varphi_1 &= 2f^2\mu\varphi_2; \end{aligned}\right. \tag{14}$$

enfin, l'équation (17) relative au cas de la profondeur constante

$$h(\Delta - \sigma)\varphi_2 = \zeta. \tag{17}$$

Nous savons d'ailleurs, la mer étant supposée recouvrir tout le globe, que

$$\Pi'' = -\sum \frac{4\pi}{2n-1} A_n^s P_n^s.$$

Si, dans l'équation (22), nous remplaçons les quantités par leurs expressions (21), ζ nous donnera un terme en $A_n^s P_n^s$, φ un terme en $\Gamma_n^s P_n^s$, Π'' un terme en $A_n^s P_n^s$, et C un terme en $\gamma_n^s P_n^s$. Par suite, en égalant dans les deux membres les coefficients de P_n^s, nous obtiendrons une relation linéaire entre A_n^s, Γ_n^s et γ_n^s.

Faisons la même substitution dans la première des équations (14). Nous aurons par φ un terme en $\Gamma_n^s P_n^s$. Remarquons qu'en ajoutant $\sigma\mu P_n^s$ aux deux membres de l'équation (19), on a, en tenant compte de (18),

$$(D + \sigma\mu)P_n^s = \frac{(\sigma - n)(n - s + 1)}{2n - 1} P_{n+1}^s - \frac{(n + s)(n - \sigma + 1)}{2n - 1} P_{n-1}^s.$$

Par conséquent, φ_1 donnera des termes en $\alpha_n^s P_{n-1}^s$ et $\alpha_n^s P_{n-1}^s$; nous aurons donc aussi, par les termes de φ_1 de degrés voisins, des termes en $\alpha_{n+1}^s P_n^s$ et $\alpha_{n-1}^s P_n^s$.

Quant à φ_2, il nous fournira un terme en $\beta_n^s P_n^s$.

D'où, en égalant les coefficients de P_n^s, une relation linéaire entre Γ_n^s, α_{n-1}^s, α_{n+1}^s et β_n^s.

La seconde des équations (14), si nous remplaçons dans le

second membre P_n^s par sa valeur tirée de (18), nous fournira une relation linéaire entre α_n^s, β_{n-1}^s et β_{n+1}^s.

Enfin, la substitution dans (17) nous donne de suite une relation linéaire entre β_n^s et A_n^s.

Cette dernière vaut pour $n-1$ et $n+1$: de sorte qu'en remontant, nous obtiendrons successivement :

Une relation linéaire entre α_n^s, A_{n-1}^s, A_{n+1}^s ;
Une relation linéaire entre Γ_n^s, A_{n-2}^s, A_n^s, A_{n+2}^s ;
Et finalement une relation linéaire entre γ_n^s, A_{n-2}^s, A_n^s, A_{n+2}^s.

Comme C est une donnée, les γ^s sont connus et l'on pourra ainsi déterminer les coefficients A^s.

La méthode peut s'appliquer dans toute sa généralité à un potentiel perturbateur absolument quelconque, dont on pourra toujours exprimer la valeur en un point de la surface par une série d'harmoniques de surface, sous la forme

$$\sum_\lambda \sum_{s=0}^{s=\infty} \sum_{n=s}^{n=\infty} \gamma_n^s e^{i\lambda t + is\psi} P_n^s(\mu).$$

Mais, dans le cas des astres, nous avons vu qu'en négligeant la quatrième puissance de l'inverse de la distance, le potentiel efficace se réduisait pratiquement à une fonction sphérique d'ordre 2. Il n'y aura donc, en général, à considérer dans l'expression de ce potentiel que le terme en $\gamma_2^s P_2^s$, et nous aurons trois espèces principales d'oscillations contraintes caractérisées par des harmoniques de surface de rang $s = 0, 1, 2$. Mais, pour chacune de ces composantes, n pourra prendre toutes les valeurs possibles dans l'expression de la hauteur ζ qui se présentera, en général, sous forme d'une suite illimitée.

S'il s'agit des oscillations propres, tous les γ sont nuls.

Tel est le principe de la méthode : il procède directement de la voie qu'avait suivie Laplace, mais M. Hough a poussé les calculs beaucoup plus loin.

90. Cas d'une profondeur variable. — Les formules précédentes supposent que la profondeur est constante. Si nous la supposons variable, tout en restant uniquement fonction de la latitude, il nous faudra remplacer l'équation (17) par les équations (13) ou (16).

Il sera, de plus, nécessaire de se donner la loi de profondeur. Supposons, par exemple, que nous ayons

$$h_1 = \text{const.}$$

L'équation (13) devient alors

$$h_1(1-\mu^2)(\Delta-\sigma)\varphi + s^2[(1-f^2\mu^2)h_1 - h]\varphi = \zeta(1-\mu^2),$$

c'est-à-dire

$$h_1(\Delta-\sigma)\varphi = \zeta.$$

On retrouve un résultat déjà obtenu au paragraphe 82. Cette équation, jointe à l'équation (22), nous donnera tout de suite, sans avoir besoin de passer par l'intermédiaire des équations (14), une relation entre A_n^s et γ_n^s.

On trouve facilement, par l'élimination de Γ_n^s,

$$A_n^s = -\frac{\gamma_n^s}{g - \dfrac{4\pi}{2n+1} + \dfrac{\lambda^2 + 4\omega^2\mu^2}{h\left[n(n+1) - \dfrac{2\omega s i}{\lambda}\right]}}.$$

C'est exactement ce que nous avions déjà trouvé pour $n = 2$ (§ 82). Il existe une certaine loi de profondeur, dépendant de la période, et pour laquelle l'oscillation produite aura tous ses termes proportionnels à ceux de la composante isochrone du potentiel perturbateur qui la détermine.

91. Supposons maintenant que nous ayons une loi de profondeur donnée par la formule

$$h = l_0 + l_1(1-f^2\mu^2),$$

l_0 et l_1 étant des constantes. En négligeant les termes de l'ordre de f^4, cette hypothèse revient à admettre que le fond des mers a la forme d'un ellipsoïde de révolution.

Si nous substituons cette valeur de h dans l'équation (13), nous obtenons

$$(D+\sigma\mu)\left[\frac{l_0}{1-f^2\mu^2}(D-\sigma\mu)\varphi\right] - s^2 l_0\varphi$$
$$+ l_1[(D+\sigma\mu)(D-\sigma\mu) - s^2(1-f^2\mu^2)]\varphi = \zeta(1-\mu^2).$$

Si, dans les termes en l_0, nous remplaçons φ par son expression en φ_1 et φ_2, les termes en φ_1 se détruiront et il restera simplement $l_0(1-\mu^2)(\Delta-\sigma)\varphi_2$.

Quant au coefficient de l_1, il est égal à $(1-\mu^2)(\Delta-\sigma)\varphi$.

L'équation se réduit donc à

$$l_0(\Delta-\sigma)\varphi_2 = \zeta - l_1(\Delta-\sigma)\varphi.$$

Par conséquent, dans la relation entre les coefficients fournie par (17) pour le cas d'une profondeur constante, il suffira de changer h en l_0 et ζ en $\zeta - l_1(\Delta-\sigma)$. Or, nous avons

$$(\Delta-\sigma)\varphi = -\sum [n(n+1)+\sigma]\Gamma_n^s$$

et, par suite,

$$\zeta - l_1(\Delta-\sigma)\varphi = \sum \{ A_n^s + l_1[n(n+1)+\sigma]\Gamma_n^s \}.$$

Il faudra donc changer A_n^s en $A_n^s + l_1[n(n+1)+\sigma]\Gamma_n^s$.

On voit que nous obtiendrons ainsi une relation linéaire entre Γ_{n-2}^s, Γ_n^s, Γ_{n+2}^s, A_{n-2}^s, A_n^s, A_{n+2}^s et finalement une relation linéaire entre γ_{n-2}^s, γ_n^s, γ_{n+2}^s, A_{n-2}^s, A_n^s, A_{n+2}^s, c'est-à-dire un résultat de même nature.

Pour les oscillations propres, tous les γ sont nuls, et il reste une relation linéaire entre A_{n-2}^s, A_n^s, A_{n+2}^s.

Dans le cas des oscillations contraintes, γ_2^s sera différent de zéro. Nous aurons donc deux des relations, celles qui correspondent à $n=2$ et $n=4$, qui contiendront un terme en γ_2^s; toutes les autres ne contiendront que A_{n-2}^s, A_n^s, A_{n+2}^s. Si l'on considérait, pour plus de généralité, un potentiel exprimé par une harmonique d'ordre n, le nombre des relations contenant un terme en γ_n^s serait, en général, de trois.

92. En résumé, si nous désignons par x_n^s, y_n^s, L_n^s des coefficients fonctions de n, s et λ dont l'expression varie avec la loi de profondeur, toutes les relations qui relieront entre eux trois coefficients A_n^s successifs seront de la forme

$$x_{n-2}^s A_{n-2}^s - L_n^s A_n^s - y_n^s A_{n+2}^s \begin{cases} = 0 \quad \text{(oscillations propres)} \\ = 0 \text{ ou proportionnel à } \gamma_2^s \\ \text{(oscillations contraintes).} \end{cases}$$

Cette équation est valable pour toutes les valeurs de n égales ou supérieures à s, à condition de faire

$$A_s^0 = A_{s-1}^s = A_{s-2}^s = 0.$$

La première relation ne renfermera donc, dans tous les cas, que deux coefficients.

Les indices n qui figurent dans les relations successives étant toujours de même parité, nous aurons deux groupes de relations distincts, suivant que $n - s$ sera pair ou impair.

Les oscillations correspondant à chacun de ces groupes peuvent être étudiées d'une manière tout à fait semblable et ne diffèrent entre elles qu'en ce que les oscillations du premier groupe sont symétriques par rapport à l'équateur, tandis que cette symétrie n'existe pas pour $n - s$ impair.

Pour déterminer les valeurs des coefficients, posons

$$y_n^s \, A_{n+2}^s = K_{n+2}^s \, A_n^s,$$
$$x_{n-2}^s \, A_{n-2}^s = H_{n-2}^s \, A_n^s,$$

de telle sorte que chacune des relations ne contenant pas γ_2^s se présente sous la forme

$$L_n^s - H_{n-2}^s - K_{n+2}^s = 0.$$

Les coefficients H et K peuvent s'exprimer à l'aide de fractions continues. En effet, nous avons

$$x_n^s \, A_n^s = H_n^s \, A_{n+2}^s;$$

donc

$$x_n^s y_n^s = H_n^s \, K_{n+2}^s.$$

On en déduit, par substitutions successives, la fraction continue

$$K_{n+2}^s = \frac{x_n^s . y_n^s}{H_n^s} = \frac{x_n^s \, y_n^s}{L_{n+2}^s - K_{n+4}^s} = \frac{x_n^s . y_n^s}{L_{n+2}^s - \dfrac{x_{n+2}^s . y_{n+2}^s}{L_{n-4}^s - K_{n+6}^s}} = \cdots$$

De même

$$H_n^s = \frac{x_n^s . y_n^s}{K_{n+2}^s} = \frac{x_n^s . y_n^s}{L_n^s - H_{n-2}^s} = \frac{x_n^s . y_n^s}{L_n^s - \dfrac{x_{n-2}^s . y_{n-2}^s}{L_{n-2}^s - K_{n-4}^s}} = \cdots$$

Seulement cette dernière fraction s'arrêtera, puisque, pour $n < s$, $A_n^s = 0$; nous aurons donc un H_n^s qui sera nul.

Il n'en est pas de même de la première fraction continue qui sera illimitée puisque n croît; mais elle converge très rapidement.

S'il s'agit d'oscillations contraintes, nous aurons, suivant que la profondeur est constante ou qu'elle suit la loi plus générale imposant au fond la forme d'un ellipsoïde de révolution, une ou deux équations renfermant le terme en γ_2^s qui est connu. Comme λ est également donné, les autres équations nous permettront de calculer nos fractions continues et d'en déduire, par conséquent, les rapports $\frac{A_n^s}{A_{n-2}^s}$, $\frac{A_n^s}{A_{n+2}^s}$. En substituant le rapport $\frac{A_4^s}{A_2^s}$ dans l'unique équation en γ_2^s, ou $\frac{A_6^s}{A_4^s}$ dans la seconde des deux, nous obtiendrons une ou deux équations ne renfermant que le même nombre d'inconnues, soit A_2^s, soit A_2^s et A_4^s. Dans chacun des cas on pourra donc déterminer de proche en proche tous les coefficients.

93. **Détermination des périodes des oscillations propres.** — S'il s'agit au contraire de déterminer les oscillations propres, tous les γ^s sont nuls, mais λ est une inconnue qui figure dans toutes les équations

$$L_n^s = H_{n-2}^s + K_{n+2}^s.$$

Toutefois, on en connaît généralement une valeur approchée. On pourra donc, avec cette valeur, calculer les fractions continues qui donnent H_{n-2}^s et K_{n+2}^s, et comparer le résultat obtenu à L_n^s. L'application de la méthode de Newton permettra de déduire de cette comparaison la correction qu'il conviendra d'apporter à la valeur approchée de λ.

Il s'agit donc d'abord de déterminer les valeurs approchées qui peuvent convenir à λ.

Supposons, pour fixer les idées, que la profondeur soit constante.

Dans ce cas, les coefficients x_n^s, y_n^s et L_n^s qui figurent dans la relation générale

$$x_{n-2}^s A_{n-2}^s - L_n^s A_n^s + y_n^s A_{n+2}^s = 0$$

ont respectivement pour expressions

$$x_n^s = \frac{(n-s-1)(n-s-2)}{(2n-1)(2n-3)\left[(n-1)(n-2) - \frac{2\omega s i}{\lambda}\right]},$$

$$y_n^s = \frac{(n+s+1)(n+s+2)}{(2n+3)(2n+5)\left[(n+1)(n+2) - \frac{2\omega s i}{\lambda}\right]},$$

$$L_n^s = A_n^s - \frac{h g_n}{4\omega^2},$$

en posant, pour abréger,

$$g_n = g - \frac{4\pi}{2n+1}$$

et

$$\Lambda_n^s = -\frac{\lambda^2}{4\omega^2}\frac{n(n+1)-\frac{2\omega si}{\lambda}}{n^2(n+1)^2} - \frac{(n-1)^2(n-s)(n+s)}{n^2(2n-1)(2n+1)\left[n(n-1)-\frac{2\omega si}{\lambda}\right]}$$
$$-\frac{(n+2)^2(n-s+1)(n+s+1)}{(n+1)^2(2n+1)(2n+3)\left[(n+1)(n+2)-\frac{2\omega si}{\lambda}\right]}.$$

On voit que, pour les grandes valeurs de n, x_n^s et y_n^s sont très petits; par conséquent, on peut, en première approximation, se contenter de résoudre l'équation

$$L_n^s = 0,$$

c'est-à-dire

$$\Lambda_n^s - \frac{hg_n}{4\omega^2} = 0.$$

Prenons pour variables

$$y = \Lambda_n^s,$$
$$x = \frac{\lambda}{\omega i}$$

et construisons la courbe de la fonction Λ_n^s (*fig.* 19) :

$$y = \frac{x^2}{4}\frac{n(n+1)-\frac{2s}{x}}{n^2(n+1)^2} - \frac{(n-1)^2(n-s)(n+s)}{n^2(2n-1)(2n+1)\left[n(n-1)-\frac{2s}{x}\right]}$$
$$-\frac{(n+2)^2(n-s+1)(n+s+1)}{(n+1)^2(2n+1)(2n+3)\left[(n+1)(n+2)-\frac{2s}{x}\right]}.$$

Cette courbe passe par l'origine et elle a deux asymptotes parallèles à l'axe des y,

$$x = \frac{2s}{n(n-1)},$$
$$x = \frac{2s}{(n+1)(n+2)},$$

de part et d'autre desquelles y change de signe. De plus, elle est asymptote à la parabole

$$y = \frac{x^2}{4n(n+1)} - \frac{sx}{2n^2(n+1)^2}.$$

Si nous coupons cette courbe par la droite

$$y = \frac{hg_n}{4\omega^2},$$

les abscisses des points d'intersection nous fourniront les valeurs de $\frac{\lambda}{\omega i}$ qui sont racines de l'équation $L_n^s = 0$.

h étant essentiellement positif, nous aurons quatre racines réelles.

Fig. 19.

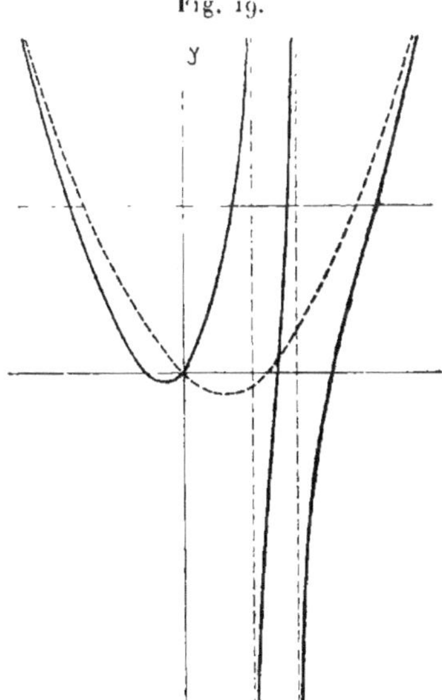

Ces quatre racines se partageront en deux groupes :

D'une part, les racines extrêmes qui, pour les valeurs de $\frac{hg_n}{4\omega^2}$ suffisamment grandes, seront sensiblement sur la parabole asymptote et, par conséquent, voisines des racines de l'équation en $\frac{\lambda}{\omega i}$:

$$\frac{hg_n}{4\omega^2} + \frac{\lambda^2}{4\omega^2} \frac{n(n+1) - \frac{2\omega is}{\lambda}}{n^2(n+1)^2} = 0;$$

d'autre part, les racines intermédiaires qui seront très voisines de $\frac{2s}{n(n-1)}$ et $\frac{2s}{(n+1)(n+2)}$.

Comme $\lambda = \omega i x$, nous voyons que les périodes des oscillations propres pourront se répartir en deux classes, qui se distingueront par leurs valeurs limites quand la vitesse de rotation ω tendra vers zéro.

Pour les oscillations de la première classe, correspondant aux racines extrêmes, la valeur de λ tendra vers une valeur finie $\pm i\sqrt{n(n+1)g_n h}$. Nous retrouvons ainsi le résultat déjà obtenu au paragraphe 57 en négligeant la force centrifuge composée.

L'effet de cette force sera d'autant plus faible que les points d'intersection extrêmes de la courbe avec la droite $y = \frac{hg_n}{4\omega^2}$ seront plus voisins de la parabole asymptote, c'est-à-dire que h sera plus grand et n plus grand.

Au contraire, pour les oscillations de la seconde classe, qui correspondent aux racines intermédiaires, lorsque ω tendra vers zéro, λ tendra également vers zéro, mais $\frac{\lambda}{\omega}$ tendra vers une limite finie. Les mouvements correspondants cesseraient d'être oscillatoires si a rotation s'annulait et se réduiraient à des courants permanents; pour une très faible valeur de la rotation, ils donneraient des oscillations propres à très longue période.

Remarquons que nos quatre racines ne sont pas, en général, égales deux à deux et de signes contraires. Or, nous savons que les racines de l'équation en λ doivent présenter ce caractère. Cette apparente contradiction tient à ce que nous n'avons ici qu'une partie des racines; pour les avoir toutes, il faudrait changer s en $-s$, ce qui revient à changer x en $-x$ dans les équations des trois asymptotes et, par suite, λ en $-\lambda$.

94. Dans le cas particulier où $s = 0$, les deux derniers termes de l'expression de A_n^s se réduisent à des constantes, et la courbe tout entière se réduit à une parabole ayant pour axe l'axe des y.

Les deux racines intermédiaires s'annulent, et il reste seulement les deux racines extrêmes, qui sont égales et de signes contraires.

On voit que, dans ce cas, les racines de la seconde classe sont nulles, même lorsque la vitesse de rotation a une valeur finie. Par conséquent, des mouvements permanents peuvent se produire sur un globe tournant, mais ils seront nécessairement exprimés par des fonctions harmoniques zonales, c'est-à-dire auront lieu suivant des parallèles.

Cette conclusion n'est actuellement établie que dans l'hypothèse d'une profondeur constante; nous verrons bientôt qu'elle est encore vraie si la profondeur est uniquement fonction de la latitude, mais ne subsiste pas dans le cas plus général.

95. Lois de profondeur permettant d'exprimer les oscillations contraintes par des séries limitées. Théorème de Laplace. — Supposons que la loi de profondeur soit donnée par la formule

$$h = l_0 + l_1(1 - f^2\mu^2)$$

avec $f = \frac{2\omega s}{\lambda}$, et cherchons pour quelles valeurs des constantes nous pourrons obtenir sous forme finie l'expression des oscillations contraintes correspondantes.

Nous avons entre les coefficients A_n^s de même parité une série d'équations de la forme

$$x_{n-2}^s A_{n-2}^s - L_n^s A_n^s + y_n^s A_{n+2}^s \left\{ \begin{array}{l} = \text{un terme connu en } \gamma_2^s \text{ pour les deux} \\ \quad \text{premières équations} \\ = 0 \text{ pour les autres,} \end{array} \right.$$

la première de ces équations ne contenant d'ailleurs que les deux coefficients de plus faible indice.

Avec la loi de profondeur considérée, les coefficients x_n^s, y_n^s sont égaux aux coefficients correspondants dans le cas d'une profondeur constante, respectivement multipliés par les facteurs

$$1 - \frac{l_1 f^2}{4\omega^2} g_n \left[n(n+1) - \frac{2\omega s i}{\lambda} \right] \qquad \text{pour} \quad x_n^s,$$

$$1 - \frac{l_1 f^2}{4\omega^2} g_{n+2} \left[(n+2)(n+3) - \frac{2\omega s i}{\lambda} \right] \qquad \text{pour} \quad y_n^s.$$

Supposons que la loi de profondeur soit telle que nous ayons

$$x_2^s = 0,$$

c'est-à-dire

$$l_1 = -\frac{\lambda^2}{g_2 \left[2(2+1) - \frac{2\omega s i}{\lambda} \right]}.$$

Nous aurons également

$$y^s_{\rho-2} = 0$$

et nos équations se présenteront sous la forme

$$\begin{array}{llll}
 & -L^s_2 A^s_2 & +y^s_2 A^s_4 & \sim \gamma^s_2, \\
x^s_2 A^s_2 & -L^s_4 A^s_4 & +y^s_4 A^s_6 & \sim \gamma^s_2, \\
x^s_4 A^s_4 & -L^s_6 A^s_6 & +y^s_6 A^s_8 & = 0, \\
\multicolumn{4}{c}{\dots\dots\dots\dots\dots\dots\dots\dots} \\
x^s_{\rho-4} A^s_{\rho-4} & -L^s_{\rho-2} A^s_{\rho-2} & & = 0, \\
x^s_{\rho-2} A^s_{\rho-2} & -L^s_\rho A^s_\rho & +y^s_\rho A^s_{\rho+2} & = 0, \\
 & -L^s_{\rho+2} A^s_{\rho+2} & +y^s_{\rho+2} A^s_{\rho+4} & = 0, \\
x^s_{\rho+2} A^s_{\rho+2} & -L^s_{\rho+4} A^s_{\rho+4} & +y^s_{\rho+4} A^s_{\rho+6} & = 0, \\
\multicolumn{4}{c}{\dots\dots\dots\dots\dots\dots\dots\dots}
\end{array}$$

Si donc nous faisons

$$A^s_{\rho+2} = A^s_{\rho+4} = A^s_{\rho+6} = \ldots = 0,$$

les $\frac{\rho}{2}$ premières équations nous donneront les $\frac{\rho}{2}$ inconnues A^s_2, A^s_4, ..., A^s_ρ, tandis que toutes les équations restantes sont satisfaites d'elles-mêmes.

Nos séries seront, par suite, limitées et se termineront par un terme en P^s_ρ.

Ainsi, il existe une loi de profondeur fonction de la latitude et dépendant de la période, et telle que les quantités ζ, φ, ... seront des polynomes entiers d'ordre ρ en μ.

La même démonstration s'appliquerait au cas d'un potentiel perturbateur représenté par une harmonique de surface d'ordre n; la place des équations contenant le terme en γ^s_n serait seule changée dans la série, et nous en aurions trois en général.

ρ est nécessairement toujours de même parité que l'ordre du potentiel perturbateur; mais, que $\rho - s$ soit pair ou impair, nous aurons toujours autant d'équations que d'inconnues.

96. Si, au lieu d'oscillations contraintes, nous avons affaire aux oscillations propres, les mêmes équations seront satisfaites dans les mêmes conditions, pourvu que λ soit une racine de l'équation obtenue en égalant à zéro le déterminant des coefficients des A^s_n.

Ces oscillations particulières pourront donc également s'exprimer par une série d'un nombre fini de termes.

97. Résultats numériques obtenus par M. Hough. — I. Cas ou $s = 0$. — Dans la première Partie de son Mémoire, M. Hough discute uniquement le cas de $s = 0$. Les solutions obtenues ne dépendent pas alors de la longitude, et s'expriment par des harmoniques zonales; tout est donc symétrique par rapport à l'axe de rotation, et nous avons les oscillations de la première espèce de Laplace.

En se plaçant dans l'hypothèse d'une profondeur constante, M. Hough a calculé les oscillations propres et les oscillations contraintes d'une mer recouvrant tout le globe pour différentes valeurs de la profondeur.

98. A. *Oscillations propres.* — Pour trouver les périodes, on résout, pour différentes valeurs de n, l'équation

$$L_n = 0,$$

qui ne nous donne ici que deux valeurs égales et de signes contraires pour $\frac{\lambda}{\omega i}$; puis la comparaison de la valeur obtenue avec l'équation

$$L_n - H_{n-2} - K_{n-2} = 0$$

permet de déterminer la valeur exacte de λ.

On a ensuite aisément les coefficients A_n de la série exprimant la hauteur ζ de l'oscillation correspondante.

Pour certaines de ces oscillations, n sera toujours pair, et, si nous considérons, par suite, deux points de latitudes égales et de signes contraires, ces deux points auront le même ζ. Pour les autres oscillations, n est toujours impair et, de part et d'autre de l'équateur, ζ se change en $-\zeta$.

1° *Types symétriques : n pair.* — Par la méthode indiquée, M. Hough a calculé les six premières racines de l'équation aux périodes, et cela pour quatre profondeurs différentes de l'océan, correspondant respectivement aux valeurs de $\frac{hg}{4\omega^2}$ égales à

$$\frac{1}{40}, \quad \frac{1}{20}, \quad \frac{1}{10}, \quad \frac{1}{5},$$

le rayon de la Terre étant pris pour unité; ceci correspond pour h aux profondeurs

$$2^{\text{km}},\quad 4^{\text{km}},\quad 8^{\text{km}},\quad 17^{\text{km}}.$$

Les périodes d'oscillations propres sont estimées en temps sidéral; on a calculé également la valeur de ces périodes dans le cas où l'on ne tiendrait pas compte de la rotation $[\lambda^2 = n(n+1)g_n h]$. La Table suivante résume les résultats obtenus.

Profondeur.		$n=2$.	$n=4$.	$n=6$.	$n=8$.	$n=10$.	$n=12$.
		h m	h m	h m	h m	h m	h m
2 km	Valeur de la période.	18. 3	12.13	9.43	7.59	6.43	5.46
	» (sans rotation).	32.49	17.30	11.58	9. 5	7.20	6. 9
4	Valeur de la période.	15.11	10. 0	7.33	6. 0	4.57	4.12
	» (sans rotation).	23.12	12.23	8.28	6.26	5.11	4.21
8	Valeur de la période.	12.28	7.47	5.38	4.23	3.35	3. 1
	» (sans rotation).	16.25	8.45	5.59	4.33	3.40	3. 4
17	Valeur de la période.	9.52	5.49	4. 6	3. 9	2.33	2. 9
	» (sans rotation).	11.35	6.11	4.14	3.13	2.36	2.10

On voit que l'influence de la rotation est considérable, surtout pour les faibles valeurs de n et les profondeurs moyennes.

Sur la Terre réelle, cette influence est beaucoup moins grande, parce que la mer ne recouvre pas le globe entier; elle serait négligeable dans un canal étroit.

2° *Types dissymétriques : n impair.* — Le calcul offre ici moins d'intérêt, parce que ces oscillations n'interviennent pas dans les marées réelles.

Voici néanmoins les résultats obtenus par M. Hough :

Profondeur.		$n=1$.	$n=3$.	$n=5$.	$n=7$.	$n=9$.	$n=11$.
		h m	h m	h m	h m	h m	h m
2 km	Valeur de la période.	30.29	14.15	10.50	8.47	7.18	6.12
	» (sans rotation).	59.17	22.49	14.13	10.20	8. 7	6.41
4	Valeur de la période.	25.28	11.54	8.38	6.42	5.26	4.33
	» (sans rotation).	41.55	16. 8	10. 3	7.18	5.44	4.44
8	Valeur de la période.	20.59	9.33	6.33	4.56	3.56	3.16
	» (sans rotation).	29.39	11.25	7. 7	5.10	4. 4	3.21
17	Valeur de la période.	16.51	7.19	4.49	3.34	2.49	2.20
	» (sans rotation).	20.58	8. 4	5. 1	3.39	2.52	2.22

99. Expression de la hauteur des oscillations propres. — Nous avons les relations générales

$$\frac{A_{r+2}}{A_r} = \frac{K_{r+2}}{y_r}, \qquad \frac{A_{r-2}}{A_r} = \frac{H_{r-2}}{x_{r-2}},$$

qui s'écrivent ici, en tenant compte des valeurs de x_n^s et y_n^s pour $s = 0$,

$$\frac{A_{r+2}}{A_r} = (2r+3)(2r+5)K_{r+2},$$

$$\frac{A_{r-2}}{A_r} = (2r-3)(2r-1)H_{r-2},$$

et nous avons vu comment on peut évaluer les H et les K à l'aide de fractions continues.

On pourra ainsi, de proche en proche, évaluer tous les coefficients en fonction de l'un d'eux, A_n, pris arbitrairement, et nous aurons pour l'expression de ζ la série

$$\begin{aligned}\zeta = A_n e^{\lambda t}[\ldots &+ (2n-1)(2n-3)(2n-5)(2n-7)H_{n-2}H_{n-4}P_{n-4} \\ &+ (2n-1)(2n-3)H_{n-2}P_{n-2} + P_n + (2n+3)(2n+5)K_{n+2}P_{n+2} \\ &+ (2n+3)(2n+5)(2n+7)(2n+9)K_{n+2}K_{n+4}P_{n+4} + \ldots],\end{aligned}$$

où λ est la racine de l'équation aux périodes correspondant à la valeur n. Les termes de part et d'autre de P_n convergent très rapidement.

Si l'on avait supposé la rotation nulle, l'expression de ζ se réduirait au terme en P_n, parce que les coefficients H et K sont alors nuls.

Voici les valeurs de la fonction φ correspondant aux deux premières oscillations propres envisagées ci-dessus, pour les diverses profondeurs :

	km	
$n = 2$	2...	$P_2 - 1,27\,P_4 + 0,53\,P_6 - 0,11\,P_8 + \ldots$
	4...	$P_2 - 0,75\,P_4 + 0,17\,P_6 - 0,02\,P_8 + \ldots$
	8...	$P_2 - 0,40\,P_4 + 0,05\,P_6 - 0,003\,P_8 + \ldots$
	17...	$P_2 - 0,21\,P_4 + 0,01\,P_6 - \ldots$
$n = 4$	2...	$0,24\,P_2 + P_4 - 0,88\,P_6 + 0,26\,P_8 - \ldots$
	4...	$0,13\,P_2 + P_4 - 0,41\,P_6 + 0,06\,P_8 - \ldots$
	8...	$0,07\,P_2 - P_4 - 0,20\,P_6 + 0,01\,P_8 - \ldots$
	17...	$0,03\,P_2 - P_4 - 0,10\,P_6 + \ldots$

Plus la valeur de n est grande, plus l'oscillation correspondante se rapproche du terme P_n.

On aurait des séries analogues pour les types dissymétriques.

100. B. *Oscillations contraintes.* — Si nous avons un potentiel perturbateur

$$C e^{\lambda t} = \gamma_n P_n(\mu) e^{\lambda t},$$

nos équations seront les mêmes que celles des oscillations propres à l'exception de celle contenant le terme en $A_n L_n$, dont le second membre, au lieu d'être nul, sera égal à $\frac{h\gamma_n}{4\omega^2}$.

On en déduit

$$A_n = \frac{h\gamma_n}{4\omega^2(H_{n-2} - L_n + K_{n+2})},$$

et si, dans l'expression de la hauteur ζ de l'oscillation propre correspondant à la même valeur de n, nous remplaçons A_n par cette valeur, nous aurons la hauteur de l'oscillation contrainte. Ici, λ est donné et, par suite, $H_{n-2} - L_n + K_{n+2}$. On voit que, si λ est voisin d'une des racines de l'équation

$$H_{n-2} - L_n + K_{n+2} = 0,$$

l'oscillation contrainte prendra une très grande amplitude.

Or, cette équation est précisément celle qui détermine les périodes des oscillations propres : nous retrouvons ainsi l'influence du phénomène général de résonance.

Il est intéressant de comparer la hauteur de l'oscillation contrainte ainsi calculée à la hauteur que donnerait l'application pure et simple de la théorie de l'équilibre, soit

$$\zeta_0 = \mathcal{A}_n P_n(\mu) e^{\lambda t} = \frac{\gamma_n}{g_n} P_n(\mu) e^{\lambda t}.$$

On a ainsi

$$\frac{\zeta}{\zeta_0} = \frac{h g_n}{4\omega^2(H_{n-2} - L_n - K_{n+2}) P_n}$$
$$[\ldots + (2n-1)(2n-3)(2n-5)(2n-7) H_{n-2} H_{n-4} P_{n-4}$$
$$+ (2n-1)(2n-3) H_{n-2} P_{n-2} - P_n + (2n-3)(2n-5) K_{n+2} P_{n+2}$$
$$+ (2n+3)(2n+5)(2n+7)(2n+9) K_{n+2} K_{n+4} P_{n+4} + \ldots].$$

Le seul cas intéressant pour la théorie des marées est celui de $n = 2$, qui donne

$$\frac{\zeta}{\zeta_0} = \frac{\frac{hg}{4\omega^2}\left(1 - \frac{3}{5D}\right)}{(K_4 - L_2)P_2}(P_2 - 7.9 K_4 P_4 + 7.9.11.13 K_4 K_6 P_6 + \ldots).$$

M. Hough a calculé le rapport de la marée réelle à la marée d'équilibre pour les quatre valeurs de la profondeur déjà considérées. On trouve ainsi dans le cas de la marée semi-mensuelle lunaire

$$\frac{hg}{4\omega^2} = \frac{1}{40}, \qquad P_2 \frac{\zeta}{\zeta_0} = 0{,}267 P_2 - 0{,}168 P_4 + 0{,}049 P_6 \ldots,$$

$$\frac{1}{20}, \qquad 0{,}408 P_2 - 0{,}167 P_4 + 0{,}029 P_6 \ldots,$$

$$\frac{1}{10}, \qquad 0{,}570 P_2 - 0{,}139 P_4 + 0{,}013 P_6 \ldots,$$

$$\frac{1}{5}, \qquad 0{,}721 P_2 - 0{,}097 P_4 + 0{,}005 P_6 \ldots$$

101. Imaginons maintenant que nous passions à la limite, en faisant tendre λ vers zéro : nous obtiendrons des séries qui diffèrent extrêmement peu de celles que nous venons de donner pour la marée mensuelle semi-lunaire.

Ces séries représentent de même très fidèlement les marées solaires à longue période.

Par conséquent, les marées à longue période, lorsqu'on fait tendre λ vers zéro, ne tendent pas vers la marée de la théorie de l'équilibre, puisque $\frac{\zeta}{\zeta_0}$ ne se réduit pas à l'unité ; elles tendront donc vers ce que nous avons appelé la marée statique de la deuxième sorte.

La différence est loin d'être négligeable, car, si l'on calcule les différentes fonctions zonales qui figurent dans le rapport des deux marées, on trouve pour l'équateur et le pôle les valeurs suivantes de ce rapport :

Profondeurs.	Équateur.	Pôle.
km		
2	0,38	0,10
4	0,52	0,24
8	0,65	0,23
17	0,79	0,62

La différence est donc considérable; toutefois, elle est beaucoup moins grande dans la réalité, c'est-à-dire quand il y a des continents.

102. II. Cas où $s \neq 0$. — L'examen de ce cas, qui fait l'objet de la seconde Partie du Mémoire de M. Hough, concerne les oscillations qui dépendent de la longitude et s'expriment par des fonctions harmoniques de surface. C'est dans cette classe que rentrent les oscillations de seconde et de troisième espèce de Laplace.

M. Hough a montré l'existence d'une classe particulière d'oscillations propres, et c'est là un des résultats les plus intéressants de son travail.

103. A. *Oscillations propres.* — Nous avons vu que ces oscillations, dont les périodes dépendent de ω, peuvent se répartir en deux classes, selon que λ tend ou non vers une valeur finie lorsque la vitesse de rotation tend vers zéro : les oscillations de la seconde classe auront des périodes très longues.

Nous avons indiqué aussi comment pouvait se faire le calcul des périodes, et nous donnerons seulement ici les résultats numériques obtenus.

Il convient également de distinguer dans chaque classe les types symétriques et les types dissymétriques, selon que $n - s$ est pair ou impair; mais toutes ces oscillations ne présentent pas un égal intérêt. Dans les Tables qui suivent, les périodes sont exprimées en temps sidéral :

Classe I.

	2km.		4km.		8km.		17km.	
	$s = 1$.	$s = 2$.	$s = 1$.	$s = 2$.	$s = 1$.	$s = 2$.	$s = 1$.	$s = 2$.
	h m	h m	h m	h m	h m	h m	h m	h m
$n = 2\ldots$	14.21	17.59	12.51	14.52	11. 5	12. 1	9. 8	9.24
	24.24	38.34	19.16	26.54	14.50	18.40	11. 6	12.55
$n = 4\ldots$	11.36	12. 5	9.45	9.51	7.40	7.40	5.46	5.44
	13.10	14.28	10.29	11. 8	8. 1	8.19	5.56	6. 4

Classe II.

	j h	j h	j h	j h	j h	j h	j h	j h
$n = 1\ldots$	1.13	»	1. 9	»	1. 5	»	1. 3	»
$n = 2\ldots$	16. 0	6. 0	11.13	4.17	8.21	3.22	7.11	3.11
$n = 3\ldots$	26.10	12. 5	20.15	9.22	17.19	8.17	16. 9	8. 3

Ayant les périodes, on calculera aisément les expressions de ζ et de φ et, par conséquent, des composantes du déplacement.

Dans chaque série, le terme qui renferme P_n^s est prédominant et suffit, à lui seul, pour déterminer avec une approximation suffisante la position des parallèles nodaux.

Les oscillations obtenues sont des ondes se propageant autour de la sphère avec une vitesse angulaire uniforme $\frac{\lambda}{si}$ par rapport à l'axe polaire et comprenant sur chaque parallèle un nombre de crêtes et de creux égal à s. Les valeurs positives de λ correspondent à des ondes se propageant en sens inverse de la rotation, c'est-à-dire vers l'Ouest; les valeurs négatives à des ondes se propageant vers l'Est.

Pour les oscillations de la seconde classe, nous n'avons que des valeurs positives de λ, il y aura uniquement propagation vers l'Ouest.

Les trajectoires des molécules liquides sont des ellipses ayant leurs axes dirigés suivant les méridiens et les parallèles. Si ω tend vers zéro, les oscillations de la seconde classe se réduiront à des mouvements permanents n'apportant aucune déformation à la surface libre.

104. B. *Oscillations contraintes.* — Si nous avons un potentiel perturbateur

$$Ce^{\lambda t} = \gamma_n^s P_n^s(\mu) e^{si\psi+\lambda t},$$

nous obtiendrons de la même manière qu'au paragraphe 100, pour le cas de $s = 0$, la profondeur étant toujours supposée constante,

$$A_n^s = \frac{h\gamma_n^s}{4\omega^2(H_{n-2}^s - L_n^s + K_{n+2}^s)},$$

d'où, en tenant compte des relations entre les coefficients successifs,

$$\zeta = \frac{h\gamma_n^s}{4\omega^2} \frac{e^{si\psi+\lambda t}}{H_{n-2}^s - L_n^s + K_{n+2}^s} \left(\ldots + \frac{H_{n-2}^s H_{n-4}^s}{x_{n-2}^s x_{n+4}^s} P_{n-4}^s + \frac{H_{n-2}^s}{x_{n-2}^s} P_{n-2}^s + P_n^s \right.$$
$$\left. + \frac{K_{n+2}^s}{y_n^s} P_{n+2}^s + \frac{K_{n+2}^s K_{n+4}^s}{y_n^s y_{n+2}^s} P_{n+4}^s + \ldots \right).$$

Il est à remarquer que le terme prédominant de la série n'est pas nécessairement P_n^s : ce sera le terme P_ρ^s, tel que la valeur de λ qui entre dans l'expression du potentiel perturbateur soit très voisine de l'une des valeurs correspondantes relatives aux oscillations propres, déduites de l'équation $L_\rho^s = 0$.

Dans le cas des marées réelles, nous aurons $n = 2$, et l'expression de la surélévation sera

$$\zeta = \frac{h\gamma_2^s}{4\omega^2} \frac{e^{si\psi+\lambda t}}{-L_2^s + K_4^s}\left(P_2^s + \frac{K_4^s}{\gamma_2^s} P_4^s + \frac{K_4^s}{\gamma_2^s}\frac{K_6^s}{\gamma_4^s} P_6^s + \ldots\right).$$

Si nous calculions cette surélévation d'après la théorie de l'équilibre, on obtiendrait

$$\zeta_0 = \frac{\gamma_2^s}{g_2} P_2^s e^{si\psi+\lambda t},$$

d'où

$$\frac{\zeta}{\zeta_0} = \frac{\frac{hg}{4\omega^2}\left(1 - \frac{3}{5D}\right)}{(K_4^s - L_2^s)P_2^s}\left(P_2^s + \frac{K_4^s}{\gamma_2^s} P_4^s + \frac{K_4^s K_6^s}{\gamma_2^s \gamma_4^s} P_6^s + \ldots\right).$$

M. Hough a calculé ce rapport pour diverses oscillations contraintes.

105. Marée solaire semi-diurne. — On a, pour les différentes profondeurs :

Profondeur.		
km		
2	$P_2^2 \frac{\zeta}{\zeta_0} =$	$-\ 1,95\, P_2^2 - 2,13\, P_4^2 + 0,81\, P_6^2 - \ldots$
4		$-\ 0,83\, P_2^2 + 0,22\, P_4^2 - 0,03\, P_6^2 + \ldots$
8		$-\ 191,93\, P_2^2 + 15,70\, P_4^2 - 0,81\, P_6^2 + \ldots$
17		$+\ 1,96\, P_2^2 - 0,07\, P_4^2 + \ldots$

A l'aide d'une Table de fonctions sphériques, on peut calculer la valeur numérique de ces séries pour différentes latitudes; c'est ainsi qu'à l'équateur le rapport de la marée dynamique à la marée d'équilibre a, pour les profondeurs considérées, la valeur

$$+7,95, \quad -1,50, \quad -234,87, \quad +2,14.$$

On voit que dans un océan de profondeur supérieure à 17^{km} la marée solaire semi-diurne serait directe à l'équateur; la profondeur décroissant, cette marée devient de plus en plus considérable et change de signe pour une valeur critique de la profondeur un peu supérieure à 8^{km}; elle reste alors inversée, en diminuant d'amplitude, jusqu'à une seconde profondeur critique un peu supérieure à 2^{km}.

Le très grand coefficient de P_2^2 pour la profondeur de 8^{km} tient à un phénomène de résonance. Si nous nous reportons, en effet, à la Table des périodes des oscillations propres, nous trouvons à 8^{km}, pour $n = 2$ et $s = 2$, une période de 12 heures 1 minute. Il y a donc concordance presque parfaite avec la marée solaire semi-diurne : d'où la résonance.

Pour 2^{km}, nous avons bien une oscillation propre dont la période est de 12 heures 5 minutes; ce simple écart de 4 minutes suffit pour réduire de beaucoup la résonance et ne produire qu'une marée qui est moins de 10 fois supérieure à la marée d'équilibre.

Les chiffres donnés ci-dessus tiennent compte de l'attraction du bourrelet liquide; en la négligeant, on obtiendrait d'autres séries dont les premiers termes sont respectivement

$$+1,09\,P_2^2, \quad 1,07\,P_2^2, \quad +9,34\,P_2^2, \quad +1,77\,P_2^2,$$

et qui donnent à l'équateur, pour le rapport de la marée réelle à la marée d'équilibre, les valeurs

$$-7,43, \quad -1,82, \quad +11,26, \quad +1,92.$$

L'influence du bourrelet est donc assez considérable; d'une part, elle augmente la valeur du rapport, sauf dans le dernier cas de profondeur; d'autre part, dans deux des cas, le signe de la marée est interverti. Cela tient à ce qu'une très faible variation dans la hauteur suffit à déplacer la valeur de h pour laquelle la période de l'oscillation contrainte est égale à celle d'une oscillation propre.

106. Marée lunaire semi-diurne. — Par des calculs analogues on obtient :

Profondeur.	
2^{km}	$0,10\,P_2^2 + 0,58\,P_4^2 - 0,19\,P_6^2 + \ldots$
4	$-1,06\,P_2^2 + 0,24\,P_4^2 - 0,03\,P_6^2 + \ldots$
8	$9,12\,P_2^2 - 0,71\,P_4^2 + 0,04\,P_6^2 - \ldots$
17	$1,76\,P_2^2 - 0,06\,P_4^2 + \ldots$

Ces séries donnent, à l'équateur, pour le rapport de la marée dynamique réelle à la marée d'équilibre, les valeurs

$$-2,42, \quad -1,80, \quad +11,07, \quad +1,92.$$

La comparaison de ces valeurs avec celles obtenues pour la marée solaire semi-diurne montre que pour la profondeur de 2^{km} la marée solaire est directe, tandis que la marée lunaire est inversée; le contraire arrive pour la profondeur de 8^{km}.

Cela tient à ce que les valeurs critiques de la profondeur sont 2100^{m} et 8700^{m} pour la marée solaire, tandis qu'elles sont 1900^{m} et 7800^{m} pour la marée lunaire. Il existerait, par suite, deux limites de profondeur, entre 1900^{m} et 2100^{m} d'une part, puis entre 7800^{m} et 8700^{m} d'autre part, pour lesquelles l'une des marées serait inversée sans que l'autre le soit.

Pour ces profondeurs, le phénomène usuel des marées de syzygies et de quadratures serait inversé : les plus hautes marées se produiraient à l'époque des quadratures et les plus basses à l'époque des pleines et nouvelles lunes.

Si la mer recouvrait tout le globe, il faudrait donc conclure de l'allure des marées réelles que la profondeur de l'océan n'est pas comprise entre ces limites et que, par suite, cet océan n'est susceptible d'aucune oscillation propre dont la période soit comprise entre 12 heures lunaires et 12 heures solaires.

On trouve dans le Mémoire de M. Hough quelques calculs analogues relatifs au cas où la profondeur est exprimée par une loi de la forme

$$h = \alpha + \beta \cos^2 \theta.$$

107. Marées diurnes. — La profondeur étant supposée constante, nous savons, en vertu du théorème de Laplace (§ 80), que les oscillations de la seconde espèce sont nulles. Seulement, ce résultat ne s'applique en toute rigueur qu'à la marée sidérale pour laquelle $\lambda = i\omega$. Cette condition est assez approximativement réalisée encore pour la marée diurne solaire, elle l'est moins pour la marée diurne lunaire : ces deux marées ne seront pas rigoureusement nulles.

Pour les quatre profondeurs déjà considérées, on a, en ce qui concerne la marée lunaire :

Profondeur.	
km	
2	$P_2^1 \frac{\gamma_2}{\gamma_0} = -0,08 P_2^1 + 0,03 P_4^1 - \ldots$
4	$-0,17 P_2^1 + 0,05 P_4^1 - \ldots$
8	$-0,41 P_2^1 + 0,07 P_4^1 - \ldots$
17	$-1,44 P_2^1 + 0,12 P_4^1 - \ldots$

On voit que cette marée est inversée, et que, pour une grande profondeur, elle arrive à être supérieure à ce que serait la marée statique de première sorte.

Cela tient d'abord à ce que λ s'écarte un peu de $i\omega$; mais cette raison ne suffit pas, car pour les autres profondeurs la marée est très faible. Nous nous trouvons, ici encore, en présence d'un phénomène de résonance. L'oscillation contrainte considérée a, en effet, une période d'un jour lunaire, soit environ 1 jour 1 heure. Or, si nous nous reportons au Tableau des oscillations propres, nous voyons que la première oscillation de la deuxième classe a précisément une période qui tend vers cette valeur.

Pour une profondeur plus grande, on aurait une résonance plus parfaite : d'où la dérogation apparente au théorème de Laplace.

CHAPITRE VIII.

ÉTUDE DES MARÉES STATIQUES DE LA SECONDE SORTE. INFLUENCE DU FROTTEMENT.

---

108. Nous avons vu (§ 101) que les marées à longue période calculées par la méthode de M. Hough ne tendent pas vers la marée statique de la première sorte, lorsque λ tend vers zéro, et que la différence était assez considérable.

Ce résultat est de nature à modifier les idées généralement reçues au sujet des marées à longue période. Jusqu'ici, on les calculait, d'après Newton et Laplace, par la théorie de l'équilibre, ainsi que nous l'avons fait au Chapitre III : la discordance est trop importante pour que cette méthode soit légitime, et il y a lieu d'étudier spécialement les marées statiques de la deuxième sorte.

Mais une autre question se pose. Nous savons (§ 26) que s'il existe un frottement, si faible soit-il, la limite des marées à longue période, lorsque λ tend vers zéro, doit être la marée statique de première sorte. Comme on ne peut admettre que le frottement soit rigoureusement nul, il semblerait donc que les conclusions de M. Hough soient erronées. Cependant, il convient d'examiner la question d'un peu plus près. Ce que nous appelons *marées à longue période,* ce sont, par exemple, les marées semi-mensuelles, mensuelles, annuelles, etc. ; les plus importantes ont leurs périodes variant de 15 jours à un an.

Est-ce assez long pour qu'on puisse faire $\lambda = 0$ et vers quelle limite tendra-t-on ? De deux choses l'une : ou bien le frottement aura le temps de se faire sentir, et alors nous aurons une marée de la première sorte ; ou bien son influence ne sera pas appréciable, et la marée sera de deuxième sorte.

Nous verrons qu'il faut une dizaine d'années pour que le frottement puisse se faire sentir ; par conséquent, les marées annuelles et de périodes plus courtes seront bien de la deuxième sorte ; au contraire, la marée ayant pour période 18 ans serait une marée de première sorte, que l'on devrait calculer par la théorie de équilibre.

109. Considérons donc une force perturbatrice de très longue période. En supposant que l'influence du frottement soit négligeable pendant la période de l'oscillation, la surface des mers prendra une forme d'équilibre qui différera de la figure d'équilibre statique proprement dite. Ainsi que nous l'avons vu au Chapitre I (§ 22-23), les paramètres q_a se réduisent à des constantes, et les paramètres q_b sont proportionnels au temps : les dérivées q'_b sont constantes, mais non nulles. Il en résulte que cet état particulier d'équilibre est caractérisé par l'existence de courants continus qui règnent sous la surface libre, sans altérer sa forme.

Voyons ce que peuvent être de semblables courants.

Reprenons les équations du mouvement d'un liquide tournant autour de l'axe des z.

$$\frac{d^2 u}{dt^2} - 2\omega\frac{dv}{dt} = \frac{d(V-p)}{dx},$$

$$\frac{d^2 v}{dt^2} + 2\omega\frac{du}{dt} = \frac{d(V-p)}{dy},$$

$$\frac{d^2 w}{dt^2} = \frac{d(V-p)}{dz}.$$

Les courants étant permanents, nous aurons

$$\frac{du}{dt} = u' = \text{const.},$$

$$\frac{dv}{dt} = v' = \text{const.},$$

$$\frac{dw}{dt} = w' = \text{const.}$$

D'autre part, on a

$$\frac{d^2 u}{dt^2} = u'' + u'\frac{du'}{dx} + v'\frac{du'}{dy} + w'\frac{du'}{dz};$$

mais, dans les marées, les déplacements des molécules étant des quantités très petites, de même que les vitesses et leurs dérivées, les termes tels que $u' \frac{du'}{dx}$ sont du second ordre, et l'accélération se réduira à u'', c'est-à-dire à zéro.

Les équations du mouvement deviennent alors

$$-2\omega v' = \frac{d(V-p)}{dx},$$

$$2\omega u' = \frac{d(V-p)}{dy},$$

$$0 = \frac{d(V-p)}{dz}.$$

Il en résulte que

$$-2\omega v'\,dx + 2\omega u'\,dy = d(V-p),$$

c'est-à-dire que

$$-v'\,dx + u'\,dy$$

est une différentielle exacte.

Par conséquent, il faut d'abord que v' et u' ne dépendent que de x et y, soit

$$\frac{du'}{dz} = \frac{dv'}{dz} = 0$$

et ensuite que

$$\frac{du'}{dx} + \frac{dv'}{dy} = 0;$$

ce qui, joint à l'équation de continuité, donne finalement

$$\frac{du'}{dz} = \frac{dv'}{dz} = \frac{dw'}{dz} = 0.$$

Ainsi, les composantes u', v', w' de la vitesse d'une molécule ne dépendent pas de z.

L'axe des z est l'axe de rotation de la Terre. Si donc nous figurons, d'une part, la surface des mers et, d'autre part, la surface irrégulière du fond, et que nous menions par un point A de la surface libre une parallèle à l'axe de rotation jusqu'à sa rencontre en B avec le fond, toutes les molécules liquides situées sur cette parallèle seront animées de vitesses égales et parallèles. La droite AB devra donc se déplacer en bloc, parallèlement à elle-même, comme une droite rigide (*fig.* 20).

De plus, puisque le mouvement est permanent et n'altère pas la surface libre, il faudra que la droite AB se déplace sur la surface d'un cylindre tel que ses génératrices conservent la même longueur. Par conséquent, les lignes de courants, c'est-à-dire les positions successives d'une même molécule liquide, seront les lignes d'égale profondeur de la mer, cette profondeur étant esti-

Fig. 20.

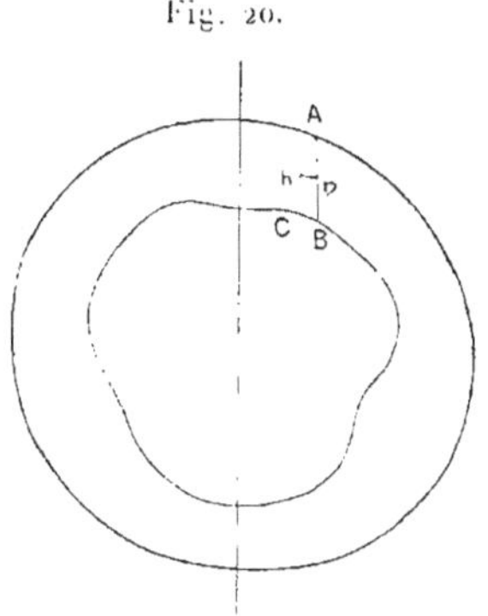

mée parallèlement à l'axe de rotation. Si nous représentons cette profondeur par τ_1, les lignes de courants seront données par l'équation

$$\tau_1 = \text{const.}$$

Une molécule qui se trouve à un moment donné sur la surface d'un de ces cylindres ne pourra pas en sortir.

110. Si, par le point A, nous menons la verticale AC, nous constituerons avec AB, en supposant la profondeur h infiniment petite, un petit triangle qui nous donnera

$$\tau_1 = \frac{h}{\cos\theta}.$$

L'équation des lignes de courants peut donc s'écrire

$$\frac{h}{\cos\theta} = \text{const.}$$

Il en résulte que, si la profondeur n'est fonction que de la latitude, les lignes de courants devront coïncider avec les parallèles : les seuls mouvements permanents possibles seront ceux pour lesquels les molécules d'eau n'éprouveront pas de déplacement en latitude (*cf.* § 94).

Dans le cas général, cette conclusion ne subsistera plus ; on pourra tracer les lignes de courants sur une Carte hydrographique si les sondes y figurent en nombre suffisant.

Mais, quelle que soit la loi de profondeur, l'équateur sera une de ces lignes de courants, correspondant à une valeur infinie du rapport $\frac{h}{\cos\theta}$; et les rivages seront d'autres lignes correspondant à la valeur zéro. Vers les points où la ligne de côte coupe l'équateur, convergeront une infinité de lignes de courants.

M. Hough a essayé de tracer ces lignes sur les Cartes de l'Atlantique Nord et a reconnu qu'elles ne présentaient aucun rapport avec les résultats de l'observation. Il est vrai que les courants observés ne sont que des courants superficiels, et que les variations de densité et de salure provenant de l'évaporation peuvent entièrement masquer le phénomène.

Nous pouvons voir, en effet, combien sont faibles les courants permanents produits par les marées statiques de la deuxième sorte.

III. Pour nous faire une idée de l'ordre de grandeur de ces courants, rappelons que les marées statiques de la première sorte produisent une déformation qui équivaut à une variation périodique de l'aplatissement. Cette variation pourrait également résulter d'un accroissement $d\omega$ de la vitesse de rotation de la Terre. Considérons donc l'action à longue période de la Lune, par exemple, et cherchons à quel accroissement de vitesse elle équivaut. Il nous suffira, pour cela, de comparer le potentiel de la Lune à l'accroissement de potentiel qui résulte de $d\omega$.

Si la vitesse varie de $d\omega$, le potentiel $\frac{\omega^2}{2}(x^2+y^2)$, d'où dérive la force centrifuge, éprouvera un accroissement

$$\omega\, d\omega (x^2+y^2).$$

Or, si nous prenons le rayon pour unité,

$$x^2+y^2 = \frac{2}{3}(x^2+y^2+z^2) + \frac{1}{3}(x^2+y^2-2z^2) = \frac{2}{3} + \frac{1}{3}(1-3\mu^2).$$

Par suite de cette variation, l'accroissement du potentiel sera donc

$$\frac{\omega\, d\omega}{3}(1-3\mu^2).$$

D'autre part, le terme du potentiel lunaire correspondant aux ondes à longue période est

$$\frac{L}{4\rho^3}(1-3\mu^2)(1-3\sin^2\delta),$$

δ étant la déclinaison de la Lune et ρ sa distance à la Terre. Par conséquent, l'action lunaire à longue période équivaut à un accroissement de la vitesse de rotation terrestre déterminé par l'égalité

$$\omega\, d\omega = \frac{3}{4}\frac{L}{\rho^3}(1-3\sin^2\delta).$$

Or, on a

$$\frac{L}{T}\frac{T}{\rho^3} = \frac{L}{T}n^2,$$

n étant le moyen mouvement de la Lune.

Donc

$$\frac{d\omega}{\omega} = \frac{3}{4}\frac{L}{T}\frac{n^2}{\omega^2}(1-3\sin^2\delta).$$

Or, en valeurs numériques,

$$\frac{L}{T} = \frac{1}{80}, \qquad \frac{n}{\omega} = \frac{1}{27}$$

et $\sin^2\delta$ varie de 0 à $\frac{1}{4}$.

Il en résulte qu'en moyenne

$$\frac{d\omega}{\omega} = \frac{3}{4}\,\frac{5}{8}\,\frac{1}{80}\,\frac{1}{729} = \frac{1}{100\,000} \text{ environ.}$$

Mais, ainsi que nous l'avons vu (§ 100), dans la marée statique de deuxième sorte, l'amplitude est encore plus faible, d'environ moitié en moyenne, parce que les courants produits compensent en partie l'action statique de la Lune.

Ces courants peuvent donc être évalués à $\frac{1}{200\,000}$ de la rotation, ce qui fait seulement 6^m ou 7^m environ par heure. Ils sont donc beaucoup trop faibles pour que l'observation puisse les déceler ; et, par suite, on ne peut pas compter sur leur constatation pour mettre en évidence que, conformément aux idées de M. Hough, le phénomène des marées à longue période consiste bien en une marée statique de la deuxième sorte.

On pourrait, semble-t-il, observer directement la marée, et particulièrement au large, là où le phénomène n'est pas troublé par la présence des continents. Jusqu'ici, le problème a rencontré de nombreuses difficultés, mais les résultats récemment obtenus à l'aide du marégraphe plongeur de M. Favé permettent d'espérer beaucoup des recherches poursuivies dans cette voie.

En attendant, il ne reste qu'une seule ressource, c'est de calculer le temps d'amortissement des ondes sous l'influence du frottement, et de le comparer aux périodes.

112. Calcul d'une marée statique de la deuxième sorte. — Nous avons vu comment la méthode de M. Hough permet de calculer les éléments de ces marées dans le cas d'une profondeur constante, ou même fonction seulement de la latitude. Nous nous proposons ici de traiter le problème d'une façon absolument générale.

Si nous imaginons une molécule x, y, z de la surface libre, elle se déplacera, sous l'influence des courants permanents qui caractérisent cette espèce de marée, suivant une ligne de courant dont l'équation différentielle sera

$$\frac{dx}{u'} = \frac{dy}{v'} = \frac{dz}{w'}. \tag{1}$$

Posons, comme toujours,

$$\lambda^2 \varphi = V - p.$$

On a ici (§ 109)

$$d(V - p) = -2\omega v'\, dx + 2\omega u'\, dy,$$

c'est-à-dire, en vertu de l'équation différentielle de la ligne de courant,

$$d(V - p) = 0.$$

Ainsi, le long des lignes de courants, φ est une constante : φ est donc fonction de $\eta = \dfrac{h}{\cos\theta}$:

$$\varphi = f\left(\frac{h}{\cos\theta}\right). \tag{2}$$

Le problème est ramené à la détermination de cette fonction.

Récrivons l'équation générale du § 77,

$$\frac{d}{d\theta}\left(h_1 \sin\theta \frac{d\varphi}{d\theta}\right) + \frac{d}{d\psi}\left(\frac{h_1}{\sin\theta} \frac{d\varphi}{d\psi}\right) + \frac{\partial(h_2, \varphi)}{\partial(\theta, \psi)} = \zeta \sin\theta, \tag{3}$$

et supposons d'abord que la profondeur h dépende seulement de θ : φ va dépendre aussi seulement de θ, et toutes les expressions φ, ζ, $Ce^{\lambda t}$, Π'' qui, pour une oscillation quelconque, pouvaient se mettre dans ce cas sous la forme $e^{si\psi+\lambda t} f(\theta)$, se réduiront ici, puisque $s = 0$, à $e^{\lambda t} f(\theta)$.

Dans ces conditions, l'équation (3) prend une forme simple, car les dérivées par rapport à ψ disparaissent.

D'autre part, λ est très petit; nous allons donc chercher quelle forme limite prend l'équation pour $\lambda = 0$.

Nous aurons alors, sensiblement, en négligeant λ^2 devant l'unité,

$$h_1 = \frac{\lambda^2 h}{\lambda^2 + 4\omega^2 \cos^2\theta} = \frac{\lambda^2 h}{4\omega^2 \cos^2\theta},$$

$$h_2 = \frac{2\omega\lambda h \cos\theta}{\lambda^2 + 4\omega^2 \cos^2\theta} = \frac{\lambda h}{2\omega \cos\theta}.$$

Le déterminant fonctionnel sera nul, puisque ni h_2 ni φ ne dépendent de ψ.

Dans le premier membre de l'équation (3), il ne restera donc que le premier terme, dans lequel s'introduira $\lambda^2\varphi$.

Posons

$$\lambda^2 \varphi = \Phi. \tag{4}$$

L'équation (3) se réduira alors à

$$\frac{d}{d\theta}\left(\frac{h \sin\theta}{4\omega^2 \cos^2\theta} \frac{d\Phi}{d\theta}\right) = \zeta \sin\theta. \tag{5}$$

De plus, nous avons toujours la relation générale

$$\zeta = \frac{\Phi - \Pi'' - Ce^{\lambda t}}{g},$$

qui donne ici, en faisant $\lambda = 0$ dans l'expression du potentiel perturbateur,

$$\zeta = \frac{\Phi - \Pi'' - C}{g}. \tag{6}$$

Enfin, ζ et Π'' sont liés par la relation

$$(7) \qquad \Pi'' = -\int \frac{\zeta' \, d\sigma'}{r},$$

dans laquelle $d\sigma'$ représente un élément quelconque de la surface, ζ' la valeur de ζ au centre de gravité de cet élément et r la distance de ce centre au point de coordonnées courantes θ et ψ.

Nous avons donc, entre les trois quantités ζ, Φ et Π'', les trois relations (5), (6) et (7), qui les détermineront.

Le problème se réduit à l'intégration d'une équation différentielle ordinaire à une seule variable.

Si on néglige le bourrelet, on aura, pour déterminer Φ, une équation linéaire.

113. **Cas où la profondeur est quelconque.** — Deux approximations successives seront alors nécessaires.

En première approximation, nous négligerons λ devant l'unité : h_2 est, dans ce cas, beaucoup plus grand que h_1, et nous pourrons négliger tous les termes de l'équation (3), à l'exception de celui qui contient h_2. Cette équation se réduit alors à

$$\frac{\partial(h_2, \varphi)}{\partial(\theta, \psi)} = 0,$$

c'est-à-dire que φ est une fonction de h_2. Nous retrouvons ainsi le résultat déjà obtenu, que φ doit être fonction de η.

En deuxième approximation, nous tiendrons compte de λ, mais nous négligerons λ^2 devant l'unité. Alors, les formules approchées pour h_1 et h_2 restent vraies.

Dans le premier membre de l'équation (3), c'est donc le dernier terme qui sera le plus important, puisqu'il sera de l'ordre de λ, tandis que les deux premiers sont de l'ordre de λ^2. Par suite, nous n'aurons pas le droit d'y remplacer φ par la valeur $f(\eta)$ que fournit la première approximation, mais nous pourrons faire cette substitution dans les autres termes.

Effectuons alors un changement de variables, en prenant comme variables nouvelles η et ψ : les dérivées par rapport à ces variables seront représentées par des ∂, tandis que nous réserverons les d ordinaires pour les dérivées par rapport aux anciennes variables.

Nous aurons, d'une manière générale,

$$\frac{dU}{d\theta} = \frac{\partial U}{\partial \eta_1}\frac{d\eta_1}{d\theta},$$

$$\frac{dU}{d\psi} = \frac{\partial U}{\partial \eta_1}\frac{d\eta_1}{d\psi} + \frac{\partial U}{\partial \psi}.$$

D'autre part,

$$\frac{\partial(h_2, \varphi)}{\partial(\theta, \psi)} = \frac{\partial(h_2, \varphi)}{\partial(\eta_1, \psi)}\frac{\partial(\eta_1, \psi)}{\partial(\theta, \psi)}.$$

Or, nous avons

$$h_2 = \frac{\lambda}{2\omega}\eta_1.$$

Par conséquent,

$$\frac{\partial(h_2, \varphi)}{\partial(\eta_1, \psi)} = \frac{\lambda}{2\omega}\frac{\partial\varphi}{\partial\psi},$$

$$\frac{\partial(\eta_1, \psi)}{\partial(\theta, \psi)} = \frac{d\eta_1}{d\theta}.$$

Donc

$$\frac{\partial(h_2, \varphi)}{\partial(\theta, \psi)} = \frac{\lambda}{2\omega}\frac{\partial\varphi}{\partial\psi}\frac{d\eta_1}{d\theta}.$$

Il importe d'introduire des notations abrégées pour ne pas trop allonger les écritures. Posons

$$A = \frac{h \sin\theta}{4\omega^2\cos^2\theta}\frac{d\eta_1}{d\theta},$$

$$B\frac{d\eta_1}{d\theta} = \frac{d\eta_1}{d\psi},$$

$$F\frac{d\eta_1}{d\theta} = 1,$$

$$D = \frac{h}{4\omega^2\cos^2\theta\sin\theta}\frac{d\eta_1}{d\psi}$$

et multiplions les deux membres de l'équation (3) par F.

Le premier terme donnera

$$F\frac{d\eta_1}{d\theta}\frac{\partial}{\partial\eta_1}\left(h_1\sin\theta\frac{d\varphi}{d\theta}\right) = \frac{\partial}{\partial\eta_1}\left(h_1\sin\theta\frac{d\varphi}{d\theta}\right).$$

Or

$$h_1\sin\theta\frac{d\varphi}{d\theta} = \frac{\lambda^2 h\sin\theta}{4\omega^2\cos^2\theta}\frac{d\eta_1}{d\theta}\frac{\partial\varphi}{\partial\eta_1} - A\Phi',$$

en posant

$$\frac{\partial\Phi}{\partial\eta_1} = \Phi'.$$

On a donc, pour le premier terme,

$$\frac{\partial}{\partial \eta}(\mathrm{A}\Phi').$$

Avec la valeur de φ en première approximation, on a

$$\frac{\partial \varphi}{\partial \psi} = 0;$$

le second terme de (3) nous donnera d'abord

$$\frac{d\eta}{d\psi}\frac{\partial}{\partial \eta}\left(\frac{h_1}{\sin\theta}\frac{d\varphi}{d\psi}\right) = \frac{d\eta}{d\psi}\frac{\partial}{\partial \eta}\left(\frac{\lambda^2 h}{4\omega^2\cos^2\theta\sin\theta}\frac{d\eta}{d\psi}\frac{\partial \varphi}{\partial \eta}\right) = \frac{d\eta}{d\psi}\frac{\partial}{\partial \eta}(\mathrm{D}\Phi'),$$

c'est-à-dire, après avoir multiplié par F,

$$\mathrm{B}\frac{\partial}{\partial \eta}(\mathrm{D}\Phi').$$

Mais il y a encore le terme correspondant à $\frac{\partial \mathrm{U}}{\partial \psi}$, soit

$$\frac{\partial}{\partial \psi}(\mathrm{D}\Phi')$$

ou, après multiplication par F, et remarquant que Φ' peut être considéré ici comme indépendant de ψ,

$$\mathrm{F}\frac{\partial \mathrm{D}}{\partial \psi}\Phi'.$$

Enfin, nous avons le déterminant fonctionnel, dans lequel il n'est plus permis de regarder φ comme indépendante de ψ, et qui nous donne le terme

$$\frac{1}{2\omega\lambda}\frac{\partial \Phi}{\partial \psi}.$$

Après le changement de variables, l'équation (3) devient donc

$$\frac{\partial}{\partial \eta}(\mathrm{A}\Phi') + \mathrm{B}\frac{\partial}{\partial \eta}(\mathrm{D}\Phi') + \mathrm{F}\frac{\partial \mathrm{D}}{\partial \psi}\Phi' + \frac{1}{2\omega\lambda}\frac{\partial \Phi}{\partial \psi} = \mathrm{F}\zeta\sin\theta. \tag{8}$$

114. Pour étudier cette équation, posons

$$\mathrm{G} = \mathrm{A} + \mathrm{BD},$$
$$\mathrm{H} = \frac{\partial \mathrm{A}}{\partial \eta} + \mathrm{B}\frac{\partial \mathrm{D}}{\partial \eta} + \mathrm{F}\frac{\partial \mathrm{D}}{\partial \psi}.$$

En remplaçant ζ par sa valeur, et développant, nous aurons

$$(9) \qquad G\Phi'' + H\Phi' - \frac{1}{2\omega\lambda}\frac{\partial\Phi}{\partial\psi} = \frac{F\sin\theta}{g}\Phi - \frac{F\sin\theta\Pi''}{g} - \frac{F\sin\theta C}{g}.$$

Les coefficients G, H, $\frac{F\sin\theta}{g}$, $\frac{C}{g}$ sont des fonctions connues de η et de ψ, qui sont périodiques par rapport à ψ.

Nous pourrons les développer en séries de Fourier suivant les cosinus et sinus des multiples de ψ, et nous obtiendrons ainsi un premier terme qui sera une constante, représentant la valeur moyenne de la fonction. Si nous considérons, par exemple, le coefficient G, nous désignerons sa valeur moyenne par [G].

Φ'', Φ' et Φ peuvent être considérées comme des constantes en ψ, parce que nous pouvons y remplacer φ par sa valeur de première approximation ; la valeur moyenne de $G\Phi''$ sera donc $[G]\Phi''$, et nous aurons de même $[H]\Phi'$ et $[F\sin\theta]\Phi$. Mais, dans le terme $\frac{\partial\Phi}{\partial\psi}$ provenant du déterminant fonctionnel, nous n'avons plus le droit de faire cette substitution. Seulement, Φ étant une fonction périodique de ψ, si je la différentie, j'obtiendrai encore une série de Fourier, dans laquelle le terme constant sera nul.

Ce terme a donc une valeur moyenne nulle, et, en égalant dans les deux membres de l'équation (9) les termes indépendants de ψ, il reste simplement

$$[G]\Phi'' + [H]\Phi' = \frac{[F\sin\theta]}{g}\Phi - \frac{[F\sin\theta\Pi'']}{g} - \frac{[F\sin\theta C]}{g}.$$

Si l'on suppose d'abord qu'on puisse négliger le bourrelet, le terme en Π'' disparaît, et l'on a une équation différentielle du second ordre dont tous les coefficients sont des fonctions connues de η. Cette équation nous déterminera Φ et, par suite, ζ.

Si l'on veut tenir compte du bourrelet, on commencera par le négliger et on calculera ζ : on en déduira Π'', l'équation pourra s'intégrer de nouveau, et ainsi de suite.

On voit que, même dans le cas général, il est possible de faire le calcul complet.

115. Lorsqu'il s'agit d'une marée statique de la première sorte, le calcul est beaucoup plus simple, parce que l'on a, les courants

étant nuls,

$$\varphi = 0.$$

Alors, ζ et Π'' sont donnés par les équations

$$\zeta = \frac{-\Pi'' - C}{g}$$

et

$$\Pi'' = -\int \frac{\zeta' \, d\sigma'}{r}.$$

116. **Influence du frottement, d'après les travaux de M. Hough.** — C'est dans l'estimation du temps d'amortissement des ondes que M. Hough a cherché la justification de sa théorie des marées statiques avec courants permanents (*voir* t. XXVIII des *Proceedings of the London Mathematical Society*, décembre 1896).

Le problème général de l'étude du frottement est extrêmement compliqué; mais, s'il s'agit seulement de se faire une idée de l'ordre de grandeur du phénomène, on peut se borner à la considération d'un cas très simple. En conséquence, nous négligerons la force centrifuge composée et nous ne tiendrons pas compte de la sphéricité; de plus, nous supposerons que la mer, ainsi limitée à une surface horizontale, est soumise à la seule action de la pesanteur, et que sa profondeur est constante. Enfin, nous considérons simplement la propagation d'une onde plane.

En désignant par ν le coefficient de viscosité, les équations du mouvement d'un liquide visqueux s'obtiennent en ajoutant aux seconds membres des équations

$$\frac{d^2 u}{dt^2} = \frac{d(V-p)}{dx}$$

le terme $\nu \Delta \dfrac{du}{dt}$.

Il s'agit d'oscillations périodiques, dans lesquelles les déplacements sont proportionnels à $e^{\lambda t}$ et ne dépendent pas autrement de t; alors, la première équation s'écrit

$$\lambda^2 u = \frac{d(V-p)}{dx} + \nu\lambda \, \Delta u.$$

En posant

$$\lambda^2 \varphi = V - p,$$

les équations du mouvement seront

$$u = \frac{d\varphi}{dx} + \frac{\nu}{\lambda}\Delta u,$$

$$v = \frac{d\varphi}{dy} + \frac{\nu}{\lambda}\Delta v,$$

$$w = \frac{d\varphi}{dz} + \frac{\nu}{\lambda}\Delta w.$$

D'ailleurs, nous avons l'équation de continuité

$$\sum \frac{du}{dx} = \frac{du}{dx} + \frac{dv}{dy} + \frac{dw}{dz} = 0.$$

Si nous différentions les trois premières équations, respectivement par rapport à x, y et z, et que nous ajoutions, il viendra

$$\sum \frac{du}{dx} = \Delta\varphi + \frac{\nu}{\lambda}\Delta \sum \frac{du}{dx},$$

ce qui, puisque $\Sigma \frac{du}{dx} = 0$, se réduit à

$$\Delta\varphi = 0.$$

117. Considérons une onde plane dont le plan est perpendiculaire à Oy : les déplacements des molécules s'opéreront parallèlement au plan des xz, et nous aurons

$$v = 0.$$

Quant aux composantes u et w, ainsi que la fonction φ, elles seront de la forme

$$f(z)e^{imx+\lambda t}. \tag{1}$$

Posons

$$\frac{du}{dz} = u', \qquad \frac{d^2 u}{dz^2} = u'',$$

et de même pour les dérivées de w et de φ.

La seconde des équations étant satisfaite d'elle-même, il nous restera les trois équations

$$(2) \quad \begin{cases} u = im\varphi + \frac{\nu}{\lambda}(u'' - m^2 u), \\ w = \quad \varphi' + \frac{\nu}{\lambda}(w'' - m^2 w), \\ \quad imu + w' = 0, \end{cases}$$

c'est-à-dire un système de trois équations linéaires à coefficients constants, où les trois inconnues u, φ, w figurent avec leurs dérivées.

Pour intégrer, il suffit d'appliquer la méthode générale. Nous aurons une solution particulière en posant

$$u = ae^{kz},$$
$$\varphi = be^{kz},$$
$$w = ce^{kz}.$$

Si, de plus, nous posons, pour abréger,

$$\lambda - \nu(k^2 - m^2) = \mathrm{H},$$

la substitution de ces valeurs dans le système d'équations nous fournit les trois relations

$$(3) \qquad \begin{cases} \mathrm{H}a = im\lambda b, \\ \mathrm{H}c = k\lambda b, \\ ima + kc = 0. \end{cases}$$

Considérons les deux premières. Elles comportent deux solutions; on peut avoir, soit

$$\mathrm{H} = 0, \qquad \lambda b = 0,$$

soit

$$\frac{a}{c} = \frac{im}{k},$$

d'où, en vertu de la troisième relation,

$$-m^2 + k^2 = 0.$$

Nous aurons donc, en somme, pour k, quatre valeurs deux à deux égales et de signes contraires : les unes données par

$$(4) \qquad -m^2 + k^2 = 0,$$

les autres par $\mathrm{H} = 0$, c'est-à-dire par

$$(5) \qquad \nu(k^2 - m^2) = \lambda.$$

Nous désignerons les racines de cette dernière équation par $\pm k$ et celles de la première par leur valeur $\pm m$.

w sera alors une combinaison linéaire des quatre solutions particulières possibles

$$e^{mz}, \quad e^{-mz}, \quad e^{kz}, \quad e^{-kz},$$

et nous pourrons poser

$$(6) \qquad w = w_0 + w_1$$

avec

$$(7) \qquad \left\{ \begin{aligned} w_0 &= \mathrm{A}\,e^{mz} + \mathrm{B}\,e^{-mz}, \\ w_1 &= \mathrm{C}\,e^{kz} + \mathrm{D}\,e^{-kz}. \end{aligned} \right.$$

118. Reste à déterminer les valeurs des constantes A, B, C, D. Nous nous servirons, pour cela, des conditions aux limites.

Nous compterons ici les profondeurs à partir du fond, dont l'équation sera $z = 0$; l'équation de la surface sera alors $z = h$.

La surélévation w étant ainsi estimée positivement dans le sens du décroissement de la pesanteur, la condition à la surface libre s'écrira

$$(8) \qquad g w = -\lambda^2 \varphi.$$

Mais cette équation exprime simplement que la pression sur la surface libre est une constante. Cela suffit dans un liquide dépourvu de viscosité, parce que la pression est toujours normale à l'élément, mais il n'en est plus de même si nous faisons intervenir le frottement. Il nous faudra écrire de plus que la composante tangentielle de la pression est nulle à la surface libre, puisque cette pression doit se réduire à la pression atmosphérique qui est normale.

Or, la théorie de la viscosité donne pour composantes de la pression tangentielle

$$\nu\left(\frac{dw}{dx} + \frac{du}{dz}\right), \qquad \nu\left(\frac{du}{dy} + \frac{dv}{dx}\right), \qquad \nu\left(\frac{dv}{dz} + \frac{dw}{dy}\right).$$

Ici, les deux dernières composantes sont nulles et il n'y a à considérer que la première, qui nous fournit la condition

$$\frac{dw}{dx} + \frac{du}{dz} = 0,$$

c'est-à-dire

$$(9) \qquad imw + u' = 0.$$

Or, en vertu de l'équation de continuité, nous avons, dans tout le liquide,

$$imu + w' = 0.$$

Par conséquent, on a, à la surface libre,

$$(10) \qquad w'' + m^2 w = 0.$$

D'autre part, nous tirons des équations (6) et (7)

$$w'' = w''_0 + w''_1 = m^2 w_0 + k^2 w_1,$$

d'où, en substituant dans (10),

$$(11) \qquad (k^2 + m^2) w_1 + 2 m^2 w_0 = 0.$$

Or, si nous nous reportons à l'équation (5) qui détermine k^2, nous voyons que, le coefficient de viscosité ν étant toujours très faible, k^2 sera nécessairement très grand.

Par conséquent, en négligeant les termes de l'ordre de $\frac{1}{k^2}$, l'équation (11) se réduit à

$$w_1 = 0.$$

Nous avons donc, sur la surface libre,

$$w = w_0$$

et, d'après la seconde des équations (2), puisque $w''_0 = m^2 w_0$,

$$w_0 = \varphi'.$$

On tire de là

$$w'_0 = \varphi'' = m^2 \varphi$$

et l'équation (8) devient alors

$$(12) \qquad g m^2 w_0 + \lambda^2 w'_0 = 0.$$

119. Voyons maintenant ce qui doit se passer au fond. D'abord, il faut que la composante normale du déplacement soit nulle, donc

$$w = 0.$$

Mais nous devrons, par suite de la viscosité, satisfaire aussi à une autre condition, laquelle dépendra de la nature de la relation de l'eau avec les parois. Nous pouvons, à cet égard, faire deux hypothèses extrêmes :

1° Ou bien le frottement est tel que le liquide ne puisse pas glisser sur le fond ; alors nous aurons, non seulement $w = 0$, mais encore

$$u = 0;$$

2° Ou bien il n'y aura pas du tout de frottement sur le fond, et alors nous devrons exprimer, comme à la surface libre, que la composante tangentielle de la pression est nulle.

La première hypothèse étant la plus favorable à l'action du frottement, c'est elle que nous admettons. Ainsi, au fond,

$$w = u = 0. \tag{13}$$

L'équation de continuité entraîne alors également

$$w' = 0. \tag{14}$$

Considérons l'expression de w_1,

$$w_1 = Ce^{kz} + De^{-kz}.$$

Nous avons vu que k est très grand ; par conséquent, les deux termes de w_1 varient très rapidement avec z.

Le premier terme sera beaucoup plus grand près de la surface qu'à l'intérieur, et le second beaucoup plus grand près du fond. Comme w_1 doit rester fini, il faut admettre que le terme Ce^{kz} ne sera sensible qu'au voisinage de la surface. Pour $z = h$, nous aurons sensiblement

$$w_1 = Ce^{kz}, \qquad w'_1 = kw_1.$$

Vers le fond, au contraire, le seul terme sensible sera le terme en e^{-kz} et, pour $z = 0$, nous aurons

$$w_1 = De^{-kz}, \qquad w'_1 = -kw_1.$$

En tenant compte de cette dernière relation, les équations (13) et (14) s'écrivent

$$w_0 + w_1 = 0,$$

$$w'_0 - kw_1 = 0.$$

Par conséquent, on doit avoir au fond

$$w'_0 + kw_0 = 0. \qquad (15)$$

120. Les deux relations (15) et (12) doivent être respectivement satisfaites pour $z = 0$ et $z = h$. Elles nous donnent donc

$$m(A - B) + k(A + B) = 0,$$

d'où

$$\frac{A}{B} = \frac{m - k}{m + k}$$

et

$$-\frac{\lambda^2}{m^2} = \frac{g(Ae^{mh} + Be^{-mh})}{m(Ae^{mh} - Be^{-mh})} = \frac{g}{m}\frac{(m-k)e^{mh} + (m+k)e^{-mh}}{(m-k)e^{mh} - (m+k)e^{-mh}}.$$

h étant petit par rapport à la longueur d'onde, le produit mh est un nombre petit, et l'on peut écrire sensiblement

$$e^{mh} = 1 + mh,$$
$$e^{-mh} = 1 - mh.$$

On a alors

$$-\frac{\lambda^2}{m^2} = \frac{g}{m}\frac{m - kmh}{-k + m^2 h}.$$

Il faut conserver kmh vis-à-vis de m, parce que k est très grand, mais on peut négliger $m^2 h$ devant k et il reste

$$\frac{\lambda^2}{m^2} = -g\left(h - \frac{1}{k}\right). \qquad (16)$$

Si le frottement n'existait pas du tout, on aurait $\nu = 0$, k serait infini, et l'on aurait simplement

$$\frac{\lambda^2}{m^2} = -gh,$$

d'où, pour la vitesse de propagation,

$$\left|\frac{\lambda}{m}\right| = \sqrt{gh}.$$

C'est le résultat que nous connaissions déjà.

Si, au contraire, il y a frottement, il faut se rendre compte de la signification de k. Nous avons

$$\nu(k^2 - m^2) = \lambda$$

ou, sensiblement, en négligeant m^2 devant k^2,

$$\nu k^2 = \lambda;$$

ν est réel, λ est purement imaginaire : par suite, k^2 sera purement imaginaire et aura pour argument $\frac{\pi}{2}$. k sera donc une quantité essentiellement complexe, d'argument $\frac{\pi}{4}$. Mais la valeur qui résultera alors de l'équation (16) pour λ ne sera plus purement imaginaire, et nous pourrons poser

$$\lambda = \lambda_0 + \frac{\lambda_1}{k}.$$

Substituant dans (16), nous aurons, en négligeant $\frac{1}{k^2}$,

$$\lambda_0 = mi\sqrt{gh},$$
$$2\lambda_0\lambda_1 = m^2 g,$$

d'où

$$\lambda_1 = \frac{gm}{2i\sqrt{gh}}.$$

D'autre part, on a, avec la même approximation,

$$k = \sqrt{\frac{\lambda_0}{\nu}} = \sqrt{\frac{im\sqrt{gh}}{\nu}}$$

ou, en remarquant que

$$\sqrt{i} = \frac{\sqrt{2}}{1-i},$$

$$k = \frac{\sqrt{2}}{1-i}\sqrt{\frac{m}{\nu}}(gh)^{\frac{1}{4}}.$$

Par suite

$$\frac{\lambda_1}{k} = -\frac{gm^{\frac{1}{2}}\nu^{\frac{1}{2}}}{2\sqrt{2}(gh)^{\frac{3}{4}}}(1+i),$$

et cette expression complexe a bien une partie réelle négative comme cela devait être, puisque, l'argument de k étant $\frac{\pi}{4}$, et celui de λ_1, $-\frac{\pi}{2}$, l'argument de $\frac{\lambda_1}{k}$ doit être $-\frac{3\pi}{4}$.

Si donc nous posons

$$\alpha = \frac{gm^{\frac{1}{2}}\nu^{\frac{1}{2}}}{2\sqrt{2}(gh)^{\frac{3}{4}}},$$

nous aurons

$$e^{\lambda t} = e^{-\alpha t} e^{i(m\sqrt{gh}-\alpha)t}.$$

L'amplitude de l'oscillation, qui est proportionnelle au module $e^{-\alpha t}$, ira donc en décroissant avec le temps ; et la partie réelle α de λ mesurera la rapidité d'amortissement de l'oscillation.

121. Posons

$$\alpha = \frac{1}{\tau}.$$

Au bout du temps τ, l'intensité, qui était représentée par $e^{-\alpha t}$, sera devenue $e^{-\alpha t} e^{-1}$

Ce temps, au bout duquel l'amplitude se trouve multipliée par le facteur e^{-1}, est appelé *temps de relaxation*.

Nous avons

$$\tau = \frac{1}{\alpha} = \frac{2\sqrt{2}\, h^{\frac{3}{4}}}{\nu^{\frac{1}{2}} g^{\frac{1}{4}} m^{\frac{1}{2}}}.$$

Il en résulte que l'amortissement de l'onde sera d'autant plus lent que la profondeur sera plus grande et que la longueur d'onde $\frac{2\pi}{m}$ sera plus grande.

Comme, dans les marées, on a affaire à des ondes très longues, le temps de relaxation sera fort long.

Voici quelques chiffres qui donneront une idée de l'ordre de grandeur des quantités qui interviennent dans les calculs.

En unités C. G. S., on a

$$\nu = 0{,}0178,$$
$$g = 10^3.$$

En considérant un bassin d'une profondeur de 1^{m} seulement, dans lequel se propage une oscillation ayant une longueur d'onde de 100^{m}, M. Hough a trouvé $1^{\mathrm{h}}20^{\mathrm{m}}$ pour le temps de relaxation. Cette valeur, obtenue dans l'hypothèse la plus favorable à l'action du frottement, devrait être portée jusqu'à 2 ans $\frac{1}{2}$ si l'on faisait l'hypothèse extrême contraire.

Considérons, maintenant, des ondes de la marée, une onde semi-annuelle, par exemple. $|\lambda|$ est de l'ordre de 10^{-7}, et si l'on admet une profondeur de 4^{km}, soit

$$h = 4.10^5,$$

on trouve environ

$$kh = 700,$$
$$mh = 10^{-6}.$$

Pour une onde de période beaucoup plus courte, une onde semi-diurne, par exemple, on aurait

$$\lambda = 10^{-5}, \qquad kh = 70, \qquad mh = 10^{-4}.$$

On voit combien m est faible vis-à-vis de k, ce qui justifie les approximations que nous avons faites précédemment.

Cette petitesse de m conduit, pour les ondes à longue période, à des valeurs extrêmement grandes du temps de relaxation. Les calculs de M. Hough lui ont donné de 10 à 20 ans.

On est donc bien autorisé à dire que, pour les principales de ces ondes, le frottement n'a pas d'influence sensible.

122. L'analyse précédente repose sur un certain nombre d'hypothèses; mais, comme elle s'appuie principalement sur la grande valeur de k, même avec des hypothèses différentes, les résultats resteraient du même ordre de grandeur.

Si l'on voulait pousser plus loin l'étude du phénomène, il faudrait faire intervenir l'influence de la force centrifuge composée. Le calcul serait alors beaucoup plus compliqué, mais il se ferait d'après le même principe.

Nous aurions toujours des équations différentielles linéaires à coefficients constants, mais v ne serait plus nul.

Nous ne pourrions pas non plus supposer que rien ne dépend de y, parce qu'il conviendrait d'introduire un facteur e^{by} dans la valeur de l'onde plane, ainsi que nous l'avons montré pour un canal à profondeur constante (§ 66). Nos fonctions u, v, w et φ seraient donc de la forme

$$f(z)e^{imx+by+\lambda t}.$$

En posant alors

$$\lambda - \nu(k^2 + b^2 - m^2) = \mathrm{H},$$

l'équation qui déterminerait k^2 serait

$$\begin{vmatrix} H & -2\omega & 0 & im \\ 2\omega & H & 0 & b \\ 0 & 0 & H & k \\ im & b & k & 0 \end{vmatrix} = 0.$$

Cette équation est du troisième degré en k^2. Une seule de ses racines reste finie lorsque ν tend vers zéro, les deux autres croissent indéfiniment. Si l'on suppose la racine finie développée suivant les puissances croissantes de ν,

$$A_0 + \nu A_1 + \ldots,$$

comme ν est de l'ordre de $\frac{1}{k^2}$, cette racine sera sensiblement la même que si le frottement n'existait pas.

Quant aux autres, elles seront données sensiblement par l'équation

$$H^2 + 4\omega^2 = 0.$$

On aura ainsi pour k des valeurs de l'ordre de $\frac{1}{\sqrt{\nu}}$ et qui donneraient lieu, par suite, à une analyse semblable à la précédente.

Nous pouvons donc admettre les conclusions de M. Hough, en ce qui concerne les grands bassins océaniques. Dans les bassins moins étendus, on pourrait craindre la formation de remous qui augmenteraient beaucoup l'action du frottement; la question ne pourra être définitivement résolue que par les observations, et nous y reviendrons à diverses reprises en parlant de la discussion de celles-ci.

CHAPITRE IX.

ÉTUDE DES MARÉES SE PRODUISANT DANS UN RÉSEAU DE CANAUX ÉTROITS.

---

123. Nous avons vu dans les Chapitres précédents que le problème des marées pouvait être complètement traité dans le cas d'une mer de profondeur constante recouvrant tout le globe. Nous allons envisager maintenant un cas entièrement différent, et dans lequel les calculs pourraient être également poussés jusqu'au bout : c'est celui où les marées se produiraient dans un réseau de canaux étroits.

Le cas de la nature peut être considéré comme intermédiaire entre ces deux cas extrêmes, car chaque mer secondaire peut être grossièrement assimilée à un canal.

L'étude de ce nouveau problème nous donnera donc une idée des complications multiples du phénomène naturel.

124. Simplification des équations du mouvement. — Rappelons que nous avons trouvé (§ 59) pour les équations du mouvement d'un liquide animé d'une rotation p, q, r

$$\lambda^2 u - 2r\lambda v + 2q\lambda w = \lambda^2 \frac{d\varphi}{dx},$$

$$\lambda^2 v + 2r\lambda u - 2p\lambda w = \lambda^2 \frac{d\varphi}{dy},$$

$$\lambda^2 w - 2q\lambda u + 2p\lambda v = \lambda^2 \frac{d\varphi}{dz}.$$

En supposant qu'il s'agisse d'un bassin très peu profond, nous avons montré (§ 60) qu'on pouvait négliger w devant u et v et qu'il nous restait alors deux équations en u et v dans lesquelles ne figurait plus que la composante r de la rotation, qui, en tenant compte de la sphéricité (§ 77), doit être prise égale à $\omega \cos\theta$.

Dans le problème actuel, nous avons deux dimensions qui sont très petites : la profondeur et la largeur. Aussi, pourrons-nous négliger, non seulement w, mais encore v.

En effet, supposons d'abord un canal parallèle à l'axe des x. Sur les deux rives, nous aurons $v = 0$; si nous considérons un point au milieu du canal, comme le canal est très étroit, la valeur de v différera infiniment peu de ce qu'elle est sur les rives : elle sera donc nulle partout, au second ordre près.

Si le canal n'avait pas une largeur constante, il faudrait admettre que la variation de sa largeur est très lente, de façon que la tangente à la rive fasse constamment avec l'axe des x un angle ψ très petit. La composante normale du déplacement sera alors

$$u \sin\psi + v \cos\psi = 0;$$

ψ étant très petit, il faut que v soit du second ordre sur la rive et, par conséquent, partout.

Il ne nous reste donc plus alors à considérer qu'une seule équation, qui se réduit à

$$u = \frac{d\varphi}{dx} \tag{1}$$

tout comme s'il n'y avait pas de force centrifuge composée. On voit quelle est l'importance de la simplification apportée par cette seule hypothèse de la largeur étroite.

Dans le cas d'une profondeur uniforme, la force centrifuge composée avait une importance considérable; au contraire, dans un canal étroit, cette influence sera nulle. Nous pouvons donc en conclure que, dans le cas de la nature, l'influence de la force centrifuge composée se fera sentir, mais d'une manière notablement moindre que ne l'indiquent les résultats de M. Hough pour une mer uniforme.

Cette influence sera d'autant plus grande que le bassin considéré sera plus étendu; ainsi, elle sera plus forte dans le Pacifique que dans l'Atlantique, et négligeable dans la Manche.

Toutefois, il convient de remarquer que si la force centrifuge composée n'a, dans un canal étroit, aucune influence sur le mode de propagation de la marée, son action se traduira néanmoins par ce fait que la hauteur de la marée sera plus grande sur une des rives que sur l'autre.

Nous avons vu effectivement (§ 66), en étudiant la propagation d'une onde plane parallèlement à l'axe d'un canal dont les deux rives sont verticales et parallèles à cet axe, qu'en tenant compte de la rotation, l'expression de l'onde doit se mettre sous la forme

$$e^{by} e^{imx+\lambda t},$$

b étant réel et égal à $\frac{2\omega}{\sqrt{gh}}$.

L'amplitude de la marée dépend donc de y.

Dans une mer étroite, la force centrifuge composée ne produira pas d'autre effet.

125. A la surface libre, nous avons toujours (§ 56)

$$(2) \qquad g\zeta = \lambda^2\varphi - \Pi'' - Ce^{\lambda t} = \lambda^2\varphi - W,$$

en posant, pour abréger,

$$W = \Pi'' + Ce^{\lambda t}.$$

Si nous avons seulement affaire à un réseau de canaux étroits, Π'' sera négligeable.

Si ce réseau débouche dans un océan étendu, il faudra tenir compte de Π''. Mais les marées du réseau n'auront pas une influence sensible sur celles de l'océan, qui devront être considérées comme données : on pourra, par suite, calculer Π'', et W sera donc connu.

Dans le cas des oscillations propres, $Ce^{\lambda t} = 0$. Si, de plus, il s'agit seulement de canaux, on aura $W = 0$ et il restera simplement

$$g\zeta = \lambda^2\varphi.$$

126. Les équations précédentes sont encore valables quels que soient les axes, et peuvent s'étendre à un canal tortueux tracé sur une sphère, à condition que u représente la composante du déplacement suivant la tangente à l'axe du canal. Au lieu de la variable x, il suffira de prendre la variable s, c'est-à-dire l'arc compté suivant l'axe du canal, et nous aurons l'équation

$$(1 \textit{ bis}) \qquad u = \frac{d\varphi}{ds}.$$

La théorie est absolument générale.

127. Enfin, nous avons une troisième relation, qui nous est fournie par l'équation de continuité. Désignons par σ la section

Fig. 20 *bis*.

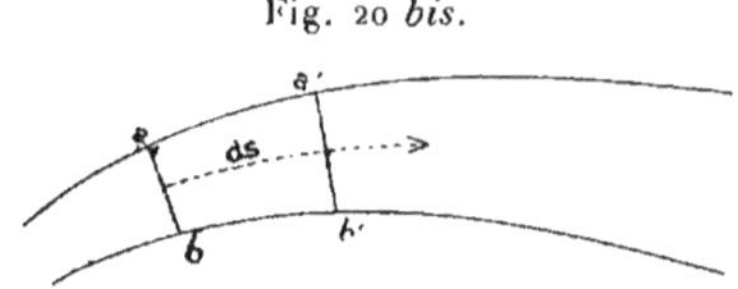

du canal et par l sa largeur. Considérons la portion du canal limitée par les deux sections droites ab, $a'b'$ distantes de ds, et appliquons l'équation de continuité à cette portion (*fig.* 20 *bis*).

Par la face ab, il entre une quantité d'eau..	σu
Par la face $a'b'$, il entre................	$-\left[\sigma u + \dfrac{d(\sigma u)}{ds} ds\right]$
Par le fond, il entre......................	0
Et par la surface libre....................	$\zeta l ds$

On doit donc avoir, en exprimant que la somme est nulle,

$$\frac{d(\sigma u)}{ds} = l\zeta. \tag{3}$$

Nous avons ainsi trois équations (1 *bis*), (2) et (3), d'où l'on déduira l'équation différentielle à laquelle doit satisfaire la fonction φ, à savoir

$$\frac{d}{ds}\left(\sigma \frac{d\varphi}{ds}\right) = \frac{l}{g}(\lambda^2\varphi - W). \tag{4}$$

C'est une équation du second ordre, mais aux différences exactes; son intégrale contiendra deux constantes arbitraires qu'on déterminera à l'aide des conditions aux limites.

128. Conditions aux limites. — Il convient de distinguer plusieurs cas.

Si l'on a un *canal fermé sur lui-même*, les conditions seront que φ et sa dérivée $\frac{d\varphi}{ds}$ soient des fonctions périodiques de s.

Si l'on a un *canal aboutissant à un cul-de-sac*, le déplacement devra être nul sur la paroi terminale, c'est-à-dire qu'on aura $\frac{d\varphi}{ds} = 0$.

Supposons maintenant le cas de *plusieurs canaux aboutissant à un même carrefour;* par exemple, pour fixer les idées, quatre canaux aboutissant au point O. Il faudra d'abord que les quatre fonctions φ_1 aient la même valeur au point O; les dérivées $\frac{d\varphi_1}{ds}$ pouvant d'ailleurs être inégales. Mais nous aurons à exprimer de plus une autre condition : il faut que la quantité de liquide arrivant en O (*fig.* 21) par certains des canaux soit égale à celle qui

Fig. 21.

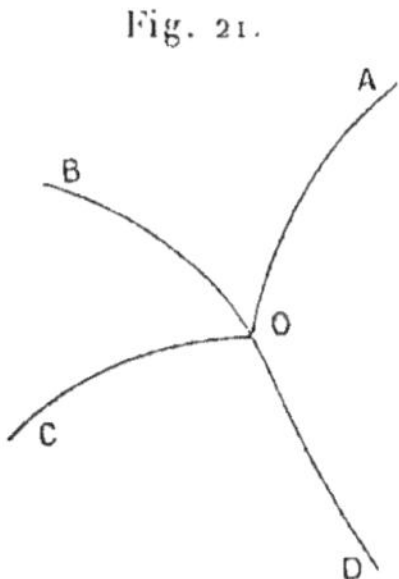

s'écoule par les autres; en d'autres termes, que la somme algébrique des quantités de liquide arrivant au carrefour soit égale à zéro.

Or, pour un quelconque des canaux, l'expression du liquide affluant est

$$\sigma u = \sigma \frac{d\varphi_1}{ds}.$$

Nous devrons donc avoir, au point O,

$$\sum \sigma \frac{d\varphi}{ds} = 0.$$

Dans cette expression, σ représente la section des différents canaux, et ds doit être compté positivement quand on se rapproche du point O.

Il est facile de voir que nous avons bien ainsi, dans tous les cas, le nombre voulu de conditions.

Soit, en effet, n le nombre des canaux du réseau. Pour chacun de ces canaux, nous aurons une équation différentielle du second ordre, par conséquent deux constantes à déterminer par canal et $2n$ en tout. Il nous faudra donc $2n$ conditions aux limites. Or, si nous considérons un cul-de-sac ou une extrémité débouchant dans l'océan comme un carrefour où aboutit un canal unique, et si nous désignons alors par p le nombre des canaux aboutissant à un carrefour quelconque, nous aurons

$$\sum p = 2n.$$

D'autre part, pour chaque valeur de p égale à un (cul-de-sac ou extrémité libre) nous aurons une condition. Pour chaque valeur de p supérieure à un (carrefour), nous aurons d'abord $p-1$ conditions exprimant que φ a la même valeur, puis la condition de continuité, soit p conditions pour chaque carrefour. Le nombre total des conditions sera donc bien égal à Σp, c'est-à-dire à celui des $2n$ constantes qu'il faut déterminer.

Dans le cas des oscillations propres, nous n'aurons plus à déterminer que les rapports de ces constantes, mais il faut y joindre l'inconnue λ : il y a bien toujours autant d'indéterminées que de conditions.

129. **Marées dans un canal de profondeur et de largeur constantes.** — Nous avons dans ce cas

$$\sigma = hl$$

et l'équation (4) se réduit à

$$gh\frac{d^2\varphi}{ds^2} = \lambda^2\varphi - W. \tag{5}$$

C'est une équation différentielle linéaire à coefficients constants et à second membre, dont l'intégration sera facile dans les différents cas, connaissant l'expression de W en fonction de s et de t.

Nous allons examiner quelques cas particuliers.

A. *Canal tracé suivant un parallèle.* — En un point quelconque, l'expression de la composante isochrone considérée du potentiel perturbateur est

$$Ce^{\lambda t} = f(\theta)e^{ki\psi+\lambda t} \qquad (k = 0, \pm 1, \pm 2).$$

Dans le cas actuel, ψ est proportionnel à s, longueur de l'arc comptée suivant l'axe du canal, et, en désignant par A une constante, nous aurons

$$W = A e^{kis+\lambda t},$$

k étant ici une constante telle que, S étant la longueur de la circonférence entière du canal, on ait

$$kS = 4\pi,$$

pour les marées semi-diurnes,

$$kS = 2\pi,$$

pour les marées diurnes.

L'équation à intégrer est alors

$$gh \frac{d^2\varphi}{ds^2} = \lambda^2 \varphi - A e^{kis+\lambda t}.$$

Nous avons une solution particulière de l'équation complète en prenant

$$\varphi_0 = \frac{A e^{kis+\lambda t}}{\lambda^2 + ghk^2}.$$

D'autre part, l'intégrale générale de l'équation sans second membre est

$$\varphi_1 = B e^{i\mu s+\lambda t} + B' e^{-i\mu s+\lambda t};$$

B et B' sont deux constantes arbitraires, et μ est donné par l'équation

$$\lambda^2 = -gh\mu^2.$$

La solution complète du problème sera

$$\varphi = \varphi_0 + \varphi_1 = \frac{A e^{kis+\lambda t}}{\lambda^2 + ghk^2} + B e^{i\mu s+\lambda t} + B' e^{-i\mu s+\lambda t}.$$

Si le canal est fermé sur lui-même, φ doit être une fonction périodique de période S ; comme la fonction φ_0 seule admet cette période, et non pas φ_1, on devra avoir

$$B = B' = 0.$$

Dans ce cas, le rapport $\frac{\varphi}{W}$ sera égal à $\frac{1}{\lambda^2 + ghk^2}$; il sera donc réel. Alors, en vertu de l'équation (2), la marée ζ aura même argument que le potentiel perturbateur : il n'existera pas de décalage. Cela tient à ce que nous nous trouvons dans les conditions du théorème de Laplace (§ 79) : la profondeur est, en effet, fonction de la latitude.

Il y aurait, au contraire, nécessairement décalage si le canal considéré, au lieu d'être entièrement circulaire, se trouvait limité à deux extrémités. En effet, nous avons alors

$$\frac{\varphi}{W} = e^{i\mu s - iks}\frac{B}{A} + e^{-i\mu s - iks}\frac{B'}{A} + \frac{1}{\lambda^2 + ghk^2}.$$

Pour qu'il n'y ait pas décalage, il faut que ce rapport soit réel, c'est-à-dire, puisque μ et k sont réels, que l'on ait

$$B = B' = 0.$$

Il en résulte que φ devrait se réduire à φ_0. Mais ceci est incompatible avec la condition $\frac{d\varphi_0}{ds} = 0$ aux deux extrémités du canal.

Le décalage est donc le cas général, et c'est par suite d'une interprétation erronée du théorème de Laplace qu'Airy a fait intervenir le frottement pour expliquer le retard de la marée.

Le canal fermé à ses deux extrémités peut avoir une longueur l telle que l'amplitude de l'oscillation soit considérablement renforcée. Plaçons, en effet, l'origine au milieu du canal; nous déterminerons les deux constantes B et B' en écrivant que la condition $\frac{d\varphi}{ds} = 0$ est satisfaite aux extrémités $s = \pm\frac{l}{2}$. D'où les équations

$$\frac{Ak}{\lambda^2 + ghk^2}e^{\pm ki\frac{l}{2}} + \mu B e^{\pm i\mu\frac{l}{2}} - \mu B' e^{\mp i\mu\frac{l}{2}} = 0.$$

On en tire, en multipliant respectivement par $e^{\pm i\mu\frac{l}{2}}$ et retranchant,

$$\mu B \sin\mu l = -\frac{Ak}{\lambda^2 + ghk^2}\sin(k+\mu)\frac{l}{2}.$$

De même

$$\mu B' \sin\mu l = -\frac{Ak}{\lambda^2 + ghk^2}\sin(k-\mu)\frac{l}{2}.$$

Les valeurs ainsi obtenues pour B et B' sont proportionnelles à A.

Imaginons que la longueur du canal soit telle que nous ayons sensiblement

$$\mu l = \pi;$$

B et B' deviennent tous deux extrêmement grands, mais leur somme reste finie. Ils seront donc sensiblement égaux et de signes contraires, et l'oscillation que prendra le canal se réduira, à très peu près, en négligeant A, à

$$\zeta = \frac{\lambda^2 \varphi_1}{g} = \frac{\lambda^2}{g} \mathrm{B}(e^{i\mu s} - e^{-i\mu s}) e^{\lambda t} = \frac{\lambda^2}{2g} \mathrm{B} e^{\left(\lambda t - i\frac{\pi}{2}\right)} \sin \mu s.$$

Nous aurons donc sensiblement dans le canal une onde stationnaire de très grande amplitude, ayant une ligne nodale au centre $s = 0$ et un ventre à chaque extrémité.

Comme la marée est proportionnelle à A $\sin i\lambda t$, tandis que le potentiel, au centre du canal, est proportionnel à A $\cos i\lambda t$, on voit que la marée dans tout le canal est décalée de $90°$, soit de $\frac{1}{4}$ de période par rapport au potentiel au centre, c'est-à-dire à ce qu'eût été en ce point la marée calculée par la théorie statique. Si donc 0^h est l'heure du passage de l'astre au méridien moyen, il y aura pleine mer à 3^h à l'une des extrémités du canal et pleine mer à 9^h à l'autre extrémité, s'il s'agit d'une marée semi-diurne.

C'est le signe de B qui montrera si, à l'une de ces heures, la pleine mer doit avoir lieu à l'extrémité orientale ou à l'extrémité occidentale. Comme $\sin \mu l$ change de signe selon que μl est supérieur ou inférieur à π, il suffira de voir si la longueur du canal est un peu plus courte ou un peu plus grande que $\frac{\pi}{\mu}$.

Remarquons que $\frac{2\pi}{\mu}$ est la longueur d'onde d'une oscillation ayant même période $\frac{2\pi}{i\lambda}$ que la force perturbatrice et qui se propagerait dans le canal avec la vitesse $\sqrt{gh}$.

Le canal considéré, susceptible d'admettre cette oscillation comme oscillation propre uninodale, est dit *canal d'une demi-longueur d'onde*.

Si sa longueur était voisine d'une longueur d'onde, soit $\frac{2\pi}{\mu}$, B et B' seraient également très grands, et sensiblement égaux, mais de même signe, parce que c'est leur différence qui serait alors finie. Par suite, l'oscillation se réduirait sensiblement à

$$\zeta = \frac{\lambda^2}{2g} B e^{\lambda t} \cos \mu s.$$

Il n'y aurait plus décalage par rapport à l'expression du potentiel au point central.

Nous aurons, à très peu près, une onde stationnaire présentant un ventre au centre et à chacune des extrémités, avec deux lignes nodales intermédiaires. Dans le cas d'une marée semi-diurne, la pleine mer aura lieu à 0^h ou à 6^h, o étant l'heure du passage de l'astre fictif au méridien central.

Mais il faut bien remarquer que, si le décalage n'existe pas au point central, il existe nécessairement partout ailleurs, puisque l'onde est stationnaire.

130. B. *Canal méridien.* — Dans ce cas, $e^{ki\psi}$ est une constante, s est proportionnel à θ et l'on aura

$$W = C e^{\lambda t} = f(s) e^{\lambda t},$$

$f(s)$ étant réel, car on peut toujours prendre le méridien du canal comme origine des longitudes, de telle sorte que le facteur exponentiel constant $e^{ki\psi}$ soit égal à un.

Il faudra intégrer l'équation différentielle

$$gh \frac{d^2 \varphi}{ds^2} = \lambda^2 \varphi - f(s) e^{\lambda t}.$$

L'intégrale générale sera

$$\varphi = \varphi_0 e^{\lambda t} + B e^{i\mu s + \lambda t} + B' e^{\ i\mu s + \lambda t},$$

φ_0 étant comme f une fonction de s réelle et μ étant toujours fourni par l'équation

$$\lambda^2 = -gh\mu^2.$$

Si le canal est limité à deux extrémités, B et B' ne seront pas nuls, et, par suite, le rapport $\frac{\varphi}{W}$ ne pourra pas être réel.

Il y aura donc encore décalage. La différence de phase entre la marée et la force perturbatrice ne peut s'annuler que dans le cas où les conditions du théorème de Laplace sont satisfaites.

131. Propagation des ondes dans un canal quelconque de profondeur et de largeur constantes. — Supposons d'abord qu'il s'agisse d'oscillations propres; nous aurons alors $W = 0$, et il faudra intégrer l'équation différentielle

$$gh\frac{d^2\varphi}{ds^2} = \lambda^2\varphi.$$

Son intégrale générale est

$$\varphi = B e^{i\mu s+\lambda t} + B' e^{-i\mu s+\lambda t}.$$

Désignons respectivement par C, C', α, α' les modules et les arguments des constantes arbitraires B et B'; de telle sorte que

$$B = C e^{i\alpha}, \qquad B' = C' e^{i\alpha'}.$$

Posons, de plus,

$$i\varepsilon = \quad i\mu s + \lambda t + i\alpha,$$
$$i\varepsilon' = -i\mu s + \lambda t + i\alpha';$$

ε et ε' sont essentiellement réels. Nous aurons alors

$$\varphi = C e^{i\varepsilon} + C' e^{i\varepsilon'}.$$

La solution réelle sera donnée par

$$\varphi = C\cos\varepsilon + C'\cos\varepsilon'.$$

Quelle est la signification de ces deux termes? Le premier, en $i\mu s + \lambda t$, représente une onde qui se propage en un certain sens, avec la vitesse $\frac{\lambda}{i\mu} = \sqrt{gh}$: c'est une onde progressive. Le second terme, en $-i\mu s + \lambda t$, représente une autre onde progressive se propageant avec la même vitesse, mais dans le sens contraire.

La marée sera le résultat de ces deux ondes.

Supposons que l'on ait $C = C'$. Nous pourrons écrire alors

$$\varphi = 2C\cos\frac{\varepsilon + \varepsilon'}{2}\cos\frac{\varepsilon - \varepsilon'}{2}.$$

Or, $\varepsilon + \varepsilon'$ ne dépend que de t, tandis que $\varepsilon - \varepsilon'$ ne dépend que de s. Il en résulte donc que la phase du phénomène sera la même dans tout le canal : la marée haute se produira en même temps en tous les points. Toutefois, le facteur réel $\cos\frac{\varepsilon-\varepsilon'}{2}$ peut avoir le signe $\pm$. Dans les régions du canal où il a le signe $+$, nous aurons marée haute lorsque $\cos\frac{\varepsilon+\varepsilon'}{2}$ atteint son maximum $+1$: nous aurons alors, au contraire, marée basse dans les régions du canal où $\cos\frac{\varepsilon-\varepsilon'}{2}$ est négatif.

L'inverse a lieu lorsque $\cos\frac{\varepsilon+\varepsilon'}{2}$ atteint son minimum -1.

Il n'y aura donc pas de lignes cotidales proprement dites : le canal sera partagé en plages séparées par des lignes nodales où la marée est constamment nulle.

On a affaire à une *onde stationnaire*.

C'est ce qui se produit lorsqu'une onde se réfléchit totalement sur une paroi.

En toute rigueur, il ne saurait y avoir de réflexion parfaitement régulière si l'on tient compte de la force centrifuge composée (§ 66), à cause de la dénivellation qui existe entre les deux rives. Toutefois, dans un canal étroit, cette dénivellation est faible et son changement de sens par suite de la réflexion produira simplement un léger clapotis qui se superposera à l'onde stationnaire.

Considérons, au contraire, le cas où $B' = 0$. Nous n'aurons plus alors qu'une *onde progressive simple*.

Il existe entre ces deux cas extrêmes une différence essentielle.

Comparons, en effet, la phase de la marée avec celle du courant de marée. La marée ζ est proportionnelle à φ, tandis que la vitesse du courant de marée est donnée par

$$\frac{du}{dt} = \frac{d^2\varphi}{ds\,dt}.$$

Dans le cas de l'onde stationnaire,

$$\frac{d^2\varphi}{ds\,dt} = 2\,C\,\frac{\lambda\mu}{i}\sin\frac{\varepsilon+\varepsilon'}{2}\sin\frac{\varepsilon-\varepsilon'}{2}.$$

$\frac{\lambda\mu}{i}$ est essentiellement positif. Par conséquent, tandis que φ est proportionnel à $\cos\frac{\varepsilon+\varepsilon'}{2}$, $\frac{du}{dt}$ est proportionnel à $\sin\frac{\varepsilon+\varepsilon'}{2}$. La hauteur de la marée et le courant de marée sont décalés de $\frac{\pi}{2}$ l'un par rapport à l'autre.

Dans le cas de l'onde progressive simple, au contraire, nous avons, en raisonnant cette fois sur la solution imaginaire,

$$\varphi = \mathrm{B}\, e^{i\mu s - \lambda t}$$

et

$$\frac{du}{dt} = \mathrm{B}\, i\mu\lambda\, e^{i\mu s + \lambda t};$$

μ et $i\lambda$ étant réels, $i\mu\lambda$ est réel. Les phases des deux expressions sont donc égales ou opposées : il n'existera pas de décalage entre la marée et le courant.

Nous ne reviendrons pas sur le phénomène déjà étudié (§ 43) de la propagation d'une onde progressive simple dans un canal indéfini de largeur constante partagé en deux biefs pour lesquels la profondeur est respectivement h et h'. On aurait dans le premier bief

$$\varphi = \mathrm{B}\, e^{i\mu s + \lambda t} + \mathrm{B}'\, e^{\ i\mu s + \lambda t},$$

dans le second

$$\varphi = \mathrm{B}''\, e^{i\mu s - \lambda t},$$

et l'on déduirait des conditions de continuité

$$\mathrm{B}'' = \frac{2\mathrm{B}}{1 + \sqrt{\frac{h'}{h}}}.$$

Si $h' < h$, l'amplitude de l'onde réfractée sera supérieure à celle de l'onde incidente.

On comprend aisément qu'il doive en être ainsi, car la masse liquide mise en mouvement étant plus petite dans le second bief, et l'énergie se conservant, l'amplitude de l'onde doit augmenter. C'est ce qui se produit, par exemple, dans la Manche.

Si le second canal, de profondeur moindre, se trouve fermé par un cul-de-sac, l'onde réfractée va se réfléchir à son tour; elle éprouvera une nouvelle réflexion sur le seuil et une partie se trouvera transmise dans le canal de gauche. Finalement, nous pourrons réunir les ondes marchant dans le même sens dans chacun des canaux.

Je dis que nous aurons égalité d'intensité entre ces deux séries d'ondes (*fig.* 22), aussi bien dans le canal de gauche que dans le canal de droite, même si les sections sont supposées différentes. Nous démontrerons, en effet, bientôt (§ 137) que, lorsque le potentiel est négligeable, on a, en considérant une portion quelconque du volume liquide limitée par deux sections σ et σ', la relation générale

$$\sum \sigma \left[\varphi \frac{dN}{dt} \right] = 0.$$

laquelle exprime que la quantité d'énergie qui pénètre par suite des ondes à travers la surface latérale est nulle (§ 133).

Fig. 22.

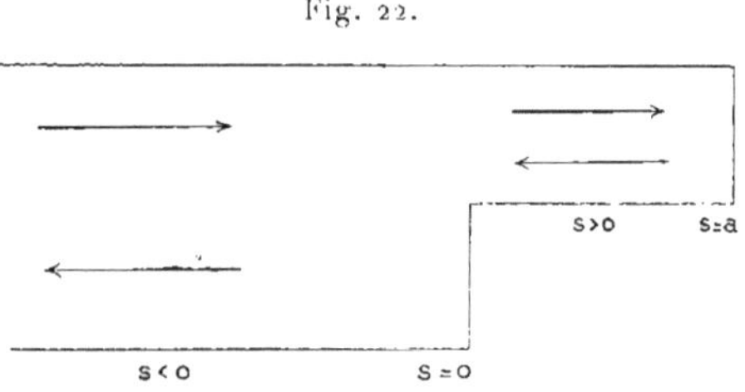

Il restera donc bien seulement une onde stationnaire dans chacun des deux canaux.

Voyons quelles relations existent entre les intensités et les phases de ces ondes.

Soient σ, h et V la section, la profondeur et la vitesse de propagation dans le grand canal ; σ', h', V' les quantités analogues pour le petit.

Nous aurons dans le grand canal une onde stationnaire

$$\varphi = A \cos i\lambda t \cos \left(\frac{i\lambda s}{V} + \varepsilon \right),$$

et dans le petit

$$\varphi = B \cos i\lambda t \cos \left(\frac{i\lambda s}{V'} + \varepsilon' \right).$$

Pour $s = a$, on doit avoir $\frac{d\varphi}{ds} = 0$; donc

$$\frac{i\lambda a}{V'} + \varepsilon' = 0,$$

ce qui détermine ε'.

Pour $s = 0$, φ et $\frac{d\varphi}{ds}$ doivent être continus ; ce qui donne

$$A \cos\varepsilon = B \cos\varepsilon',$$
$$A \sin\varepsilon = kB \sin\varepsilon',$$

en posant

$$k = \frac{\sigma' V}{\sigma V'};$$

k sera plus petit que un, si l'on suppose le second canal plus étroit et moins profond que le premier ; car les sections sont proportionnelles aux profondeurs et les vitesses seulement aux racines carrées. On a donc

$$A^2 = B^2(\cos^2\varepsilon' + k^2 \sin^2\varepsilon').$$

Le coefficient de B^2 peut s'écrire $1 - (1 - k^2)\sin^2\varepsilon'$; il est donc inférieur à un, quel que soit ε'. Donc

$$B > A.$$

La marée sera plus forte dans le petit canal.

Le maximum de renforcement a lieu quand $\cos\varepsilon' = 0$; alors

$$B = \frac{A}{k}.$$

La longueur d'onde Λ de l'onde stationnaire du petit canal étant $\frac{2\pi\sqrt{gh'}}{i\lambda}$, on a alors

$$a = \frac{\Lambda\varepsilon'}{2\pi} = \frac{\Lambda}{4}.$$

La longueur du petit canal est donc le $\frac{1}{4}$ de longueur d'onde.

Si l'on avait $a = \frac{\Lambda}{2}$, il en résulterait $B = A$; il n'y aurait pas de renforcement.

Au fond du petit canal, nous avons toujours un ventre ; on en retrouve un autre à une demi-longueur d'onde, avec un nœud intermédiaire à la distance $\frac{\Lambda}{4}$. La haute mer et la basse mer se produisent quand $i\lambda t$ est un multiple de π ; il y aura, dans le petit canal, concordance de phase ou phase opposée suivant le signe du coefficient de $\cos i\lambda t$: la phase change de sens en passant par un nœud.

Si la longueur du petit canal est inférieure à $\frac{\Lambda}{4}$, il n'y aura pas de nœud dans le canal : il y aura concordance de phase entre la marée dans le petit canal et la marée extérieure.

Pour une longueur comprise entre $\frac{\Lambda}{4}$ et $\frac{3\Lambda}{4}$, il existe un seul nœud : on a basse mer au fond du canal pour haute mer au large et à l'entrée, et ainsi de suite.

Nous verrons que, lorsqu'on tient compte du potentiel perturbateur, ces relations de concordance peuvent être considérablement modifiées (§ 132).

132. **Propagation des oscillations contraintes.** — Nous allons maintenant envisager le cas où le potentiel perturbateur W ne peut pas être négligé dans l'étendue du canal considéré. Ce potentiel dépend à la fois de θ et de ψ, c'est-à-dire de s. Nous admettrons que le canal est assez peu long pour que W puisse être développé en une série de Taylor procédant suivant les puissances de s et ne comprenant que les trois premiers termes, soit

$$W = (\alpha s^2 + 2\beta s + \gamma)e^{\lambda t} = \mathrm{w} e^{\lambda t}.$$

Nous aurons alors à intégrer l'équation différentielle

$$gh\frac{d^2\varphi}{ds^2} = \lambda^2\varphi - (\alpha s^2 + 2\beta s + \gamma)e^{\lambda t}.$$

L'équation complète admet pour solution particulière

$$\left(\frac{\mathrm{w}}{\lambda^2} + \frac{2gh\alpha}{\lambda^4}\right)e^{\lambda t}.$$

L'intégrale générale sera donc

$$\varphi = \left(\mathrm{B}e^{i\mu s} + \mathrm{B}'e^{-i\mu s} + \frac{\mathrm{w}}{\lambda^2} + \frac{2gh\alpha}{\lambda^4}\right)e^{\lambda t},$$

μ étant toujours donné par

$$\lambda^2 = -gh\mu^2.$$

Quant à la hauteur ζ de la marée, elle sera

$$\zeta = \frac{1}{g}(\lambda^2\varphi - \mathrm{W}) = \frac{\lambda^2}{g}\left(\mathrm{B}e^{i\mu s} + \mathrm{B}'e^{-i\mu s} + \frac{2gh\alpha}{\lambda^4}\right)e^{\lambda t}.$$

On voit donc que si $\alpha = 0$, c'est-à-dire si le potentiel perturbateur est une fonction linéaire de l'arc s, la marée sera la même que s'il n'y avait pas de forces extérieures.

Si, en plus de $\alpha = 0$, on a aussi

$$|B| = |B'|,$$

il se produira une onde stationnaire (§ 131); par suite, il n'existera pas de lignes cotidales, mais des plages cotidales séparées par des lignes nodales.

Imaginons un *canal ouvert à ses deux extrémités,* par exemple un détroit. Soit $s = 0$ et $s = l$ les deux extrémités. Comment déterminerons-nous les deux constantes arbitraires qui figurent dans l'expression de ζ?

On peut admettre que la marée soit connue dans les deux océans où débouche le détroit, car la marée du détroit n'aura qu'une influence insensible sur celle des océans : ζ est donc donné aux deux extrémités, d'où deux équations de condition qui donneront B et B'.

Dans ce cas, même si $\alpha = 0$, rien n'empêche que la différence des heures de la marée aux deux extrémités soit telle que l'on ait $B' = 0$, c'est-à-dire qu'il existe dans le détroit une onde purement progressive.

Imaginons, au contraire, un *canal fermé par les deux bouts.* A chaque extrémité, il faudra satisfaire à la condition $\frac{d\varphi}{ds} = 0$, c'est-à-dire

$$\lambda^2 i\mu(Be^{i\mu s} - B'e^{-i\mu s}) + 2\alpha s + 2\beta = 0.$$

D'où, pour $s = 0$ et $s = l$, deux équations qui détermineront B et B'.

Si $\alpha = \beta = 0$, c'est-à-dire si le potentiel perturbateur est le même en tous les points du canal, on retombe sur l'oscillation propre du canal et l'on a une onde stationnaire ($B = B'$).

Dans le cas d'un canal fermé par les deux bouts, il suffit d'ailleurs que l'on ait $\alpha = 0$, β restant différent de zéro, pour que la phase de la marée soit la même dans tout le canal. On a, en effet, en retranchant membre à membre les deux équations de condition aux limites,

$$B - B' = Be^{i\mu l} - B'e^{-i\mu l},$$

ce qui entraîne nécessairement

$$|B| = |B'|.$$

Nous pouvons considérer également un *canal fermé à une de ses extrémités et débouchant sur un océan*. Ce cas se rapproche sensiblement de celui de la mer Rouge. Au débouché du canal, pour $s = l$, nous devrons avoir

$$\zeta = \frac{\lambda^2}{g}\left(B e^{i\mu l} + B' e^{-i\mu l} + \frac{2gh\alpha}{\lambda^4}\right) e^{\lambda t},$$

ζ étant donné.

A l'extrémité fermée $s = 0$, nous aurons

$$\lambda^2 i\mu(B - B') + 2\beta = 0.$$

D'où l'on tirera encore B et B'.

Si l'on avait $\alpha = \beta = 0$, on aurait une onde stationnaire.

Un cas particulier remarquable se présente lorsque *la longueur du canal est à peu près égale à $\frac{1}{4}$ de la longueur d'onde* ou à un multiple impair du quart de cette longueur d'onde. En effet, la longueur d'onde d'une oscillation de période $\frac{2\pi}{i\lambda}$, qui se propagerait avec la vitesse $\sqrt{gh} = \frac{i\lambda}{\mu}$, étant $\frac{2\pi}{\mu}$, nous aurons alors sensiblement

$$e^{i\mu l} = -e^{-i\mu l}.$$

Les deux équations qui déterminent B et B' sont

$$g\zeta = \lambda^2\left(B e^{i\mu l} + B' e^{-i\mu l} + \frac{2gh\alpha}{\lambda^4}\right) e^{\lambda t},$$

$$\lambda^2 i\mu(B - B') + 2\beta = 0.$$

Je dis que leur déterminant est nul. En effet, on a

$$-\begin{vmatrix} e^{i\mu l} & e^{-i\mu l} \\ 1 & -1 \end{vmatrix} = e^{i\mu l} + e^{-i\mu l} = 0,$$

en vertu de l'hypothèse.

Il en résulte que B et B' seraient infinis si la longueur l du canal était exactement le quart de la longueur d'onde. Si elle en est seulement très voisine, nous nous trouverons en présence d'un cas de résonance. Nous avons alors sensiblement

$$B = B'.$$

En effet, B et B' sont l'un et l'autre très grands; d'autre part, comme

$$\lambda^2 i\mu(B - B') = -2\beta,$$

B — B' est fini; on a donc sensiblement

$$\frac{B}{B'} = 1.$$

D'un autre côté, nous pouvons, dans l'expression de ζ, négliger alors $2gh\alpha$ devant B et B'; ce qui donne sensiblement

$$g\zeta = \lambda^2 B e^{i\mu s + \lambda t} + \lambda^2 B' e^{-i\mu s + \lambda t},$$

c'est-à-dire que nous retombons sur la formule des oscillations propres. Comme $B = B'$, l'onde est stationnaire, et la phase de la marée sera la même dans tout le golfe.

Mais il importe de remarquer qu'*il n'est nullement nécessaire que cette phase soit la même que celle de la marée dans l'océan sur lequel débouche le golfe.*

En effet, le rapport des arguments de ζ dans le golfe et à l'embouchure peut très bien être imaginaire.

On montrerait par une analyse semblable que, pour un canal fermé à ses deux extrémités, la longueur critique correspondant à une résonance est égale à un multiple quelconque de la demi-longueur d'onde de l'oscillation propre ayant pour période la période $\frac{2\pi}{i\lambda}$ de la force perturbatrice. Nous avons étudié cette résonance en détail pour le cas particulier d'un canal dirigé suivant un parallèle (§ 129).

133. Énergie transportée par une oscillation propre dans un canal. — Nous avons vu, en étudiant les oscillations propres d'un canal de profondeur et de largeur constantes (§ 131), que l'on avait

$$\varphi = C e^{i\varepsilon} + C' e^{i\varepsilon'}$$

avec

$$i\varepsilon = i\mu s + \lambda t + i\alpha,$$
$$i\varepsilon' = -i\mu s + \lambda t + i\alpha'.$$

Considérons maintenant le courant de marée

$$\frac{du}{dt} = \frac{d^2\varphi}{ds\,dt} = i\mu\lambda(\mathrm{C}e^{i\varepsilon} - \mathrm{C}'e^{i\varepsilon'}).$$

Si nous prenons les parties réelles de ces expressions imaginaires, nous aurons, $i\lambda$ étant réel,

$$\varphi = \mathrm{C}\cos\varepsilon + \mathrm{C}'\cos\varepsilon',$$
$$\frac{du}{dt} = i\mu\lambda(\mathrm{C}\cos\varepsilon - \mathrm{C}'\cos\varepsilon').$$

Formons l'expression

$$\varphi\frac{du}{dt} = i\mu\lambda(\mathrm{C}^2\cos^2\varepsilon - \mathrm{C}'^2\cos^2\varepsilon').$$

C'est une fonction périodique du temps. Si nous cherchons sa valeur moyenne $\left[\varphi\frac{du}{dt}\right]$, en remarquant que

$$[\cos^2(at+b)] = \frac{1}{2},$$

nous obtiendrons

$$\left[\varphi\frac{du}{dt}\right] = \frac{i\mu\lambda}{2}(\mathrm{C}^2 - \mathrm{C}'^2).$$

Nous savons que les deux termes de φ représentent deux ondes progressives se propageant en sens inverse. Les intensités de ces ondes sont proportionnelles aux carrés de leurs amplitudes respectives, c'est-à-dire à C^2 et C'^2; de sorte que la quantité d'énergie qui passe, en vertu de la propagation de ces deux ondes, à travers un élément de section du canal sera proportionnelle à $\mathrm{C}^2 - \mathrm{C}'^2$.

Donc $\left[\varphi\frac{du}{dt}\right]$ représente cette quantité d'énergie.

Si $\mathrm{C} = \mathrm{C}'$, les deux ondes progressives se combinent en une onde stationnaire, et la quantité d'énergie qui passe à travers une section est alors nulle.

134. **Expression générale de l'énergie d'un liquide en oscillation.** — La définition à laquelle nous venons d'être conduits dans le cas très simple d'un canal de profondeur et de largeur constantes peut être généralisée ainsi qu'il suit : Si dans une oscillation

quelconque, se propageant dans une aire quelconque, N représente la composante du déplacement normale à un élément de surface, la quantité d'énergie qui le traversera sera proportionnelle à la fonction $\left[\varphi \frac{dN}{dt}\right]$.

Pour justifier cette extension, reprenons les équations générales du mouvement d'un liquide tournant (§ 59), l'axe du monde étant pris pour axe des z,

$$\begin{aligned}
\frac{d^2 u}{dt^2} - 2\omega \frac{dv}{dt} &= \frac{d(V-p)}{dx} = \frac{d\lambda^2\varphi}{dx},\\
\frac{d^2 v}{dt^2} + 2\omega \frac{du}{dt} &= \frac{d(V-p)}{dy} = \frac{d\lambda^2\varphi}{dy},\\
\frac{d^2 w}{dt^2} \qquad\qquad &= \frac{d(V-p)}{dz} = \frac{d\lambda^2\varphi}{dz},
\end{aligned}$$

avec l'équation de continuité

$$\sum \frac{du}{dx} = 0.$$

Multiplions la première de ces équations par $\frac{du}{dt}$, la seconde par $\frac{dv}{dt}$, la troisième par $\frac{dw}{dt}$, et ajoutons; il viendra

$$\sum \frac{d^2 u}{dt^2} \frac{du}{dt} = \sum \frac{d\lambda^2\varphi}{dx} \frac{du}{dt}.$$

Considérons un volume liquide quelconque limité par la surface S. Soit T la quantité de force vive existant à l'intérieur de ce

Fig. 23.

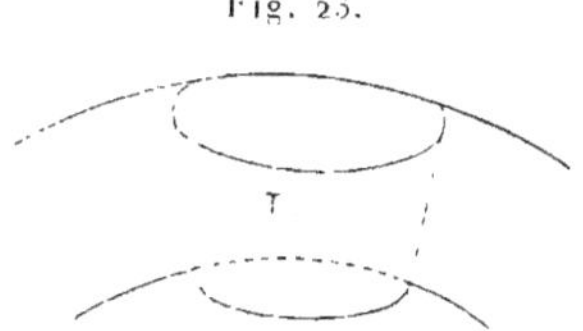

volume; on aura, en désignant par $d\tau$ un élément de volume et prenant la densité du liquide pour unité,

$$T = \int \frac{1}{2} \sum \left(\frac{du}{dt}\right)^2 d\tau.$$

D'où, en différentiant,

$$\frac{dT}{dt} = \int \sum \frac{du}{dt} \frac{d^2 u}{dt^2} d\tau = \int \sum \frac{d\lambda^2 \varphi}{dx} \frac{du}{dt} d\tau.$$

Or, en désignant par F une fonction quelconque des coordonnées, nous avons la formule d'intégration par parties

$$\int \sum A \frac{dF}{dx} d\tau = \int F \sum A\alpha \, d\sigma - \int F \sum \frac{dA}{dx} d\tau,$$

les intégrales de volume étant étendues à tous les éléments $d\tau$ du volume considéré et les intégrales de surface à tous les éléments $d\sigma$ de la surface limite S; α, β, γ sont les cosinus directeurs de la normale à l'élément $d\sigma$.

Remplaçons respectivement dans cette formule

$$F, \quad A, \quad B, \quad C$$

par

$$\lambda^2 \varphi, \quad \frac{du}{dt}, \quad \frac{dv}{dt}, \quad \frac{dw}{dt}$$

et remarquons que

$$\sum A\alpha = \sum \alpha \frac{du}{dt} = \frac{dN}{dt},$$

N étant la composante normale du déplacement

$$N = \alpha u + \beta v + \gamma w.$$

Nous aurons ainsi

$$\frac{dT}{dt} = \int \lambda^2 \varphi \frac{dN}{dt} d\sigma - \int \lambda^2 \varphi \frac{d}{dt} \sum \frac{du}{dx} d\tau.$$

Mais la seconde de ces intégrales est nulle, en vertu de l'équation de continuité ; il reste donc simplement

$$\frac{dT}{dt} = \lambda^2 \int \varphi \frac{dN}{dt} d\sigma.$$

Or, la demi-force vive T est une fonction périodique du temps ; il en sera donc de même de $\frac{dT}{dt}$, dont la valeur moyenne sera nulle. Il en résulte que nous avons

$$\int \left[\varphi \frac{dN}{dt} \right] d\sigma = 0.$$

135. Le calcul que nous venons de faire reste vrai, que l'on prenne toutes les composantes de la marée, ou une seule d'entre elles, ou encore une combinaison quelconque de ces composantes. Si, toutefois, on se bornait à considérer une composante isochrone imaginaire, φ et N étant alors proportionnels à $e^{\lambda t}$, la fonction $\varphi \frac{dN}{dt}$ serait proportionnelle à $e^{2\lambda t}$ et sa valeur moyenne serait nulle.

La formule

$$\int \left[\varphi \frac{dN}{dt}\right] d\sigma = 0$$

serait donc illusoire.

Pour que le théorème exprimé par cette égalité ait un sens, il faut considérer deux composantes isochrones imaginaires conjuguées, ou bien, ce qui revient au même, une composante réelle.

136. **Relation générale entre le potentiel perturbateur et la marée.** — Considérons une portion du volume de l'océan limitée par la surface libre, le fond et la surface latérale d'un cône à génératrices verticales ayant pour sommet le centre de la Terre, et appliquons à cette masse liquide la formule générale

$$\int \left[\varphi \frac{dN}{dt}\right] d\sigma = 0.$$

Comme la surface limite comprend trois parties distinctes, nous aurons trois termes différents dans l'intégrale du premier membre :

1° L'intégrale relative à la surface du fond est nulle, puisqu'en tous les points du fond, on a constamment $N = 0$;

2° Sur la surface libre, nous avons

$$\lambda^2 \varphi = g\zeta - \text{H}'' + \text{W}$$

en posant ici

$$\text{W} = \sum \text{C} e^{\lambda t},$$

la sommation étant étendue aux deux composantes isochrones considérées. D'ailleurs, $N = \zeta$. L'intégrale relative à la surface libre comprendra donc trois termes :

a. D'abord

$$\frac{1}{\lambda^2} \int g \left[\zeta \frac{d\zeta}{dt}\right] d\sigma.$$

Ce terme est nul, car, ζ^2 étant une fonction périodique du temps, la valeur moyenne de sa dérivée est nulle.

b. Nous avons ensuite le terme

$$\frac{1}{\lambda^2}\int\left[\Pi''\frac{d\zeta}{dt}\right]d\sigma.$$

Il ne sera pas nul en général, mais il existe un cas où ce terme sera nul également : c'est celui où le volume considéré comprend l'océan tout entier.

En effet, Π'' est le potentiel dû à l'attraction d'une couche attirante de densité $-\zeta$ répandue à la surface de l'océan, et nous avons, en vertu d'un théorème connu de la théorie du potentiel,

$$\int\Pi''\frac{d\zeta}{dt}d\sigma = \int\zeta\frac{d\Pi''}{dt}d\sigma = \frac{1}{2}\int\frac{d(\zeta\Pi'')}{dt}d\sigma.$$

Or, $\zeta\Pi''$ étant une fonction périodique du temps, la valeur moyenne de sa dérivée est nulle.

c. Le troisième terme est

$$\frac{1}{\lambda^2}\int\left[W\frac{d\zeta}{dt}\right]d\sigma.$$

C'est à lui que se réduira l'intégrale relative à la surface libre si nous nous plaçons dans le cas d'un volume liquide étendu à l'océan tout entier.

3° Nous avons enfin l'intégrale relative à la surface latérale, mais elle est nulle également dans le cas considéré.

Il nous reste alors simplement

$$\int\left[W\frac{d\zeta}{dt}\right]d\sigma = 0,$$

l'intégrale étant étendue à la surface libre de l'océan tout entier.

Nous verrons dans la cinquième Partie qu'on déduit de cette équation que l'action des astres sur l'océan seul ne peut pas produire de couple retardateur de la rotation terrestre.

137. Si le volume liquide considéré ne comprend pas l'océan tout entier, nous poserons

$$\Pi'' = \Pi''_0 + \Pi''_1,$$

Π''_0 étant l'attraction de la partie du bourrelet liquide comprise à l'intérieur du volume T, Π''_1 l'attraction de la partie du bourrelet liquide comprise à l'extérieur de ce volume.

Alors, le raisonnement précédent pouvant s'appliquer à Π''_0, nous aurons

$$\int \left[\Pi''_0 \frac{d\zeta}{dt}\right] d\sigma = 0,$$

et, si nous posons

$$W_1 = \Pi''_1 + W,$$

la portion de l'intégrale relative à la surface libre sera

$$\frac{1}{\lambda^2} \int \left[W_1 \frac{d\zeta}{dt}\right] d\sigma.$$

En général, Π''_1 est négligeable devant W et l'on peut remplacer W_1 par W dans cette intégrale, qu'il faut étendre à toute la surface libre du volume T considéré.

Seulement, il faut de plus considérer ici la surface latérale de ce volume. Pour évaluer l'intégrale correspondante, nous allons profiter de ce que, la profondeur étant toujours supposée très faible, la valeur de φ est sensiblement constante *sur une même verticale.*

Écrivons, en effet, les équations du mouvement en prenant cette fois comme axe des z, non plus l'axe de rotation de la Terre, mais la verticale du lieu; p, q, r étant les composantes de la rotation, l'équation en $\frac{d\varphi}{dz}$ sera (§ 59)

$$\lambda^2 w + 2p\lambda v - 2q\lambda u = \lambda^2 \frac{d\varphi}{dz}.$$

Considérons deux points sur la même verticale, et soit $\delta\varphi$ l'accroissement de φ lorsqu'on passe de l'un à l'autre; nous aurons

$$\delta\varphi = \int w\,dz + \frac{2p}{\lambda}\int v\,dz - \frac{2q}{\lambda}\int u\,dz.$$

φ est de l'ordre de w. Le premier terme, $\int w\,dz$, sera de l'ordre de wh. Les coefficients des autres termes sont des quantités finies, parce que p et q sont de l'ordre de ω et que λ est très voisin d'un multiple de $i\omega$; ces termes sont donc de l'ordre de uh, c'est-à-dire de $\frac{d\varphi}{dx} h$, donc très petits par rapport à φ, parce que h est très petit par rapport à la longueur d'onde. Ainsi, tous les termes de $\delta\varphi$ sont très petits par rapport à φ, et l'on peut prendre $\delta\varphi = 0$.

Alors, les composantes u, v, w du déplacement resteront les mêmes tout le long d'une même verticale, et la valeur de $\varphi \frac{dN}{dt}$ sera la même pour tout l'élément $h\,ds$ de la surface latérale. En appliquant la relation générale

$$\int \left[\varphi \frac{dN}{dt}\right] d\sigma = 0$$

à toute la surface limitant le volume liquide considéré, nous avons donc

$$\frac{1}{\lambda^2} \int \left[W_1 \frac{d\zeta}{dt}\right] d\sigma + \int h \left[\varphi \frac{dN}{dt}\right] ds = 0.$$

Le premier terme représente le travail des forces extérieures; le deuxième, l'énergie qui pénètre par suite des ondes, à travers la surface latérale.

La signification que nous avons donnée à l'expression $\left[\varphi \frac{dN}{dt}\right]$ est donc bien justifiée, qu'il s'agisse d'oscillations propres ou d'oscillations contraintes.

138. Conséquence : Sens de propagation des ondes progressives. — Nous avons dit que W_1 était sensiblement égal à W, potentiel de l'astre. Cherchons alors quel est le signe de l'expression $\left[W \frac{d\zeta}{dt}\right]$. Supposons que nous ayons une composante isochrone

$$W = M \cos(\alpha t + \beta)$$

produisant une marée

$$-\zeta = M_1 \cos(\alpha t + \gamma),$$

M et M_1 étant tous deux positifs.

Si $\gamma = \beta$, il n'y aura pas décalage ; sinon, la marée se trouvera en avance ou en retard, une avance de plus d'une demi-période équivalant à un retard.

On dira que la marée est *en avance* si $\sin(\gamma - \beta) > 0$, et qu'elle est *en retard* si $\sin(\gamma - \beta) < 0$.

Formons $\left[W \frac{d\zeta}{dt}\right]$. Nous avons

$$W \frac{d\zeta}{dt} = \alpha MM_1 \cos(\alpha t + \beta) \sin(\alpha t + \gamma)$$
$$= \frac{\alpha MM_1}{2} \sin(2\alpha t + \beta + \gamma) + \frac{\alpha MM_1}{2} \sin(\gamma - \beta).$$

Donc

$$\left[W \frac{d\zeta}{dt}\right] = \frac{\alpha MM_1}{2} \sin(\gamma - \beta).$$

Dans l'expression

$$\frac{1}{\lambda^2} \int \left[W \frac{d\zeta}{dt}\right] d\sigma + \int h \left[\varphi \frac{dN}{dt}\right] ds = 0,$$

le signe des éléments de la première intégrale dépendra donc de l'avance ou du retard de la marée.

Supposons une plage où la marée soit partout en avance; la première intégrale sera positive et, comme λ^2 est négatif, la seconde intégrale devra être positive également. L'inverse se produirait si, dans l'aire considérée, la marée était partout en retard.

Réciproquement, si nous délimitons à la surface de l'océan une certaine zone au moyen d'une courbe quelconque S, et si nous supposons qu'à travers les éléments de cette courbe, des ondes progressives fassent pénétrer de l'énergie, ces ondes ne pourront être partout convergentes que si la première intégrale est positive, c'est-à-dire si la marée est en avance à l'intérieur de la courbe. De même, ces ondes ne pourraient être partout divergentes que si la marée était en retard dans l'aire considérée.

En d'autres termes, *les ondes progressives vont toujours des points où la marée est en retard vers les points où la marée est en avance.*

Ce résultat peut paraître paradoxal; il n'est cependant qu'une conséquence directe du principe des forces vives. L'énergie totale étant une fonction périodique du temps, sa valeur moyenne doit être nulle. Or, comme forces extérieures, nous avons l'attraction des astres dont le travail est représenté par la première intégrale, à un facteur constant près. Les autres forces sont la pression qui s'exerce sur la surface limitant le volume, et dont le travail est représenté par la seconde intégrale.

L'équation exprime que la valeur moyenne du travail des forces extérieures doit être nulle.

Si l'on a une onde progressive allant vers l'intérieur, le travail des pressions est positif. D'autre part, l'attraction tend à accélérer le mouvement si la marée est en retard et produit alors un travail positif; ce travail serait négatif si la marée était en avance.

Par conséquent, si nous avons dans la région considérée la marée en avance, l'attraction tendra à ralentir le mouvement et, pour que la marée reste périodique, il sera nécessaire qu'il vienne du travail de l'extérieur pour compenser ce travail négatif.

Toutefois, ceci suppose que le frottement est négligeable.

Si le frottement était très grand, comme, par exemple, dans un canal très peu profond, l'inverse pourrait alors se produire. Mais dans un océan étendu, l'influence du frottement, ainsi que nous le savons par les travaux de M. Hough, est très peu sensible, et des ondes progressives ne pourraient converger vers une même région que si la première intégrale était susceptible de prendre en cette région une valeur absolue notable. Nous en déduirons bientôt l'impossibilité de la théorie par laquelle Whewell a cru pouvoir expliquer la formation et la propagation des marées (§ 217).

CHAPITRE X.

ÉTUDE DES PROCÉDÉS D'INTÉGRATION DES ÉQUATIONS DU PROBLÈME DES MARÉES.

---

139. **Méthode de Fredholm.** — Nous avons, dans le Chapitre I, étudié d'une façon générale les conditions des petites oscillations propres ou contraintes d'un système mécanique, et nous avons donné la solution complète du problème dans le cas où le système considéré possédait un nombre fini de degrés de liberté.

On sait que le calcul se ramène à la résolution d'un système d'équations du premier degré où les inconnues ont pour coefficients des polynomes en λ.

Lorsqu'il s'agit des oscillations contraintes, λ est donné ; pour les oscillations propres, on commence par déterminer λ à l'aide du déterminant des équations.

Dans un cas comme dans l'autre, le problème est toujours ramené à la considération d'un système d'équations et de son déterminant.

Lorsque, de l'étude d'un système constitué par un nombre fini de points discrets, nous avons voulu passer à celle d'un système naturel continu, nous avons été amenés à écrire un petit nombre d'équations différentielles devant servir à déterminer certaines fonctions inconnues.

Mais, si nous avions pu distinguer entre chacune des molécules dont est formé le volume des mers, nous aurions eu un nombre extrêmement grand d'équations algébriques pour déterminer autant de constantes inconnues.

On conçoit donc que l'intégration de nos équations différentielles puisse se faire par une généralisation judicieuse de la théorie des déterminants et des systèmes du premier degré.

Telle est précisément l'idée essentielle de la méthode de M. Fredholm, dont la découverte récente a fait faire un progrès considérable à la théorie des équations aux dérivées partielles que l'on rencontre dans la plupart des problèmes de Physique mathématique.

140. Avant d'appliquer la méthode de Fredholm à l'intégration des équations différentielles de la théorie des marées, nous allons sommairement en exposer les principes généraux.

Soit un système de n équations linéaires à n inconnues se présentant sous la forme

$$x_i = \sum A_{ik} y_k,$$

les coefficients A_{ik} étant des constantes.

Nous pouvons résoudre ce système par rapport à y_k et en déduire

$$y_k = \sum B_{ik} x_i.$$

Nous avons ainsi deux substitutions linéaires inverses : les x sont fonctions linéaires des y, et inversement.

Cette notion simple peut être généralisée de plusieurs manières :

1° D'abord par une intégrale définie. Supposons, par exemple, deux fonctions ψ et φ liées par la relation

$$\psi(x) = \int_0^1 f(x, y)\varphi(y)\,dy = S\varphi(x).$$

La fonction $f(x, y)$ est une donnée, elle constitue ce qu'on appelle le *noyau*. Faire subir à $\varphi(x)$ l'opération S consistera à prendre l'intégrale définie $\int_0^1 f(x, y)\,\varphi(y)\,dy$.

φ et ψ sont ici deux fonctions inconnues, et le noyau correspond aux divers coefficients A_{ik}; en regardant la quadrature comme une limite de somme, nous avons une relation linéaire avec une infinité d'inconnues.

2° Un autre mode de généralisation est obtenu par les séries ; soit, par exemple,

$$\varphi(x) = \sum \alpha_k \psi_k(x).$$

Les α_k sont des coefficients à déterminer : ils correspondent aux y_k; ψ_k à A_{ik}.

3° Nous pouvons avoir enfin une relation linéaire de la forme

$$\varphi(x) = \psi''(x) + \alpha\,\psi'(x) + \beta\,\psi(x),$$

α et β étant des fonctions données de x.

$\psi'(x)$ constitue une combinaison linéaire, puisque c'est la limite de $\dfrac{\psi(x+\varepsilon) - \psi(x)}{\varepsilon}$.

141. Quand on inverse une relation linéaire ordinaire, on obtient une relation de même nature.

En partant d'une des formules généralisées, nous pourrons trouver par l'inversion, soit une relation de même nature, soit une relation de nature différente.

D'une intégrale définie, par exemple, nous pourrons obtenir encore une intégrale définie. Tel est le cas de l'intégrale de Fourier

$$\varphi(x) = \int_{-\infty}^{+\infty} e^{ixy}\,\psi(y)\,dy,$$

dont l'inversion donne

$$2\pi\,\psi(y) = \int_{-\infty}^{+\infty} e^{-ixy}\,\varphi(x)\,dx.$$

Au contraire, d'une série comme la série de Fourier

$$\varphi(x) = \sum \alpha_k e^{ikx},$$

nous aurons par inversion une intégrale définie

$$2\pi\alpha_k = \int_0^{2\pi} e^{-ikx}\,\varphi(x)\,dx.$$

Enfin, en inversant une relation sous forme d'intégrale définie, on peut obtenir une relation sous forme d'équation différentielle. Un exemple simple de cette dernière inversion nous est fourni par l'équation de Poisson.

Si nous supposons que V soit le potentiel d'une matière attirante de densité ρ, on a

$$V = \int \frac{\rho'\,d\tau'}{r},$$

$d\tau'$ étant un élément de volume à la distance r du point attiré x, y, z, et ρ' la densité au centre de gravité de cet élément.

En inversant, nous avons

$$\Delta V = -4\pi\rho,$$

c'est-à-dire que ρ est donné par une expression différentielle.

C'est ce dernier mode d'inversion qui est applicable à la solution du problème des marées. Les équations que nous avons appris à former dans les précédents Chapitres sont des équations différentielles ; nous en déduirons, par inversion, des équations intégrales du type de l'équation de Fredholm.

142. Équation intégrale de Fredholm. — L'équation de Fredholm est de la forme

$$\varphi(x) = \lambda \int_0^1 f(x, y)\, \varphi(y)\, dy + \psi(x). \tag{1}$$

On peut aussi l'écrire, en donnant à l'opérateur S la signification définie au paragraphe 140,

$$\varphi(x) = \lambda\, S\, \varphi(x) + \psi(x);$$

λ est un paramètre arbitraire ; $\psi(x)$ est une fonction donnée, de même que le noyau $f(x, y)$; $\varphi(x)$ est la fonction inconnue que l'on se propose de déterminer.

Nous introduirons la notation suivante :

$$f\begin{pmatrix} x_1 & x_2 & \dots & x_n \\ y_1 & y_2 & \dots & y_n \end{pmatrix} = |f(x_i y_k)|$$

pour représenter le déterminant dont le terme général est $f(x_i y_k)$. Ce déterminant a n lignes et n colonnes ; ce sera, par exemple, dans le cas $n = 3$,

$$\begin{vmatrix} f(x_1 y_1) & f(x_1 y_2) & f(x_1 y_3) \\ f(x_2 y_1) & f(x_2 y_2) & f(x_2 y_3) \\ f(x_3 y_1) & f(x_3 y_2) & f(x_3 y_3) \end{vmatrix};$$

$f(x, y)$ étant une donnée de la question, le déterminant sera donné également.

L'équation (1) peut être considérée comme la généralisation d'un système d'équations linéaires de la forme

$$x_i = \lambda \sum A_{ik} x_k + y_i. \tag{2}$$

Les y correspondent à $\psi(x)$, ce sont des données ;

Les x correspondent à $\varphi(x)$ et ce sont des inconnues.

$\Sigma A_{ik} x_k$ est une combinaison linéaire des x qui correspond à $S\varphi(x)$. Nous allons bientôt voir que la résolution de l'équation (1) et celle du système (2) peuvent se faire par des procédés tout à fait analogues.

Résolvons, en effet, le système d'équations (2) par rapport aux x, et nous obtiendrons

$$x_k = \frac{y_k}{D} - \lambda \sum y_i \frac{N_{ik}}{D},$$

N_{ik} et D étant des constantes dont voici la signification. D est le déterminant de nos équations linéaires; ce serait, par exemple, dans le cas de deux variables,

$$\begin{vmatrix} 1-\lambda A_{11} & -\lambda A_{12} \\ -\lambda A_{21} & 1-\lambda A_{22} \end{vmatrix}.$$

D'une façon générale, le coefficient de x_k dans la $i^{\text{ième}}$ équation sera

$$\begin{array}{lll} -\lambda A_{ik} & \text{si} & i \gtrless k, \\ 1-\lambda A_{ii} & \text{si} & i = k. \end{array}$$

Pour définir N_{ik}, considérons les mineurs du déterminant D. La résolution du système d'équations par rapport à x nous donne directement

$$x_k = \sum \frac{y_i}{D} M_{ik},$$

M_{ik} étant le mineur obtenu en supprimant la ligne i et la colonne k. Dans le cas où $i = k$, ce mineur aura sur toute sa diagonale un terme $1 - \lambda A_{ii}$, et nous poserons alors

$$M_{ii} = 1 - \lambda N_{ii}.$$

Dans le cas où $i \gtrless k$, nous écrirons

$$M_{ik} = -\lambda N_{ik}.$$

Avec ces notations, la solution se présente bien sous la forme

$$x_k = \frac{y_k}{D} - \lambda \sum y_i \frac{N_{ik}}{D}.$$

Nous allons nous occuper maintenant de développer D et N_{ik}. Ce sont des polynomes entiers en λ que l'on peut mettre sous la forme

$$D = 1 - \lambda S_1 + \lambda^2 S_2 - \ldots,$$
$$N_{ik} = S'_0 - \lambda S'_1 + \lambda^2 S'_2 - \ldots.$$

Désignons par

$$\begin{vmatrix} \alpha_1 & \alpha_2 & \ldots & \alpha_n \\ \alpha_1 & \alpha_2 & \ldots & \alpha_n \end{vmatrix}$$

celui des mineurs du déterminant D qui est formé avec les A_{ik}, les i et les k prenant les valeurs $\alpha_1, \alpha_2, \ldots, \alpha_n$.

Nous trouverons

$$S_n = \sum \begin{vmatrix} \alpha_1 & \alpha_2 & \ldots & \alpha_n \\ \alpha_1 & \alpha_2 & \ldots & \alpha_n \end{vmatrix},$$

le Σ s'étendant à tous les mineurs d'ordre n de la forme envisagée, mais en regardant comme différents ceux qui ne diffèrent que par l'ordre des lettres α_i; si nous ne faisons pas cette distinction, comme chaque mineur d'ordre n apparaîtra $n!$ fois, nous devrons écrire

$$n!\, S_n = \sum \begin{vmatrix} \alpha_1 & \alpha_2 & \ldots & \alpha_n \\ \alpha_1 & \alpha_2 & \ldots & \alpha_n \end{vmatrix},$$

deux mineurs qui ne diffèrent que par l'ordre des α n'étant plus regardés comme différents.

Développons de même N_{ik}. Le coefficient S'_n de λ^n sera une somme de déterminants ayant une ligne et une colonne de plus que les déterminants correspondants du coefficient S_n : on les obtiendra d'ailleurs en bordant respectivement chacun des mineurs de Δ qui constituent S_n, de la $k^{\text{ième}}$ ligne et de la $i^{\text{ième}}$ colonne. Nous aurons donc, en sommant sans séparer les mineurs égaux,

$$n!\, S'_n = \begin{vmatrix} k & \alpha_1 & \alpha_2 & \ldots & \alpha_n \\ i & \alpha_1 & \alpha_2 & \ldots & \alpha_n \end{vmatrix}.$$

Telle est la solution du système d'équations linéaires considéré.

143. Il s'agit maintenant de généraliser cette solution pour l'étendre à l'équation de Fredholm.

Alors, à A_{ik} correspond $f(x_i, y_k)\,dy_k$.

A l'indice α_k, nous ferons correspondre la valeur x_k de la variable x ; de telle sorte que le mineur

$$\begin{vmatrix} \alpha_1 & \alpha_2 & \dots & \alpha_n \\ \alpha_1 & \alpha_2 & \dots & \alpha_n \end{vmatrix}$$

deviendra le déterminant formé avec $f(x_i, x_k)\,dx_k$.

La formule qui donne S_n s'écrira donc avec nos notations

$$n!\,S_n = \int f\begin{pmatrix} x_1 & x_2 & \dots & x_n \\ x_1 & x_2 & \dots & x_n \end{pmatrix} dx_1\,dx_2\dots dx_n,$$

l'intégrale étant prise entre les limites o et 1.

On voit que S_n est une donnée, qui se calculera par de simples quadratures.

Nous obtiendrons de même S'_n, en remarquant que l'indice i correspond à la valeur x et l'indice k à la valeur y ; par suite

$$n!\,S'_n = \int f\begin{pmatrix} y & x_1 & x_2 & \dots & x_n \\ x & x_1 & x_2 & \dots & x_n \end{pmatrix} dx_1\,dx_2\dots dx_n,$$

l'intégration étant encore faite entre les mêmes limites.

S'_n n'est donc plus une constante, comme l'était S_n ; c'est une fonction de x et de y, mais on peut également la calculer par des quadratures.

Alors, la solution de l'équation de Fredholm sera

$$(3)\qquad \varphi(y) = \psi(y) - \lambda\int dx\,\psi(x)\frac{N(x, y, \lambda)}{D(\lambda)}$$

avec

$$D(\lambda) = \sum \pm \lambda^n S_n,$$

$$N(x, y, \lambda) = \sum \pm \lambda^n S'_n.$$

La solution est ainsi obtenue par une généralisation fort naturelle de celle des équations linéaires. Il faut toutefois s'assurer que cette généralisation est légitime.

Nous n'entrerons pas ici dans les détails de la démonstration ; nous indiquerons seulement qu'en s'appuyant sur un théorème de M. Hadamard, Fredholm a démontré que, si

$$|f(x, y)| < M,$$

on a

$$n\,!\,S_n < M^n \sqrt{n\,!}.$$

Il en résulte que $D(\lambda)$ est une série toujours convergente; c'est une série analogue à celle qui donne e^x.

Il en est de même de N. Par conséquent, la fonction sous le signe $\int$ est une fonction méromorphe de λ. Malheureusement, chaque terme n'est pas facile à calculer.

144. Cas où la méthode est en défaut. — La méthode se trouverait en défaut pour les valeurs de λ qui annulent $D(\lambda)$. C'est ce qui se présente en cas de résonance. Tant que λ n'est pas égal à une des valeurs correspondant aux périodes d'oscillations propres, c'est-à-dire tant que $D(\lambda)$ n'est pas nul, nous trouverons pour la solution une valeur finie; la solution deviendrait, au contraire, infinie si la résonance était parfaite.

Supposons maintenant que $D(\lambda) = 0$ pour $\lambda = \lambda_i$; la solution donnée par l'équation (3) sera en général infinie; elle pourra rester finie cependant pour un choix convenable de la fonction $\psi(x)$ si le numérateur

$$\int N\,\psi(x)\,dx$$

s'annule. De plus, l'équation sans second membre

$$\varphi(x) = \lambda\,S\,\varphi(x),$$

où l'on a remplacé $\psi(x)$ par zéro, admettra une solution $\varphi_i(x)$, de sorte qu'on aura

$$\varphi_i(x) = \lambda_i S\,\varphi_i(x).$$

Cette solution correspondra dans le cas des marées à une oscillation propre du système. On pourra alors ajouter à la solution (3) cette fonction $\varphi_i(x)$ multipliée par un facteur constant arbitraire, en sorte que la solution de l'équation de Fredholm devient indéterminée.

C'est ainsi que, dans le cas d'un système d'équations ordinaires du premier degré, quand le déterminant s'annule :

1° La solution devient en général infinie, et indéterminée dans certains cas particuliers;

2° Les équations homogènes, c'est-à-dire privées de second membre, admettent une solution.

145. Équation intégrale généralisée. — Le résultat obtenu avec l'équation de Fredholm est susceptible de nombreuses généralisations.

En premier lieu, au lieu de prendre zéro et un comme limites d'intégration, on peut prendre des limites quelconques : il est évident que rien ne serait changé.

En second lieu, on peut considérer des intégrales doubles ou multiples : la méthode s'appliquerait également sans modifications essentielles.

Supposons que l'on ait

$$\varphi(M) = \lambda \int \varphi(N) f(M, N)\, d\sigma + \psi(M);$$

M et N sont deux points de coordonnées respectives x, y; ξ, η situés à l'intérieur d'une certaine aire du plan. $d\sigma$ est l'élément de surface $d\xi\, d\eta$ dont le centre de gravité est N. Nous supposons donnée la fonction $f(M, N)$ des quatre variables x, y, ξ, η : c'est le noyau ; $\psi(M)$ est une fonction de x, y également donnée. La fonction φ est à déterminer, et nous considérons l'intégrale $\int \varphi(N) f(M, N)\, d\sigma$ comme étendue à l'aire entière.

En désignant par

$$f\begin{pmatrix} M_1 & M_2 & \dots & M_n \\ M_1 & M_2 & \dots & M_n \end{pmatrix}$$

le déterminant dont l'élément général est $f(M_i, M_k)$ pris pour tous les centres de gravité respectifs $M_1, M_2, \dots, M_n$, nous aurons

$$n!\, S_n = \int \int f\begin{pmatrix} M_1 & M_2 & \dots & M_n \\ M_1 & M_2 & \dots & M_n \end{pmatrix} d\sigma_1\, d\sigma_2 \dots d\sigma_n,$$

et la solution s'achèvera comme précédemment.

146. Noyaux réitérés. Reprenons la notation

$$S\varphi(x) = \int f(x, y)\, \varphi(y)\, dy$$

qui définit une substitution linéaire appliquée à la fonction φ.

Appliquons-la plusieurs fois de suite. Nous aurons

$$S\,\varphi(y) = \int f(y, z)\,\varphi(z)\,dz,$$

$$S^2\varphi(x) = \int f(x, y) f(y, z)\,\varphi(z)\,dy\,dz,$$

$$S^3\varphi(x) = \int f(x, y) f(y, z) f(z, t)\,\varphi(t)\,dy\,dz\,dt,$$

$$\cdots\cdots\cdots\cdots\cdots\cdots\cdots\cdots\cdots\cdots$$

Si nous posons

$$f_2(x, z) = \int f(x, y) f(y, z)\,dy,$$

$$f_3(x, t) = \int f(x, y) f(y, z) f(z, t)\,dy,\,dz,$$

$$\cdots\cdots\cdots\cdots\cdots\cdots\cdots\cdots\cdots,$$

nous pourrons écrire

$$S^2\varphi(x) = \int f_2(x, z)\,\varphi(z)\,dz,$$

$$S^3\varphi(x) = \int f_3(x, t)\,\varphi(t)\,dt,$$

$$\cdots\cdots\cdots\cdots\cdots\cdots\cdots;$$

$f_2(x, z)$, $f_3(x, t)$, ... sont des *noyaux réitérés*.

Pour montrer l'importance de cette notion capitale dans la théorie de Fredholm, prenons d'abord l'équation elle-même,

$$\varphi(x) = \lambda S\,\varphi(x) + \psi(x).$$

On peut, en première approximation, négliger λ et prendre

$$\varphi(x) = \psi(x).$$

Une deuxième approximation donnera

$$\varphi(x) = \psi(x) + \lambda S \psi(x).$$

Puis, par d'autres approximations successives,

$$\varphi(x) = \psi(x) + \lambda S\psi(x) + \lambda^2 S^2\psi(x) + \lambda^3 S^3\psi(x) + \ldots.$$

Les coefficients des termes successifs s'obtiendront donc en se servant des noyaux réitérés, et nous aurons ainsi $\varphi(x)$ sous la forme d'une série procédant suivant les puissances croissantes de λ.

Tout à l'heure, nous avions obtenu $\varphi(x)$ sous la forme d'un quotient de deux séries entières en λ. Ici, la division se trouve effectuée. Seulement, il convient de remarquer que, dans la solution de Fredholm, le numérateur et le dénominateur convergent toujours, quel que soit λ; tandis qu'ici la convergence a lieu seulement si λ est petit.

147. Appliquons l'opération S aux deux membres de l'équation de Fredholm

$$\varphi(x) = \lambda S\varphi(x) + \psi(x).$$

Nous aurons

$$S\varphi(x) = \lambda S^2\varphi(x) + S\psi(x).$$

D'où

$$\varphi(x) = \lambda^2 S^2\varphi(x) + \lambda S\psi(x) + \psi(x).$$

Les deux derniers termes du second membre sont des fonctions connues. En partant du noyau simple, nous aurons donc obtenu une équation de même forme et équivalente, mais renfermant S^2, c'est-à-dire le noyau doublé. Et nous pourrions continuer de même à l'aide des noyaux réitérés. Or, la substitution d'un noyau réitéré au noyau simple peut nous procurer dans certains cas un avantage précieux.

En effet, l'application de la méthode exige que le noyau simple soit constamment limité; il est nécessaire que l'on ait

$$|f(x, y)| < M.$$

Supposons que cette condition ne soit pas remplie. Considérons, par exemple, le cas de l'équation intégrale à deux variables et supposons que le noyau $f(M, N)$ devienne infini d'ordre α lorsque la distance MN est nulle :

$$f(M, N) < \frac{K}{\overline{MN}^\alpha}.$$

Prenons un autre point P, fixe comme M, et considérons une fonction $f_1(N, P)$ qui soit de l'ordre $\overline{NP}^{-\beta}$.

Formons l'intégrale multiple

$$\int f(M, N) f_1(N, P)\, d\sigma,$$

$d\sigma$ étant l'élément de surface (ou de volume dans le cas d'une équation à trois variables) dont le centre de gravité est N. On obtiendra ainsi une fonction $\varphi(M, P)$ et l'on reconnaîtrait que cette fonction est de l'ordre de

$$\overline{MP}^{n-\alpha-\beta},$$

n étant l'ordre de l'intégrale.

Par conséquent, si le noyau simple devient infini d'ordre α, le noyau double le sera d'ordre $2\alpha - n$; de même, le noyau p le serait d'ordre $p(\alpha - n) + n$.

Pour obtenir un noyau réitéré qui ne devienne plus infini, il suffira donc de choisir p de telle sorte que

$$p(\alpha - n) + n < 0,$$

$$\alpha < \frac{n(p-1)}{p}.$$

Il suffit donc que l'on ait

$$\alpha < n.$$

Ceci nous permettra d'appliquer la méthode de Fredholm, même dans le cas où le noyau devient infini.

Ainsi la méthode sera applicable pour une intégrale simple lorsque $\alpha < 1$, pour une intégrale double lorsque $\alpha < 2$, etc.

C'est là le point essentiel de la théorie.

148. Application de la méthode de Fredholm à l'équation de Laplace. — Si nous commençons d'abord par faire abstraction de l'attraction du bourrelet, les équations que nous avons rencontrées dans l'étude du problème des marées sont de la forme

$$\Delta\varphi = a\frac{d\varphi}{dx} + b\frac{d\varphi}{dy} + c\varphi + f,$$

φ étant une fonction inconnue, et a, b, c, f des fonctions données de x et y. De plus, il faut tenir compte des conditions aux limites.

Avant de chercher à intégrer ces équations, nous commencerons par traiter une équation de même forme et plus simple, l'équation de Laplace

$$\Delta V = 0,$$

qui définit le potentiel en dehors des masses attirantes.

On sait que, *dans l'espace à trois dimensions,* cette équation est satisfaite par le potentiel newtonien.

Dans le plan, au contraire, l'équation de Laplace n'est pas satisfaite par le potentiel newtonien, mais elle l'est par le potentiel logarithmique qui correspond à une attraction proportionnelle à $\frac{1}{r}$.

On passe facilement du premier cas au second. C'est ainsi que le potentiel newtonien d'un cylindre indéfini dont les génératrices sont parallèles à Oz et dont la densité est indépendante de z, se ramène au potentiel logarithmique de la section droite passant par le point attiré. Si μ est la densité au centre de gravité de l'élément $d\sigma$ de la section droite situé à la distance r du point attiré, l'attraction newtonienne du cylindre élémentaire homogène indéfini ayant pour base cet élément sera $\frac{2\mu\, d\sigma}{r}$; elle est donc égale à celle que produirait l'élément $d\sigma$ si la densité y était 2μ et si cette attraction dérivait d'un potentiel logarithmique.

De même, le potentiel newtonien d'une surface cylindrique dont chaque génératrice est homogène se ramène au potentiel logarithmique du contour de la section droite.

Nous allons rappeler brièvement les principales propriétés du potentiel logarithmique.

Si nous considérons une aire plane attirante, l'expression du potentiel logarithmique en un point x, y du plan de cette aire sera

$$V = \int \rho'\, d\tau' \log \frac{1}{r},$$

$d\tau'$ étant un élément de la surface attirante, ρ' la densité au centre de gravité de cet élément et r la distance de ce centre de gravité au point considéré x, y.

Ce potentiel satisfait à l'équation de Laplace, en dehors des masses attirantes. En tout point faisant partie des masses attirantes, le potentiel logarithmique satisfait à l'équation de Poisson

$$\Delta V = -2\pi\rho.$$

On sait que, dans le cas du potentiel newtonien, la formule de Poisson s'écrit

$$\Delta V = -4\pi\rho,$$

Celle qui est relative au potentiel logarithmique en est une conséquence immédiate, d'après les considérations précédentes.

149. Potentiel logarithmique de simple couche. — En supposant que les masses attirantes soient réparties sur une courbe plane, nous aurons le potentiel logarithmique de simple couche dont l'expression est

$$V = \int \rho' \, ds' \log \frac{1}{r},$$

ds' étant l'élément de la ligne attirante.

Ce potentiel est une fonction continue. Mais en est-il de même de ses dérivées, et en particulier de $\frac{dV}{dn}$?

Soient M le point x, y; M' le point attirant ds'; abaissons la normale MN sur la courbe attirante : la composante de l'attraction

Fig. 24.

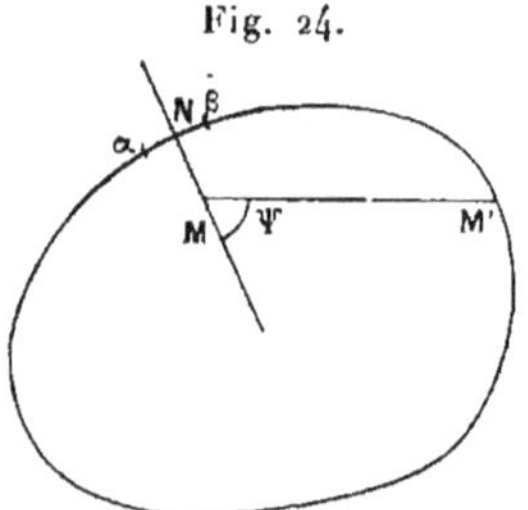

suivant cette normale a pour expression (*fig.* 24)

$$\frac{dV}{dn} = \int \rho' \, ds' \frac{\cos\psi}{r}.$$

Il est intéressant de savoir ce qui se passe lorsque le point M vient sur la courbe.

Prenons de part et d'autre du point N deux points α, β infiniment voisins. Ils partageront la courbe entière en deux parties : le petit arc $\alpha N \beta$ et le reste de la courbe. D'où deux parties dans l'intégrale. Lorsque le point M se rapproche de N, quelque petit que soit $\alpha\beta$, la première partie tend vers $\pi\rho$, ρ étant la densité en M; quant à l'autre partie, elle conserve la forme d'une intégrale. On aura donc

$$\frac{dV}{dn} = \pi\rho + \int \rho' ds' \frac{\cos\psi}{r},$$

l'intégrale étant prise sur la courbe, de α à β, en laissant de côté le petit arc; c'est-à-dire, à la limite, étant prise sur la courbe entière.

Si, au lieu de tendre vers N par des points intérieurs, on était parti d'un point extérieur à la courbe, on aurait trouvé pour la première partie de l'intégrale $-\pi\rho$ au lieu de $\pi\rho$.

La composante normale $\frac{dV}{dn}$ de l'attraction n'est donc pas une fonction continue : elle éprouve un saut brusque de $2\pi\rho$ quand on franchit la simple couche au point de densité ρ.

150. Potentiel logarithmique de double couche. — Considérons deux courbes infiniment voisines; et supposons, bien que cette

Fig. 24 *bis*.

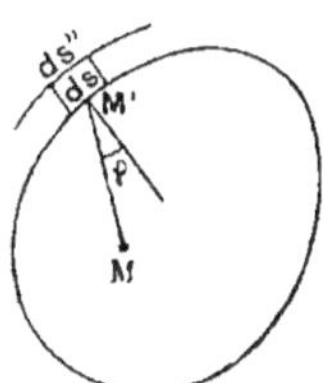

hypothèse ne soit pas essentielle, que la distance ε de ces courbes, estimée suivant la normale, soit constante (*fig.* 24 *bis*).

Soient ds' et ds'' deux éléments correspondants; sur ds' nous supposerons une masse attirante $\rho' ds'$ et sur ds'' une masse égale et de signe contraire $-\rho' ds'$. Appelons r et r' les distances du point x, y aux centres de gravité respectifs des éléments ds' et ds''. Nous aurons l'expression du potentiel logarithmique de double couche en remplaçant, dans celle du potentiel de simple couche, $\log\frac{1}{r}$ par $\log\frac{1}{r} - \log\frac{1}{r'}$. Comme r et r' sont très voisins, on a

$$\log\frac{1}{r} - \log\frac{1}{r'} = \varepsilon \frac{d}{dn} \log\frac{1}{r} = -\frac{\varepsilon}{r}\frac{dr}{dn} = \varepsilon\frac{\cos\varphi}{r}.$$

Nous aurons donc, abstraction faite de ε,

$$V = \int \rho' \, ds' \frac{\cos\varphi}{r}.$$

Or,

$$\frac{ds' \cos\varphi}{r} = d\theta',$$

$d\theta'$ étant l'angle sous lequel on voit du point M l'élément ds' ; par suite

$$V = \int \rho' \, d\theta'.$$

Pour voir ce qui se passe lorsque le point M se rapproche de la courbe, menons la normale MN et la perpendiculaire $\alpha M \beta$ à cette normale (*fig.* 25). L'arc $\alpha\beta$ est vu de M sous l'angle π, donc

$$V = \pi\rho + \int \rho' \, d\theta' ;$$

ρ est une quantité intermédiaire entre le maximum et le minimum de ρ sur $\alpha\beta$; à la limite, ce sera la valeur de ρ au point N.

Fig. 25.

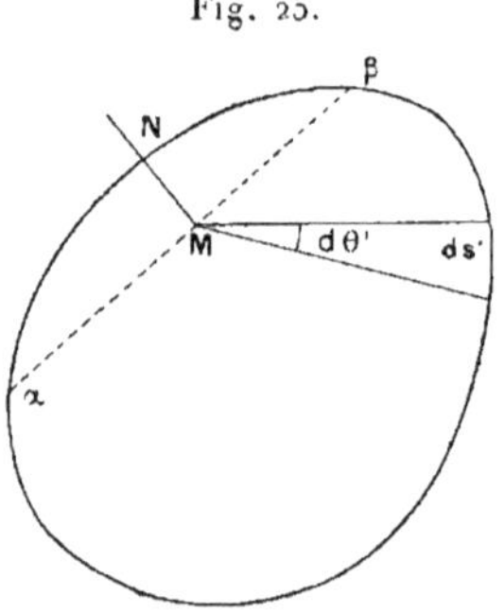

L'intégrale est étendue au reste de la courbe, en dehors de l'arc $\alpha N \beta$; à la limite, elle sera étendue à la courbe entière.

Si l'on se rapprochait du point N par l'extérieur, on aurait $-\pi\rho$ au lieu de $\pi\rho$.

Par conséquent, le potentiel logarithmique de double couche n'est pas une fonction continue dans tout le plan : elle est continue à l'intérieur, ainsi qu'à l'extérieur de la couche attirante, mais elle éprouve une discontinuité brusque de $2\pi\rho$ quand on franchit la double couche. On voit donc que le potentiel logarithmique de double couche se comporte comme la dérivée première $\frac{dV}{dn}$ du potentiel logarithmique de simple couche.

151. Résolution du problème de Dirichlet. — Nous allons nous servir des propriétés du potentiel logarithmique pour résoudre, par la méthode de Fredholm, le problème de Dirichlet dans le plan.

Il s'agit de trouver une fonction V qui soit harmonique à l'intérieur d'une courbe plane fermée et qui prenne sur cette courbe des valeurs données $V = F$.

Nous pourrons toujours représenter cette fonction par le potentiel d'une double couche dont il faudra déterminer alors la densité. Pour cela, nous nous servirons de l'équation

$$V = \pi\rho + \int \rho' \, ds' \frac{\cos\varphi}{r}$$

qui est de la même forme que l'équation intégrale de Fredholm

$$\varphi(x) = \lambda \int f(x, \xi)\, \varphi(\xi)\, d\xi + \psi(x).$$

ρ est la valeur de la densité au point M, c'est l'inconnue à déterminer : ρ correspond à $\varphi(x)$. V est une fonction connue qui correspond à $\psi(x)$, ρ' correspond à $\varphi(\xi)$, ds' à $d\xi$, $\frac{\cos\varphi}{r}$ correspond

Fig. 26.

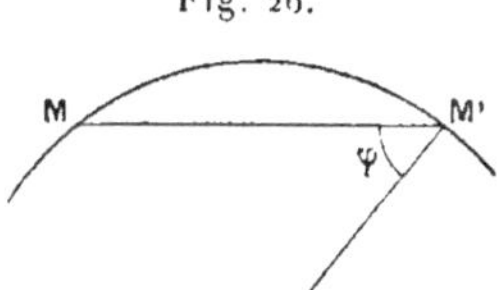

au noyau. Nous supposons que la courbe ne présente pas de points anguleux, ce noyau est donc fini. Devant notre intégrale, il n'y a pas de facteur λ : pour retrouver la forme de Fredholm, nous rétablirons ce facteur, il suffira de faire ensuite $\lambda = 1$. L'intégrale est prise tout le long du contour (*fig.* 26).

Le problème est donc entièrement résolu par la méthode de Fredholm.

152. Le plus souvent, dans les questions relatives aux marées, nous aurons à nous donner sur le contour, non pas la valeur de V, mais celle de

$$\frac{dV}{dn} + C\frac{dV}{ds},$$

C étant une fonction donnée de s.

Commençons par envisager le cas où l'on donne sur la courbe

$$\frac{dV}{dn} = F.$$

Nous nous servirons alors de la formule du potentiel logarithmique de simple couche (*fig.* 27).

$$\frac{dV}{dn} = \pi\rho + \int \rho'\, ds' \frac{\cos\psi}{r}.$$

Fig. 27.

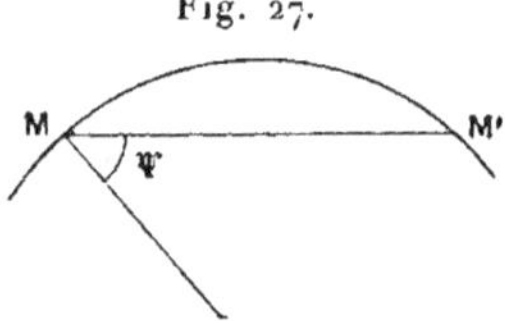

Observons tout d'abord que la fonction F ne peut pas être quelconque. En effet, nous aurons, en vertu de la formule de Green,

$$\int \frac{dV}{dn} ds = -\int \Delta V\, d\sigma = 0,$$

puisque, la fonction V étant harmonique à l'intérieur du contour, on a

$$\Delta V = 0.$$

Donc, la fonction F doit satisfaire à la condition

$$\int F\, ds = 0.$$

Supposons cette condition remplie. Le noyau est ici $\frac{\cos\psi}{r}$, au lieu de $\frac{\cos\varphi}{r}$; mais il reste également fini, et nous avons encore une équation intégrale de Fredholm qui se résoudra sans difficulté.

Si, au contraire, la fonction F est arbitraire, on pourra toujours trouver une fonction V satisfaisant à la condition

$$\frac{dV}{dn} = F + K,$$

K étant une constante arbitraire dont on disposera de telle sorte que

$$\int (F + K)\, ds = 0.$$

Mais alors, il reste à expliquer comment il se fait que la méthode de Fredholm ne s'applique pas quelle que soit la fonction F. Si nous rétablissons pour un instant le paramètre λ, la solution nous sera donnée sous forme d'un quotient de deux séries entières en λ. Or, il arrive ici que le dénominateur s'annule pour $\lambda = 1$. Il faut donc nécessairement que le numérateur s'annule aussi, et l'on trouve précisément que cela exige

$$\int F\, ds = 0.$$

153. Considérons maintenant le cas où nous nous donnons sur la courbe (B et C étant deux fonctions données de s)

$$\frac{dV}{dn} + C\frac{dV}{ds} + BV.$$

Ici encore, nous ne pourrions pas toujours prendre pour valeur de cette expression une fonction F arbitraire.

Si, en effet, C est une constante, et si B est nul, nous devrons poser

$$\frac{dV}{dn} + C\frac{dV}{ds} = F + K,$$

K étant une constante choisie de telle sorte que

$$\int (F + K)\, ds = 0.$$

En effet, nous avons

$$\int (F + K)\, ds = \int \frac{dV}{dn}\, ds + C \int dV.$$

Or, la première intégrale du second membre est nulle en vertu de la formule de Green et la seconde est nulle également puisque l'on fait tout le tour de la courbe.

La solution nous sera encore fournie par un potentiel de simple couche, et l'inconnue ρ sera donnée par une équation de Fredholm. En effet, la composante tangentielle de l'attraction a pour expression

$$\frac{dV}{ds} = \int \rho' \, ds' \frac{\sin\psi}{r}.$$

Nous aurons donc à résoudre l'équation intégrale

$$\frac{dV}{dn} + C\frac{dV}{ds} + BV = \pi\rho + \int \rho' \, ds' \left(\frac{\cos\psi}{r} + C\frac{\sin\psi}{r} + B\log\frac{1}{r} \right).$$

Le noyau est ici

$$\frac{\cos\psi}{r} + C\frac{\sin\psi}{r} + B\log\frac{1}{r}.$$

C'est une fonction de s et de s' qui peut devenir infinie pour $r = 0$ parce qu'on a alors $\sin\psi = 1$.

Ainsi donc, le noyau devient infini d'ordre 1 et nous avons une intégrale simple. Malgré cela, on peut appliquer la méthode de Fredholm, mais avec quelques modifications. On sait, en effet, que la composante tangentielle de l'attraction reste finie, à condition de considérer la densité ρ comme continue.

Comment cela peut-il se faire, puisque l'intégrale $\int \rho' ds' \frac{\cos\psi}{r}$ n'a plus alors aucun sens, un de ses éléments devenant infini?

Pour expliquer cette contradiction, considérons, par exemple, l'intégrale

$$\int_{-1}^{+1} f(x)\,dx$$

et supposons qu'entre les deux limites d'intégration, pour la valeur zéro, $f(x)$ devienne infini. Alors, l'intégrale n'est plus convergente, mais on peut définir néanmoins, d'après Cauchy, sa valeur principale. Intégrons de -1 à $-\varepsilon$, puis de $+\varepsilon$ à $+1$ en laissant de côté le petit segment compris entre $-\varepsilon$ et $+\varepsilon$: nous aurons ainsi une intégrale qui sera finie. Puis, faisons tendre ε vers zéro : l'intégrale tendra vers une limite qui sera sa valeur principale.

Si l'on applique cette règle au calcul de notre attraction tangentielle, on détachera deux petits arcs égaux de part et d'autre du point M (*fig.* 28) et l'on calculera l'intégrale $\int \rho' ds' \frac{\cos\psi}{r}$ sur tout

Fig. 28.

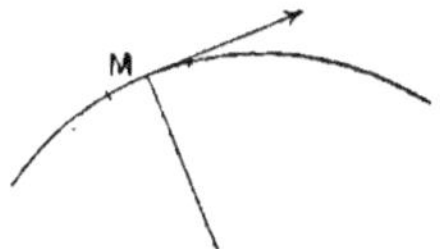

le reste de la courbe en dehors de ce petit segment; en faisant tendre ensuite les petits arcs vers zéro, on aura la valeur principale de l'intégrale, qui représentera la composante tangentielle.

154. Nous allons appliquer encore la méthode de la réitération du noyau, mais elle nous conduira ici à des résultats tout particuliers qui nécessitent un peu d'attention. Soit $f(x, y)$ le noyau qui est une fonction analytique et qui devient infini pour $x = y$, de telle façon que nous ayons

$$S\varphi(x) = \int f(x, y)\varphi(y)\,dy.$$

Nous supposons donc que $f(x, y)$ est une fonction analytique qui n'a d'autre singularité que le pôle $y = x$.

Fig. 29.

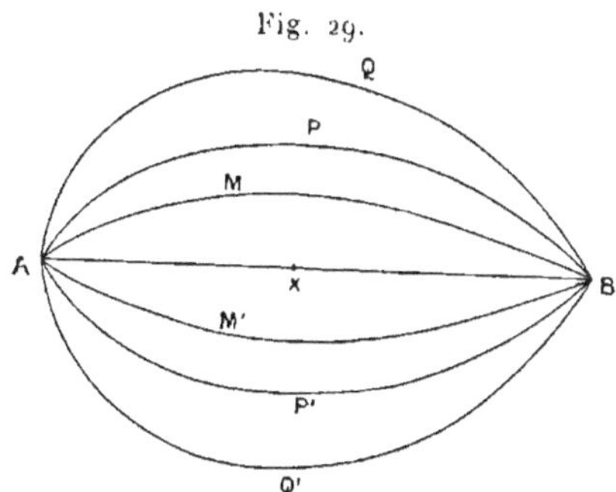

Le chemin d'intégration sera la droite réelle AB passant par le point x; la fonction sous le signe $\int$ devenant infinie sur le chemin d'intégration, il faut prendre la valeur principale de Cauchy et pour cela appliquer la règle suivante : intégrer suivant les deux chemins curvilignes APB et AP′B et prendre la moyenne arithmétique (*fig.* 29).

Pour réitérer le noyau, nous poserons

$$\psi(z) = \int f(z, y)\,\varphi(y)\,dy,$$

$$S^2\varphi(x) = \int f(x, z)\,\psi(z)\,dz;$$

chacune de ces intégrales devra être calculée d'après les mêmes règles, c'est-à-dire qu'on devra intégrer par rapport à z le long des deux chemins AMB, AM′B passant de part et d'autre du point x et prendre la moyenne arithmétique; et de même par rapport à y le long des deux chemins APB, AP′B passant de part et d'autre des deux lignes AMB, AM′B et par conséquent de part et d'autre du point z et prendre encore la moyenne arithmétique.

En d'autres termes, nous avons

$$S^2\varphi(x) = \int\int f(z, y) f(x, z)\,\varphi(y)\,dy\,dz.$$

Pour calculer cette intégrale double, nous devrons la calculer successivement en faisant suivre :

A y le chemin	APB,	à z le chemin	AMB;
»	AP′B,	»	AMB;
»	APB,	»	AM′B;
»	AP′B,	»	AM′B;

et prendre la moyenne arithmétique, ce que j'exprimerai en écrivant

$$4S^2\varphi(x) = \int_{APB}^{AMB} + \int_{AP'B}^{AMB} + \int_{APB}^{AM'B} + \int_{AP'B}^{AM'B}.$$

Mais nous avons

$$\int_{APB}^{AM'B} = \int_{APB}^{AQ'B},$$

car, si y est sur APB, il n'existe pas entre les deux chemins AM′B et AQ′B de point singulier où z prenne la valeur qui rend le noyau infini, c'est-à-dire la valeur $z = y$. De même

$$\int_{\mathrm{AP'B}}^{\mathrm{AMB}} = \int_{\mathrm{AP'B}}^{\mathrm{AQB}}.$$

Au contraire, nous aurons

$$\int_{\mathrm{APB}}^{\mathrm{AMB}} = \int_{\mathrm{APB}}^{\mathrm{AQB}} + \int_{\mathrm{APB}}^{\mathrm{AMBQA}} = \int_{\mathrm{APB}}^{\mathrm{AQB}} + \int_{\mathrm{APB}}^{\mathrm{C}},$$

C représentant un contour infiniment petit décrit dans le sens direct par le point z autour du point y.

En effet, quand nous décrivons AMBQA nous tournons dans le sens direct autour du point singulier $z = y$ qui est un pôle du noyau, et, comme nous n'avons à l'intérieur du contour d'intégration aucun autre point singulier, nous pouvons remplacer ce contour par un petit cercle entourant ce pôle. De même

$$\int_{\mathrm{AP'B}}^{\mathrm{AM'B}} = \int_{\mathrm{AP'B}}^{\mathrm{AQ'B}} + \int_{\mathrm{AP'B}}^{\mathrm{AM'BQ'A}} = \int_{\mathrm{AP'B}}^{\mathrm{AQ'B}} - \int_{\mathrm{AP'B}}^{\mathrm{C}}.$$

Car le contour AM'BQ'A tourne autour du pôle $z = y$ *dans le sens rétrograde* (d'où le signe —).

Nous pouvons donc écrire

$$4\,S^2\varphi(x) = \int_{\mathrm{APB}}^{\mathrm{AQB}} + \int_{\mathrm{APB}}^{\mathrm{AQ'B}} + \int_{\mathrm{AP'B}}^{\mathrm{AQB}} + \int_{\mathrm{AP'B}}^{\mathrm{AQ'B}} + \int_{\mathrm{APBP'A}}^{\mathrm{C}}$$

ou plus simplement

$$S^2\varphi(x) = \frac{1}{4}\int_{\mathrm{APB+AP'B}}^{\mathrm{AQB+AQ'B}} - \frac{1}{4}\int_{\mathrm{C'}}^{\mathrm{C}},$$

C' étant un petit cercle décrit par le point y autour du pôle $y = x$. Le premier terme peut s'écrire

$$\frac{1}{2}\int_{\mathrm{APB+AP'B}} f_2(x, y)\,\varphi(y)\,dy$$

avec

$$f_2(x, y) = \frac{1}{2}\int^{\mathrm{AQB+AQ'B}} f(x, z)\,f(z, y)\,dz.$$

Ce noyau $f_2(x, y)$ ne devient pas infini même pour $x = y$, ce qui nous permet d'écrire le premier terme sous la forme

$$\int f_2(x, y)\varphi(y)\,dy,$$

l'intégrale étant prise le long de la droite réelle AxB.

Quant au second terme, il peut se calculer par la méthode des résidus; si $R(x)$ est le résidu pour $y = x$ de la fonction $f(x, y)$ considérée comme fonction de y, on trouvera

$$\pi^2 R^2(x)\varphi(x).$$

On aura donc finalement

$$S^2\varphi(x) = \int f_2(x, y)\varphi(y)\,dy + \pi^2 R^2(x)\varphi(x).$$

Nous avons vu plus haut (§ **147**) que l'équation de Fredholm

$$\varphi(x) = S\varphi(x) + \psi(x)$$

pouvait se ramener à l'équation

$$\varphi(x) = S^2\varphi(x) + \theta(x),$$

où

$$\theta(x) = S\psi(x) + \psi(x)$$

est une fonction connue. Cette équation, dans le cas qui nous occupe, prendra la forme

$$\varphi(x)[1 - \pi^2 R^2(x)] = \int f_2(x, y)\varphi(y)\,dy + \theta(x).$$

Il suffit de diviser par $1 - \pi^2 R^2(x)$ et de faire passer $\frac{1}{1 - \pi^2 R^2}$ sous le signe $\int$ pour retrouver la forme ordinaire de l'équation de Fredholm.

Il faut toutefois que $1 - \pi^2 R^2(x)$ ne s'annule pas entre les limites d'intégration. Cette difficulté se présenterait, dans le cas qui nous occupe, quand le bassin océanique envisagé est traversé par le parallèle de latitude critique (*vide infra* n° **165**).

Nous reviendrons plus loin sur cette difficulté.

Notre noyau

$$\frac{\cos\psi}{r} + C\frac{\sin\psi}{r}$$

se présente sous la forme d'une fonction analytique avec un pôle.

Une difficulté pourrait se présenter toutefois; notre fonction

$$f_2(x, y)$$

est finie même pour $x = y$, mais il peut y avoir exception si les deux points x et y se confondent entre eux et en même temps avec l'une des extrémités A et B du chemin d'intégration. Heureusement dans le cas qui nous occupe, nous n'avons pas à redouter cette difficulté, puisque le chemin d'intégration est une courbe fermée; nos intégrales, en effet, sont étendues à tous les éléments d'arc ds' d'une certaine courbe fermée plane; il faut donc dans l'intégration parcourir cette courbe tout entière depuis un point *quelconque* de cette courbe et jusqu'à ce qu'on soit revenu au point de départ.

Le point initial de l'intégration étant ainsi choisi arbitrairement ne joue aucun rôle particulier.

Supposons maintenant que $f(x, y)$ soit de la forme

$$f(x, y) = f'(x, y) + f''(x, y),$$

où $f'(x, y)$ est une fonction analytique n'ayant d'autre singularité que le pôle $y = x$; tandis que $f''(x, y)$ reste fini sauf au point $y = x$ où il devient logarithmiquement infini. Nous pourrons écrire alors

$$S\varphi(x) = S'\varphi(x) + S''\varphi(x),$$

si S' et S'' sont pour f' et f'' ce que S est pour f. Par réitération nous aurons

$$S^2\varphi(x) = S'^2\varphi(x) + S'S''\varphi(x) + S''S'\varphi(x) + S''^2\varphi(x).$$

Le calcul de $S'^2\varphi(x)$ se ferait comme nous venons de le faire et l'on aurait

$$S'S'' + S''S' + S''^2 = \int K(x, y)\varphi(y)\,dy,$$

où $K(x, y)$ serait fini ou logarithmiquement infini; car on trouverait, comme nous l'avons dit plus haut, au n° 147, une expression qui pour $y = x$ devient infinie d'ordre

$$\alpha + \beta - n.$$

Ici $n = 1$; α et β sont égaux à 1 pour S' ou infiniment petits pour S''; de sorte que $\alpha + \beta - n$ est nul ou infiniment petit.

La méthode de Fredholm est donc toujours applicable. Dans le cas qui nous occupe, le noyau est

$$\frac{\cos\psi}{r} + C\frac{\sin\psi}{r} + B\log\frac{1}{r};$$

le second terme est de la forme $f'(x, y)$ et les deux autres de la forme $f''(x, y)$.

155. **Introduction des fonctions de Green.** — Ainsi donc, d'une manière générale, nous pouvons nous proposer de fournir une fonction V harmonique à l'intérieur d'un contour et satisfaisant sur ce contour à la condition

$$\frac{dV}{dn} + C\frac{dV}{ds} + BV = \text{fonction donnée.}$$

L'analyse se fera comme ci-dessus, à l'aide du potentiel de simple couche et en prenant la valeur principale des intégrales. Nous sommes ainsi conduits à définir certaines fonctions G, que l'on peut considérer comme la généralisation de la fonction de Green ordinaire, et qui satisfont à la condition aux limites

$$\frac{dG}{dn} + C\frac{dG}{ds} + BG = 0.$$

Rappelons d'abord la définition de la fonction de Green ordinaire.

Considérons une aire plane limitée par un contour donné.

Fig. 30.

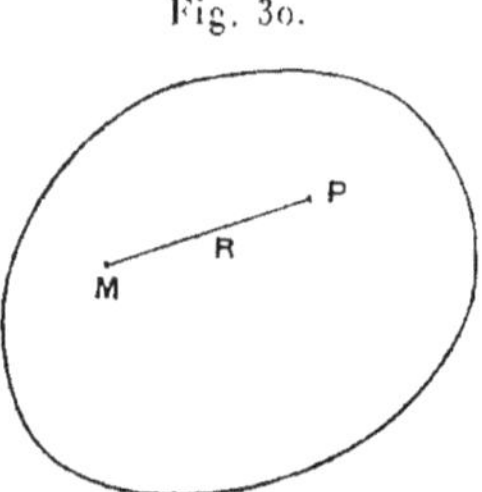

Désignons par x, y les coordonnées d'un point fixe M situé à l'intérieur du contour et par R sa distance au point variable P de coordonnées ξ, η (*fig.* 30).

La fonction de Green *ordinaire* G(M, P) relative à l'aire considérée et au point M est définie de la manière suivante :

En premier lieu, la fonction

$$G - \log \frac{1}{R} = G_1$$

doit être harmonique dans tout l'intérieur du contour.

En second lieu, G doit s'annuler sur le contour.

La fonction $\log \frac{1}{R} = G_2$, qui est le potentiel logarithmique de M en P, satisfait à l'équation de Laplace en tous les points tels que P; elle présente seulement une irrégularité lorsque P se confond avec M. Il en est de même de la fonction de Green. Quant à la fonction G_1, elle satisfera à

$$\Delta G_1 = 0$$

en tous les points à l'intérieur du contour, et, sur la courbe, elle prendra la valeur connue

$$G_1 = -\log \frac{1}{R}.$$

La détermination de G_1, qui entraîne celle de G, revient donc à la résolution d'un problème de Dirichlet. Inversement, la connaissance de G permet de résoudre ce problème.

Nous pouvons étendre cette notion et considérer des fonctions de Green *généralisées* qui répondront à d'autres conditions aux limites.

Imaginons, par exemple, qu'on doive avoir sur la courbe

$$\frac{dG}{dn} = K,$$

K étant, non pas une donnée de la question, mais une constante à déterminer. Nous aurons alors, dans tout le domaine limité,

$$\Delta G_1 = 0$$

et, sur le contour,

$$\frac{dG_1}{dn} = -\frac{dG_2}{dn} + K = \text{fonction connue} + \text{constante arbitraire}.$$

Nous retombons donc sur un problème déjà traité (§ 152). D'ailleurs, on a ici

$$K = 2\pi$$

parce que

$$\int \frac{dG_2}{dn} ds = \int d\theta = 2\pi.$$

Plus généralement, on peut se donner sur la courbe

$$\frac{dG}{dn} + C\frac{dG}{ds} + BG = 0,$$

C et B étant des fonctions données de s. La fonction harmonique G_1 devra satisfaire alors, sur la courbe, à la condition

$$\frac{dG_1}{dn} + C\frac{dG_1}{ds} + BG_1 = \text{fonction connue.}$$

Mais le problème ainsi posé n'est pas toujours possible. Si l'on avait

$$B = \frac{dC}{ds},$$

il faudrait se donner la condition

$$\frac{dG}{dn} + C\frac{dG}{ds} + BG = K$$

et l'on trouverait, comme ci-dessus, que l'on a

$$K = 2\pi.$$

En particulier, c'est cette condition aux limites qu'il faut adopter, si l'on a

$$C = \text{const.}, \qquad B = 0.$$

On voit que le problème intérieur de Dirichlet, avec les diverses conditions sur le contour que nous avons successivement envisagées, peut se ramener à la détermination de la fonction de Green ordinaire ou généralisée à l'intérieur du contour : de la connaissance de G, on déduira, en effet, celle de G_1.

Dans la plupart des cas, on éprouvera autant de difficultés à construire l'une ou l'autre de ces fonctions; parfois, cependant, l'expression de la fonction de Green pourra s'obtenir facilement.

Certaines propriétés de la fonction de Green ordinaire peuvent également convenir aux fonctions généralisées.

Ainsi, la fonction ordinaire est symétrique, c'est-à-dire qu'elle ne change pas quand on permute les points M et P :

$$G(M, P) = G(P, M).$$

Cette symétrie existe aussi pour les fonctions généralisées, mais seulement si

$$C = 0.$$

Les autres fonctions de Green ne sont pas symétriques.

156. Représentation conforme sur un cercle. — La fonction de Green ordinaire permet de faire sur un cercle la représentation conforme de l'aire à laquelle elle est relative.

Soit, en effet, dans une aire donnée, un point fixe M. Calculons la fonction de Green ordinaire G correspondant à ce point. En tous les points de l'aire distincts de M, on aura

$$\Delta G = 0$$

et, par conséquent,

$$\frac{dG}{dy}dx - \frac{dG}{dx}dy$$

sera une différentielle exacte.

Si donc nous introduisons la fonction

$$H = \int \left(\frac{dG}{dy}dx - \frac{dG}{dx}dy \right),$$

la fonction

$$-G + iH$$

sera une fonction analytique de $x + iy$.

A chaque point x, y de l'aire donnée, faisons maintenant correspondre un point x', y' du plan, tel que l'on ait

$$x' = e^{-G}\cos H,$$
$$y' = e^{-G}\sin H;$$

x' et y' sont des fonctions de x et y. Nous obtenons ainsi une représentation de l'aire, et, comme

$$x' + iy' = e^{G+iH}$$

est une fonction analytique de $x + iy$, cette représentation sera conforme.

Toutes les courbes

$$G = \text{const.}$$

situées à l'intérieur de l'aire donnée seront représentées par des cercles concentriques

$$x'^2 + y'^2 = \text{const.}$$

Sur la courbe limite de l'aire, on a

$$G = 0.$$

La représentation conforme sera donc limitée par le cercle

$$x'^2 + y'^2 = 1.$$

Au point M, G devient infini : le point correspondant sera donc

$$x' = y' = 0,$$

c'est-à-dire le centre du cercle.

Si donc on connaît la fonction de Green ordinaire relative à un point particulier M d'un certain domaine, on pourra faire la représentation conforme de ce domaine sur un cercle dont le centre sera le point représentatif de M.

Or, nous avons vu qu'en faisant un changement de variables conduisant à une représentation conforme, les équations du problème des marées conservaient la même forme (§ 74-77).

On serait ainsi ramené au cas où le bassin océanique considéré serait représenté sur la carte par un cercle.

Un intérêt tout particulier s'attache donc à l'étude des fonctions de Green dans le cas du cercle.

157. Fonctions de Green relatives au cercle. — Il est facile de former la fonction de Green ordinaire relative à un cercle O de rayon R et à un pôle M intérieur à ce cercle (*fig.* 31).

Traçons le diamètre OM et prenons sur cette droite un point M' tel que

$$OM \times OM' = R^2.$$

On a simplement

$$G = \log \frac{1}{MP} - \log \frac{1}{MP'} + \text{const.},$$

la constante étant égale à $\log \dfrac{R}{OM}$.

Formons également la fonction de Green généralisée répondant à la condition sur le contour

$$\frac{dG}{dn} + C\frac{dG}{ds} = 2\pi,$$

C étant une constante. Nous aurons

$$G = \log\frac{1}{MP} + \alpha\log\frac{1}{M'P} + \beta\,\widehat{PM'M},$$

α et β étant des fonctions de C.

Fig. 31.

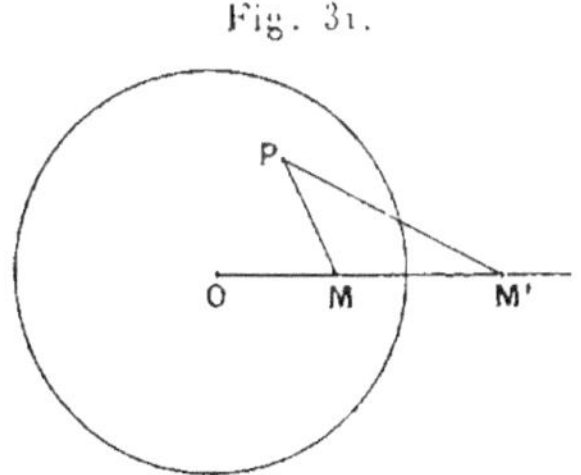

En particulier, si $C = 0$, on aura

$$\alpha = 1, \qquad \beta = 0.$$

Ceci nous donne en même temps une idée de l'ordre de grandeur de la fonction G.

158. **Application au problème des marées proprement dit.** — Nous avons vu qu'en négligeant H'', l'équation générale du problème des marées était

$$\sum \frac{d}{dx}\left(h_1\frac{d\varphi}{dx}\right) + \frac{\partial(h_2, \varphi)}{\partial(x, y)} = \frac{\zeta}{k^2} = \frac{1}{k^2 g}(\lambda^2\varphi - Ce^{\lambda t}).$$

Elle se ramène donc à la forme

$$\Delta\varphi = a\frac{d\varphi}{dx} + b\frac{d\varphi}{dy} + c\varphi + f,$$

a, b, c, f étant des fonctions données de x et de y.

f correspond au terme provenant des forces extérieures.

Pour intégrer cette équation, supposons d'abord que la condition aux limites soit

$$\varphi = 0$$

sur le contour.

Nous introduirons alors la fonction de Green ordinaire G satisfaisant sur le contour à la condition

$$G = 0.$$

Soient toujours x, y les coordonnées de M; ξ, η celles de P. Désignons par a', b', c', f', φ' ce que deviennent les fonctions a, b, c, f, φ lorsqu'on y remplace les variables x, y par ξ, η et posons

$$a\frac{d\varphi}{dx} + b\frac{d\varphi}{dy} + c\varphi + f = F,$$

$$a'\frac{d\varphi'}{d\xi} + b'\frac{d\varphi'}{d\eta} + c'\varphi' + f' = F'.$$

Appelons $d\sigma'$ l'élément d'aire $d\xi\, d\eta$ dont le centre de gravité est en P.

Considérons une fonction φ définie par la relation

$$-2\pi\varphi = \int F' G\, d\sigma',$$

l'intégrale étant prise par rapport à $d\xi$ et $d\eta$ dans toute l'étendue du contour. Comme F′ est une fonction de ξ, η et G une fonction de x, y, ξ, η, φ sera une fonction de x et de y.

Je dis que la fonction φ ainsi définie satisfait au problème. En effet, calculons $\Delta\varphi$. Nous avons

$$G = \log\frac{1}{MP} + G_1,$$

G_1 étant une fonction harmonique. Donc

$$\varphi = \int \frac{-F'}{2\pi}\log\frac{1}{MP}\,d\sigma' + \int \frac{-F'}{2\pi} G_1\, d\sigma'.$$

Dans la seconde intégrale, la fonction restant régulière dans l'intérieur du contour, nous pouvons différentier sous le signe $\int$, et, comme $\Delta G_1 = 0$, le terme correspondant de $\Delta\varphi$ sera nul.

Quant à la première intégrale, elle représente le potentiel logarithmique, au point x, y où la densité est $-\frac{F}{2\pi}$, d'une matière attirante dont la densité est $-\frac{F'}{2\pi}$ au point ξ, η. On a donc, en vertu de l'équation de Poisson,

$$\Delta\varphi = -2\pi\left(-\frac{F}{2\pi}\right) = F.$$

Ainsi la première condition est bien remplie.

La seconde l'est également, car, si le point x, y vient sur le contour, G s'annule et, par suite, φ.

Par conséquent, la fonction de Green ordinaire G étant préalablement déterminée, nous aurons φ par l'équation

$$-2\pi\varphi = \int F'G\,d\sigma'.$$

Nous allons démontrer maintenant que cette équation peut se ramener à la forme d'une équation de Fredholm.

Nous pouvons, en effet, l'écrire

$$-2\pi\varphi = \int\left(a'\frac{d\varphi'}{d\xi} + b'\frac{d\varphi'}{d\eta} + c'\varphi'\right)G\,d\sigma' + \int f'G\,d\sigma'.$$

Or, $\int f'G\,d\sigma'$ est une fonction connue, puisque f' est une fonction donnée et que la fonction G a été déterminée.

Si donc, nous avions simplement $\int c\varphi' G\,d\sigma'$, nous aurions bien une équation de Fredholm. Mais il faut tenir compte aussi des termes en $\frac{d\varphi'}{d\xi}$ et $\frac{d\varphi'}{d\eta}$.

Pour cela, intégrons par parties. Soient α', β' les cosinus directeurs de la normale à l'élément ds' du contour.

Nous aurons

$$\int a'G\frac{d\varphi'}{d\xi}\,d\sigma' = \int a'\alpha' G\varphi'\,ds' - \int \varphi'\frac{da'G}{d\xi}\,d\sigma',$$

$$\int b'G\frac{d\varphi'}{d\eta}\,d\sigma' = \int b'\beta' G\varphi'\,ds' - \int \varphi'\frac{db'G}{d\eta}\,d\sigma.$$

On obtient donc l'équation

$$\begin{aligned}-2\pi\varphi = &\int(a'\alpha' + b'\beta')G\varphi'\,ds' \\ &+ \int\left(c'G - \frac{da'G}{d\xi} - \frac{db'G}{d\eta}\right)\varphi'\,d\sigma' + \int f'G\,d\sigma'.\end{aligned}$$

Or, G s'annule sur le contour ; il reste donc simplement

$$-2\pi\varphi = \int\left(c'G - \frac{da'G}{d\xi} - \frac{db'G}{d\eta}\right)\varphi'\,d\sigma' + \int f'G\,d\sigma'.$$

C'est bien une équation de Fredholm, dont le noyau est

$$c'G - \frac{da'G}{d\xi} - \frac{db'G}{d\eta}.$$

Reste à voir toutefois si ce noyau remplit bien les conditions nécessaires pour que la méthode soit applicable.

Le noyau devient infini pour $MP = 0$; il s'agit donc de voir de quel ordre est cet infiniment grand.

Or, G est de l'ordre de $\log\frac{1}{MP}$; il devient bien infini pour $MP = 0$, mais d'un ordre infiniment petit, car $\log\frac{1}{MP}$ croît moins rapidement que $\frac{1}{MP^\varepsilon}$, quelque petit que soit ε. Quant aux dérivées, elles croissent avec la rapidité de $\frac{1}{MP}$.

Par conséquent, le noyau devient infini d'ordre un, et, comme l'intégrale est double, la méthode de Fredholm peut s'appliquer.

159. **Cas d'un bassin limité par des parois verticales.** — On sait que le problème des marées se pose d'ordinaire autrement.

Si nous supposons d'abord le cas d'une mer terminée par une falaise verticale, nous n'aurons pas $h = 0$, même sur les bords. En ne tenant pas compte de la force centrifuge composée, nous devrions avoir alors

$$\frac{d\varphi}{dn} = 0.$$

Mais, la rotation intervenant, la condition aux limites sera une relation entre $\frac{d\varphi}{dn}$ et $\frac{d\varphi}{ds}$.

En général, la condition sur le contour sera donc

$$\frac{d\varphi}{dn} + C\frac{d\varphi}{ds} = 0,$$

C étant une fonction donnée de s $\left(C = -\frac{2\omega\cos\theta}{\lambda}\right)$.

Au lieu de la fonction de Green ordinaire, nous formerons alors la fonction généralisée correspondante, définie par la condition aux limites

$$\frac{dG}{dn} + C\frac{dG}{ds} = 0.$$

La fonction φ satisfaisant au problème sera encore définie par l'équation

$$-2\pi\varphi = \int F' G \, d\sigma'.$$

En effet, nous aurions, comme précédemment,

$$\Delta\varphi = F.$$

De plus, sur le contour, on a, en différentiant sous le signe $\int$,

$$-2\pi\left(\frac{d\varphi}{dn} + C\frac{d\varphi}{ds}\right) = \int F'\left(\frac{dG}{dn} + C\frac{dG}{ds}\right) d\sigma' = 0.$$

Les deux conditions sont donc bien remplies.

Nous traiterons alors l'équation qui doit donner φ de la même manière que dans le cas précédent; seulement, ici, le premier terme ne disparaîtra pas, et nous obtiendrons

$$\begin{aligned} -2\pi\varphi = & \int (a'\alpha' + b'\beta') G \varphi' \, ds' \\ & + \int \left(c' G - \frac{da' G}{d\xi} - \frac{db' G}{d\eta}\right) \varphi' \, d\sigma' + \int f' G \, d\sigma'. \end{aligned}$$

En dehors de la fonction connue, nous avons dans le second membre la somme d'une intégrale simple et d'une intégrale double. Mais ceci n'empêche qu'on puisse arriver au résultat, et la méthode de Fredholm s'applique très bien aux équations de cette forme.

Le noyau $(a'\alpha' + b'\beta')G$ de l'intégrale simple devient infini comme un logarithme; on a donc pour lui $\alpha = 0$, donc $\alpha < 1$, et il n'y a, de ce fait, aucune difficulté.

Montrons seulement comment on calculera les termes du développement de D et de N. D'après ce que nous avons vu au § 145, il faut considérer le déterminant

$$f\begin{pmatrix} M_1 & M_2 & \dots & M_n \\ M_1 & M_2 & \dots & M_n \end{pmatrix}$$

et intégrer par rapport à $d\sigma_1, d\sigma_2, \dots, d\sigma_n$.

Prenons quelques-uns des points à l'intérieur du contour, et les autres sur le contour lui-même. Si, pour fixer les idées, nous envisageons le cas où $n = 2$, nous aurons à former notre intégrale avec

$$f\begin{pmatrix} M_1 & M_2 \\ M_1 & M_2 \end{pmatrix}.$$

Nous prendrons alors successivement les points M_1 et M_2 :

D'abord tous deux à l'intérieur, ce qui, en intégrant par rapport à $d\sigma_1$ et $d\sigma_2$, nous donnera une intégrale quadruple;

Puis M_1 sur le contour et M_2 à l'intérieur; de même M_1 à l'intérieur et M_2 sur le contour; ce qui, dans chacun de ces cas, en intégrant sur le contour par rapport à ds et à l'intérieur par rapport à $d\sigma$, nous fournira une intégrale triple;

Enfin, les deux points sur le contour, d'où une intégrale double.

Le coefficient S_2 du développement de D, par exemple, sera donc donné par la formule

$$\begin{aligned} 2!\,S_2 = & \iint f\begin{pmatrix} M_1 & M_2 \\ M_1 & M_2 \end{pmatrix} d\sigma_1\, d\sigma_2 + \iint f\begin{pmatrix} M_1 & M_2 \\ M_1 & M_2 \end{pmatrix} ds_1\, d\sigma_2 \\ & + \iint f\begin{pmatrix} M_1 & M_2 \\ M_1 & M_2 \end{pmatrix} d\sigma_1\, ds_2 + \iint f\begin{pmatrix} M_1 & M_2 \\ M_1 & M_2 \end{pmatrix} ds_1\, ds_2. \end{aligned}$$

Pour n quelconque, l'élément général du déterminant qu'il faut intégrer est $f(M_i\, M_k)$.

Si les points M_i, M_k sont tous deux à l'intérieur, il faudra prendre pour f le noyau de l'intégrale double dans l'équation qui doit déterminer φ. Si les deux points sont sur le contour, on prendra pour f le noyau de l'intégrale simple. Enfin, si l'un des points est à l'intérieur et l'autre sur le contour, c'est le second point qui déterminera le choix du noyau.

La méthode de Fredholm s'applique en somme sans beaucoup de changements; les séries obtenues sont très convergentes, mais le calcul des termes est fort long.

160. L'application de la méthode de Fredholm à une équation intégrale comprenant à la fois une intégrale simple et une intégrale double peut s'exposer d'une manière différente.

Une telle équation est de la forme

$$\varphi(M) = \int \varphi(P) f_1(M, P)\, ds' + \int \varphi(P) f_2(M, P)\, d\sigma' + \psi(M).$$

$\varphi(M)$ est une fonction inconnue des coordonnées x, y du point M;

$\varphi(P)$ est la même fonction des coordonnées ξ, η du point P;

f_1 et f_2 sont des fonctions données des coordonnées de ces deux points.

Nous avons un contour limitant une certaine aire : ds' est un élément d'arc du contour et $d\sigma'$ un élément de surface de l'aire limitée (*fig.* 32).

Fig. 32.

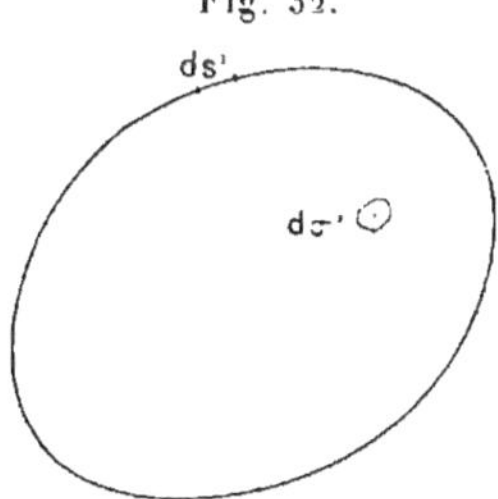

Dans la première intégrale de l'équation, P est le centre de gravité de l'élément ds'; dans la seconde, P est le centre de gravité de l'élément $d\sigma'$.

Fig. 33.

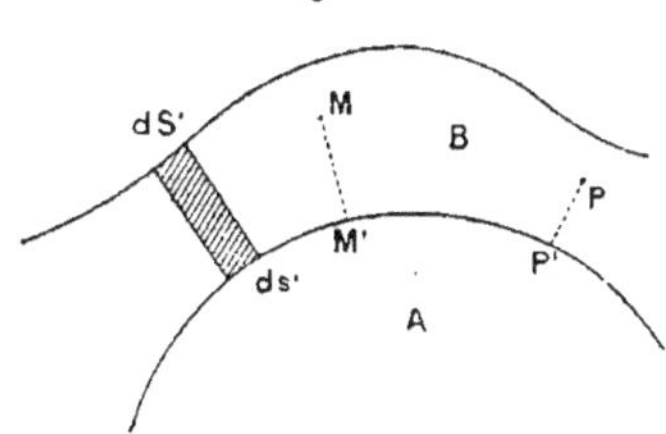

Soit A l'aire considérée. Par les différents points du contour, menons les normales extérieures à ce contour : elles décriront une aire complémentaire B extérieure à A.

Les normales aux extrémités de l'élément ds' découperont sur le contour de B un élément d'arc dS'.

Prenons un point M ou P dans B, et abaissons les normales MM', PP' sur le contour de A (*fig.* 33).

La fonction f_1 (M, P) est définie quand le point P se trouve sur le contour et le point M, soit à l'intérieur, soit sur le contour lui-même; la fonction f_2 (M, P) est définie quand P est à l'intérieur de l'aire A et M à l'intérieur ou sur le contour.

Nous pouvons remplacer notre équation où figurent deux intégrales par une équation ne contenant qu'une intégrale unique, soit

$$\varphi(M) = \int \varphi(P) f(M, P) d\sigma' + \psi(M),$$

en étendant cette intégrale à l'aire totale A + B.

Mais il faut alors définir la fonction f.

Par définition, si M et P sont tous deux à l'intérieur de l'aire A, on prendra

$$f = f_2(M, P).$$

Si M est dans l'aire B et P dans l'aire A,

$$f = f_2(M', P).$$

Si M est dans l'aire A et P dans l'aire B,

$$f = f_1(M, P') \frac{ds'}{dS'}.$$

Si M et P sont tous deux dans l'aire B,

$$f = f_1(M', P') \frac{ds'}{dS'}.$$

Il est clair alors que l'intégrale unique sera la somme des deux intégrales, l'une simple, l'autre double, qui figurent dans l'équation donnée.

Quant à la fonction φ, si M ou P se trouve dans l'aire B, on aura, par définition,

$$\varphi(M) = \varphi(M'),$$
$$\varphi(P) = \varphi(P').$$

On est donc conduit par cet artifice d'exposition aux mêmes résultats que précédemment.

161. Cas où la méthode est en défaut. — Nous avons, en

général,

$$C = -\frac{2\omega\cos\theta}{\lambda} = f(s).$$

Toutefois, si le bassin considéré se trouvait limité par un parallèle, ou bien encore si on ne tenait pas compte de la courbure, comme dans le problème du vase tournant, C se réduirait à une constante.

Dans ce cas, nous ne pouvons plus déterminer de fonction de Green répondant à la condition

$$\frac{dG}{dn} + C\frac{dG}{ds} = 0.$$

Nous sommes obligés de prendre

$$\frac{dG}{dn} + C\frac{dG}{ds} = 2\pi.$$

Il en résulte que la fonction φ définie par l'équation

$$-2\pi\varphi = \int F'G\,d\sigma'$$

ne satisfera pas sur le contour à la condition

$$\frac{d\varphi}{dn} + C\frac{d\varphi}{ds} = 0,$$

mais bien à la condition

$$\frac{d\varphi}{dn} + C\frac{d\varphi}{ds} = -\int F'\,d\sigma' = \text{const.};$$

φ ne donnerait donc pas la solution du problème.

On se tire d'affaire en ajoutant une constante K au second membre de l'équation qui doit définir φ et posant alors

$$-2\pi\varphi = \int F'G\,d\sigma' + K.$$

L'addition de K n'empêchera pas que l'on ait toujours

$$\Delta\varphi = F$$

et, de plus, nous aurons

$$\frac{d\varphi}{dn} + C\frac{d\varphi}{ds} = -\int F'\,d\sigma' = k.$$

Mais F' est devenu alors une fonction linéaire de K ; et, comme le coefficient de K n'est pas nul, en général, nous pourrons disposer de K de manière à annuler la constante k. La fonction φ satisfera alors aux conditions du problème.

162. Remarque sur la conduite des calculs. — L'application de la méthode de Fredholm à l'intégration des équations du problème des marées, telle que nous l'avons exposée, conduit à faire le calcul en deux étapes : on détermine d'abord la fonction de Green G, ce qui nécessite déjà la résolution d'une équation de Fredholm, puis ensuite on détermine φ à l'aide d'une autre équation de Fredholm. Ceci n'est pas absolument nécessaire et, sans entrer dans le détail, nous dirons seulement qu'il est possible de donner tout de suite à l'équation de Fredholm une forme où ne figureraient que des fonctions connues.

163. Détermination des oscillations propres. — Dans les coefficients a, b, c, f, figure λ; par exemple,

$$c = \frac{\lambda^2}{gh}.$$

Dans l'application de la méthode, il importe de ne pas confondre ce paramètre λ qui caractérise la période de l'oscillation avec le paramètre de l'équation de Fredholm que nous avions appelé λ aux n°s 142 et suivants et que nous appellerons désormais λ', de sorte que notre équation sera mise sous la forme

$$\varphi(x) = \lambda' \int \varphi(\xi) f(x, \xi)\, d\xi + \psi(x).$$

Si l'on recherche les oscillations contraintes, λ est une donnée de la question, il suffit de le remplacer dans les formules par sa valeur numérique.

Mais, s'il s'agit de déterminer les oscillations propres, λ est une inconnue, et nous avons alors à déterminer deux paramètres : λ' et λ.

La méthode de Fredholm fournit une solution qui se présente sous la forme du quotient de deux séries

$$\frac{N(x, y, \xi, \eta, \lambda')}{D(\lambda')}.$$

Dans le cas des oscillations propres,

$$\psi(x) = 0.$$

Il faut donc que l'on ait

$$D = 0.$$

Le dénominateur D est une fonction entière de λ' dont les coefficients dépendent de λ; nous pouvons l'écrire

$$D(\lambda', \lambda).$$

Si nous supposons que a, b, c, f soient des polynomes entiers en λ, ainsi qu'il arrive dans les problèmes de marées, D (λ', λ) sera également une fonction entière de λ.

En effet, le coefficient S_n de λ'^n satisfait à l'inégalité

$$S_n < \frac{M^n}{\sqrt{n!}},$$

M étant la plus grande valeur possible du noyau, lequel est un polynome en λ. Par suite

$$S_n < \frac{A^n \lambda^{np}}{\sqrt{n!}}.$$

S_n est donc bien une fonction entière de λ.

Lorsque, dans D (λ', λ), nous ferons $\lambda' = 1$, il nous restera alors une fonction entière de λ et, en l'égalant à zéro, nous obtiendrons l'équation qui nous fournira les périodes des oscillations propres.

164. **Cas où les coefficients deviennent infinis.** — L'analyse précédente suppose essentiellement que les fonctions a, b, c, f restent finies.

Or, elles peuvent devenir infinies pour deux raisons :

1° Si, contrairement à l'hypothèse faite jusqu'ici, la mer n'est pas limitée par des parois verticales. En effet, l'équation du problème est d'une forme telle que

$$\sum \frac{d}{dx}\left(h\frac{d\varphi}{dx}\right) = A\varphi + B\frac{d\varphi}{dx} + \ldots,$$

d'où

$$h\Delta\varphi + \sum \frac{dh}{dx}\frac{d\varphi}{dx} = A\varphi + B\frac{d\varphi}{dx} + \ldots,$$

$$\Delta\varphi = -\sum \frac{d\varphi}{dx}\frac{dh}{h\,dx} + \frac{A}{h}\varphi + \frac{B}{h}\frac{d\varphi}{dx} + \ldots$$

Si donc la mer est limitée par des parois inclinées, nous aurons sur les bords $h = 0$ et les coefficients de φ, $\frac{d\varphi}{dx}$, ... deviendront infinis ;

2° Rappelons que dans les équations relatives à la sphère tournante (§ 77) s'introduit le terme

$$\sum \frac{d}{dx}\left(h_1 \frac{d\varphi}{dx}\right),$$

h_1 ayant la valeur

$$\frac{\lambda^2 h}{\lambda^2 + 4\omega^2\cos^2\theta}.$$

λ^2 étant essentiellement négatif, le dénominateur de h_1 pourra s'annuler si

$$|\lambda^2| < 4\omega^2.$$

Alors h_1 deviendra infini et il en sera de même du coefficient

$$\frac{dh_1}{h_1\,dx} = \frac{d\log h_1}{dx}.$$

Ainsi donc, même lorsqu'on néglige Π'', la résolution du problème dans le cas général se heurte à deux difficultés : l'une provenant de ce que la profondeur peut être nulle sur les bords ; l'autre de ce qu'il existe certaines latitudes critiques, lorsque λ et ω satisfont à la condition

$$|\lambda^2| < 4\omega^2.$$

C'est cette seconde difficulté que nous allons examiner tout d'abord.

165. Bassin à parois verticales et traversé par un parallèle critique. — Les coefficients deviennent alors infinis tout le long des parallèles de latitude donnés par

$$\lambda^2 + 4\omega^2\cos^2\theta = 0.$$

Mais il est possible de diriger le calcul, comme nous l'avons indiqué au paragraphe 78, de manière à éviter l'introduction de termes infinis.

Rappelons les équations fondamentales auxquelles nous avions été conduits. En désignant par h la profondeur au point dont les coordonnées sur la carte conforme sont x et y, le rapport de similitude étant k, l'équation de continuité s'écrit

$$k^2 \sum \frac{d(hu)}{dx} = \zeta. \tag{1}$$

En négligeant Π'' et posant alors

$$W = Ce^{\lambda t},$$

la condition à la surface libre nous donne

$$\zeta = \frac{\lambda^2 \varphi}{g} - \frac{W}{g}. \tag{2}$$

Quant aux composantes u et v du déplacement suivant les axes de la carte, elles seront fournies par les équations

$$\left\{\begin{aligned} \frac{d\varphi}{dx} &= u - \Omega v, \\ \frac{d\varphi}{dy} &= v + \Omega u \end{aligned}\right. \tag{3}$$

avec

$$\Omega = \frac{2\omega \cos\theta}{\lambda}.$$

Prenons l'équation (1) qui donne ζ et différentions-la par rapport à x; nous aurons, en mettant en évidence les termes contenant les dérivées secondes de u et v,

$$\frac{d\zeta}{dx} = k^2 h \left(\frac{d^2 u}{dx^2} + \frac{d^2 v}{dx\,dy} \right) + A,$$

A représentant l'ensemble des termes contenant les dérivées premières ou les fonctions u et v elles-mêmes.

D'autre part, l'équation (2) donne également

$$\frac{d\zeta}{dx} = \frac{\lambda^2}{g}(u - \Omega v) - \frac{1}{g}\frac{dW}{dx},$$

d'où

$$(4) \qquad \frac{d\zeta}{dx} = k^2 h\left(\frac{d^2 u}{dx^2} + \frac{d^2 v}{dx\,dy}\right) + A = \frac{\lambda^2}{g}(u - \Omega v) - \frac{1}{g}\frac{dW}{dx},$$

et de même

$$(5) \qquad \frac{d\zeta}{dy} = k^2 h\left(\frac{d^2 u}{dx\,dy} + \frac{d^2 v}{dy^2}\right) + B = \frac{\lambda^2}{g}(v + \Omega u) - \frac{1}{g}\frac{dW}{dy}.$$

$\frac{dW}{dx}$ et $\frac{dW}{dy}$ sont des fonctions connues.

On a, d'ailleurs, explicitement

$$A = \frac{du}{dx}\left(2k^2\frac{dh}{dx} + h\frac{dk^2}{dx}\right) + u\frac{d}{dx}\left(k^2\frac{dh}{dx}\right) + \frac{dv}{dy}\frac{dk^2 h}{dy} + k^2\frac{dh}{dy}\frac{dv}{dx} + v\frac{d}{dx}\left(k^2\frac{dh}{dy}\right),$$

avec une expression analogue pour B.

Nous obtenons ainsi deux équations entre u et v, dont les coefficients ne deviennent pas infinis à la latitude critique.

Les termes infinis s'étaient introduits précédemment quand on résolvait par rapport à u et v, parce que le déterminant des équations s'annulait pour cette latitude.

Les équations (4) et (5) auxquelles nous sommes parvenus peuvent s'écrire

$$(6) \qquad \begin{cases} k^2 h\left(\dfrac{d^2 u}{dx^2} + \dfrac{d^2 v}{dx\,dy}\right) = X, \\ k^2 h\left(\dfrac{d^2 u}{dx\,dy} + \dfrac{d^2 v}{dy^2}\right) = Y, \end{cases}$$

X et Y étant des fonctions linéaires de u, v et de leurs dérivées premières, dont les coefficients sont connus et ne deviennent pas infinis.

D'autre part, si nous dérivons la première des équations (3) par rapport à y et la seconde par rapport à x, nous obtenons, en égalant les résultats,

$$(7) \qquad \frac{du}{dy} - \frac{dv}{dx} = \Omega\left(\frac{du}{dx} + \frac{dv}{dy}\right).$$

Différentions maintenant cette équation successivement par rapport à x et à y et multiplions par $k^2 h$; nous aurons, en tenant compte de (6),

$$(8) \quad \begin{cases} k^2 h\left(\dfrac{d^2 u}{dx\,dy} - \dfrac{d^2 v}{dx^2}\right) = \Omega X + \dfrac{d\Omega}{dx} k^2 h\left(\dfrac{du}{dx} + \dfrac{dv}{dy}\right), \\ k^2 h\left(\dfrac{d^2 u}{dy^2} - \dfrac{d^2 v}{dx\,dy}\right) = \Omega Y + \dfrac{d\Omega}{dy} k^2 h\left(\dfrac{du}{dx} + \dfrac{dv}{dy}\right). \end{cases}$$

Si, alors, nous ajoutons la première des équations (6) à la seconde des équations (8) et si nous retranchons les deux autres, nous obtiendrons finalement

$$(9) \quad \begin{cases} k^2 h\, \Delta u = F, \\ k^2 h\, \Delta v = F_1 \end{cases}$$

en posant

$$F = X + \Omega Y + k^2 h \frac{d\Omega}{dy}\left(\frac{du}{dx} + \frac{dv}{dy}\right),$$
$$F_1 = Y - \Omega X - k^2 h \frac{d\Omega}{dx}\left(\frac{du}{dx} + \frac{dv}{dy}\right).$$

Il s'agit d'intégrer les équations (9).

On voit qu'elles sont tout à fait analogues à celle que nous avons précédemment traitée, mais nous avons à déterminer deux fonctions u et v au lieu d'une seule fonction φ.

k, le rapport de similitude de la carte à la sphère, et h, la profondeur, sont des fonctions connues de x et y.

F et F_1 sont des fonctions linéaires de u, v et de leurs dérivées premières, dont les coefficients sont des fonctions connues de x et y ne devenant pas infinies.

Par exemple,

$$F = a\frac{du}{dx} + \ldots + bu + cv + f.$$

Si nous supposons alors que la mer soit limitée par une falaise verticale, h ne s'annulera pas; k ne s'annulant pas non plus, nous pourrons diviser par $k^2 h$, et nous aurons à intégrer les équations

$$(10) \quad \begin{cases} \Delta u = \Phi, \\ \Delta v = \Phi_1, \end{cases}$$

les fonctions Φ et Φ_1 étant de même forme que F et F_1.

Puisque nous avons deux fonctions inconnues, nous serons obligés de nous donner deux conditions aux limites.

La première exprimera que la composante normale du déplacement est nulle sur le contour, soit

$$\alpha u + \beta v = 0, \tag{11}$$

α et β étant les cosinus directeurs de la normale à l'élément ds.

Comme seconde condition, nous prendrons l'équation (7) qui, devant être satisfaite dans l'aire entière, le sera également sur le contour. En posant pour abréger

$$D(u, v) = \frac{du}{dy} - \frac{dv}{dx} - \Omega\left(\frac{du}{dx} + \frac{dv}{dy}\right),$$

cette seconde condition aux limites s'écrit

$$D(u, v) = 0; \tag{12}$$

$D(u, v)$ est une combinaison linéaire des dérivées premières de u et v, et le coefficient Ω ne devient pas infini non plus.

Remarquons encore qu'il y aura deux latitudes critiques symétriques données par

$$\Omega = \pm i.$$

Si donc il s'agissait de marées semi-diurnes, les latitudes critiques seraient dans les mers polaires et il n'y aurait pas lieu de s'en occuper. La question se pose surtout pour les marées diurnes dont les latitudes critiques sont, dans chaque hémisphère, voisines du 60e parallèle.

166. Nous suivrons, pour intégrer les équations (10) avec les conditions aux limites (11) et (12), une marche analogue à celle que nous avons précédemment employée.

En premier lieu, nous chercherons à résoudre le problème préliminaire suivant :

Construire deux fonctions u et v, sachant qu'à l'intérieur de l'aire on a

$$\Delta u = \Delta v = 0$$

et en se donnant sur le contour

$$\alpha u + \beta v = N,$$
$$D(u, v) = M.$$

Le problème ainsi posé ne comporte pas toujours de solution.

Pour qu'il existe une solution, il faut que M et N soient assujettis à un certain nombre de conditions, comme nous le verrons tout à l'heure.

Soit, par exemple, n le nombre de ces conditions.

Nous ne pouvons plus alors résoudre le problème, quels que soient M et N. Mais nous introduirons n fonctions

$$\varphi_1, \quad \varphi_2, \quad \ldots, \quad \varphi_n$$

et n fonctions correspondantes

$$\psi_1, \quad \psi_2, \quad \ldots, \quad \psi_n.$$

Toutes ces fonctions sont choisies arbitrairement une fois pour toutes.

Alors, au lieu des conditions posées plus haut, nous prendrons

$$\alpha u + \beta v = N + \sum k_i \psi_i,$$
$$D(u, v) = M + \sum k_i \varphi_i.$$

Les fonctions φ et ψ sont données et les k_i sont des constantes inconnues que l'on pourra déterminer de manière à satisfaire aux n conditions entre M et N et en déduire ensuite u et v.

Nous pourrons toujours supposer qu'il est impossible d'avoir une solution telle que

$$\alpha u + \beta v = \psi_i,$$
$$D(u, v) = \varphi_i.$$

En effet, soit u_i, v_i cette solution ; si elle existe, la solution

$$u - k_i u_i,$$
$$v - k_i v_i$$

conviendra également, et l'on pourrait alors faire disparaître les termes contenant ψ_i et φ_i.

Plus généralement, on ne peut pas avoir

$$\alpha u + \beta v = \sum k_i \psi_i,$$
$$D(u, v) = \sum k_i \varphi_i,$$

sauf quand tous les coefficients k sont nuls à la fois et que l'on a

$$\alpha u + \beta v = 0,$$
$$D(u, v) = 0.$$

167. Supposons que nous sachions résoudre ce premier problème.

Nous chercherons alors à déterminer deux couples de fonctions de Green particulières définies de la manière suivante.

Le premier couple sera formé de deux fonctions G, G', telles que

$$G - \log \frac{1}{MP},$$
$$G'$$

soient des fonctions harmoniques à l'intérieur du contour, et que l'on ait sur le contour

$$\alpha G + \beta G' = \sum k_i \psi_i,$$

$$D(G, G') = \sum k_i \varphi_i.$$

Ces conditions ne sont pas incompatibles avec celles qui assujettissaient u et v tout à l'heure, parce qu'ici les fonctions G et G' ne sont pas harmoniques toutes deux.

On saura résoudre ce problème si l'on sait résoudre le précédent.

De même, nous déterminerons un second couple G_1, G'_1 par les conditions que

$$G_1,$$
$$G'_1 - \log \frac{1}{MP}$$

soient des fonctions harmoniques à l'intérieur du contour, et que l'on ait sur le contour

$$\alpha G_1 + \beta G'_1 = \sum k_i \psi_i,$$

$$D(G_1, G'_1) = \sum k_i \varphi_i.$$

168. Ceci posé, nous pouvons aborder le problème lui-même, c'est-à-dire la détermination des fonctions u et v qui satisfont aux équations (10), (11) et (12).

Nous pouvons toujours définir deux fonctions U et V par les conditions

$$(13)\quad \begin{cases} -2\pi u = \int \Phi' G\, d\sigma' + \int \Phi'_1 G_1\, d\sigma' + U, \\ -2\pi v = \int \Phi' G' d\sigma' + \int \Phi'_1 G'_1\, d\sigma' + V. \end{cases}$$

Cela suppose, à vrai dire, l'existence de la solution, mais elle n'est pas douteuse dans ce cas.

Les fonctions G, G'; G_1, G'_1, préalablement déterminées, sont des fonctions des coordonnées x, y ; ξ, η.

$\Phi = \frac{F}{k^2 h}$ est une fonction de x, y; u, v et leurs dérivées.

Φ' désigne la même fonction de ξ, η; u', v' et leurs dérivées; u' et v' représentant ce que deviennent les fonctions u et v quand on y remplace les variables x, y par ξ, η.

De même pour Φ_1 et Φ'_1.

Or, je dis d'abord que U et V satisfont à l'équation de Laplace, à l'intérieur du contour.

En effet, formons Δu et Δv. Si nous remplaçons G par

$$\log\frac{1}{MP} + \left(G - \log\frac{1}{MP}\right),$$

nous aurons, puisqu'on peut différentier sous le signe $\int$ lorsqu'il s'agit d'une fonction harmonique,

$$-2\pi\Delta u = \Delta\int \Phi' \log\frac{1}{MP}\, d\sigma' + \int \Phi' \Delta\left(G - \log\frac{1}{MP}\right) d\sigma' + \int \Phi'_1 \Delta G_1\, d\sigma' + \Delta U.$$

La première intégrale du second membre représente, au point x, y où la densité est Φ, le potentiel logarithmique d'une aire attirante de densité Φ' au point ξ, η : son laplacien est, par suite, égal à $-2\pi\Phi$. Quant aux deux autres intégrales, elles sont nulles, puisque $G - \log\frac{1}{MP}$ et G_1 sont des fonctions harmoniques. On a donc

$$-2\pi\,\Delta u = -2\pi\Phi + \Delta U.$$

Mais, d'après (10),

$$\Delta u = \Phi.$$

Par suite

$$\Delta U = 0,$$

et, de même,

$$\Delta V = 0.$$

Voyons maintenant à quelles conditions satisfont U et V sur le contour. Calculons, par exemple, $\alpha u + \beta v$. On a, d'après (11) et (13),

$$-2\pi(\alpha u + \beta v)$$
$$= \int \Phi'(\alpha G + \beta G')\, d\sigma' + \int \Phi'_1(\alpha G_1 + \beta G'_1)\, d\sigma' + \alpha U + \beta V = 0.$$

Or, on a sur le contour, d'après la définition de G et G′,

$$\alpha G + \beta G' = \sum k_i \psi_i.$$

Φ' ne dépend que de ξ et η ; par conséquent, la première intégrale, qui est prise par rapport à ξ et η, sera aussi une combinaison linéaire des fonctions ψ de x et y.

Il en est de même de la seconde intégrale.

Par conséquent, on aura sur le contour une condition de la forme

$$\alpha U + \beta V = \sum k_i \psi_i.$$

On montrerait de même que l'on doit avoir aussi

$$D(U, V) = \sum k_i \varphi_i.$$

Les fonctions U et V satisfont donc dans l'aire à l'équation de Laplace et sur le contour à ces conditions aux limites.

Or, nous avons vu qu'il n'existe pas de fonctions satisfaisant à ces conditions, à moins que les k ne soient tous nuls. De plus, ainsi que nous le verrons plus loin, dans le cas que nous envisageons, il n'en existe pas qui satisfassent à

$$\alpha U + \beta V = 0,$$
$$D(U, V) = 0.$$

On a donc nécessairement

$$U = V = 0.$$

Il en résulte que

$$-2\pi u = \int \Phi' G \, d\sigma' + \int \Phi'_1 G_1 \, d\sigma',$$

$$-2\pi v = \int \Phi' G' \, d\sigma' + \int \Phi'_1 G'_1 \, d\sigma'.$$

Il suffira d'intégrer par parties, comme nous l'avons déjà fait au paragraphe 158, pour mettre ces équations intégrales sous forme d'équations de Fredholm, qui nous fourniront u et v. On aura ensuite ζ par l'équation (1).

169. Tout revient donc, en somme, à la résolution du problème préliminaire posé au paragraphe 166 :

Construire deux fonctions u et v satisfaisant à l'équation de Laplace

$$\Delta u = \Delta v = 0$$

à l'intérieur de l'aire, et aux conditions

$$\alpha u + \beta v = N + \sum k_i \psi_i,$$

$$D(u, v) = M + \sum k_i \varphi_i,$$

sur le contour.

Nous poserons pour cela

$$u = \frac{dP}{dx},$$

$$v = \frac{dP}{dy} + Q,$$

ces deux fonctions P et Q étant telles que, à l'intérieur du contour,

$$\Delta P = \Delta Q = 0.$$

Puisque

$$\alpha \frac{dP}{dx} + \beta \frac{dP}{dy} = \frac{dP}{dn},$$

les conditions aux limites deviennent alors

$$\frac{dP}{dn} + \beta Q = N + \sum k_i \psi_i,$$

$$-\frac{dQ}{dx} - \Omega \frac{dQ}{dy} = M + \sum k_i \varphi_i = M_1$$

Cette dernière condition ne renferme plus de termes en P.

Nous commencerons donc par déterminer la fonction Q. Il nous est permis de supposer que le contour de l'aire est une circonférence. En effet, nous savons que, dans le cas d'un contour quelconque, il suffit de déterminer la fonction de Green ordinaire, G(M, P), relative à un seul point M, pour pouvoir faire de l'aire une représentation conforme sur un cercle, nos équations des marées conservant la même forme essentielle.

Posons donc

$$x + iy = z, \qquad x - iy = z'.$$

Nous aurons

$$\frac{dQ}{dx} = \frac{dQ}{dz} + \frac{dQ}{dz'},$$
$$\frac{dQ}{dy} = i\left(\frac{dQ}{dz} - \frac{dQ}{dz'}\right).$$

La condition sur le contour s'écrit alors

$$(1 + i\Omega)\frac{dQ}{dz} + (1 - i\Omega)\frac{dQ}{dz'} = - M_1,$$

et l'équation

$$\Delta Q = 0$$

devient

$$\frac{d^2Q}{dz\,dz'} = 0.$$

Il en résulte que

$$Q = Q_1 + Q_2,$$

Q_1 dépendant seulement de z et Q_2 seulement de z'.

Lorsque le contour coupe la latitude critique, un des coefficients de l'équation aux limites s'annule : ce sera $1 + i\Omega$ lorsque le contour coupe le parallèle critique défini par $\Omega = i$ et $1 - i\Omega$ lorsqu'il coupe l'autre.

Par hypothèse, le contour coupe la latitude critique; nous pourrons donc poser

$$1 + i\Omega = (z - a)(z - b)\ldots H = H\,P(z),$$

H ne s'annulant pas sur le contour, et reprenant la même valeur quand on a fait le tour du cercle.

Sur la circonférence du cercle, le rayon étant pris pour unité,

on a

$$z = e^{i\varphi}, \qquad z' = e^{-i\varphi};$$

$\log H$, ainsi que toute fonction périodique de φ, pourra se développer en série de Fourier suivant les puissances positives ou négatives de $e^{i\varphi}$: il y aura des termes contenant z^m et d'autres contenant z^{-m}, c'est-à-dire z'^m.

Par conséquent, nous pouvons écrire

$$\log H = F_1 + F_2,$$

F_1 ne renfermant que des puissances positives de z et F_2 des puissances positives de z'.

D'où

$$1 + i\Omega = P(z) e^{F_1+F_2},$$

et de même

$$1 - i\Omega = P'(z') e^{F'_1+F'_2}.$$

$P(z)$ et $P'(z')$ sont des polynomes entiers en z et z'; F_1 et F'_1 des séries procédant suivant les puissances positives de z, F_2 et F'_2 des séries procédant suivant les puissances positives de z'.

Il y a cependant une petite difficulté. H est bien une fonction périodique de φ, mais, lorsqu'on a fait plusieurs fois le tour du cercle, $\log H$ peut augmenter de $2mi\pi$. Comme il en est de même de $\log z$, nous poserons alors

$$\log H = F_1 + F_2 + n \log z,$$

d'où

$$H = e^{F_1+F_2} z^n,$$

et z^n passera dans $P(z)$. Les formules restent donc vraies.

Nous avons donc, pour la condition sur le contour,

$$P(z) e^{F_1+F_2} \frac{dQ_1}{dz} + P'(z') e^{F'_1+F'_2} \frac{dQ_2}{dz} = -M_1.$$

En multipliant par $e^{-F_2-F'_1}$, il vient

$$P(z) e^{F_1-F'_1} \frac{dQ_1}{dz} + P'(z') e^{F'_2-F_2} \frac{dQ_2}{dz} = -M_1 e^{-F_2-F'_1}.$$

Le second membre est une fonction périodique de φ; on peut donc écrire

$$P(z) e^{F_1-F'_1} \frac{dQ_1}{dz} + P'(z') e^{F'_2-F_2} \frac{dQ_2}{dz} = \Theta_1 + \Theta_2,$$

Θ_1 étant une série développée suivant les puissances positives de z et Θ_2 une série développée suivant les puissances positives de z'. Cette identité entre les sommes de deux séries peut se séparer en deux équations qui donneront séparément Q_1 et Q_2 :

$$P(z)e^{F_1-F'_1}\frac{dQ_1}{dz} = \Theta_1 + K,$$

$$P'(z')e^{F'_2-F_2}\frac{dQ_2}{dz} = \Theta_2 - K.$$

Toutefois, il y a des conditions à remplir. Ainsi, le premier membre de la première équation s'annule pour tous les zéros de $P(z)$; il doit donc en être de même de $\Theta_1 + K$.

Or, nous disposons d'un certain nombre de constantes arbitraires : d'une part K, d'autre part les k_i qui figurent dans M_1; nous pourrons les déterminer de manière à satisfaire aux conditions.

Le nombre de celles-ci est le nombre n des points d'intersection du contour avec les deux latitudes critiques; par conséquent, les k_i devront être au nombre de $n-1$.

Le problème comporte alors une solution unique, de sorte qu'ainsi que nous l'avons dit plus haut, on ne peut avoir

$$\alpha U + \beta V = 0, \qquad D(U, V) = 0$$

sans avoir

$$U = V = 0.$$

Si, au contraire, le contour ne rencontrait pas les latitudes critiques, il resterait une constante arbitraire K.

Ayant obtenu Q_1 et Q_2, et par suite Q, nous aurons $\frac{dP}{dn}$ par la relation

$$\frac{dP}{dn} + \beta Q = N + \sum k_i\psi_i.$$

Nous sommes ainsi ramenés, pour trouver P, à un problème connu (§ 152).

On sait que P devra satisfaire à la condition

$$\int \frac{dP}{dn}\,ds = 0;$$

mais, Q n'étant déterminé qu'à une constante près, on en disposera pour y satisfaire.

Nous pouvons donc, par cette méthode, résoudre le problème des marées dans le cas très général d'un bassin limité par un contour quelconque, à condition toutefois de négliger II'', et dans l'hypothèse que les parois soient verticales.

Nous allons exposer maintenant une autre méthode qui permet d'éviter plus simplement la difficulté provenant des latitudes critiques, et présente en outre l'avantage de s'appliquer au cas des parois inclinées.

170. Cas général : Bassin à parois inclinées et limité par un contour quelconque. — Considérons l'équation

$$\mathrm{L}u = f,$$

dans laquelle $\mathrm{L}u$ représente une combinaison linéaire de Δu, $\frac{du}{dx}$, $\frac{du}{dy}$ et u, dont les coefficients sont, ainsi que f, des fonctions connues de x et y.

Supposons, en outre, que nous nous donnions sur le contour des conditions quelconques.

La solution pourra se mettre sous la forme

$$u = \int f' \mathrm{G}(x, y, \xi, \eta)\, d\sigma',$$

G étant une fonction de Green généralisée. Quant à f', c'est ce que devient la fonction f quand on y remplace les variables x et y par ξ, η ; et

$$d\sigma' = d\xi\, d\eta.$$

Tout le problème est ramené à la détermination de la fonction G.

Posons

$$\mathrm{L}u = \mathrm{L}_0 u + \lambda \mathrm{L}_1 u,$$

$\mathrm{L}_1 u$ ne contenant pas de terme en Δu, mais seulement u et ses dérivées du premier ordre. Le coefficient de Δu ne dépend donc pas du paramètre arbitraire λ.

Je dis d'abord que si l'on sait former la fonction de Green correspondant à $\mathrm{L}_0 u$, c'est-à-dire pour $\lambda = 0$, on saura la former également pour toutes les valeurs de λ.

En effet, nous pouvons écrire

$$L_0 u = -\lambda L_1 + f.$$

Soit alors G_0 la fonction de Green relative à L_0 ; nous aurons

$$u = -\lambda \int L_1' G_0 \, d\sigma' + \int f' G_0 \, d\sigma',$$

L_1' étant ce que devient L_1 quand on y remplace x, y et u par ξ, η et u'.

La fonction sous le signe $\int$ dans le coefficient de λ est de la forme

$$A \frac{du'}{d\xi} + B \frac{du'}{d\eta} + C,$$

A, B, C étant des fonctions connues de x, y, ξ, η.

En intégrant par parties, comme au paragraphe 158, on fera disparaître les termes en $\frac{du'}{d\xi}$, $\frac{du'}{d\eta}$ et le coefficient de λ se trouvera ainsi ramené à la forme qu'il a dans une équation de Fredholm.

Ainsi, la méthode de Fredholm nous permettra de trouver G pour une valeur quelconque de λ.

C'est en somme ce que nous avons fait jusqu'à présent, en prenant simplement

$$L_0 u = \Delta u,$$

et l'on ne rencontrait pas alors de difficultés tant que les coefficients de $L_1 u$ ne devenaient pas infinis.

171. Mais, si nous supposons, par exemple,

$$L_0 u = k^2 h \Delta u,$$

nous pourrons rencontrer une difficulté, de ce fait que $k^2 h$ sera susceptible de s'annuler sur le contour si les parois sont inclinées. Dans ce cas, en effet, la fonction de Green pourra devenir infinie d'un ordre trop élevé pour que la méthode de Fredholm soit applicable.

G désignant la fonction de Green ordinaire, qui s'annule sur le contour, on aura

$$G_0 = \frac{G(x, y, \xi, \eta)}{k'^2 h'},$$

k' et h' étant ce que deviennent respectivement k et h quand on y remplace x et y par ξ et η.

G et h' s'annulant tous deux sur le bord, G_0 restera fini sur le bord.

Pour voir comment G_0 se comporte dans le voisinage du bord, représentons le contour ainsi que les points M et P.

Si un seul de ces points (*fig.* 34) est très voisin du bord, la fonction de Green reste finie, aucune difficulté ne se présente.

Fig. 34.

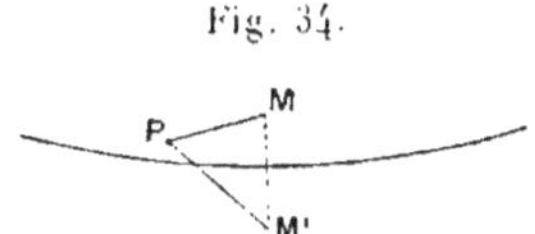

Si les deux points sont très voisins et très voisins du bord, tout se passera comme si l'arc du contour voisin était remplacé par une droite; l'expression de la fonction de Green est alors

$$\log \frac{M'P}{MP},$$

M' représentant le symétrique de M; d'où

$$G_0 = \frac{1}{y} \log \frac{M'P}{MP},$$

y étant une quantité de l'ordre de MP.

Quelles que soient les positions respectives des trois points M, M', P, cette expression est toujours inférieure à $\frac{k}{MP}$, k étant fini. Par conséquent, G_0 pourra devenir infiniment grand, mais au plus d'ordre 1; ce qui n'offre aucun inconvénient puisque nous avons affaire à une intégrale double, à condition que $L_1 u$ ne renferme que u et pas ses dérivées.

Mais, si nous avons dans $L_1 u$ des termes en $\frac{du}{dx}$ et $\frac{du}{dy}$, l'intégration par parties introduira les dérivées $\frac{dG_0}{d\xi}$ et $\frac{dG_0}{d\eta}$, et nous nous trouverons dans des conditions où la méthode de Fredholm n'est plus directement applicable. En effet, G_0 est homogène et de degré -1 par rapport à y, M'P et MP; par la différentiation, nous obtiendrons une expression homogène et de degré -2 et, l'intégrale étant double, la réitération ne saurait nous fournir un noyau qui reste fini.

Il y a donc là une difficulté très importante.

172. On peut en triompher néanmoins en changeant le chemin d'intégration.

Supposons d'abord une seule variable x, avec sa correspondante ξ; Lu est alors une expression différentielle linéaire ordinaire et non plus une expression aux dérivées partielles.

Nous aurons comme chemin d'intégration un certain segment rectiligne ab; la fonction u est supposée définie pour toutes les valeurs comprises entre a et b, et doit satisfaire en ces deux points (*fig.* 35) à certaines conditions aux limites.

Fig. 35.

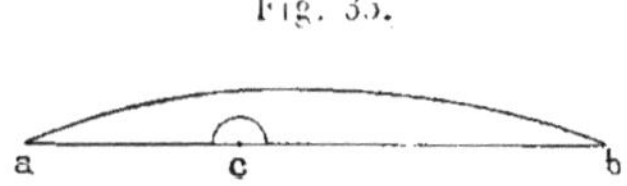

Prenons, par exemple, cette condition simple que u doit s'annuler en a et b. Nous pourrons déformer légèrement le chemin d'intégration et prendre un chemin curviligne imaginaire : nous obtiendrons ainsi la continuation analytique de la fonction précédente.

Si donc une difficulté provient de ce que le coefficient de $L_1 u$ devient infini en un certain point c de ab, nous nous en affranchirons en prenant le chemin curviligne.

On peut, ce qui revient au même, suivre le chemin rectiligne de part et d'autre de c, et contourner ce point par un petit détour.

Le cas est déjà plus compliqué si la difficulté se présente aux deux extrémités. Supposons, par exemple, que le coefficient de $\frac{d^2 u}{dx^2}$ dans L_0 s'annule en a et b, chacun de ces deux points étant un pôle simple, c'est-à-dire que le coefficient sera divisible par $(x-a)(x-b)$ et non par $(x-a)^2$ ni par $(x-b)^2$. Parmi les solutions de l'équation différentielle, il en est une qui restera finie aux deux extrémités, et c'est celle-là que nous adopterons comme satisfaisant aux conditions aux limites. En remplaçant ces conditions par d'autres équivalentes, on pourra éviter la difficulté par un artifice analogue au précédent.

Suivons le chemin rectiligne de α à β et complétons-le par une boucle autour de chaque extrémité. Nous nous imposerons ces conditions qu'en franchissant le point a par-dessus, la fonction u reste continue ainsi que sa dérivée première, puis reprenne la même valeur quand on revient en α. De même à l'autre extrémité (*fig.* 36).

Fig. 36.

Nous assujettissons donc la fonction à se comporter comme une fonction uniforme; toutefois ce que nous écrivons, c'est que la fonction u reprend la même valeur quand on va de α en α en suivant la boucle particulière que nous avons choisie; nous ne préjugeons rien sur ce qui se passerait avec une boucle différente; cependant la condition sera remplie *par surcroît* pour une boucle quelconque, et aussi pour les dérivées de u si, comme nous le supposons, il existe une intégrale régulière. La condition de se comporter comme une intégrale régulière est équivalente à celle de rester finie aux extrémités, car, s'il existe une intégrale régulière, ce sera celle-là qui restera à la fois finie et uniforme.

Nous nous trouvons ainsi affranchis de la difficulté.

173. Les mêmes procédés peuvent s'étendre au cas de deux variables. Le champ d'intégration est ici une aire plane limitée par un certain contour; nous le modifierons en intégrant le long d'une aire courbe dans l'espace.

De nos deux variables x et y, nous supposerons que x reste réelle; y, au contraire, sera considérée comme imaginaire et deviendra $y + iz$. Le point dont les coordonnées dans l'espace sont x, y, z représentera l'ensemble de nos deux variables d'intégration.

Une première difficulté peut se présenter : c'est que, le long de certaines latitudes critiques, nous avons un coefficient infini. Alors nous modifierons un peu notre champ d'intégration, nous passerons au-dessus de ces lignes critiques en ne restant pas dans le plan des xy (*fig.* 37).

Une autre difficulté provient de ce que la profondeur est nulle sur les bords lorsque les parois ne sont pas verticales.

Dans ce cas, nous intégrerons à l'intérieur du contour avec deux variables réelles (région couverte de hachures) et nous contournerons le bord en suivant la surface engendrée par les boucles figurées sur la section suivant AB.

Nous obtiendrons ainsi des intégrales imaginaires, qu'il est aisé de ramener à des quadratures réelles.

Comme condition aux limites, nous assujettirons la fonction u à reprendre la même valeur quand on revient dans le plan des xy après avoir tourné autour du bord.

En procédant ainsi, nous pourrons éviter toute difficulté.

Il suffit que $L_0 u$ soit constitué de telle sorte qu'on puisse s'en servir pour définir G_0, c'est-à-dire que $L_0 u$ comporte une seule solution qui reste uniforme lorsqu'on fait le tour de la périphérie.

Fig. 37.

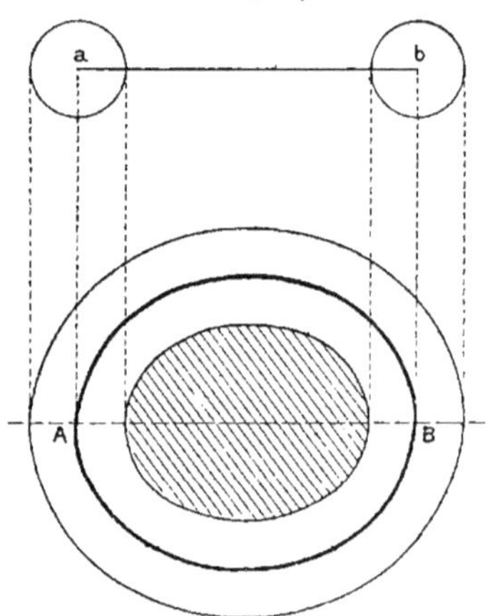

On pourrait songer à prendre

$$L_0 u = k^2 h \Delta u,$$

mais dans ce cas, précisément, cette condition ne serait pas remplie. On s'en rend compte aisément en considérant le cas d'une seule variable. Soit, par exemple,

$$L_0 u = k^2 h \frac{d^2 u}{dx^2}.$$

S'il existe une solution uniforme

$$u = \varphi(x),$$

il y en aura aussi une infinité d'autres, de la forme

$$u = \varphi(x) + c + c_1 x,$$

c et c_1 étant deux constantes d'intégration.

Il faudra prendre alors, par exemple,

$$L_0 u = k^2 h \Delta u + u,$$

et cette difficulté ne se présentera plus.

Seulement, il faut pouvoir intégrer et trouver G_0 dans ce nouveau cas.

Or, nous avons vu que, même lorsque le coefficient $k^2 h$ s'annule aux bords, la méthode générale s'applique encore à condition que L_1 ne contienne que des termes en u et pas de termes en $\frac{du}{dx}, \frac{du}{dy}$. Comme nous savons intégrer pour $k^2 h \Delta u$, nous saurons donc intégrer aussi pour

$$k^2 h \Delta u + \varphi u,$$

φ étant une fonction de x et y.

G_0 sera donc facile à former.

Je renverrai, pour plus de détails à mon Ouvrage, *Göttinger Vorträge* (Leipzig, Teubner, 1909).

174. Manière de tenir compte de l'attraction du bourrelet. — Jusqu'ici, nous avons négligé Π'' ; il nous reste à montrer comment on pourrait en tenir compte.

Nous avons d'abord une première équation

$$L\varphi = \zeta,$$

puis une seconde

$$\zeta = \frac{1}{g}(\lambda^2 \varphi - \Pi'' - W),$$

W étant une fonction connue.

Posons

$$L = L_0 + L_1,$$

en prenant égal à l'unité le paramètre λ des paragraphes précédents.

Par hypothèse, nous connaissons la fonction G_0 relative à L_0; nous avons alors

$$L_0 \varphi = \zeta - L_1 \varphi,$$

et nous en déduisons

$$\varphi = \int (\zeta' - L'_1) G_0 \, d\sigma';$$

ζ' est ce que devient ζ quand on y remplace x et y par ξ et η; φ' ce que devient φ quand on fait la même substitution; L'_1 enfin ce que devient L_1 quand on y remplace x, y et φ par ξ, η et φ'.

La deuxième équation s'écrit

$$\zeta = \frac{1}{g}\left(\lambda^2 \varphi + \int \frac{\zeta' \, d\sigma'}{k^2 r} - W\right).$$

Nous savons, en effet, que Π'' est le potentiel dû à l'attraction d'une couche superficielle de densité $-\zeta$ (§ 28).

$d\sigma'$ représente un élément de la surface de la sphère, mais *évalué sur la carte :* sur la sphère même, cet élément est donc $\frac{d\sigma'}{k^2}$.

ζ' est la valeur de ζ au point de coordonnées ξ, η. Quant à r, c'est la distance du point x, y au point ξ, η, mais évaluée *dans l'espace*, et non sur la carte.

Lorsqu'on aura intégré par parties pour faire disparaître les termes en $\frac{d\varphi'}{d\xi}$ et $\frac{d\varphi'}{d\eta}$ qui figurent dans L'_1 avec φ', nos équations en φ et ζ se présenteront sous la forme d'équations de Fredholm, mais à deux fonctions inconnues. M. Fredholm a montré que ce cas se ramenait immédiatement à celui d'une équation ordinaire.

Pour le faire voir, considérons seulement le cas d'une variable unique. Soient deux équations de Fredholm entre deux fonctions inconnues φ_1 et φ_2

$$\varphi_1(x) = \int \varphi_1(\xi) K_1(x, \xi) \, d\xi + \int \varphi_2(\xi) K_2(x, \xi) \, d\xi - \psi_1(x),$$

$$\varphi_2(x) = \int \varphi_1(\xi) K_3(x, \xi) \, d\xi + \int \varphi_2(\xi) K_4(x, \xi) \, d\xi - \psi_2(x),$$

les intégrations étant effectuées entre les limites 0 et 1.

Ces équations peuvent se ramener à une seule,

$$\varphi(x) = \int \varphi(\xi) K(x, \xi) \, d\xi + \psi(x);$$

seulement, ici, x et ξ varieront entre 0 et 2.

Nous poserons

$$\begin{array}{llll} \text{Pour} & 0 < x < 1, & \varphi(x) = \varphi_1(x), & \psi(x) = \psi_1(x), \\ \text{Pour} & x > 1, & \varphi(x) = \varphi_2(x-1), & \psi(x) = \psi_2(x-1), \end{array}$$

et pour définir les noyaux

$$\begin{array}{lll} x < 1, & \xi < 1, & K = K_1, \\ x < 1, & \xi > 1, & K = K_2(x, \xi - 1), \\ x > 1, & \xi < 1, & K = K_3(x - 1, \xi), \\ x > 1, & \xi > 1, & K = K_4(x - 1, \xi - 1). \end{array}$$

La réduction est alors immédiate.

On peut faire de même s'il s'agit d'intégrales doubles. Il suffirait de doubler l'aire d'intégration par une autre aire égale placée à côté, de même qu'on a précédemment doublé le segment.

175. Examen critique de la méthode de Fredholm. — Nous ne pousserons pas plus loin l'exposé de la méthode de Fredholm; mais, avant d'abandonner ce sujet, nous nous demanderons ce qu'on peut en attendre pour la résolution du problème des marées.

Théoriquement, la méthode donne la solution du problème : les séries qu'elle fournit convergent avec une très grande rapidité. A ce point de vue, rien à désirer.

Seulement, le calcul de chaque terme est loin d'être simple. Certainement, on pourrait le simplifier. C'est ainsi qu'il n'est pas indispensable de toujours procéder par étapes comme nous l'avons fait. La détermination de chaque fonction de Green exige la résolution d'une équation de Fredholm et, la plupart du temps, on peut abréger beaucoup les calculs en faisant tout à la fois.

De plus, on pourrait se dispenser d'intégrer le déterminant dont l'élément général est $f(M_i, M_k)$; il suffirait de savoir former la série des noyaux réitérés pour obtenir aisément la série en λ.

Néanmoins, en dépit de toutes les simplifications possibles, le calcul restera très long. Il faudra nécessairement introduire la profondeur de la mer et la représenter par une fonction : d'où une complication extrême, qu'on n'éviterait qu'imparfaitement en adoptant même une loi schématique grossière.

Dans ces conditions, il est permis de se demander si le travail considérable exigé serait en rapport avec un résultat forcément douteux.

Mais ce n'est pas tout encore. Pour juger de la valeur d'une méthode d'intégration nouvelle, M. Hermite avait coutume de poser cette question : Pourriez-vous retrouver par ce procédé les cas particuliers d'intégration déjà connus?

Jusqu'ici, la méthode de Fredholm ne répond qu'imparfaitement à ce criterium. Il faudrait travailler encore beaucoup pour la mettre entièrement au point.

Toutefois, ceci ne serait pas une raison suffisante pour s'en passer. D'abord, il n'en existe pas d'autre. Ensuite, on peut espérer en obtenir la démonstration rigoureuse de certains théorèmes utiles.

Supposons, par exemple, deux bassins océaniques communiquant par un détroit. Si le premier de ces bassins se trouve isolément en résonance avec un des termes du potentiel, on peut admettre que les marées y sont commandées par cette résonance, tout comme si le second bassin n'existait pas.

Mais ce n'est là qu'une intuition, et pour arriver à connaître, même approximativement, la période d'oscillation propre du bassin en question, on est obligé de négliger bien des choses. La méthode de Fredholm permettrait de contrôler cette intuition, elle pourrait montrer quelle doit être la limite de la perfection de la résonance pour que la conclusion soit légitime; en un mot, elle ferait voir quel est l'ordre de grandeur de l'erreur commise et quel est son sens.

De même, dans la comparaison de la théorie avec les observations, on est souvent amené à assimiler un bassin de forme plus ou moins compliquée à un canal sensiblement équivalent. C'est ainsi que nous trouverons à la base de la théorie de Harris certains lemmes mi-intuitifs, mi-basés sur une théorie ou des observations grossières.

Ici encore, la méthode de Fredholm nous fournirait le moyen d'en vérifier la légitimité.

Tel est l'appui qu'on peut actuellement espérer retirer de l'application de cette méthode au problème des marées.

Ces mêmes conclusions s'appliquent également à une autre méthode qui est encore à peine ébauchée et dont nous allons dire quelques mots, la méthode de M. Ritz.

176. **Méthode de Ritz.** — La méthode de Ritz s'applique au cas où l'on a à déterminer une fonction par le calcul des variations. Supposons une certaine intégrale J définie par la relation

$$J = \int d\tau \, L\varphi.$$

$L\varphi$ dépend de la fonction inconnue φ et de ses dérivées premières $\frac{d\varphi}{dx}$, $\frac{d\varphi}{dy}$; mais ce n'est pas une expression linéaire : c'est un polynome du second degré, non homogène.

Il s'agit de chercher la fonction φ, assujettie à certaines conditions aux limites, qui rende J minimum.

M. Ritz considère une série indéfinie de fonctions

$$\psi_1, \quad \psi_2, \quad \ldots, \quad \psi_n, \quad \ldots.$$

Toutes ces fonctions sont assujetties à certaines conditions :

En premier lieu, elles doivent satisfaire aux conditions aux limites auxquelles satisfait la fonction φ.

Ensuite, il faut qu'une fonction quelconque F puisse être représentée par une série procédant suivant les fonctions ψ, soit

$$F = \sum \alpha_n \psi_n.$$

Voici, à titre d'exemple, une application simple montrant comment les fonctions ψ peuvent être choisies.

Supposons un contour quelconque

$$\theta(x, y) = 0,$$

sur lequel la fonction φ est assujettie à s'annuler.

Inscrivons ce contour dans un carré ayant pour côtés (*fig.* 38)

$$x = \pm a, \qquad y = \pm a.$$

Nous prendrons

$$\psi = \theta \frac{\sin}{\cos} \frac{m\pi x}{a} \frac{\sin}{\cos} \frac{m\pi y}{a}.$$

ψ, renfermant θ en facteur, satisfait bien à la condition d'être nul sur le contour.

Fig. 38.

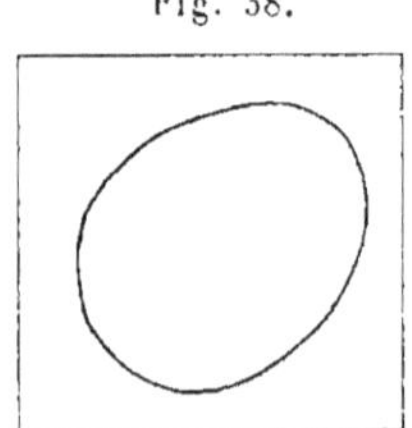

Considérons également une fonction quelconque F s'annulant sur le contour; $\frac{F}{\theta}$ restera fini. En général, la fonction F ne sera définie qu'à l'intérieur du contour. A l'extérieur, nous pourrons la définir comme il nous conviendra, et prendre, par exemple,

$$\frac{F}{\theta} = 0;$$

$\frac{F}{\theta}$ pourra se développer en série de Fourier, et nous aurons, par suite, le développement de F en série procédant suivant les fonctions ψ.

Pour résoudre le problème tel qu'il l'a posé, M. Ritz représente φ par la suite finie

$$\alpha_1 \psi_1 + \alpha_2 \psi_2 + \ldots + \alpha_n \psi_n.$$

Si l'on substitue dans la première équation, J deviendra un polynome entier du second ordre en $\alpha_1, \alpha_2, \ldots, \alpha_n$.

On peut disposer des indéterminées α pour rendre J minimum; il en résultera une valeur de φ que j'appelle φ_n.

M. Ritz a démontré que φ_n converge vers une limite déterminée qui n'est autre chose que la fonction φ cherchée.

M. Ritz a appliqué sa méthode avec succès au problème de Dirichlet et à celui de l'élasticité.

On peut espérer que les artifices qu'il a employés, ou des artifices analogues, seraient également applicables au problème des marées, *mais je ne l'ai pas vérifié.*

Il faut auparavant montrer que les équations du problème des marées peuvent se ramener à celles d'un problème du calcul des variations.

177. Réduction des équations des marées au calcul des variations. — Reprenons l'équation générale du problème (§ 77)

$$\sum \frac{d}{dx}\left(h_1 \frac{d\varphi}{dx}\right) + \frac{\partial(h_2, \varphi)}{\partial(x, y)} = \frac{\zeta}{k^2},$$

avec

$$h_1 = \frac{\lambda^2 h}{\lambda^2 + 4\omega^2 \cos^2\theta},$$

$$h_2 = \frac{2\omega \cos\theta}{\lambda} h_1;$$

h_1 et h_2 contenant h en facteur s'annulent sur les bords, à moins que les parois ne soient constituées par des falaises verticales.

En second lieu, h est essentiellement réel : il en est de même de h_1 qui contient λ^2 en facteur ; mais h_2, qui renferme λ, est essentiellement imaginaire, h_2^2 est négatif ; k est le rapport de similitude.

Nous avons, de plus, une seconde équation, qui lie ζ à φ,

$$\zeta = \frac{1}{g}(\lambda^2 \varphi - \Pi'' - W),$$

W étant la fonction connue $Ce^{\lambda t}$ correspondant au potentiel des forces extérieures.

Pour mettre ces équations sous la forme que nous avons en vue, nous séparerons les parties réelles et les parties imaginaires. Posons

$$\begin{aligned} h_2 &= i\eta_1, \\ \varphi &= \varphi_1 + i\varphi_2, \\ \zeta &= \zeta_1 + i\zeta_2, \\ \Pi'' &= \Pi''_1 + i\Pi''_2, \\ W &= W_1 + iW_2, \end{aligned}$$

η_1 étant essentiellement réel.

Substituons et égalons les parties réelles et les parties imaginaires; nous obtiendrons alors quatre équations

$$\sum \frac{d}{dx}\left(h_1 \frac{d\varphi_1}{dx}\right) - \frac{\partial(\varphi_2, \eta_1)}{\partial(x, y)} - \frac{\zeta_1}{k^2} = 0,$$

$$\sum \frac{d}{dx}\left(h_1 \frac{d\varphi_2}{dx}\right) - \frac{\partial(\varphi_1, \eta_1)}{\partial(x, y)} - \frac{\zeta_2}{k^2} = 0,$$

$$-\frac{\varphi_1}{k^2} + \frac{g\zeta_1}{\lambda^2 k^2} + \frac{H''_1}{\lambda^2 k^2} + \frac{W_1}{\lambda^2 k^2} = 0,$$

$$-\frac{\varphi_2}{k^2} + \frac{g\zeta_2}{\lambda^2 k^2} + \frac{H''_2}{\lambda^2 k^2} + \frac{W_2}{\lambda^2 k^2} = 0.$$

Multiplions respectivement ces quatre équations par $\delta\varphi_1\, d\sigma$, $\delta\varphi_2\, d\sigma$, $\delta\zeta_1\, d\sigma$, $\delta\zeta_2\, d\sigma$, ajoutons et intégrons par rapport à σ sur toute l'aire considérée. Nous obtiendrons ainsi une intégrale

$$\int d\sigma(\varphi_1, \varphi_2, \zeta_1, \zeta_2, \delta\varphi_1, \delta\varphi_2, \delta\zeta_1, \delta\zeta_2),$$

dépendant des fonctions φ_1, φ_2, ζ_1, ζ_2 et de leurs variations $\delta\varphi_1$, $\delta\varphi_2$, $\delta\zeta_1$, $\delta\zeta_2$; cette intégrale devra être nulle.

Nous allons montrer qu'elle se réduit à la variation exacte δJ d'une intégrale J. Le problème reviendra donc à chercher le maximum ou le minimum de J.

Prenons, en effet, successivement chaque terme ou groupe de termes : nous obtiendrons autant de variations exactes.

Nous avons, en premier lieu, l'intégrale

$$\int \sum \frac{d}{dx}\left(h_1 \frac{d\varphi_1}{dx}\right) \delta\varphi_1\, d\sigma,$$

qui donne, en intégrant par parties,

$$\int \sum \left(h_1 \frac{d\varphi_1}{dx}\, \delta\varphi_1\, dy\right) - \int \sum h_1 \frac{d\varphi_1}{dx}\, \frac{d\,\delta\varphi_1}{dx}\, d\sigma.$$

Le premier terme est une intégrale de ligne qui sera nulle, puisqu'elle est prise le long du bord où l'on a $h_1 = 0$.

La seconde intégrale est une intégrale de surface qui est égale à

$$-\delta \int \sum \frac{h_1}{2}\left(\frac{d\varphi_1}{dx}\right)^2 d\sigma.$$

C'est donc bien une variation exacte. De même pour le terme analogue de la seconde équation.

Maintenant, considérons ensemble les termes provenant des déterminants fonctionnels; ils donnent

$$\int d\sigma \left[\delta\varphi_1 \frac{d}{dx}\left(\eta \frac{d\varphi_2}{dy}\right) - \delta\varphi_1 \frac{d}{dy}\left(\eta \frac{d\varphi_2}{dx}\right) - \delta\varphi_2 \frac{d}{dx}\left(\eta \frac{d\varphi_1}{dy}\right) + \delta\varphi_2 \frac{d}{dy}\left(\eta \frac{d\varphi_1}{dx}\right)\right].$$

Transformons également en intégrant par parties. Chaque intégrale particulière donnera une intégrale de ligne étendue au contour et qui sera nulle puisqu'il y a partout η en facteur, puis une intégrale de surface; il restera donc

$$\int \eta\, d\sigma \left(- \frac{d\delta\varphi_1}{dx}\frac{d\varphi_2}{dy} + \frac{d\delta\varphi_1}{dy}\frac{d\varphi_2}{dx} + \frac{d\delta\varphi_2}{dx}\frac{d\varphi_1}{dy} - \frac{d\delta\varphi_2}{dy}\frac{d\varphi_1}{dx}\right),$$

c'est-à-dire encore une variation exacte

$$\delta \int \eta\, d\sigma \left(\frac{d\varphi_2}{dx}\frac{d\varphi_1}{dy} - \frac{d\varphi_1}{dx}\frac{d\varphi_2}{dy}\right) = \delta \int \eta\, d\sigma \frac{\partial(\varphi_2, \varphi_1)}{\partial(x, y)}.$$

Combinons $-\frac{\varphi_1}{k^2}$ avec $-\frac{\zeta_1}{k^2}$; nous aurons

$$-\int \frac{d\sigma}{k^2}(\zeta_1\,\delta\varphi_1 + \varphi_1\,\delta\zeta_1) = -\delta \int \frac{d\sigma}{k^2}\zeta_1\varphi_1.$$

De même pour les termes analogues $-\frac{\zeta_2}{k^2}$ et $-\frac{\varphi_2}{k^2}$.

Les seconds termes des deux dernières équations nous donneront ensuite

$$\frac{g}{\lambda^2}\int \frac{d\sigma}{k^2}\zeta_1\,\delta\zeta_1 + \frac{g}{\lambda^2}\int \frac{d\sigma}{k^2}\zeta_2\,\delta\zeta_2 = \delta \int d\sigma \frac{g(\zeta_1^2 + \zeta_2^2)}{2\lambda^2 k^2}.$$

Considérons maintenant le terme en Π_1''; il donne

$$\frac{1}{\lambda^2}\int \frac{d\sigma}{k^2}\Pi_1''\,\delta\zeta_1.$$

Or, Π'' étant le potentiel dû à l'attraction d'une couche superficielle de densité $-\zeta$, Π_1'' proviendra d'une couche superficielle attirante de densité $-\zeta_1$, et $\delta\Pi_1''$ sera le potentiel d'une matière attirante de densité $-\delta\zeta_1$. D'après un théorème général de la théorie du potentiel, si V et V′ sont les potentiels respectivement dus à des masses m et m', on a

$$\sum V m' = \sum V' m.$$

Par conséquent,

$$\frac{1}{\lambda^2}\int \frac{d\sigma}{k^2} \Pi''_1 \,\delta\zeta_1 = \frac{1}{\lambda^2}\int \frac{d\sigma}{k^2} \zeta_1 \,\delta\Pi''_1$$
$$= \frac{1}{2\lambda^2}\int \frac{d\sigma}{k^2} (\Pi''_1 \,\delta\zeta_1 + \zeta_1 \,\delta\Pi''_1) = \frac{1}{2\lambda^2}\,\delta\int \frac{d\sigma}{k^2} \Pi''_1 \zeta_1.$$

De même pour le terme en Π''_2.

Il ne nous reste plus que les termes en W_1 et W_2. Le premier donne

$$\frac{1}{\lambda^2}\int \frac{d\sigma}{k^2} W_1 \,\delta\zeta_1.$$

Or, W_1 est une fonction connue, elle n'a pas de variations; nous pouvons donc écrire cette intégrale

$$\frac{1}{\lambda^2}\,\delta\int \frac{d\sigma}{k^2} W_1 \zeta_1.$$

De même pour W_2.

Finalement, nous obtenons une variation exacte

$$\delta J = \delta\int d\sigma \left[-\sum \frac{h_1}{2}\left(\frac{d\varphi_1^2}{dx} + \frac{d\varphi_2^2}{dx}\right) + \eta\,\frac{\partial(\varphi_2, \varphi_1)}{\partial(x, y)} - \frac{\zeta_1\varphi_1 - \zeta_2\varphi_2}{k^2} \right.$$
$$\left. + \frac{g(\zeta_1^2 - \zeta_2^2)}{2\lambda^2 k^2} - \frac{\zeta_1 \Pi''_1 + \zeta_2 \Pi''_2}{2\lambda^2 k^2} + \frac{\zeta_1 W_1 - \zeta_2 W_2}{\lambda^2 k^2} \right] = 0.$$

Nous nous trouvons donc bien dans les conditions voulues pour appliquer la méthode de M. Ritz.

Nous pourrons prendre pour les fonctions ψ des fonctions quelconques satisfaisant aux conditions aux limites. Il suffira de prendre des fonctions sphériques. Toutefois, il y aurait une difficulté pour la latitude critique.

On pourrait également développer les inconnues en fonctions sphériques et arrêter le développement à un terme quelconque. On aurait ainsi un nombre fini d'indéterminées relatives à un système restreint possédant un nombre fini de degrés de liberté. On pourrait alors calculer les quantités H_0, H_1, H_2 et appliquer l'analyse exposée au début de cet Ouvrage.

Mais il faudrait pour démontrer la légitimité du développement une analyse qui n'a pas encore été faite.

DEUXIÈME PARTIE.

MÉTHODES PRATIQUES DE PRÉDICTION DES MARÉES.

CHAPITRE XI.

ANALYSE HARMONIQUE.

178. Nous avons vu dans la première Partie que, si la méthode de Fredholm permet théoriquement d'intégrer les équations du problème des marées, néanmoins la difficulté d'introduire analytiquement la loi de profondeur de la mer et les conditions aux limites sur le contour compliqué des continents conduisait à des calculs pratiquement inextricables. D'ailleurs, cette méthode est d'invention toute récente et jusqu'alors le problème n'avait pu être traité complètement que dans des cas très particuliers dont les conditions sont assez éloignées de celles qui se présentent dans la nature.

Cependant, on prédit les marées d'une façon régulière et sans mécomptes. Le procédé le plus généralement employé dans ce but est celui qui a été proposé en Angleterre sous le nom d'*analyse harmonique*. Nous allons en exposer les principes généraux, en renvoyant pour les détails d'application pratique aux nombreux Ouvrages qui ont plus particulièrement traité de cette question [1].

[1] G.-H. Darwin and J.-C. Adams, *Report of a committee for the harmonic analysis of observations* (*British Association*, 1883). — Hatt, *De l'analyse harmonique des observations de marées d'après les travaux anglais* (*Annales hydrographiques*, 1893). — Maurice Lévy, *Leçons sur la théorie des marées*, 1898. — Rollet de l'Isle, *Observation, étude et prédiction des marées* (*Service hydrographique de la Marine*, 1905).

179. Nous savons (§ 29) que le potentiel perturbateur $P - P_0$ des astres troublants, en un point déterminé de coordonnées θ, ψ, peut être décomposé en composantes isochrones complexes

$$P - P_0 = \Sigma C e^{\lambda t};$$

λ est essentiellement imaginaire et diffère peu de $si\omega$, s étant un nombre entier pouvant prendre les valeurs 0, ± 1, ± 2.

$C = Be^{si\psi}$, B étant uniquement fonction de la colatitude θ et se trouvant proportionnel à

$3\cos^2\theta - 1$	pour	$s = 0$,
$\sin 2\theta$	»	$s = \pm 1$,
$\sin^2\theta$	»	$s = \pm 2$;

C est donc une fonction connue des coordonnées du point.

Ainsi, pour chaque composante isochrone du potentiel perturbateur, λ est une constante ne dépendant que du mouvement des astres et C est une constante en chaque lieu considéré.

Nous savons, de plus, d'après la théorie générale des oscillations d'un système mécanique (Chap. I), que chaque composante isochrone complexe du potentiel perturbateur donnera naissance à une oscillation contrainte isochrone harmonique complexe de même période; de telle sorte, qu'en désignant par h la hauteur de la marée au lieu considéré, on aura

$$h = \Sigma H e^{\lambda t},$$

les λ étant les mêmes constantes que celles qui entrent dans le développement du potentiel et les H étant des fonctions des coordonnées du lieu.

En mettant en évidence le module et l'argument de H, nous pourrons écrire, puisque les termes du second membre sont imaginaires conjugués deux à deux,

$$h = \sum \frac{A}{2} e^{i\beta} e^{i\alpha t} + \sum \frac{A}{2} e^{-i\beta} e^{-i\alpha t},$$

α étant le module de la quantité imaginaire λ, c'est-à-dire la vitesse angulaire de l'onde.

L'expression de la hauteur de la marée sous forme réelle sera

$$h = \Sigma A \cos(\alpha t + \beta).$$

Pour calculer la hauteur de la marée, il nous faudrait donc connaître, relativement à chaque oscillation particulière, trois quantités : la vitesse angulaire α, l'amplitude A et la phase β.

Les vitesses angulaires α sont les mêmes pour tous les ports, nous leur attribuons les valeurs théoriques du développement du potentiel, elles sont donc connues.

Les inconnues A et β seraient fournies par l'intégration des équations différentielles du problème ; mais, comme ce sont des constantes en chaque port considéré, on peut aussi chercher à les déterminer expérimentalement.

Une fois ces constantes obtenues, il sera possible de prédire la marée.

Tel est le principe général de la méthode de l'Analyse harmonique. Son application comporte trois groupes d'opérations successives :

1° Observation de la marée pendant un temps suffisamment long ;

2° Calcul des coefficients A et β ;

3° Calcul de h pour une valeur donnée de t.

180. **Observation de la marée** — Les appareils destinés à enregistrer automatiquement les variations du niveau de la mer sont des *marégraphes*.

Un marégraphe se compose essentiellement d'un puits dans lequel l'eau peut pénétrer par une ouverture étroite, de telle sorte que le niveau dans l'intérieur du puits soit le même que celui de l'océan, abstraction faite de l'agitation causée par les lames. Un flotteur, qui s'élève et s'abaisse avec l'eau, transmet les variations de niveau, par l'intermédiaire d'un système démultiplicateur, à un cylindre enregistreur actionné par un mouvement d'horlogerie.

De la courbe de marée ainsi obtenue, il est aisé de déduire le *niveau moyen* à partir duquel on doit compter h, en prenant la moyenne d'un grand nombre d'ordonnées équidistantes.

Mais on peut également se servir dans ce but du *médimarémètre*.

Cet appareil se compose d'un tube vertical étanche, dont l'extrémité inférieure est constituée par un vase poreux. L'équilibre de niveau s'établit alors très lentement, et l'amplitude des oscillations est très réduite. Le niveau moyen de l'oscillation résultante à l'intérieur du tube est le même que celui de la mer et peut se déterminer simplement par la moyenne d'observations faites à un assez long intervalle, une seule par jour, par exemple.

181. Calcul des coefficients. — Nous avons donc par l'observation une courbe nous donnant h en fonction de t. Il s'agit maintenant d'en déduire les constantes A et β particulières à chaque onde. C'est en ceci que consiste l'Analyse harmonique proprement dite.

Nous connaissons au lieu considéré

$$h = \Sigma \mathrm{H}\, e^{i\alpha t}$$

Considérons une onde particulière

$$\mathrm{H}_0\, e^{i\alpha_0 t}$$

et proposons-nous d'en déterminer les éléments.

En mettant cette onde en évidence, nous écrirons

$$h = \Sigma \mathrm{H}\, e^{i\alpha t} + \mathrm{H}_0\, e^{i\alpha_0 t},$$

le Σ s'étendant à toutes les autres ondes.

Calculons l'intégrale

$$\int_0^{\mathrm{T}} h\, e^{\;i\alpha_0 t}\, dt,$$

pour un intervalle de temps T très long. Nous avons

$$\int_0^{\mathrm{T}} h\, e^{-i\alpha_0 t}\, dt = \sum \frac{\mathrm{H}}{i}\, \frac{e^{i(\alpha-\alpha_0)\mathrm{T}} - 1}{\alpha - \alpha_0} + \mathrm{H}_0 \mathrm{T}.$$

Les termes où T figure en exponentielle restent toujours petits, quelque grand que soit T, tandis que le terme $\mathrm{H}_0\mathrm{T}$ devient très grand. Si T est suffisamment grand, ce terme sera donc le seul sensible, et l'on pourra écrire

$$\mathrm{H}_0 \mathrm{T} = \int_0^{\mathrm{T}} h\, e^{\;i\alpha_0 t}\, dt.$$

Le module de H_0 donnera alors $\frac{A_0}{2}$ et son argument β_0.

En séparant les parties réelles et les parties imaginaires, nous avons pour déterminer A_0 et β_0 les deux relations

$$\frac{A_0 \cos \beta_0}{2} = \frac{1}{T} \int_0^T h \cos \alpha_0 t \, dt,$$

$$\frac{A_0 \sin \beta_0}{2} = -\frac{1}{T} \int_0^T h \sin \alpha_0 t \, dt.$$

182. Choix de la période T. — La séparation de chaque onde sera faite d'autant plus exactement que les termes introduits dans l'intégrale par les autres ondes seront plus petits.

Parmi ces termes, figure celui qui correspond à $\alpha = -\alpha_0$, c'est-à-dire le terme imaginaire conjugué de celui que nous voulons séparer. Comme il donne en facteur $e^{-2i\alpha_0 T} - 1$, on le fera disparaître ainsi que les termes dont les vitesses seraient multiples de α_0 en choisissant T de telle sorte que

$$\frac{1}{2\pi} \alpha_0 T = q,$$

q étant un entier quelconque.

De plus, il conviendra d'éliminer tout terme susceptible de devenir dangereux, soit parce que son amplitude est considérable, soit parce que sa période se rapproche de celle du terme à séparer. Soit, par exemple, $H_1 e^{i\alpha_1 t}$ un terme à redouter; il donnera en facteur $e^{i(\alpha_1 - \alpha_0)T} - 1$. On annulerait donc entièrement l'influence de ce terme en prenant

$$\frac{1}{2\pi} (\alpha_1 - \alpha_0) T = r,$$

r étant un entier.

D'où, entre q et r, la relation

$$q = \frac{\alpha_0 r}{\alpha_1 - \alpha_0}.$$

Mais, α_1 et α_0 étant incommensurables, cette condition ne sera pas toujours exactement réalisable. On y satisfera le mieux possible, en prenant alors pour r et q les entiers les plus voisins des valeurs exactes : r sera notablement inférieur à q.

Pour effectuer avec exactitude la séparation de toutes les ondes, il est nécessaire d'avoir à sa disposition un peu plus d'une année d'observations.

Supposons, par exemple, que nous voulions calculer l'onde S_2. Nous aurons à redouter avant tout l'influence de M_2 dont l'amplitude est très grande, et dont la période est peu différente. Nous prendrons pour r l'entier le plus voisin de

$$\frac{\alpha_1 - \alpha_0}{2\pi} \times 365 \times 24,$$

et pour q l'entier le plus voisin de

$$\frac{\alpha_0 r}{\alpha_1 - \alpha_0}.$$

On trouve ici

$$r = 25; \qquad q = 738.$$

Par suite, l'intervalle T devra comprendre 738 périodes de l'onde S_2, soit 369 jours moyens.

Pour calculer M_2, l'onde à redouter est S_2; on aura

$$r = 25; \qquad q = 714; \qquad T = 369^j,5 \quad \text{(en temps solaire moyen).}$$

Pour K_2, dont la période est un demi-jour sidéral, on redoute M_2; on trouve

$$r = 25; \qquad q = 740; \qquad T = 369^j.$$

Pour l'onde K_1, dont la période est un jour sidéral, on redoute O; on trouve

$$r = 27; \qquad q = 370; \qquad T = 369^j.$$

Pour l'onde N, de période semi-diurne, on redoute M_2; on prendra

$$r = 13; \qquad q = 680; \qquad T = 358^j,7.$$

Pour l'onde évectionnelle majeure ν, on redoute également M_2; on prendra

$$r = 11; \qquad q = 666; \qquad T = 350^j,4.$$

Enfin, pour l'onde solaire diurne P, il y a à redouter à la fois K_1 et O; ce qui conduirait à prendre, d'une part,

$$r = 2; \qquad q = 364$$

et, de l'autre,

$$r = 25; \qquad q = 368.$$

Mais, en raison de la petitesse de r dans le premier cas, le terme $e^{i(\alpha_1-\alpha_0)T}$ correspondant à K_1 variera très lentement, et l'on aura avantage à prendre pour q la valeur de 368 périodes qui annulera presque exactement aussi l'influence de K_1. D'où

$$T = 369^j \text{ moyens.}$$

183. Séparation des ondes par la méthode des moindres carrés. — Au lieu de se servir d'une intégrale, comme nous venons de l'indiquer, on peut encore calculer les coefficients par la méthode des moindres carrés.

Les observations nous fournissent une série d'équations telles que

$$\Sigma H\, e^{i\alpha t} = h$$

et il s'agit de déterminer les coefficients de chaque onde de manière à satisfaire le mieux possible à ces équations. Il faut donc choisir les H de telle sorte que

$$\Sigma(\Sigma H\, e^{i\alpha t} - h)^2$$

soit minimum. La première sommation Σ s'applique aux différentes valeurs de t correspondant aux N observations, la seconde aux différentes composantes de la marée qui sont toutes, deux à deux, imaginaires conjuguées. Soit $H_0 e^{i\alpha_0 t}$ la composante à séparer. En dérivant par rapport au coefficient de la composante imaginaire conjuguée, nous aurons l'équation

$$\Sigma e^{-i\alpha_0 t}(\Sigma H\, e^{i\alpha t} - h) = 0.$$

Mettons H_0 en évidence; il viendra

$$\Sigma H \Sigma e^{i(\alpha-\alpha_0)t} + H_0 N = \Sigma h\, e^{-i\alpha_0 t}.$$

Le coefficient des H autres que H_0 sera sensiblement nul si les observations sont sensiblement équidistantes. Posons, en effet, $t = m\tau$, m prenant les valeurs

$$0,\quad 1,\quad 2,\quad \ldots,\quad (N-1).$$

Nous aurons pour coefficient de H une progression géométrique dont la somme sera

$$\frac{e^{i(\alpha-\alpha_0)N\tau} - 1}{e^{i(\alpha-\alpha_0)\tau} - 1}.$$

Comme $\alpha \neq \alpha_0$, ce coefficient reste fini, quelque grand que soit N, et l'on pourra, par suite, négliger le premier terme.

Ce que nous avons dit du choix de $T = N\tau$ pour l'application de la méthode de l'intégrale s'applique également ici. Les deux méthodes conduisent exactement au même résultat.

Si les ordonnées n'étaient pas absolument équidistantes, la compensation se ferait encore, mais moins bien.

On pourrait alors procéder par approximations successives; mais cela n'est pas nécessaire pour les marées à courte période.

184. Variation des coefficients avec I. — Les coefficients C du développement du potentiel ne sont pas tous des constantes absolues. Nous avons vu, en effet, que dans quelques-uns d'entre eux figurait l'inclinaison I de l'orbite lunaire sur l'équateur (§ 30). Or, si pendant une année on peut considérer I comme sensiblement constant, il n'en est pas moins vrai que cet élément varie : les inclinaisons de l'équateur et de l'orbite lunaire sur l'écliptique n'ont que des variations insensibles, mais I est fonction de la longitude du nœud.

Soit donc une composante de la marée (*fig.* 39) dont le coefficient contient en facteur, par exemple, $\cos^4 \frac{I}{2}$. Si, par l'analyse

Fig. 39.

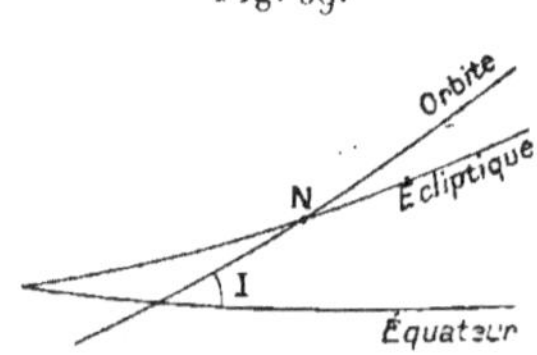

harmonique d'une année d'observations pendant laquelle I avait la valeur I_0, nous avons trouvé pour le coefficient d'amplitude de cette onde la valeur A_0, pour prédire la marée au cours d'une autre année où I aura pris la valeur I_1, il conviendra de prendre un coefficient A_1 tel que

$$A_1 = A_0 \frac{\cos^4 \frac{I_1}{2}}{\cos^4 \frac{I_0}{2}}.$$

Il existe des Tables, dressées par le major Baird, donnant immédiatement pour chaque onde les valeurs pratiques de ces rapports.

Il n'y a pas lieu d'en tenir compte pour les composantes solaires.

185. **Examen de quelques cas particuliers.** — 1° *Ondes sidérales.* — Le potentiel de la Lune et celui du Soleil donnent chacun une composante de vitesse ω dont l'action se combine de manière à former une seule onde sidérale diurne K_1. Le coefficient du terme lunaire dépendra de I, de sorte que le coefficient de K_1 sera de la forme

$$A f(I) + B.$$

Pour passer d'une année à l'autre, il suffira de connaître le rapport des actions de la Lune et du Soleil, qui est celui des coefficients astronomiques des deux termes constitutifs de K_1. De même pour l'onde sidérale semi-diurne K_2.

2° *Onde lunaire elliptique mineure* L. — Le développement du potentiel lunaire comprend des termes ayant respectivement pour argument

$$(2\omega - n)t - \varpi,$$
$$(2\omega - n)t + \varpi,$$

ϖ représentant la longitude du périgée lunaire qu'on peut, en première approximation, considérer comme proportionnelle au temps. ϖ varie trop lentement pour que l'analyse harmonique puisse, avec une seule année d'observations, arriver à séparer exactement ces deux termes; aussi les réunit-on en un seul en posant

$$C_1 e^{i[(2\omega - n)t - \varpi]} + C_2 e^{i[(2\omega - n)t + \varpi]} = (C_1 + C_2 e^{2i\varpi}) e^{i[(2\omega - n)t - \varpi]},$$

$e^{2i\varpi}$ pouvant être considéré comme constant dans le courant d'une année.

Si alors l'analyse harmonique a fourni la valeur H_0 du coefficient de l'onde correspondante, avec une valeur de ϖ égale à ϖ_0, on aura pour une autre année la valeur de H en multipliant H_0 par le rapport

$$\frac{C_1 + C_2 e^{2i\varpi_1}}{C_1 + C_2 e^{2i\varpi_0}}.$$

185 *bis*. Ondes supérieures et ondes composées. — Nous avons admis que les vitesses angulaires α des diverses ondes étaient les mêmes que celles des termes correspondants du développement du potentiel. Ceci suppose que, les équations différentielles qui régissent les oscillations du système étant de forme linéaire, on peut appliquer le principe de l'indépendance des petits mouvements. Pour que cette application soit légitime, il faut que les oscillations soient très petites par rapport à la profondeur de la mer. Or, si cette condition est remplie en pleine mer, elle ne l'est pas dans le voisinage des marégraphes.

Il s'introduit alors dans l'expression h de la marée enregistrée des termes parasites ayant des vitesses angulaires multiples de celles des termes principaux. C'est ainsi qu'aux termes $He^{i\alpha t}$ s'adjoindront des termes en

$$e^{2i\alpha t},\quad e^{3i\alpha t},\quad e^{4i\alpha t},\quad \ldots,$$

et même des termes en

$$e^{i(\alpha_1+\alpha_2)t}.$$

Ce sont les ondes d'ordre supérieur et les ondes composées. Les plus importantes des ondes d'ordre supérieur sont

M_4	de vitesse	$\alpha = 4(\omega - n)$,
M_6	»	$6(\omega - n)$,
M_8	»	$8(\omega - n)$,
S_4	»	$4(\omega - n_1)$,
S_6	»	$6(\omega - n_1)$.

Parmi les ondes composées, on distingue

MK	provenant de la combinaison	$M_2 + K_1$	$\alpha = 3\omega - 2n$
MS	»	$M_2 + S_2$	$4\omega - 2n - 2n_1$
MSf	»	$S_2 - M_2$	$2(n - n_1)$
2MK	»	$M_2 + O$	$3\omega - 4n$
MN	»	$M_2 + N$	$4\omega - 5n + \dot{\varpi}$

L'onde composée MSf se confond avec l'onde à longue période de même désignation.

186. Calcul des moyennes horaires. Méthode de Roberts. — En résumé, nous avons par le marégraphe le tracé de la courbe de marée

$$h = \sum \mathrm{H}\, e^{i\alpha t} = \sum \frac{\mathrm{A}}{2} e^{i\beta} e^{i\alpha t} = \sum \mathrm{A} \cos(\alpha t + \beta).$$

les vitesses α étant connues, et les coefficients A et β étant des constantes du port à déterminer.

Si nous écrivons en particulier le terme $\mathrm{H}_0 e^{i\alpha_0 t}$, nous aurons

$$\mathrm{H}_0 \mathrm{T} = \int_0^{\mathrm{T}} h\, e^{-i\alpha_0 t}\, dt,$$

d'où, en séparant les parties réelles et les parties imaginaires,

$$\frac{\mathrm{A}_0 \cos\beta_0}{2} = \frac{1}{\mathrm{T}} \int_0^{\mathrm{T}} h \cos\alpha_0 t\, dt.$$

$$\frac{\mathrm{A}_0 \sin\beta_0}{2} = -\frac{1}{\mathrm{T}} \int_0^{\mathrm{T}} h \sin\alpha_0 t\, dt.$$

Il s'agit donc de calculer les intégrales

$$\int h \begin{matrix}\cos\\ \sin\end{matrix} \alpha_0 t\, dt = \Sigma\, \delta t\, h \begin{matrix}\cos\\ \sin\end{matrix} \alpha_0 t,$$

δt étant l'équidistance des ordonnées.

Nous donnerons pour cela à $\alpha_0 t$ une série de valeurs équidistantes.

Si, par exemple, il s'agit d'une marée diurne, nous prendrons pour t des valeurs telles que $\alpha_0 t$ soit un multiple de 15°; s'il s'agit d'une marée semi-diurne, les valeurs de t seront telles que $\alpha_0 t$ soit un multiple de 30°.

Cette prescription peut encore se formuler d'une autre manière. Imaginons que nous ayons deux horloges graduées de 0 à 24, l'une réglée sur le temps solaire moyen, et l'autre réglée de telle sorte que sa petite aiguille tourne de 24 heures pendant la période de la marée spécialement considérée si cette marée est diurne, et pendant la durée de deux périodes si la marée est semi-diurne. Cette horloge marquera ce que nous appellerons le *temps spécial*. Pour les ondes telles que M_1, M_2, ..., ce temps spécial sera le temps lunaire moyen; pour K_1 et K_2, ce sera le temps sidéral.

Nous dirons alors que nos ordonnées devront correspondre aux heures *rondes* de l'horloge spéciale.

Réunissons tous les termes tels que les valeurs de $\alpha_0 t$ diffèrent d'un multiple de 2π; nous aurons

$$\Sigma\, \delta t\, h \frac{\cos}{\sin} \alpha_0 t = \delta t\, \Sigma \left[\frac{\cos}{\sin} \alpha_0 t (\Sigma h) \right].$$

Si la durée des observations comprend n périodes,

$$\Sigma h = n h_m,$$

h_m étant la valeur moyenne de h pour une même heure de l'horloge spéciale. D'où

$$\int h \frac{\cos}{\sin} \alpha_0 t\, dt = n\, \delta t\, \Sigma\, h_m \frac{\cos}{\sin} \alpha_0 t.$$

Le calcul de h_m est simple, mais fort long.

Pour l'abréger, au lieu de mesurer les ordonnées pour toutes les heures rondes du temps spécial, on se borne à les mesurer pour les heures rondes de temps solaire moyen. Ceci revient à remplacer chaque ordonnée de temps spécial par l'ordonnée solaire la plus rapprochée. A midi du jour initial, nos deux horloges marquent la même heure. Tant qu'elles ne diffèrent pas de plus d'une demi-heure, on fait correspondre les heures. Puis, lorsque l'écart dépasse une demi-heure, on saute une ordonnée ou bien on la compte deux fois suivant que l'horloge spéciale retarde ou avance sur l'horloge solaire.

Comme on connaît le rapport des marches des deux horloges, il est facile de préparer d'avance des Tableaux où se trouvent indiqués les points où il y a lieu de faire ces changements.

Cette méthode a été appliquée par Roberts aux marées des Indes.

187. **Réglettes de Darwin.** — La méthode de Roberts présente encore un inconvénient pratique : c'est que pour chaque nouvelle marée on est obligé de faire un nouveau Tableau des ordonnées.

Pour éviter cette répétition, Darwin a imaginé des réglettes divisées en 24 cases; chaque réglette correspond à un jour moyen, et on inscrit les ordonnées horaires dans ses cases. Ces réglettes sont ensuite assemblées en escalier, de manière que l'heure moyenne 12 de chaque réglette coïncide avec l'heure spéciale dont elle est la plus voisine.

Cela revient, en somme, à remettre l'horloge spéciale à l'heure une fois par jour seulement, au lieu de le faire toutes les demi-heures; aussi, le procédé est-il un peu moins exact.

188. Degré d'approximation de la méthode de Roberts. — Chaque ordonnée de la courbe de marée satisfait à la relation

$$\Sigma \mathrm{H}\, e^{i\alpha t} - h = 0.$$

L'application de la méthode des moindres carrés à ces équations de conditions nous fournit des équations telles que

$$\Sigma\, e^{-i\alpha_0 t}(\Sigma \mathrm{H}\, e^{i\alpha t} - h) = 0.$$

Considérons t comme représentant des heures rondes de temps spécial. Soit, au contraire, τ le temps solaire moyen dont on fait usage pour l'évaluation des ordonnées et désignons par h_τ les ordonnées correspondantes.

Nous devrions écrire rigoureusement

$$\Sigma\, e^{-i\alpha_0 \tau}(\Sigma \mathrm{H}\, e^{i\alpha \tau} - h_\tau) = 0$$

et ce système d'équations nous fournirait pour les coefficients H les mêmes valeurs que le précédent.

Mais, pour n'avoir à introduire, dans la séparation d'une onde quelconque, que le cosinus ou sinus d'un multiple de 15°, nous opérons comme si nous avions les équations

$$\Sigma\, e^{-i\alpha_0 t}(\Sigma \mathrm{H}\, e^{i\alpha \tau} - h_\tau) = 0,$$

c'est-à-dire, en mettant H_0 en évidence,

$$\Sigma \mathrm{H}\, \Sigma\, e^{i\alpha\tau - i\alpha_0 t} + \mathrm{H}_0\, \Sigma\, e^{i\alpha_0(\tau - t)} = \Sigma\, h_\tau\, e^{-i\alpha_0 t}.$$

Or, τ diffère très peu de t; on aura donc sensiblement, N étant le nombre très grand des ordonnées mesurées,

$$\Sigma\, e^{i\alpha\tau - i\alpha_0 t} = 0,$$
$$\Sigma\, e^{i\alpha_0(\tau - t)} = \mathrm{N},$$

d'où

$$\mathrm{H}_0 \mathrm{N} = \Sigma\, h_\tau\, e^{-i\alpha_0 t}.$$

Ce résultat ne diffère de celui qu'on obtiendrait en se servant uniquement du temps spécial, que parce que la véritable ordonnée h

est remplacée par l'ordonnée solaire h_τ. L'écart entre ces ordonnées peut varier de o à 30 minutes; dans la sommation totale, tout se passera comme si chaque ordonnée théorique était la moyenne des ordonnées réparties de part et d'autre sur un intervalle correspondant à une demi-heure.

Il en résulte qu'au lieu d'obtenir la valeur $H_0 e^{i\alpha_0 t}$ de l'onde que nous voulons séparer, nous obtiendrons

$$\int_{t-\frac{1}{2}}^{t+\frac{1}{2}} H_0 e^{i\alpha_0 t}\, dt = \frac{1}{i\alpha_0} H_0 e^{i\alpha_0 t}\left(e^{i\frac{\alpha_0}{2}} - e^{-i\frac{\alpha_0}{2}}\right) = \frac{2}{\alpha_0} H_0 e^{i\alpha_0 t} \sin\frac{\alpha_0}{2}.$$

Par suite, le résultat obtenu devra être multiplié par le rapport

$$\frac{\frac{\alpha_0}{2}}{\sin\frac{\alpha_0}{2}}$$

qui est très voisin de l'unité et qu'on appelle *facteur d'augmentation*.

La considération des facteurs d'augmentation ne concerne évidemment pas la série des ondes solaires.

L'élimination des ondes par l'emploi de la méthode de Roberts est presque absolue au point de vue pratique.

Il suffit, pour s'en rendre compte, de calculer en première approximation les coefficients de toutes les ondes, et de chercher ensuite les corrections nécessaires. Darwin a montré que la première approximation est largement suffisante. (*Tidal report to the British association*, 1872.)

On n'aura donc pas à calculer d'autres valeurs de $\frac{\cos}{\sin}\alpha_0 t$ que celles qui sont relatives aux angles

$$0°,\quad 15°,\quad 30°,\quad 45°,\quad 60°,\quad 75°,\quad 90°.$$

189. Détermination des ondes à longues périodes. — Faisons, pour chaque jour solaire moyen, la moyenne des ordonnées horaires mesurées : nous obtiendrons ainsi 365 valeurs journalières moyennes, dont la moyenne générale fournira la cote du niveau moyen. En retranchant cette cote des 365 moyennes journalières, nous aurons 365 quantités représentant les hauteurs journalières dont la mer s'élève au-dessus du niveau moyen par suite des ondes à longues périodes et aussi des ondes à courtes périodes dont l'influence n'a pas été totalement éliminée par la formation des moyennes horaires.

Mais, comme ces dernières ondes ont été préalablement déterminées, on peut faire la correction correspondante; il suffit d'ailleurs d'évaluer cette correction pour les trois ondes lunaires les plus importantes, M_2, N et O.

Parmi les ondes solaires, S_2 est rigoureusement éliminée et les autres le sont presque aussi complètement, de même que les ondes sidérales. Il nous reste donc 365 quantités h représentant uniquement l'effet des ondes à longues périodes; d'où 365 équations de conditions de la forme

$$\Sigma \mathrm{H}\, e^{i\alpha t} - h = 0,$$

les h et les α se rapportant aux ondes à longues périodes. Il suffit, dans tous les cas, d'introduire cinq de ces ondes, à savoir :

Mm	$\alpha = n - \dot{\varpi}$
Mf	$2n$
MSf	$2(n - n_1)$
Sa	n_1
Ssa	$2n_1$

Nous traiterons les équations de conditions par la méthode des moindres carrés, et nous en déduirons ainsi 5 équations de la forme

$$\Sigma \mathrm{H} \Sigma e^{i(\alpha - \alpha_0)t} - 365\, \mathrm{H}_0 = \Sigma h\, e^{i\alpha_0 t}.$$

On résoudra ces équations en supposant d'abord que le premier terme est négligeable, comme dans le cas des ondes à courtes périodes, mais ici la première approximation ne suffira pas en général.

Ces calculs sont longs, et Darwin a dressé des Tables pour en faciliter l'application.

Pratiquement, on ne fait pas pour chaque moyenne journalière les corrections relatives aux trois ondes de courtes périodes; mais on applique une correction équivalente aux équations d'où résulte la détermination des coefficients.

On se reportera, pour le détail des calculs, aux Ouvrages déjà cités.

190. Méthode de Darwin pour la séparation des ondes solaires. — Dans un travail communiqué à la Société royale de Londres (*Proceedings of the Royal Society*, Vol. LII, novembre 1892), Darwin indique une méthode grâce à laquelle la séparation des ondes du groupe solaire peut être aisément effectuée.

Reprenons l'équation générale

$$h = \Sigma \mathrm{H}\, e^{i\alpha t}.$$

Abstraction faite du mouvement très lent du périgée, α est une combinaison linéaire à coefficients entiers des trois quantités ω, n et n_1 représentant respectivement la vitesse angulaire de la Terre, le moyen mouvement de la Lune et le moyen mouvement du Soleil.

m_0, m_1 et m_2 désignant des entiers, on aura

$$\alpha = m_0(\omega - n_1) + m_1(n - n_1) + m_2 n_1.$$

D'où

$$\alpha t = m_0\chi + m_1\varphi + m_2\psi,$$

χ étant l'angle horaire du soleil moyen;
φ la différence des longitudes moyennes de la Lune et du Soleil;
ψ la longitude moyenne du Soleil.

On peut donc écrire

$$h = \Sigma \mathrm{H}\, e^{i(m_0\chi + m_1\varphi + m_2\psi)}.$$

Considérons les 29 jours d'une lunaison, réunissons en Tableau les cotes correspondant à une même heure et faisons les moyennes : nous obtiendrons ainsi 24 moyennes.

Pour toutes les cotes entrant dans la composition d'une même moyenne, χ a la même valeur, ψ varie lentement et peut être considéré comme constant, mais φ varie de 0° à 360°. Il en résulte que chaque onde donnera dans la sommation un terme

$$\mathrm{H}\, e^{i(m_0\chi + m_2\psi)}\, \Sigma\, e^{i m_1 \varphi},$$

le facteur $e^{i(m_0\chi + m_2\psi)}$ étant sensiblement constant

Si $m_1 \neq 0$, on aura

$$\Sigma e^{i m_1 \psi} = 0.$$

Par conséquent, toutes les ondes pour lesquelles m_1 n'est pas nul vont disparaître : il ne restera que les marées purement solaires, celles dont la vitesse ne dépend que de ω et de n_1, à savoir Sa, Ssa, S_2, S_1, K_2, K_1, ...

Les expressions de ces ondes sont fonctions des deux variables χ et ψ. Si nous appliquons l'analyse harmonique aux moyennes d'une même lunaison, nous obtiendrons les coefficients des différents termes $e^{i m_0 \chi}$, mais ces coefficients seront encore fonctions de ψ.

Nous considérerons ensuite les lunaisons successives d'une année entière. L'année sera divisée en 12 parties égales, en passant un jour de temps en temps, de manière que chaque groupe comprenne bien 29 jours. L'analyse harmonique appliquée à chacun de ces groupes fournira 12 valeurs des divers coefficients $He^{i m_1 \psi}$ correspondant à des valeurs équidistantes de la variable ψ : on en déduira donc facilement les constantes H.

Cette méthode a été peu appliquée.

191. Détermination des constantes harmoniques d'un port à l'aide d'une courte période d'observations. — Il arrive souvent que les observations dont on dispose ne s'étendent pas sur une période aussi longue qu'une année. Darwin a, néanmoins, montré (*Admiralty Scientific Manual*, 1886) qu'on pouvait obtenir des valeurs suffisantes pour la pratique, même avec une période d'observations ne dépassant pas une quinzaine. Naturellement, on ne saurait ainsi déterminer toutes les ondes et, en particulier, aucune des ondes à longue période.

Si nous admettons 15 jours d'observations, on voit aisément, d'après les règles données au paragraphe **182** pour le choix de la période la plus favorable, qu'on pourra déterminer

M_2	et éliminer	S_2	en analysant	28	périodes	($T = 14^j,5$)
S_2	»	M_2	»	30	»	($T = 15^j$)
K_2	»	M_2	»	30	»	($T = 15^j$)
K_1	»	O	»	14	»	($T = 14^j$)
O	»	K_1	»	13	»	($T = 14^j$)

La durée des observations est insuffisante pour séparer K_2 de S_2 et K_1 de P, ni ces deux ondes ensemble de la série S. La séparation de ces ondes se fera en admettant que le rapport de leurs amplitudes est égal à celui des coefficients astronomiques. Il restera seulement à faire porter l'analyse harmonique sur trois groupes distincts.

192. Analyseur harmonique. — Lord Kelvin a imaginé un procédé mécanique, qui donne sans calculs la valeur des intégrales

$$\int_0^T h \frac{\cos}{\sin} \alpha_0 t \, dt.$$

L'appareil employé se compose essentiellement de trois parties :

1° Un disque circulaire pouvant tourner autour de son axe incliné zO;

2° Une sphère C en contact en A avec le disque ;

3° Un cylindre de diamètre légèrement inférieur à celui de la sphère, pouvant tourner autour d'un axe parallèle au plan du disque et situé à la même distance de celui-ci que le centre de la sphère ; la sphère et le cylindre sont en contact en B (*fig.* 40).

Prenons comme direction de l'axe des z l'axe Oz du disque et comme direction des y l'axe du cylindre ; la direction des x sera parallèle à CB. La flèche indique la direction de la pesanteur.

Par suite de son poids, la sphère presse contre le disque et le cylindre, et son centre ne peut se mouvoir que parallèlement à l'axe des y; le rayon de la sphère est d'ailleurs tel que, dans ce mouvement de translation, le point de contact de la sphère et du disque décrit un diamètre de ce disque.

Il ne reste donc à la sphère que quatre mouvements possibles : la translation parallèle à Oy et les trois rotations autour des parallèles aux trois axes. De tous ces mouvements, un seul est susceptible de transmettre le mouvement du disque au cylindre, c'est la rotation autour de l'axe parallèle à Oy, qui donne pour les points A et B de la sphère des vitesses égales.

Comme la sphère ne peut glisser, la vitesse du point A de la sphère doit être égale à la vitesse du point A du disque, et la vitesse du point B de la sphère égale à la vitesse du point B du cylindre. On doit donc avoir la relation

$$y \frac{d\omega}{dt} = r \frac{d\varphi}{dt},$$

Fig. 40.

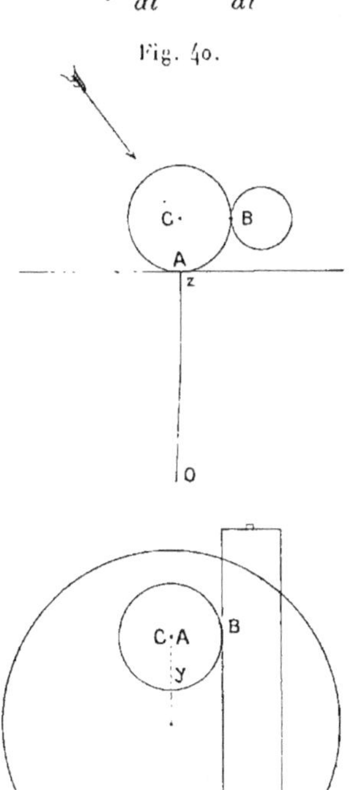

en désignant par y la distance du point de contact A au centre du disque, par r le rayon du cylindre, et par $d\omega$, $d\varphi$ les relations élémentaires correspondantes du disque et du cylindre.

Supposons maintenant qu'on fasse dérouler d'un mouvement uniforme la feuille sur laquelle est inscrite la courbe du marégraphe. Tandis que tourne le tambour avec la vitesse α_0, une came commande le mouvement du disque de l'analyseur, et cette came est réglée de telle sorte qu'on ait

$$\frac{d\omega}{dt} = \frac{\cos}{\sin} \alpha_0 t.$$

En même temps, une fourchette reliée à un stylet dont la pointe décrit la courbe de marée guide la sphère de manière que la distance y de son centre au centre du disque soit égale à la hauteur h de la marée.

Il en résulte que l'angle φ, dont aura tourné le cylindre au bout d'un certain temps, sera proportionnel à

$$\int h \frac{\cos}{\sin} \alpha_0 t \, dt.$$

Cet appareil a sur les autres intégrateurs, comme le planimètre d'Amsler, l'avantage d'un roulement sans glissement.

Toutefois, il n'est pas entré dans la pratique et n'a pas été jusqu'ici utilisé pour l'analyse harmonique.

Des types un peu différents ont été récemment essayés.

193. Prédiction de la marée pour une époque donnée. Tide-predicter. — Une fois qu'on a déterminé par l'analyse harmonique les constantes A et β de toutes les ondes pour un port donné, il est facile de calculer la hauteur

$$h = \Sigma A \cos(\alpha t + \beta)$$

de la marée en ce port, à une époque t quelconque.

β étant la différence de phase entre la marée et le terme correspondant du potentiel, il nous suffira de connaître la valeur de l'argument du potentiel pour l'origine du temps.

Les coefficients harmoniques n'étant pas absolument constants et variant légèrement avec I, on leur donnera naturellement la valeur qui convient à l'époque t.

Ce procédé conduit à des calculs fort longs. Mais Lord Kelvin a imaginé un ingénieux appareil qui permet de tracer en très peu de temps la courbe de marée d'un port pour une année entière.

La machine de Lord Kelvin se compose essentiellement d'une série de poulies folles disposées de manière à assurer le parallélisme des brins d'un fil qui passe alternativement par-dessus ou par-dessous chacune d'elles; ce fil est fixé par une de ses extrémités, et l'autre extrémité, tendue par un poids, porte un crayon qui laisse sa trace sur une feuille de papier enroulée sur un tambour vertical (*fig.* 41).

Fig. 41.

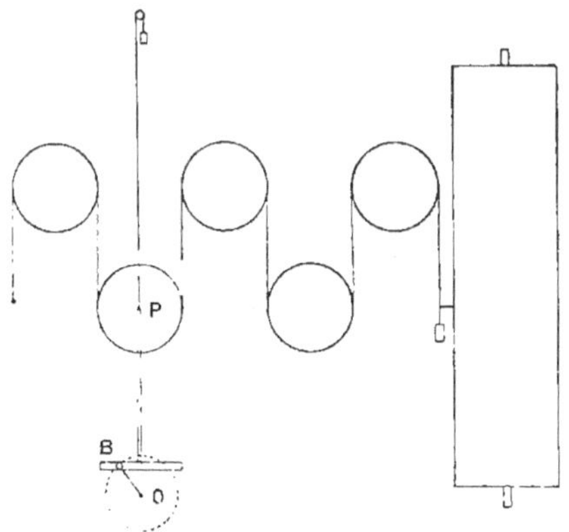

Imaginons que les centres de toutes ces poulies puissent se déplacer verticalement suivant un mouvement harmonique correspondant respectivement à chacune des ondes de la marée; le déplacement vertical du crayon au-dessus du zéro, qui correspond à la position moyenne de tous les centres, sera

$$2\Sigma A \cos(\alpha t + \beta).$$

Le crayon tracera donc la courbe de la marée (*fig.* 42) si l'on règle le mouvement vertical de chaque centre conformément à l'onde correspondante. Pour cela, le centre P de chaque poulie est guidé par une tige verticale portant une glissière horizontale dans laquelle peut se déplacer le bouton B d'une manivelle OB dont le mouvement est commandé par un axe horizontal O. Tous les axes tels que O sont actionnés par des trains d'engrenages calculés de telle sorte que leurs mouvements soient uniformes et aient des vitesses angulaires proportionnelles aux vitesses α des diverses ondes ; le même mécanisme fait mouvoir le tambour enregistreur proportionnellement au temps moyen. Nous aurons

$$B'OB = \alpha t + \beta,$$

β étant l'angle que fait la manivelle avec la verticale à l'origine du temps. Par conséquent, le déplacement OB′ de la glissière au-dessus

Fig. 42.

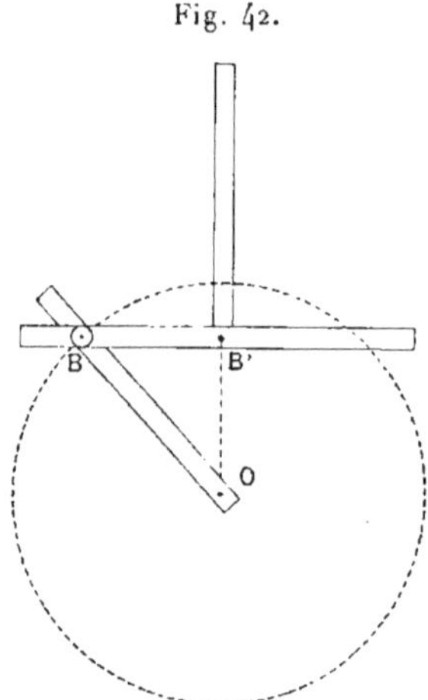

de l'axe O, c'est-à-dire le déplacement du centre de la poulie P au-dessus de sa position moyenne, sera

$$OB \cos(\alpha t + \beta).$$

Il suffit donc de caler chaque manivelle sous l'angle β et de manière que la longueur OB soit proportionnelle à A.

Une semblable machine existe au Service hydrographique de la Marine, où elle sert à calculer les annuaires de marée pour nos ports des mers de Chine et de l'océan Indien.

CHAPITRE XII.

MÉTHODE DE PRÉDICTION DE LAPLACE.

194. Antérieurement à l'analyse harmonique, on employait pour prédire les marées une méthode plus expéditive due à Laplace et qui s'applique particulièrement bien au phénomène tel qu'il se produit sur nos côtes.

Reprenons l'expression du potentiel des forces extérieures en un point donné

$$P - P_0 = \sum C e^{\lambda t} = \sum C e^{i\alpha t}.$$

Il s'agit de calculer la hauteur h de la marée, dont l'expression en composantes isochrones est

$$h = \sum H e^{i\alpha t}.$$

Nous savons (§ 29) que les termes de $P - P_0$ se partagent en trois groupes :

1° Les termes semi-diurnes pour lesquels on a

$$\alpha = 2\omega + \mu \qquad \text{avec} \qquad C = k \sin^2\theta\, e^{2i\psi},$$

μ étant positif ou négatif et petit par rapport à ω.

Nous avons également les termes imaginaires conjugués, pour lesquels

$$\alpha = -2\omega - \mu \qquad \text{avec} \qquad C = k \sin^2\theta\, e^{-2i\psi};$$

2° Les termes diurnes

$$\alpha = \omega + \mu, \qquad C = k \sin 2\theta\, e^{i\psi},$$
$$\alpha = -\omega - \mu, \qquad C = k \sin 2\theta\, e^{-i\psi},$$

3° Les termes à longue période

$$\alpha = \pm \mu, \qquad C = k(3\cos^2\theta - 1).$$

Considérons successivement chacun de ces groupes.

Dans le groupe semi-diurne, prenons d'abord les termes en

$$\alpha = 2\omega + \mu.$$

Alors

$$P - P_0 = \sin^2\theta\, e^{2i\psi} \sum k e^{i(2\omega+\mu)t},$$

$$h = \sum H e^{i(2\omega+\mu)t}.$$

Quel est le rapport de H à k ?

H est une fonction des coordonnées du port : c'est une constante pour un port donné. Le coefficient k est également pour chaque onde une constante, mais varie avec la vitesse α : il en sera donc de même du rapport $\frac{H}{k}$. D'ailleurs, en vertu du principe de la superposition des petits mouvements, si l'on multipliait tous les coefficients k par un même facteur, les coefficients H correspondants se trouveraient multipliés aussi par ce facteur, et le rapport $\frac{H}{k}$ ne varierait pas.

Nous pouvons donc écrire simplement

$$\frac{H}{k} = f(\alpha).$$

Ceci est rigoureux. Voici où commence l'approximation.

Mettons en évidence l'amplitude et la phase de l'onde, et posons

$$\frac{H}{k} = ae^{i\beta}.$$

Laplace suppose que, pour tous les termes semi-diurnes, a et β sont des fonctions linéaires de α, donc de μ; ce qui permet d'écrire

$$\frac{H}{k} = (a_0 + \mu a_1) e^{i(\beta_0 + \mu\beta_1)},$$

a_0, a_1, β_0, β_1 étant des constantes du port, indépendantes de μ.

Alors

$$h = \sum k e^{i\mu(t+\beta_1)} e^{i\beta_0} (a_0 + \mu a_1) e^{2i\omega t}.$$

Posons

$$\sum k e^{i\mu t} = f(t).$$

L'expression du potentiel des termes considérés deviendra

$$P - P_0 = \sin^2\theta\, e^{2i\psi} f(t)\, e^{2i\omega t},$$

et, en se reportant au développement du paragraphe **29**, on voit immédiatement qu'on a

$$f(t) = \frac{m \sin^2\delta}{\rho^3} e^{-2i\mathcal{R}},$$

m étant la masse de l'astre, δ sa distance polaire, ρ sa distance à la Terre et $\mathcal{R}$ son ascension droite.

Nous aurons

$$f(t+\beta_1) = \sum k e^{i\mu(t+\beta_1)},$$

$$f'(t+\beta_1) = i \sum k\mu e^{i\mu(t+\beta_1)},$$

d'où

$$h = a_0 e^{i\beta_0} e^{2i\omega t} f(t+\beta_1) - i a_1 e^{i\beta_0} e^{2i\omega t} f'(t+\beta_1).$$

Si nous représentons par δ, $\mathcal{R}$ et ρ les valeurs des coordonnées de l'astre prises, non pas pour l'époque t, mais pour l'époque $t+\beta_1$, nous pourrons écrire cette expression

$$h = a_0 \frac{m \sin^2\delta}{\rho^3} e^{i(2\omega t+\beta_0-2\mathcal{R})} - i a_1 \frac{\partial}{\partial t}\left[\frac{m \sin^2\delta}{\rho^3} e^{i(2\omega t+\beta_0-2\mathcal{R})}\right],$$

à condition toutefois de ne pas différentier $e^{2i\omega t}$ lorsqu'on prend la dérivée partielle du second membre.

On peut se dispenser de formuler cette restriction en écrivant $\frac{\partial}{\partial\beta_1}$ au lieu de $\frac{\partial}{\partial t}$.

Pour avoir l'expression complète de la hauteur due à l'ensemble des termes semi-diurnes du potentiel, il nous faut tenir compte des termes imaginaires conjugués de ceux que nous venons de considérer. La hauteur totale sera donc représentée par le double de la partie réelle de l'expression précédente; c'est-à-dire qu'on aura pour la marée semi-diurne lunaire

$$h = 2a_0 \frac{m \sin^2\delta}{\rho^3} \cos(2\omega t + \beta_0 - 2\mathcal{R}) + 2a_1 \frac{\partial}{\partial\beta_1}\left[\frac{m \sin^2\delta}{\rho^3} \sin(2\omega t + \beta_0 - 2\mathcal{R})\right].$$

On aurait une expression analogue pour la marée semi-diurne solaire, les constantes a_0, a_1, β_0, β_1 restant les mêmes.

195. La synthèse des termes diurnes se fera de la même manière. La seule différence est qu'on aura

$$f(t) = \frac{m \sin 2\delta}{\rho^3} e^{-i\mathcal{R}}.$$

Il en résulte pour l'expression de la marée diurne lunaire

$$h = 2a'_0 \frac{m \sin 2\delta}{\rho^3} \cos(\omega t + \beta'_0 - \mathcal{R}) + 2a'_1 \frac{\partial}{\partial \beta'_1} \left[\frac{m \sin 2\delta}{\rho^3} \sin(\omega t + \beta'_0 - \mathcal{R}) \right],$$

a'_0, a'_1, β'_0, β'_1 étant quatre nouvelles constantes du port, qui restent les mêmes pour les ondes diurnes solaires.

Les coordonnées δ, $\mathcal{R}$ et ρ de l'astre doivent être prises, non pour l'époque t, mais pour l'époque $t + \beta'_1$.

Enfin, pour les termes à longue période, on s'en tient à la marée statique de première sorte.

196. En résumé, la formule complète de Laplace renferme pour un port donné huit constantes

$$\begin{matrix} a_0, & \beta_0, & a_1, & \beta_1, \\ a'_0, & \beta'_0, & a'_1, & \beta'_1. \end{matrix}$$

Laplace a cherché quelles étaient les valeurs de ces constantes pour le port de Brest. Il y est parvenu en faisant

$$a_1 = a'_1 = 0.$$

a'_0 est relativement très petit. La valeur du rapport $\frac{a'_0}{a_0}$ est d'environ $\frac{1}{40}$.

Laplace a supposé que les constantes β'_0, β'_1 de la marée diurne étaient respectivement égales à β_0 et β_1.

Dans la formule, entrent les rapports $\frac{m}{\rho^3}$, $\frac{m'}{\rho'^3}$. En désignant par r, r' les distances moyennes de la Lune et du Soleil à la Terre, Laplace a admis qu'on avait

$$\frac{m}{r^3} : \frac{m'}{r'^3} = 3.$$

Dans ces conditions, la formule de Laplace représente très exactement les observations.

Seulement, la valeur exacte du rapport $\frac{m}{r^3} : \frac{m'}{r'^3}$ n'est pas 3, mais 2,17.

Aussi la formule de Laplace, qui convient admirablement au port de Brest, ne s'appliquerait-elle pas exactement à un autre port. Il serait nécessaire d'introduire une constante de plus, et de supposer que la valeur de a_0 n'est pas la même pour le Soleil que pour la Lune.

197. De la formule de Laplace, découlent quelques conséquences immédiates.

Si nous considérons d'abord la marée semi-diurne, qui est prépondérante sur les côtes européennes, nous voyons que la marée solaire et la marée lunaire s'ajouteront à l'époque des syzygies et se retrancheront à l'époque des quadratures. Comme la fonction $f(t)$ est maximum lorsque la déclinaison est nulle, les marées les plus fortes correspondront aux syzygies équinoxiales.

En ce qui concerne la marée diurne, elle s'annule avec la déclinaison de l'astre et change de signe avec cette déclinaison, c'est-à-dire toutes les fois que l'astre passe d'un hémisphère à l'autre.

Si nous nous reportons aux expressions des ondes de l'analyse harmonique, ceci nous explique pourquoi les coefficients astronomiques des ondes diurnes contiennent tous en facteur le sinus de l'inclinaison de l'orbite sur l'équateur. Si l'orbite se confondait avec l'équateur, la marée diurne serait identiquement nulle.

Parmi toutes les ondes diurnes, les plus importantes sont

$$\begin{array}{ll} \text{O} \ldots\ldots\ldots\ldots & \alpha = \omega - 2n \\ \text{K}_1 \ldots\ldots\ldots\ldots & \omega \end{array}$$

Comme ces deux ondes ont, à très peu près, le même coefficient, leur ensemble pourra se représenter par l'expression

$$\cos(\omega - 2n)t + \cos\omega t = 2\cos(\omega - n)t \cos nt.$$

Tout se passe donc comme s'il y avait une composante unique ayant pour période un jour lunaire, et dont l'amplitude serait variable et égale à $2\cos nt$. Il y a interférence et changement de signe lorsque la Lune traverse l'équateur.

TROISIÈME PARTIE.

SYNTHÈSE DES OBSERVATIONS. — COMPARAISON AVEC LA THÉORIE.

CHAPITRE XIII.

RÉSULTATS DES OBSERVATIONS.

198. **Cartes des lignes cotidales.** — Nous avons vu dans la deuxième Partie que les observations permettent de prédire les marées. Si les stations d'observations étaient suffisamment nombreuses, on pourrait espérer, par la comparaison des coefficients locaux, trouver la loi générale de formation et de propagation des différentes ondes.

Les résultats actuellement acquis sont relatifs à plus de 700 stations répandues un peu partout; ils permettent déjà d'esquisser les grandes lignes d'une théorie d'ensemble. Mais, avant d'en tirer parti, il importe de ne pas perdre de vue que la plupart des marégraphes sont installés dans des ports, où la marée est troublée par une foule de perturbations locales donnant lieu à la formation d'ondes composées. Comme il est certain que ces ondes n'existent pas au large, il faudrait d'abord les éliminer avant de rechercher une loi générale.

Chaque marée est caractérisée par deux éléments : l'*amplitude* et la *phase*. Considérons une marée particulière, M_2 par exemple, dont l'expression en un port donné nous a été fournie par l'analyse harmonique sous la forme

$$f M_2 \cos(\alpha t - M_2^0).$$

M_2 représente ici la valeur de la constante d'amplitude que nous avions désignée d'une manière générale par A;

f est le rapport voisin de l'unité qu'on prend dans les Tables du major Baird (§ **184**), de manière à tenir compte pour l'année considérée de la variation de l'inclinaison de l'orbite lunaire;

M_2^0 est la constante angulaire qui donne au port considéré la différence de situation entre l'onde lunaire semi-diurne et le terme correspondant du potentiel : c'est la valeur de $-\beta$ spéciale à cette onde;

α est la vitesse angulaire $2\omega - 2n$ rapportée au temps moyen.

Supposons maintenant que nous ayons pour chaque onde une horloge marquant le temps spécial relatif à cette onde : dans le cas de M_2, ce sera le temps lunaire moyen. La vitesse de l'onde, rapportée à ce temps spécial, sera alors de 30°, et le quotient de la phase par 30 nous donnera, estimé en heures de temps spécial, l'intervalle qui sépare l'époque du maximum de l'onde du passage au méridien de l'astre fictif générateur : ce sera donc ici l'heure lunaire moyenne locale de la pleine mer semi-diurne lunaire.

Pour comparer toutes ces heures locales entre elles, il convient de les rapporter à un même méridien; nous supposerons donc notre horloge de temps spécial réglée sur le temps spécial de Greenwich. L'heure que marquera l'horloge au moment du maximum de la marée due à l'onde considérée sera alors l'*heure cotidale* du lieu relative à cette onde.

Pour l'onde M_2, l'expression de l'heure cotidale sera

$$\frac{M_2^0}{30} + \text{longitude ouest},$$

la longitude étant exprimée en temps.

Il y aurait donc ainsi autant d'heures cotidales en un lieu donné qu'il y a d'ondes constitutives de la marée; mais, en raison de la prépondérance de M_2, on peut se contenter de considérer une heure cotidale unique pour le groupe semi-diurne. Son expression dérivera alors de l'expression habituelle de l'*établissement* qui donne en chaque port l'heure d'une pleine mer, répondant à une position particulière du Soleil et de la Lune.

Pour le groupe diurne, on peut, comme nous l'avons vu (§ 197), réunir les deux ondes O et K_1, et nous aurions alors pour l'heure cotidale de la marée diurne

$$\frac{1}{15}\,\frac{O^0 + K_1^0}{2} + \text{longitude ouest.}$$

En réunissant par des lignes continues les points correspondant aux mêmes heures cotidales, on obtiendra des *lignes cotidales* qui représenteront la position de la crête de l'onde-marée à une heure spéciale déterminée (*vide supra*, § 49).

Toutefois, ces lignes resteront nécessairement hypothétiques sur une grande partie de leur parcours, et cela pour plusieurs raisons. En premier lieu, les observations sont faites sur les côtes, et il faut raccorder les points de même heure cotidale à travers les océans. D'autre part, même sur les côtes, les données actuelles sont encore assez incomplètes, surtout en ce qui concerne les heures. Enfin, comme nous l'avons fait remarquer précédemment, les marégraphes ne nous fournissent le plus souvent que les renseignements les moins intéressants pour une théorie générale.

Il serait à désirer que la majeure partie des observations fût relative à des îlots du large ou tout au moins à des caps très avancés.

Les cartes de lignes cotidales dont nous donnons la reproduction (*fig.* 59 et *Pl. II*) sont empruntées aux Publications du *Coast and Geodetic Survey* américain ; elles ont été dressées par M. Rollin A. Harris, de manière à représenter le mieux possible les résultats des observations actuelles.

Ces cartes se rapportent à la marée semi-diurne : les heures cotidales sont marquées par des chiffres romains, et la place qu'ils occupent par rapport à la ligne cotidale indique le sens dans lequel l'onde paraît progresser.

199. Résultats des observations concernant l'onde M_2. — Voyons d'abord comment se comporte l'onde M_2, qui est la plus importante.

Partons du cap Horn, et suivons dans l'Atlantique la côte est d'Amérique.

Au cap Horn, l'heure cotidale est de 8^h. Entre le cap Horn et La Plata, nous trouvons une marée assez forte dont l'heure cotidale varie très rapidement en progressant vers le Nord et passant trois fois par la valeur 12^h.

Les lignes cotidales voisines de la côte semblent rayonner d'abord autour des Malouines, puis ensuite autour de deux points situés en pleine mer. De semblables points jouent un grand rôle dans l'essai de synthèse qu'a tenté M. Harris, et ont été désignés par lui sous le nom de *points amphidromiques* ou *points de marée nulle;* nous en verrons bientôt l'explication.

A l'entrée de l'estuaire du Rio de La Plata, l'heure cotidale est 12 et la marée est très faible.

Les heures 1, 2, 3, 4, 5 se succèdent très régulièrement jusqu'à Rio de Janeiro, la marée restant faible.

Nous trouvons ensuite l'heure 6, qui règne tout le long de la côte jusqu'à Pernambuco ; et, de l'autre côté du cap Saint-Roque, on ne trouve plus que l'heure 8 jusqu'aux Antilles.

Dans la mer des Antilles et le golfe du Mexique, les marées sont très faibles.

La ligne cotidale d'heure 7 longe la côte du large des Petites Antilles, de la Martinique à la Guadeloupe ; l'heure cotidale augmente ensuite rapidement jusqu'à Porto-Rico, où elle atteint la valeur 12, et la même heure se retrouve au large des îles Lucayes et tout le long de la côte des États-Unis.

La ligne cotidale d'heure 12 quitte la côte de la Nouvelle-Écosse pour aller rejoindre Terre-Neuve, puis nous trouvons l'heure 10 au large de Terre-Neuve et le long du Labrador jusqu'au détroit d'Hudson.

Sur le même 60e parallèle, nous avons l'heure 8 au cap Farewell, et, dans le détroit de Davis et la baie de Baffin, nous trouvons des marées très faibles dont l'heure cotidale varie progressivement de 10^h à 3^h.

Revenons maintenant dans le Sud, et suivons la côte est de l'Atlantique.

Au cap de Bonne-Espérance, les marées sont faibles, et l'heure cotidale est 1. Elle augmente ensuite régulièrement jusqu'au cap des Palmes, de 1 à 5. Les lignes cotidales deviennent alors plus serrées et les marées plus fortes ; la progression des heures se fait de 5 à 9 entre le cap des Palmes et le cap Verd.

Nous trouvons ensuite les heures cotidales 10, 11, 12, 1 aux Canaries et 2 à Gibraltar, avec une diminution d'amplitude.

Tout le long des côtes de Portugal, d'Espagne et de France, l'heure cotidale va de 2^h à $3^h 30^m$, pour atteindre la valeur 4 à Brest, où la marée est redevenue plus forte.

Dans la Manche, nous avons une marée très forte, d'un caractère nettement progressif, l'heure cotidale variant de 4 à 11, depuis Brest jusqu'au Pas-de-Calais.

Dans la mer du Nord, la marée diminue, mais l'heure augmente rapidement le long des côtes de Belgique et de Hollande; nous trouvons l'heure 12 à Ostende, l'heure 2 par le travers de Rotterdam, l'heure 5 au Helder, 6 et 7 à l'île Texel; puis le cheminement continue jusqu'à l'embouchure de l'Elbe où nous avons l'heure 12.

L'heure varie peu le long de la côte ouest du Danemark, et nous trouvons la ligne cotidale 3 à l'entrée du Skagerrak.

Dans la Baltique, les marées sont très faibles.

A partir du cap Lizard, une onde progressive s'engage dans le canal de Saint-Georges, puis nous trouvons dans la mer d'Irlande une onde stationnaire avec marée très forte.

Une autre onde progressive suit la côte ouest d'Irlande, passe entre les Feröe et les Shetland et redescend le long de la côte ouest de la mer du Nord pour se faire sentir également dans le Pas-de-Calais.

Il en résulte dans toute la région entourant les Iles Britanniques des phénomènes assez complexes que nous étudierons plus en détail.

Dans le centre de l'Atlantique, aux Açores et aux Canaries, on retrouve les mêmes heures cotidales que sur les régions voisines du continent africain.

200. Dans le Pacifique, nous trouvons une variation rapide et régulière vers le Sud, depuis Panama où l'heure cotidale est 8,5 jusqu'au cap Horn où elle est 8^h, en passant par la valeur 12, au sud de Lima.

Dans toute la région centrale, entre Quito et San-Salvador, l'heure cotidale est la même qu'à Panama.

Nous trouvons ensuite des lignes très serrées près du cap Corrientes, croissant de 9 à 1, puis une progression régulière tout le long de la côte d'Amérique et des îles Aléoutiennes. Cette progression continue par les îles Kuriles et la côte est du Japon, où les marées sont plus fortes que sur la côte ouest.

Au Tonkin, l'onde M_2 interfère et la marée semi-diurne est nulle.

Dans l'intérieur du Pacifique, contrairement à ce qu'on aurait pu supposer, on ne constate aucune régularité.

Sur la côte orientale d'Australie, l'heure cotidale est presque partout 10. A la Nouvelle-Zélande, l'heure cotidale, qui est 6 au cap Nord, décroît jusqu'à 1 à l'extrémité sud. A Honolulu, nous trouvons 2^h.

Dans l'archipel des Tuamotu, se manifestent de nombreuses irrégularités.

201. Dans l'océan Indien, l'heure cotidale varie très peu sur toute la côte orientale d'Afrique : elle est 1 au cap de Bonne-Espérance, comprise entre 0 et 1 à Madagascar, 3 à Guardafui.

A l'île Maurice, nous avons l'heure 8 et la marée est assez faible.

Sur la côte sud d'Australie, l'heure cotidale est 3 ; elle varie de 0 à 3 sur la côte ouest, et les marées sont assez fortes.

Aux îles de la Sonde, les marées sont extrêmement compliquées. On possède sur cette région un grand nombre de documents hollandais. Il semble que la vague-marée vienne de l'océan Indien et se divise à Sumatra. Dans le détroit de Malacca, les lignes cotidales sont très serrées.

L'amplitude est très variable, plus faible en général sur la côte Sud. On constate enfin de nombreuses interférences.

Dans presque toute la mer d'Oman, l'heure cotidale est constante et comprise entre 4 et 5 ; à partir des Laquedives, il y a progression de 5 à 8 au cap Comorin.

L'heure varie de 9 à 2 sur la côte est de Ceylan.

202. Il est assez malaisé de réduire tous ces résultats en lois.

D'une manière générale, il peut se présenter deux cas distincts :

1° Sur certaines plages, on trouve des lignes cotidales qui varient rapidement et régulièrement : côtes d'Europe, mers polaires, cap Horn, côte de l'Alaska, etc.

Dans toutes ces régions, se manifeste une onde progressive bien nette :

2° D'autres fois, au contraire, la même heure cotidale règne sur une longue étendue ; c'est ce que l'on constate, par exemple, dans toute la région du cap de Bonne-Espérance et la côte est d'Afrique, sur la côte du Sahara, sur la côte du Brésil, sur la côte est des États-Unis, etc.

Ceci peut s'expliquer, soit par la présence d'une onde stationnaire, soit par la propagation d'une onde normalement à la côte.

Le cas de la propagation régulière se produit généralement dans les mers étroites et peu profondes, comme la Manche où la distance des lignes cotidales correspond assez exactement à une vitesse de propagation égale à $\sqrt{gh}$.

Mais cette loi souffre de nombreuses exceptions, et l'on rencontre d'autres régions où les lignes cotidales sont beaucoup plus serrées que conformément à la formule $c = \sqrt{gh}$.

203. Résultats des observations concernant l'onde S_2. — Par son interférence avec M_2, l'onde S_2 donne lieu aux alternances de vive-eau et de morte-eau. Il nous faut donc considérer, d'une part, la différence des phases, que nous représenterons par $S_2^0 - M_2^0$, d'autre part, le rapport $\frac{S_2}{M_2}$ des intensités.

Si S_2 était nul, toutes les marées semi-diurnes seraient égales et il n'y aurait ni vive-eau, ni morte-eau.

Plus S_2 est grand, plus s'accentue la différence entre les marées de syzygies et les marées de quadratures.

En général, on a $S_2 < M_2$. Mais il peut se rencontrer certains cas où l'on ait $S_2 > M_2$; alors, il existe encore une différence entre les marées successives, mais c'est l'onde solaire semi-diurne qui commande l'allure du phénomène, et l'heure de la pleine mer oscille autour de l'heure de la marée solaire seule.

Quel est sur la marée résultante l'effet de la différence de phase $S_2^0 - M_2^0$?

Si cette différence était nulle, la vive-eau aurait lieu le jour même de la syzygie, et la morte-eau le jour de la quadrature.

Si $S_2^0 - M_2^0 > 0$, la marée de vive-eau sera en retard sur la syzygie ; elle serait, au contraire, en avance si l'on avait $S_2^0 - M_2^0 < 0$. Si nous supposons $S_2^0 - M_2^0 = 180°$, la marée sera en décalage d'une demi-période : il y aura vive-eau aux quadratures et morte-eau aux syzygies.

Sauf quelques exceptions, $S_2^0 - M_2^0$ est constamment compris entre 0° et 90° ; on constatera donc presque toujours un retard, de 1 à 3 jours environ, de la marée de vive-eau sur la pleine lune. Ce retard tient uniquement à la différence de situation des ondes, mais on se le représentait autrefois comme indiquant le temps mis par la marée pour venir du centre du Pacifique, où elle se serait formée sous l'action des astres. D'après cette conception, à l'époque des syzygies, c'est-à-dire du maximum d'action, deux ondes concordantes prenaient naissance dans le berceau commun des marées et se transportaient ensuite en bloc jusqu'au lieu considéré : le quotient de la différence de phase $S_2^0 - M_2^0$ constatée alors, par la différence 1°,016 des vitesses angulaires des ondes, sera l'expression de l'*âge de la marée*.

A Brest, par exemple, les marées de vive-eau se manifestent 36 heures environ après les syzygies; on disait alors que la marée mettait 36 heures pour venir du Pacifique.

L'analyse harmonique fournit pour ce port

$$S_2^0 = 139°, \qquad M_2^0 = 99°,$$

d'où, pour l'âge de la marée semi-diurne, la valeur 37 heures.

La différence, d'ailleurs très faible, avec le chiffre adopté par Laplace, tient à ce que les ondes M_2 et S_2 ne sont pas les seules composantes de la marée semi-diurne.

Cet âge de la marée semi-diurne n'est pas autre chose que la constante β_1 de la formule de Laplace prise en signe contraire (§ 194).

Si cette conception d'une marée unique prenant naissance dans le Pacifique était exacte, il suffirait de tracer les lignes correspondant aux valeurs constantes de $S^0 - M_2^0$ pour entourer le centre de rayonnement ; de plus, les valeurs de $S_2^0 - M_2^0$ devraient s'accroître au fur et à mesure qu'on s'éloigne du centre.

Or, il est loin d'en être ainsi.

Dans l'Atlantique, nous trouvons : au Labrador, 60° ; à Terre-Neuve, 40° ; à la Nouvelle-Écosse, 40° et 35° ; aux États-Unis, de 22° à 52° ; en Floride, 20°.

Dans le golfe du Mexique, de nombreuses irrégularités se manifestent : on a les valeurs 17°, 30° et même $-18°$.

Remarquons que des valeurs négatives ne seraient pas impossibles à expliquer, même dans les anciennes idées.

On pourrait avoir une progression continue, partant de 0°, dépassant 180°, atteignant 270° que l'on noterait — 90°, et ainsi de suite. Mais ce n'est pas ce qui se passe dans le golfe du Mexique, où nous trouvons toutes les valeurs comprises entre + 30° et — 18°, et aucune voisine de 180°.

Sur les côtes mêmes du Mexique, nous avons des variations de 10° (Tampico) à — 80° (Vera-Cruz).

A Colon, nous trouvons 35°.

En longeant la côte du Brésil, nous rencontrons des valeurs de 23° et de 80°.

Au cap Horn, où nous devrions trouver un retard très faible, puisque ce point est situé à proximité du centre hypothétique de rayonnement de la marée, la valeur de $S_2^0 - M_2^0$ est de 43°, c'est-à-dire supérieure à ce qu'elle est aux États-Unis.

Sur la côte est de l'Atlantique, nous avons 44° au cap de Bonne-Espérance, 40° à Dakar, 24° à Lisbonne, 30° dans le golfe de Gascogne, 40° à l'entrée de la Manche, 65° dans la mer du Nord, à Heligoland ; puis — 28° à Copenhague.

Dans le Pacifique, nous trouvons 21° au Chili, 57° à Panama ; sur la côte ouest des États-Unis, des valeurs variant de — 11° à + 35° ; 30° à la presqu'île d'Alaska ; — 19° au détroit de Behring ; 30° au Japon ; en Chine, de 26° (Hong-Kong) à 79° ; 40° en Indo-Chine ; sur la côte est d'Australie, 21° ; à Melbourne, 95° ; à la Nouvelle-Zélande, 60° ; 0° à Honolulu.

Cette dernière valeur, relative à un point situé au centre même du Pacifique, serait un argument en faveur des anciennes idées ; mais les autres différences ne sauraient s'expliquer.

De même, en plein océan Indien, nous trouvons à Maurice et à la Réunion les valeurs très faibles, + 3° et — 2° ; mais 44° à Diego-Suarez, 19° à Djibouti, 34° à Bombay, 45° à Colombo, 42° à Calcutta, 6° sur la côte ouest d'Australie. Dans les îles de la Sonde enfin, on observe les variations les plus fantaisistes : — 114°, — 123°, + 40°, + 105°, + 133°, + 30°, — 38°.

Rien de tout cela n'est conciliable avec les anciennes idées.

204. Si la marée semi-diurne naissait en un centre unique et se

transportait ensuite en bloc, le rapport $\frac{S_2}{M_2}$ devrait se conserver sensiblement constant. Nous lui trouverions partout une valeur voisine de celle qu'avait adoptée Laplace, soit environ $\frac{1}{3}$.

Or, il suffit de jeter les yeux sur un Tableau des observations pour voir que cette constance est loin de se manifester.

Nous trouvons, en effet, les valeurs 0,35 à Terre-Neuve; 0,16 aux États-Unis; 0,40, 0,58, 0,80 dans le golfe du Mexique; puis 0,30 à Vera-Cruz; 0,11 à Colon; 0,35 à Pernambuco; 0,21 à Montevideo; 0,21 au cap Horn.

Dans le Pacifique, 0,33 à Valparaiso; 0,28 à Panama; 0,69 au cap Corrientes (Mazatlan); 0,22 à San Francisco; 0,33 à la presqu'île d'Alaska. Au Japon, on trouve, en général, de 0,40 à 0,50, mais parfois des valeurs bien supérieures et même dépassant l'unité, comme 1,08 à Nemuro; 1,22 à Nishidomari. Sur la côte de Chine, on a 0,33 à Shanghaï; 0,39 à Hong-Kong.

En Indo-Chine, 1 à Haïphong (Doson), puis 0,40 à Quin-Hone, au cap Saint-Jacques et à Singapour.

Dans le sud de l'Australie, le rapport est voisin de l'unité; il est de 0,15 seulement en Nouvelle-Zélande.

Ses variations sont extrêmement grandes dans les îles de la Sonde, où l'on rencontre 0,18; 1,50, et même jusqu'à 6,00 à l'entrée est du détroit de la Sonde.

Dans l'océan Indien, le rapport $\frac{S_2}{M_2}$ prend les valeurs 0,41 à Calcutta; 0,67 à Colombo; 0,40 dans la mer d'Oman (Bombay); 0,43 à Aden et Djibouti; 0,50 environ à Madagascar et à la Réunion; 0,76 à l'île Maurice; 0,55 à Durban et 0,42 au cap de Bonne-Espérance.

Si nous continuons maintenant en remontant dans l'Atlantique, nous trouvons 0,36 à Dakar; 0,39 à Lisbonne; 0,37 à Brest; 0,33 au Havre; 0,32 à Liverpool; 0,46 à Copenhague.

La diversité de tous ces chiffres suffirait à écarter l'idée d'une onde se transportant en bloc.

205. Si l'on rapproche les valeurs de la différence de phase $S_2^0 - M_2^0$ de celles du rapport $\frac{S_2}{M_2}$, on constate que les régions où la différence de phase présente des anomalies sont celles où la marée lunaire semi-diurne M_2 est faible.

Cela s'explique aisément, car, si l'on compose deux ondes de faible intensité, il suffit de la moindre perturbation pour déplacer beaucoup la phase de l'onde résultante.

Ce phénomène est surtout manifeste dans les îles de la Sonde, qui constituent, au point de vue des marées, une région particulièrement troublée, où l'on rencontre de nombreux points d'interférence pour l'onde semi-diurne.

On voit à Sumatra la différence $S_2^0 - M_2^0$, qui est de 40°, passer tout d'un coup à —24°, revenir à 40° et passer brusquement à — 23°. A chacune de ces variations correspond un nœud de l'onde M_2.

Au nord de Java, les valeurs négatives dominent, la différence de phase se tient dans le voisinage de — 100°, mais il y a également des variations énormes accompagnées par celles du rapport $\frac{S_2}{M_2}$.

Voici, par exemple, le Tableau des valeurs que l'on trouve en trois stations très rapprochées au nord de Java :

M_2.	M_2^0.	S_2.	S_2^0.	$\frac{S_2}{M_2}$.	$S_2^0 - M_2^0$.
m	o	m	o		o
0,11	323	0,06	219	0,50	—104
0,02	246	0,05	344	2,46	+ 98
0,05	283	0,03	160	0,71	—123

C'est qu'il y a un nœud pour M_2, tandis que S_2 reste sensiblement constant.

206. Résultats des observations concernant la marée diurne. — Les éléments relatifs à la marée diurne ne sont pas connus partout avec une grande précision, parce que cette marée est, en général, faible et, par suite, difficile à observer.

Les résultats que nous allons donner concernent l'ensemble $K_1 + O$.

Sur nos côtes, la demi-amplitude de cette marée est 0m,13 à Brest; 0m,18 au Havre; 0m,22 à Liverpool.

En Amérique, on a des marées diurnes de 0m,24 à Boston; 0m,15 à Sandy-Hook. Au Mexique, on trouve 0m,18 et 0m,30; 0m,29 au cap Horn.

Sur la côte ouest d'Amérique, la marée diurne est de 0m,25 à

Valparaiso; $0^m,17$ à l'isthme de Panama; $0^m,40$ en Californie; $0^m,60$ à San Francisco; $1^m,20$ à Vancouver; $0^m,67$ à l'Alaska.

Sur la côte asiatique du Pacifique, on observe des demi-amplitudes de $0^m,36$; $0^m,39$; $0^m,07$; $0^m,60$ au Japon; $0^m,34$ à Shang-Haï; $0^m,66$ à Hong-Kong.

Au Tonkin, nous trouvons une valeur plus forte, $1^m,37$ à Haï-Phong; cette région est un nœud pour la marée semi-diurne. Sur la côte d'Annam, la marée diurne est plus faible; au cap Saint-Jacques, sa valeur $1^m,12$ est comparable à celle de la marée semi-diurne.

Dans les îles de la Sonde, la marée diurne est relativement forte et varie de $0^m,10$ à $1^m,05$; elle est, en moyenne, de $0^m,30$ seulement en Australie.

Dans l'océan Indien, nous trouvons $0^m,20$ à Calcutta; $0^m,10$ à Colombo; une forte marée diurne de $1^m,00$ dans le golfe d'Oman; $0^m,60$ à Djibouti; $0^m,20$ à Diego-Suarez; $0^m,10$ à l'île Maurice et $0^m,07$ seulement au cap de Bonne-Espérance.

La marée diurne est faible également sur la côte ouest d'Afrique ($0^m,10$ à Dakar).

207. Si nous considérons maintenant l'heure cotidale de la marée diurne, calculée comme il a été indiqué au paragraphe **198**, nous trouvons 1^h25^m à Brest, et 1^h dans le golfe de Gascogne. Dans la Manche, l'heure cotidale progresse de 4 à 11.

A Terre-Neuve, on se trouve dans le voisinage d'un nœud : l'heure cotidale est 9 sur la côte est et 22 sur la côte ouest; la différence est sensiblement d'une demi-période.

Aux États-Unis, nous trouvons l'heure 13, et l'heure 2 au Mexique.

Dans le Pacifique, nous avons, en moyenne, l'heure 15 sur la côte des États-Unis; l'heure 20 au Tonkin, 12 en Cochinchine.

Dans l'océan Indien, on trouve l'heure 12 sur la côte ouest d'Australie, ainsi qu'au sud de Java et Sumatra, 24 à Djibouti et Madagascar.

La différence de situation des deux ondes K_1 et O correspond à l'âge de la marée diurne, qui est représentée par $-\beta'_1$ dans la formule de Laplace. La différence de vitesse des ondes étant $2n$, on aura

$$-\beta'_1 = \frac{K_1^0 - O^0}{2n}.$$

On trouve pour cet élément les valeurs les plus diverses, car $K_1^0 - O^0$ varie très irrégulièrement de -180° à $+180^\circ$.

A Brest, où l'on a

$$K_1^0 = 68^\circ, \qquad O^0 = 323^\circ,$$

l'âge de la marée semi-diurne sera $\frac{105}{1,098}$, soit environ 4 jours.

208. Vérification de l'hypothèse de Laplace. — Nous avons vu (§ 194) que, pour établir sa formule de prédiction des marées, Laplace supposait que, dans chaque catégorie d'ondes, les coefficients d'amplitude et de phase étaient des fonctions linéaires de la vitesse angulaire de l'onde correspondante.

Cette hypothèse fondamentale se vérifie-t-elle? Il suffit, théoriquement, pour s'en rendre compte, de comparer, en différentes stations, les éléments relatifs aux trois ondes les plus importantes du groupe semi-diurne, les ondes M_2, S_2 et N.

Si l'hypothèse de Laplace est exacte, on devra avoir

$$\frac{S_2 : k_s - M_2 : k_m}{M_2 : k_m - N : k_n} = \frac{S_2^0 - M_2^0}{M_2^0 - N_2^0} = \text{const.}$$

en désignant respectivement par k_s, k_m, k_n les coefficients astronomiques relatifs à ces diverses ondes.

Mais, le coefficient k_s étant inférieur à 0,1, il faudrait, pour obtenir une vérification parfaite, que les valeurs de N nous fussent connues avec une précision que les observations ne peuvent donner.

C'est ainsi qu'à Saint-Nazaire, par exemple, une simple augmentation de $3^{cm},7$ dans la valeur de N suffit à diminuer le premier rapport dans la proportion de 10 à 1. Dans ces conditions, une vérification absolue est nécessairement illusoire.

Toutefois, on peut se rendre compte que, dans les limites des erreurs d'observations possibles, la valeur moyenne du premier rapport, dans les régions où ne se manifeste aucune anomalie, et particulièrement sur nos côtes, est sensiblement voisine de 2. Il devrait donc en être de même du second.

Or, cette condition est très suffisamment remplie sur nos côtes, puisqu'on a pour le rapport des différences de phases, les valeurs 1,70 à Port-Boyard; 2,10 à Brest; 2,32 à Cherbourg et 1,96 au Havre.

Mais, dans les autres régions, la concordance n'existe plus.

On s'explique ainsi comment la formule de Laplace, qui donne d'excellents résultats sur nos côtes, pourrait conduire ailleurs à des résultats fort erronés.

CHAPITRE XIV.

RÉSULTATS EXPÉRIMENTAUX.

---

209. On voit combien les résultats des observations sont complexes. Ce n'est qu'à grand'peine qu'on peut en dégager quelques lois d'application générale.

La théorie complète des marées conduisant à des calculs presque inextricables, il faut se laisser guider dans la recherche de ces lois par les résultats plus simples que nous avons pu obtenir dans des conditions très particulières, en assimilant, par exemple, les bassins océaniques à des bassins ou des canaux de forme régulière.

L'approximation sera nécessairement très grossière, car dans la plupart des cas on néglige la sphéricité et la force centrifuge composée.

Au Coast and Geodetic Survey, on a pensé obtenir également des indications utiles en organisant des expériences sur les oscillations des liquides renfermés dans des bassins artificiels.

Des bassins de formes diverses ont été installés, et l'on a mesuré les périodes d'oscillations propres des liquides qu'ils contenaient.

On ne se trouve pas absolument dans les conditions de la nature, puisque les surfaces d'équilibre sont planes et que la force centrifuge composée n'intervient pas, en raison de la faible étendue du bassin. En outre, les expériences ne peuvent porter que sur les oscillations propres ; mais nous connaissons leur importance dans les cas de résonance.

Le frottement doit y jouer aussi un plus grand rôle que dans la nature.

Quoi qu'il en soit, ces expériences ont confirmé la théorie en ce qui concerne les vases de profondeur constante et de forme régulière, rectangulaire ou circulaire. De plus, elles ont mis en évidence quelques faits nouveaux.

210. Lemmes de M. Harris. — C'est en se basant à la fois sur les résultats de ces expériences, sur ceux des observations directes et sur la théorie dans les conditions les plus simples, que M. Harris a énoncé un certain nombre de lemmes, souvent assez peu précis, et qu'on doit considérer bien plutôt comme des indications de tendances que comme de véritables théorèmes.

Nous allons passer en revue les principaux de ces lemmes :

1° *Il existe pour un bassin quelconque une ou plusieurs périodes d'oscillations propres.*

2° *Une oscillation propre peut naître, même dans une aire peu étendue, à condition toutefois qu'elle soit nettement délimitée.*

Ces deux lemmes sont justifiés par l'observation du phénomène des seiches.

3° Voici maintenant un résultat dû à l'expérience.

Supposons un bassin rectangulaire : son oscillation aura une période telle que, si l'on considère une onde progressant parallèlement à un des côtés, la vitesse de propagation de cette onde sera $\sqrt{gh}$. Connaissant la période, on calculerait la longueur d'onde Λ. Cette onde progressive se réfléchira, donnera naissance à une onde se propageant en sens contraire, laquelle se réfléchira à son tour, etc.

Fig. 43.

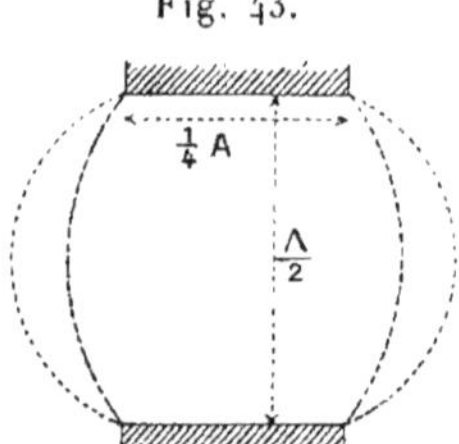

Si la longueur du bassin est égale à une demi-longueur d'onde, il y aura concordance entre les ondes parallèles de même sens. Le résultat final sera une onde stationnaire qui constituera l'oscillation propre du système.

Ceci était bien connu. Mais l'expérience montre que, si l'on supprime les deux parois latérales (*fig.* 43), il y aura encore une oscillation propre de même période, la partie agitée s'étendant au dehors, mais à condition que les murs terminaux aient une longueur au moins égale à $\frac{\Lambda}{4}$.

Si donc nous avons deux côtes parallèles séparées par une demi-longueur d'onde, et suffisamment longues, on pourra observer une onde stationnaire dans le détroit.

4° *Si, en plus des murailles terminales parallèles, subsiste une muraille latérale, il suffira, pour qu'une onde stationnaire puisse prendre naissance, que la largeur du bassin soit égale à un huitième de la longueur d'onde.*

Ce lemme résulte naturellement du précédent, car si l'on trace la ligne médiane du bassin dont la largeur est $\frac{\Lambda}{4}$, tout étant symétrique par rapport à cette ligne, aucune composante du mouvement ne la traversera et l'on pourra, par suite, la remplacer par une muraille.

5° L'expérience montre que *la principale période d'oscillation propre d'une aire trapézoïdale* (*fig.* 44) *est la même que celle du rectangle équivalent ayant même hauteur.*

Fig. 44.

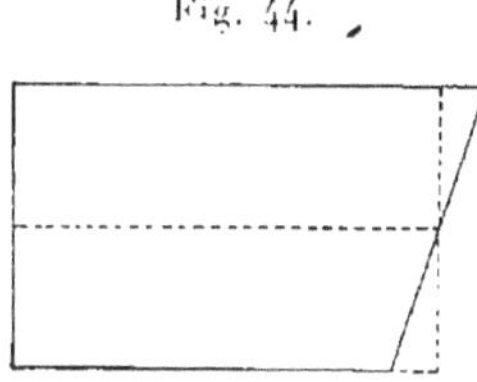

L'amplitude est plus grande du côté de la plus longue base.

211. Influence des inégalités d'un canal sur la période d'oscillation propre. — Les lemmes (6) et (7) de M. Harris ont pour objet l'effet produit sur la période d'oscillation propre d'un canal par les inégalités diverses, contractions, seuils, etc., que ce canal peut présenter.

Les expériences ont été faites avec des vases de largeur et de profondeur variables.

Faisons d'abord varier la largeur. *Si le vase* (*fig.* 45) *est plus étroit à ses extrémités, la fréquence augmente :* la période devient plus courte que celle du vase rectangulaire circonscrit.

Le contraire a lieu si la largeur du vase est diminuée en son milieu.

Fig. 45.

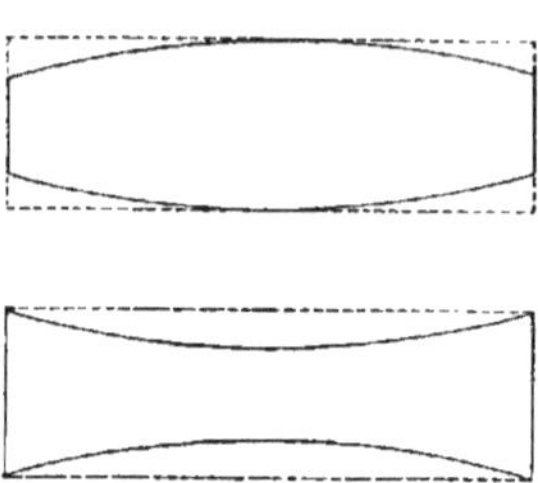

Faisons maintenant varier la profondeur, soit aux extrémités, soit au centre. La comparaison de la période d'oscillation pourra se faire soit avec celle du vase de profondeur constante égale à la profondeur maximum, soit avec celle du vase de profondeur constante égale à la profondeur moyenne (*fig.* 46).

Fig. 46.

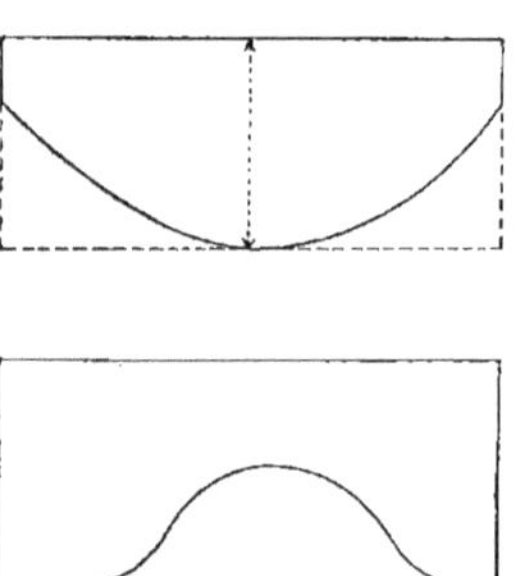

Si c'est le vase de profondeur maximum qui sert de point de comparaison, *la fréquence sera diminuée,* c'est-à-dire que la période augmentera, *si la profondeur décroît aux extrémités ou bien si nous avons un seul milieu.*

Au contraire, si nous rapportons les périodes au vase de profondeur moyenne, *la période devient plus courte dans le cas d'un canal moins profond à ses extrémités, et plus longue dans le cas d'un canal présentant un seuil au milieu* (*fig.* 47).

Il est aisé d'expliquer ces résultats analytiquement.

Soient s la longueur comptée suivant l'axe du canal, σ sa section et l sa largeur, de telle sorte qu'on aurait $\sigma = lh$ dans le cas d'un canal rectangulaire.

Fig. 47.

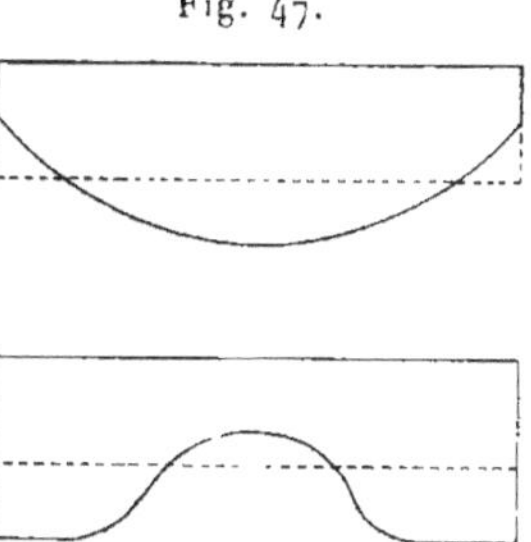

En désignant toujours par φ la fonction qui mesure la hauteur de l'oscillation et par φ' sa dérivée par rapport à s, nous avons pour équation des oscillations propres (§ **127**)

$$\frac{d}{ds}(\sigma\varphi') = \frac{\lambda^2 l\varphi}{g}, \tag{1}$$

λ étant la constante purement imaginaire qui définit la période.

Supposons que $\delta\varphi$ représente une fonction quelconque de s, et soit $\delta\varphi'$ sa dérivée. Multiplions les deux membres de l'équation (1) par $\delta\varphi\, ds$, et intégrons tout le long du canal; nous aurons

$$\int \delta\varphi\, d(\sigma\varphi') = \frac{\lambda^2}{g}\int l\varphi\,\delta\varphi\, ds$$

ou, en intégrant par parties,

$$[\delta\varphi\,\sigma\varphi'] - \int \sigma\varphi'\,\delta\varphi'\, ds = \frac{\lambda^2}{g}\int l\varphi\,\delta\varphi\, ds.$$

Le premier terme disparaît en vertu des conditions aux limites. En effet, si la paroi est verticale, nous avons $\varphi' = 0$, et, si la paroi est inclinée, σ s'annule.

Il reste donc, en multipliant par g,

$$g\int \sigma\varphi'\,\delta\varphi'\, ds + \lambda^2 \int l\varphi\,\delta\varphi\, ds = 0. \tag{2}$$

$\delta\varphi$ est, comme nous l'avons dit, une fonction quelconque de s. Si nous prenons $\delta\varphi = \varphi$, nous aurons

$$g\int \sigma\varphi'^2\, ds + \lambda^2 \int l\varphi^2\, ds = 0. \tag{3}$$

Cette dernière équation n'est pas autre chose que l'expression du principe de la conservation de l'énergie. En effet, l'énergie cinétique du liquide est

$$\frac{1}{2}\int\left(\frac{du}{dt}\right)^2 d\tau = \frac{1}{2}\lambda^2\int\sigma\varphi'^2\,ds$$

et son énergie potentielle est égale à

$$\frac{g}{2}\int\zeta^2\,d\omega = \frac{g}{2}\int\frac{\lambda^4\varphi^2}{g^2}\,l\,ds = \frac{\lambda^4}{2g}\int l\varphi^2\,ds.$$

Lorsqu'il s'agit d'un canal rectangulaire de profondeur constante, nous connaissons la valeur de la fonction φ; nous savons qu'on a

$$\varphi = \sin\frac{\pi s}{2a},$$

les deux extrémités du canal correspondant aux valeurs $s = \pm a$.

Considérons maintenant un canal légèrement différent. Nous passerons du canal régulier à l'autre en donnant à σ et à l des accroissements respectifs $\delta\sigma$ et δl; il en résultera pour φ et λ^2 des accroissements $\delta\varphi$, $\delta\lambda^2$, et il s'agit d'évaluer $\delta\lambda^2$.

Pour cela, différentions l'équation (3); il viendra

$$g\int\delta\sigma\varphi'^2\,ds + 2g\int\sigma\varphi'\,\delta\varphi'\,ds + \delta\lambda^2\int l\varphi^2\,ds$$
$$+\lambda^2\int\delta l\,\varphi^2\,ds + 2\lambda^2\int l\varphi\,\delta\varphi\,ds = 0,$$

c'est-à-dire, en vertu de (2),

$$(4)\qquad \delta\lambda^2\int l\varphi^2\,ds = -g\int\delta\sigma\,\varphi'^2\,ds - \lambda^2\int\delta l\,\varphi^2\,ds.$$

Cette relation nous montrera donc si la fréquence est accrue ou diminuée.

Faisons d'abord varier la largeur, la profondeur restant constante. On a alors

$$\delta\sigma = h\,\delta l.$$

Or, φ', étant proportionnel à $\cos\frac{\pi s}{2a}$, s'annule aux deux extrémités : φ' sera donc petit vers les extrémités et grand vers le centre, tandis que c'est le contraire pour φ.

Si donc nous supposons le canal plus étroit vers les extrémités, la première intégrale du second membre de (4) sera très petite, tandis que la seconde sera grande : c'est le second terme qui imposera son signe et, comme δl est négatif ainsi que λ^2, nous aurons

$$\delta\lambda^2 < 0.$$

La période d'oscillation, qui est égale à $\frac{2\pi}{i\lambda}$, est donc diminuée, et la fréquence est accrue.

Si, au contraire, la largeur du canal est diminuée vers le centre, l'influence de δl se fera surtout sentir vers le centre où φ' est grand ; c'est donc le premier terme qui donnera son signe, et l'on aura

$$\delta\lambda^2 > 0.$$

Par suite, la fréquence sera diminuée.

De même, il y aurait accroissement de la fréquence pour un élargissement au milieu du canal, et diminution pour un élargissement aux extrémités.

Supposons maintenant la largeur constante, la profondeur seule variant. Alors $\delta l = 0$, et nous avons simplement

$$\delta\lambda^2 \int l\varphi^2\, ds = -gl \int \delta h\, \varphi'^2\, ds.$$

Si nous comparons avec le vase de profondeur maximum, nous aurons constamment $\delta h < 0$, par suite

$$\delta\lambda^2 > 0,$$

donc toujours diminution de fréquence, qu'il y ait un seuil au milieu ou profondeur moindre aux extrémités. Seulement, comme φ' est grand vers le centre, l'effet produit sera plus grand si la diminution de profondeur a lieu vers le centre.

Si nous prenons comme terme de comparaison le canal de même profondeur moyenne, nous aurons

$$\int d\sigma\, ds = 0$$

et, d'ailleurs,

$$\delta\lambda^2 \int l\varphi^2\, ds = -g \int \delta\sigma\, \varphi'^2\, ds.$$

Appelons $\varphi_0'^2$ la valeur de φ'^2 au point où $\partial\sigma$ change de signe. Nous aurons, par la combinaison de ces deux équations,

$$\partial\lambda^2 \int l\varphi^2\, ds = -g \int \partial\sigma(\varphi'^2 - \varphi_0'^2)\, ds.$$

Supposons le vase plus profond au centre qu'aux extrémités. Alors, on a aux extrémités

$$\partial\sigma < 0,$$

et au centre

$$\partial\sigma > 0.$$

Mais, d'un autre côté, on a également aux extrémités

$$\varphi'^2 < \varphi_0'^2,$$

et au centre

$$\varphi'^2 > \varphi_0'^2.$$

Les produits $\partial\sigma(\varphi'^2 - \varphi_0'^2)$ seront donc positifs dans toutes les régions du canal, et l'on aura

$$\partial\lambda^2 < 0,$$

donc augmentation de fréquence.

Au contraire, si le vase présente un seuil au milieu, les produits seront négatifs, on aura

$$\partial\lambda^2 > 0,$$

donc diminution de fréquence.

On voit ainsi que l'analyse confirme parfaitement les expériences de M. Harris.

212. Nous nous bornerons à signaler certains autres lemmes plus ou moins importants.

Le lemme (8) est ainsi énoncé : *L'axe d'une aire simple* (*fig.* 48) *peut être infléchi dans la région d'un ventre, à condition que le côté extérieur du ventre soit bien supporté.*

Voici comment il faut l'entendre. On sait que, dans un canal rectangulaire de longueur convenable, peut naître une onde stationnaire; il peut s'en former une également dans un canal dont l'axe est incurvé.

Nous avons vu aussi (§ 210) qu'on peut, sous certaines conditions, supprimer les parois latérales du canal rectangulaire.

Le pourrait-on également dans le cas du canal courbe?

Fig. 48.

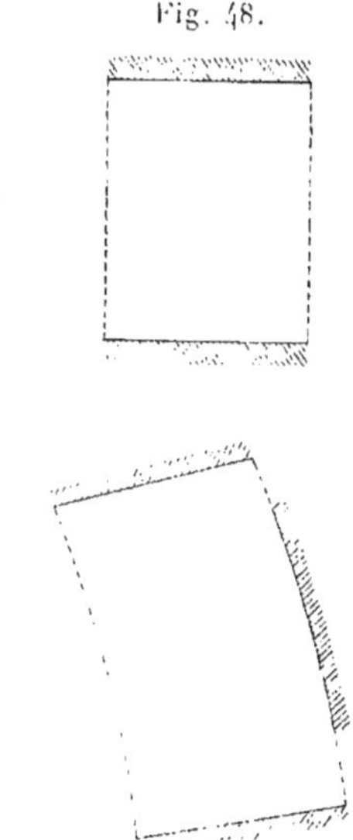

En général, non; mais oui, cependant, si l'on avait du côté extérieur, et dans le voisinage du ventre, une portion de côte assez longue.

Le lemme (9) étend les résultats théoriques concernant un bassin rectangulaire de profondeur constante à une aire de petite étendue dont les profondeurs décroissent régulièrement vers les extrémités : il se formera une onde stationnaire, avec ligne nodale au milieu.

Le lemme (10) est relatif à l'effet produit par une variation subite de profondeur. Nous savons qu'il se produit alors une onde réfléchie et une onde réfractée, et nous avons calculé les rapports des amplitudes de ces ondes à celle de l'onde incidente (§ 43, 131).

Le lemme (11) est déduit de l'expérience. Considérons une oscillation propre se produisant entre deux murailles parallèles de longueurs différentes AB et CD (*fig.* 49).

On constate que l'onde stationnaire se fait sentir, non seulement dans la région A′B′ opposée à la plus courte muraille AB, mais qu'elle s'étend encore à quelque distance au delà.

Fig. 49.

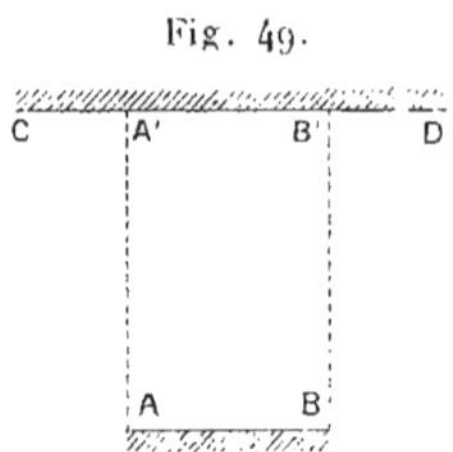

213. Golfes de longueur critique. — Considérons un golfe ayant pour longueur le quart de la longueur d'une onde de même période que la force perturbatrice et se propageant dans le golfe avec la vitesse $\sqrt{gh}$.

M. Harris, dans son lemme (12), annonce que l'heure de la marée sera la même dans tout le golfe, mais qu'elle différera de 3 heures de l'heure de la marée en pleine mer. Ce lemme est fondé sur l'observation du golfe du Maine.

La loi ainsi énoncée est beaucoup trop générale : il n'y a pas de raison pour que la différence de phase soit de 3 heures. La théorie de M. Harris suppose d'ailleurs une onde progressive ne se réfléchissant pas à l'extrémité du golfe ; ceci ne peut évidemment pas avoir lieu, il faudrait admettre un frottement beaucoup plus considérable.

Nous avons vu (§ 132) qu'un potentiel perturbateur

$$W = (\alpha s^2 + 2\beta s + \gamma) e^{\lambda t}$$

donnait lieu, dans un canal étroit quelconque, de profondeur et de largeur constantes, à une oscillation contrainte dont la hauteur a pour expression

$$\zeta = \frac{\lambda^2}{g}\left(B e^{i\mu s} + B' e^{-i\mu s} + \frac{2gh\alpha}{\lambda^4}\right) e^{\lambda t},$$

en posant

$$\lambda^2 = -gh\mu^2.$$

Si le canal est fermé à une extrémité et débouche par l'autre sur une mer à marée, et si sa longueur l est égale à $\frac{\pi}{2\mu}$, nous nous trouverons dans un cas de résonance. B et B′ seront très grands.

Une onde stationnaire de grande amplitude prendra naissance dans le golfe, et, par suite, l'heure de la marée sera bien la même dans tout le golfe.

La valeur commune de B et B′ étant très grande par rapport à α, la marée sera relativement faible à l'embouchure qui se comportera comme un nœud.

Il y aura un ventre à l'extrémité fermée du golfe.

La différence de phase entre la marée océanique et celle du golfe dépend de la différence entre l'argument de B et celui de ζ_0, en désignant par $\zeta_0 e^{\lambda t}$ la marée océanique à l'embouchure du golfe. Elle dépend donc de la différence des arguments de α et de ζ_0, et, comme celle-ci peut être quelconque, elle peut être elle-même quelconque.

214. Les autres lemmes de M. Harris sont presque tous également empruntés à l'observation ; ils trouvent leur application dans certains cas particuliers que nous aurons l'occasion de signaler en comparant les observations avec la théorie.

CHAPITRE XV.

ESSAIS DE SYNTHÈSE DES OBSERVATIONS. THÉORIE DE WHEWELL.

215. Nous avons exposé, au Chapitre XIII, les résultats principaux des observations. Depuis longtemps, on a cherché à relier tous ces résultats par une synthèse générale capable de fournir l'explication des diverses particularités.

L'observation donne, comme nous l'avons vu (§ 198), l'heure cotidale en un certain nombre de stations; on peut bien en inférer les variations de l'heure cotidale le long des côtes, mais le tracé des lignes cotidales reliant toutes ces amorces à travers les bassins océaniques sera nécessairement très arbitraire et dépendra de l'hypothèse admise sur le mode de formation et de propagation de la marée.

Les diverses tentatives faites à cet égard peuvent se ramener à deux types différents : la théorie de Whewell et la théorie de Harris. Dans la première, qui est de beaucoup la plus ancienne, le rôle prédominant est joué par les ondes progressives; dans la seconde, on accorde l'importance principale aux ondes stationnaires.

216. **Théorie de Whewell.** — Whewell est le premier qui ait cherché, d'après les données très imparfaites qu'on possédait il y a plus d'un demi-siècle, à rendre compte de la distribution générale des lignes cotidales.

Whewell se représentait les marées comme prenant naissance dans la vaste région antarctique entièrement recouverte d'eau comprise entre le cap Horn, le cap de Bonne-Espérance, l'Australie et les terres du pôle Sud. De ce berceau annulaire, les marées se propageaient ensuite vers le Nord par les trois grands canaux des océans Atlantique, Indien et Pacifique.

Nous savons, d'après le théorème de Laplace (§ 79), que, si la profondeur de la mer était fonction de la latitude, il n'y aurait pas de décalage de la marée : les heures cotidales seraient les heures de passage des astres au méridien, et les lignes cotidales seraient dirigées suivant des méridiens. Whewell admet que tout se passe dans l'anneau antarctique comme si les conditions du théorème de Laplace étaient réalisées : nous aurons donc, dans cette région, des lignes cotidales ayant très sensiblement la direction des méridiens.

Mais, si nous considérons ensuite les trois grands canaux méridiens par lesquels la marée se propage du Sud au Nord, il y aura retard de la marée sur le passage de l'astre et les lignes cotidales s'infléchiront jusqu'à devenir dirigées sensiblement suivant les parallèles dans les bassins océaniques.

De même, dans les conditions du théorème de Laplace, il y aurait, le jour de la syzygie, concordance entre la marée solaire et la marée lunaire, puisque les deux astres passent alors ensemble au méridien : dans l'anneau antarctique, d'après la conception de Whewell, la vive-eau aurait donc lieu le jour même de la syzygie.

Vers le Nord, au contraire, il y aurait un retard progressif dans la différence de situations des deux ondes par rapport aux astres respectifs. C'est ainsi que, sur nos côtes, la vive-eau n'aurait lieu que 36 heures après la syzygie, ce chiffre de 36 représentant précisément le quotient de la différence $S_2^0 - M_2^0$ par la différence $2(n - n_1)$ des vitesses angulaires des deux ondes. L'âge de la marée n'est alors pas autre chose que le temps mis par la marée pour se propager depuis son berceau d'origine jusqu'au lieu d'observation.

Une hypothèse aussi simple s'écarte trop des faits pour pouvoir être intégralement conservée. Whewell lui-même, après avoir dressé une carte des lignes cotidales, a été obligé de compliquer son hypothèse primitive.

Considérons la distribution des heures cotidales le long du 60e parallèle de latitude Sud. Prenons comme abscisses les longitudes comptées vers l'ouest du méridien de Greenwich, et portons en ordonnées les heures cotidales correspondantes.

Si tout se passait dans l'anneau antarctique conformément à

l'hypothèse de Whewell, nous obtiendrions, comme courbe représentative de la distribution des heures cotidales, deux droites inclinées à 45°, allant chacune de 0 à 12 heures dans l'intervalle de 180° (*fig.* 50).

Fig. 50.

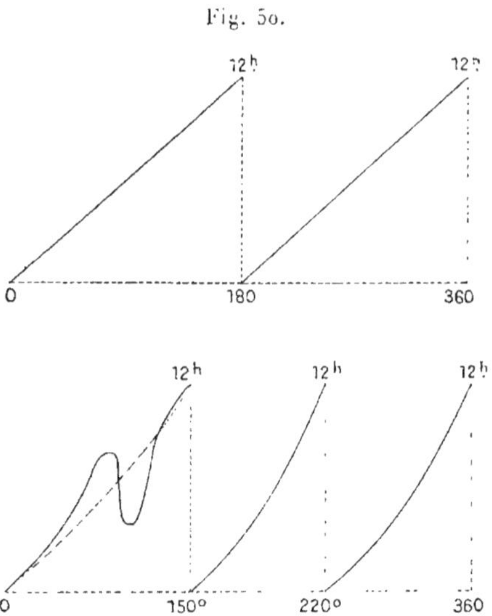

En réalité, la courbe s'élève beaucoup plus rapidement, jusqu'à 8 heures, un peu à l'est du cap Horn; elle tombe ensuite à 4 heures du côté ouest pour remonter à 8 et 12 heures au milieu du Pacifique. Il y a donc une perturbation très grave au voisinage du cap Horn. De plus, même en négligeant cette perturbation, on n'obtiendrait pas la représentation théorique, car, l'heure 12 se rencontrant trois fois en 360°, Whewell a dû admettre trois branches de courbe correspondant à trois tours du cadran au lieu de deux.

On est ainsi conduit à tracer des lignes cotidales n'offrant plus aucun rapport avec la théorie.

Il convient néanmoins de se demander s'il n'y a pas une part de vérité dans l'idée fondamentale de Whewell, celle des trois ondes progressives se dirigeant vers le Nord.

Nous allons donc rechercher, d'une part, si cette conception ne soulève pas de difficultés théoriques, d'autre part, si elle rend compte des observations plus récentes.

217. Difficultés théoriques soulevées par la théorie de Whewell. — La conception d'ondes progressives se dirigeant toutes du Sud au Nord se heurte à de grosses difficultés.

Il est évident d'abord que l'onde de l'océan Indien devrait se réfléchir sur la côte d'Asie, malgré l'irrégularité du contour, et donner lieu à une onde stationnaire. On ne saurait expliquer comment une onde progressive de cette importance pourrait être entièrement absorbée.

De plus, les ondes progressives de l'Atlantique et du Pacifique auraient dû converger vers les mers arctiques. Cette convergence est-elle admissible?

Reportons-nous à la formule générale établie au paragraphe 137,

$$\frac{1}{\lambda^2}\int\left[W_1\frac{d\zeta}{dt}\right]d\sigma+\int h\left[\varphi\frac{dN}{dt}\right]ds=0,$$

et appliquons-la aux mers polaires arctiques.

La deuxième intégrale représente, comme nous le savons, l'énergie qui pénètre à travers la surface latérale, par suite de l'effet des ondes. Si les ondes convergeaient toutes vers le pôle, tous les éléments de cette intégrale seraient positifs; il faudrait donc que la première intégrale, étendue à la surface libre des mers arctiques, eût une valeur notable. Or, on a

$$W_1=W+H_1''.$$

H_1'', potentiel provenant de l'attraction du bourrelet liquide extérieur à la région considérée, est négligeable; et il en est de même de W au voisinage du pôle, puisque W est proportionnel à $\sin^2\theta$ dans le cas des marées semi-diurnes, et à $\sin\theta\cos\theta$, dans le cas des marées diurnes.

La théorie de Whewell ne serait donc soutenable que si l'on attribuait au frottement un effet considérable capable de détruire les marées pendant la durée d'une période, soit 12 heures pour les marées semi-diurnes; or, nous savons par les calculs de M. Hough (§ 121) qu'il faudrait environ 20 ans pour réduire l'amplitude des oscillations à une fraction $\frac{1}{e}$ de sa valeur initiale.

218. Comparaison de la théorie de Whewell avec les observations. — La théorie de Whewell prise dans son ensemble ne supporte donc pas l'examen. Ne se montre-t-elle pas, du moins, dans une certaine mesure, conforme aux observations?

En premier lieu, à l'époque des syzygies, la marée solaire devrait être d'accord avec la marée lunaire dans l'océan Antarctique et différer partout ailleurs. On avait cru trouver dans l'allure générale de la différence $S_2^0 - M_2^0$, qui, sauf les cas exceptionnels d'interférence, reste toujours positive et comprise entre 0° et 90°, une confirmation très sérieuse de la théorie.

Mais il faut remarquer que cette différence devrait augmenter à raison de $2(n - n_1)$ degrés, c'est-à-dire de 1° environ par heure cotidale.

Or, il suffit de se reporter aux chiffres que nous avons donnés précédemment (§ 203) pour constater que cette proportionnalité est bien loin d'être vérifiée.

C'est ainsi que, dans l'Atlantique, on trouve 44° au cap de Bonne-Espérance, 24° seulement à Lisbonne et 47° au Havre, alors que d'après la valeur de l'heure cotidale on ne devrait pas avoir plus de 22°.

Nous avons vu également quelles variations éprouvait le rapport $\frac{S_2}{M_2}$, lequel devrait rester sensiblement constant si l'on admettait un transport en bloc des deux ondes composantes de la marée semi-diurne.

En ce qui concerne les heures cotidales elles-mêmes, nous avons déjà signalé la dérogation très importante du cap Horn, qui a obligé Whewell à modifier son hypothèse primitive.

De plus, dans le golfe du Bengale et le golfe d'Oman, il n'y a pas le moindre accord avec les observations.

Enfin, la théorie est incomplète, parce qu'elle ne prévoit pas de cas d'interférence. Or, ce phénomène est mis en évidence de façon bien nette par les observations : exemple, le Tonkin.

La théorie de Whewell ne rend donc pas suffisamment compte des faits.

219. A l'idée première de Whewell, on a opposé encore une autre objection : Pourquoi les marées naîtraient-elles dans l'océan Antarctique, et non pas dans le Pacifique qui est plus profond et plus vaste?

En situant le berceau des marées au centre du Pacifique, on pouvait expliquer l'existence d'une onde contournant le cap Horn. La valeur zéro qu'on trouve aux îles Sandwich pour la différence $S_2^0 - M_2^0$ semble d'abord donner un certain poids à cette opinion, mais elle ne peut s'accorder davantage avec l'inégalité généralement constatée entre les valeurs de $S_2^0 - M_2^0$ et les heures cotidales correspondantes.

Il n'y a guère que dans la Manche où l'on voit $S_2^0 - M_2^0$ augmenter de 1^0 environ par heure cotidale : nous avons dans cette région une véritable onde progressive.

Mais, ailleurs, l'explication générale ne saurait être aussi simple. On a été amené à considérer plusieurs centres d'émanation : d'où une théorie nouvelle, qui se relie à celle des ondes stationnaires.

CHAPITRE XVI.

THÉORIE DE HARRIS.

220. **Principes généraux. Systèmes.** — La théorie de Harris accorde le rôle prépondérant aux ondes stationnaires. Elle est basée sur le principe de la résonance.

Nous savons que, si la période des forces extérieures est très voisine d'une des périodes d'oscillation propre de la masse liquide sur laquelle elles agissent, cette oscillation propre se trouvera considérablement renforcée. Si donc il se rencontre dans l'océan des régions susceptibles d'osciller naturellement avec une période voisine de celle d'une marée, cette marée deviendra dominante dans les régions considérées, qui seront pour elle autant de centres d'émanation. De plus, les ondes qui naîtront seront à peu près stationnaires.

En effet, si la différence entre une des périodes d'oscillation propre et la période d'oscillation contrainte est infiniment petite, la composante harmonique correspondante de l'oscillation contrainte sera multipliée par un facteur infiniment grand (§ 10, 11) : elle subsistera donc seule. Mais cette oscillation est proportionnelle à l'oscillation propre harmonique correspondante, et nous savons qu'*en négligeant la force centrifuge composée*, toutes les oscillations propres harmoniques sont stationnaires (§ 8, 49).

En cas de résonance, on se rapprocherait donc indéfiniment d'une onde stationnaire, s'il n'y avait pas de force centrifuge composée.

Guidé par ces considérations, M. Harris s'est demandé s'il n'existerait pas dans l'océan des aires susceptibles de prendre des oscillations propres ayant à très peu près la même période que l'une des marées solaires ou lunaires, diurnes ou semi-diurnes. A vrai dire, de semblables aires n'existent pas, au moins en tant qu'aires entièrement limitées. Mais, d'après les résultats expérimentaux énoncés par les lemmes (3) et (11) du Chapitre XIV, il suffit de chercher sur la Carte deux lignes de côtes suffisamment longues et parallèles, et dont la distance serait un multiple de la demi-longueur d'onde.

Une chaîne d'îles, un seuil sous-marin, peuvent également jouer le rôle de barrière limite.

Si h est la profondeur moyenne du bassin de longueur L ainsi défini, ce bassin, oscillant comme s'il était entièrement délimité, prendra une oscillation propre stationnaire dont la longueur d'onde Λ sera égale à $2L$ dans le cas de l'oscillation la plus simple.

Comme d'ailleurs

$$\Lambda = \tau\sqrt{gh},$$

on pourra calculer la période

$$\tau = \frac{2L}{\sqrt{gh}}$$

de l'oscillation propre et la comparer aux périodes des diverses marées.

M. Harris a dressé une Table donnant, pour différentes valeurs de h, les valeurs de Λ correspondant aux diverses marées ; on voit ainsi immédiatement si la longueur L des deux barrières limites se prête à une résonance suffisamment approchée. En procédant ainsi, M. Harris a obtenu ce qu'il appelle des *systèmes*, c'est-à-dire des régions partiellement fermées où seront engendrées des marées particulièrement dominantes.

De là, ces marées pourront se propager, sous formes d'ondes progressives, dans les régions avoisinantes.

221. Points amphidromiques. — D'après cette manière de comprendre la formation des marées, nous aurons donc certaines régions des océans dans lesquelles l'heure cotidale sera sensiblement constante, régions séparées les unes des autres par des lignes nodales au voisinage desquelles les lignes cotidales seront, au contraire, extrêmement serrées (§ 49). D'où une première différence essentielle dans la façon dont Whewell et Harris ont été conduits à relier à travers les mers les amorces de lignes cotidales fournies sur les côtes par l'observation.

Mais cette différence n'est pas la seule. Si l'on compare, en effet, l'ancienne carte de lignes cotidales dressée par Whewell et celle de M. Harris, on est frappé de ce que les lignes de Whewell sont disposées d'une façon très régulière, sans jamais se couper, tandis que, sur la Carte de Harris, on constate la présence de points d'où les lignes cotidales rayonnent comme des rayons vecteurs aboutissant à un pôle. Si, par exemple, nous avons la ligne cotidale d'heure 12 (les heures étant comptées en temps lunaire moyen de Greenwich) aboutissant à un tel point, elle sera prolongée de l'autre côté par la ligne de 6 heures. (Pl. I.)

Ces points sont dits *amphidromiques;* ils sont caractérisés par ce fait que la marée y est nulle et que l'heure cotidale y est indéterminée.

Comment de pareils points peuvent-ils prendre naissance? On peut se rendre compte de leur existence par deux raisons.

Supposons d'abord un bassin océanique sensiblement en résonance avec une période de la marée. La marée épousera alors la forme de l'oscillation propre correspondante, et, comme les oscillations propres, lorsqu'on ne tient pas compte de la force centrifuge composée, ne donnent pas, en général, de lignes cotidales proprement dites, nous aurons dans le bassin considéré deux régions cotidales séparées par une ligne nodale (*fig.* 50 *bis*) : dans

Fig. 50 *bis*.

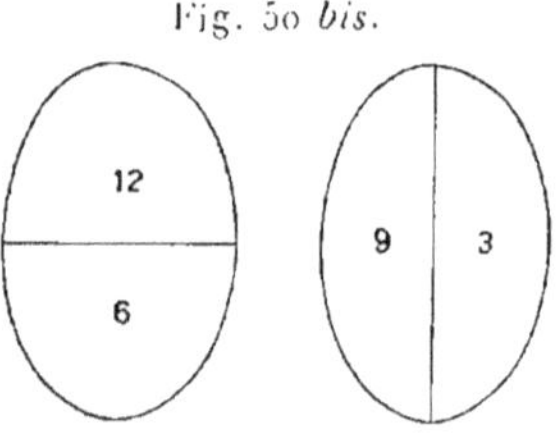

l'une des plages, par exemple, la marée haute aura lieu à 12^h et dans l'autre à 6^h.

Mais il peut arriver que ce même bassin soit susceptible de deux oscillations propres; représentons également la seconde oscillation, dont la ligne nodale coupera celle de la première et dont les heures seront, par exemple, 9 et 3.

Imaginons maintenant que la période de la force perturbatrice s'approche à la fois de la période de l'une et de l'autre oscillation propre, qu'elle soit, par exemple, comprise entre les deux. Il arrivera alors que les deux oscillations seront renforcées à la fois et se superposeront (*fig.* 51).

Fig. 51.

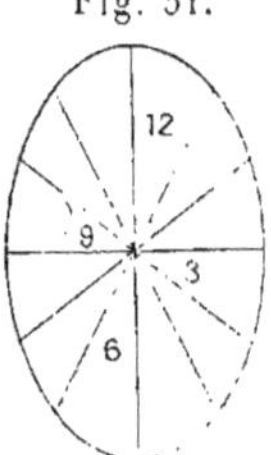

Au point d'intersection des lignes nodales, il n'y aura aucune marée. Sur la ligne nodale de la première oscillation, c'est la seconde oscillation qui agira et imposera les heures 9 et 3. Sur la ligne nodale de la seconde oscillation, au contraire, c'est la première oscillation qui imposera ses heures 6 et 12.

Dans l'intervalle, il y aura des lignes cotidales intermédiaires rayonnantes.

Une autre raison peut encore donner naissance à des points amphidromiques, c'est l'influence de la force centrifuge composée.

Lorsqu'on la néglige, il n'y a pas de lignes cotidales proprement dites dans les oscillations propres, mais des plages séparées par des lignes nodales. Lorsqu'on en tient compte, au contraire, on ne trouve pas de lignes nodales, mais des lignes cotidales qui se coupent en certains points de marée nulle autour desquels elles se succèdent (§ 63).

Dans quel ordre cette succession s'opérera-t-elle (*fig.* 52)? Si nous sommes dans l'hémisphère Nord, une onde de direction quelconque semblera s'infléchir vers la gauche, et, par suite, les lignes cotidales se succéderont dans le sens contraire à celui des aiguilles d'une montre.

Ce sens sera celui des aiguilles d'une montre dans l'hémisphère Sud.

Regardons la Carte de Harris. Nous trouvons un point amphidromique dans l'Atlantique Nord, sur le 40e parallèle, à l'ouest des Açores; le mouvement a bien lieu de droite à gauche, comme la théorie l'exige.

Il en existe un autre, plus au Nord, entre les Feröe et les îles Shetland, également conforme à la théorie.

Nous n'en trouvons pas dans l'Atlantique Sud.

Fig. 52.

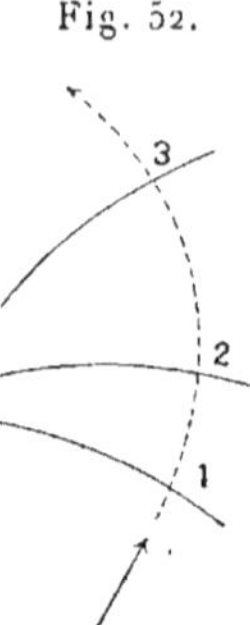

Dans le Pacifique, il en existe trois. Le premier est situé dans l'hémisphère Nord, sur le 30e parallèle, au Nord-Est des îles Hawaï : la rotation a bien lieu dans le sens opposé à celui des aiguilles d'une montre.

Le deuxième est situé au sud de l'équateur, à l'extrémité ouest des îles de la Société ; on devrait donc y trouver une rotation s'effectuant dans le sens des aiguilles d'une montre, et cependant on observe le sens opposé. Il n'y a pas néanmoins contradiction avec la théorie, parce que, si près de l'équateur, l'influence de la force centrifuge composée est extrêmement faible : il s'agit ici d'un point amphidromique dû à la superposition de deux oscillations renforcées.

Le troisième point amphidromique du Pacifique se trouve non loin de l'île Antipode : le sens de la rotation est bien celui des aiguilles d'une montre.

Dans l'océan Indien, nous constatons un seul point amphidromique, presque exactement sur l'équateur, au sud-ouest du cap Comorin. Le sens de la rotation est celui des aiguilles d'une montre ; la force centrifuge composée qui est nulle à l'équateur ne joue aucun rôle dans la formation de ce point.

Enfin, il faut signaler une troisième particularité de la Carte des lignes cotidales dressée par M. Harris : c'est qu'il existe en plein océan des lignes cotidales entièrement fermées sur elles-mêmes.

Telles sont, dans le Pacifique, la ligne qui entoure les îles Galapagos, et celle qui s'étend dans l'océan Indien, entre les îles Kerguelen et la Réunion.

C'est un point sur lequel nous reviendrons.

222. Systèmes semi-diurnes. — M. Harris distingue sept systèmes semi-diurnes, dont six ont une période se rapprochant d'une demi-journée lunaire, et un qui est en résonance avec la marée solaire semi-diurne : ce sont les systèmes Nord-Atlantique, Sud-Atlantique, Nord-Pacifique, Sud-Pacifique, Nord-Indien, Sud-Indien, et enfin le système Sud-Australien qui est solaire. (Voir *Pl. I.*)

Nous allons brièvement décrire chacun de ces systèmes.

Le *système Nord-Atlantique* s'étend du Groënland et de Terre-Neuve aux côtes d'Espagne et du Sahara, puis de là à la côte nord-est du Brésil. Il est constitué, en somme, par deux trapèzes accolés oscillant chacun comme un rectangle d'une longueur égale à $\frac{\lambda}{2}$ (*fig.* 53). En réalité, les deux longueurs linéaires ne sont pas

Fig. 53.

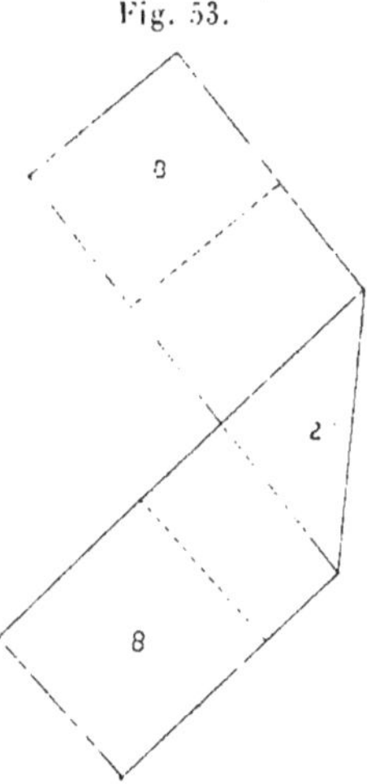

les mêmes, mais dans le trapèze nord les profondeurs sont plus faibles, ce qui correspond bien à une longueur d'onde plus courte. Nous aurons donc dans ce système deux lignes nodales.

Il est facile de calculer les heures cotidales dans chacune des plages qu'elles séparent : on trouve à peu près l'heure 8 dans chaque plage américaine et, par conséquent, l'heure 2 dans les deux aires s'appuyant sur le Maroc et le Portugal.

Comme, dans l'oscillation propre d'une aire trapézoïdale, l'amplitude est plus grande dans l'angle aigu (§ 210, 5°), nous devrons trouver sur les côtes du Maroc et du Portugal des marées plus fortes qu'ailleurs.

Dans le trapèze nord, nous trouvons une autre cause de résonance dans ce fait qu'il existe aussi à peu près la longueur $\frac{\Lambda}{2}$ entre les côtes de Portugal et de France d'une part, et l'entrée du détroit de Davis d'autre part; mais c'est là une aire trop étroite pour qu'une onde stationnaire importante puisse y prendre naissance (§ 210, 3°), il en résultera simplement un renforcement de la marée sur nos côtes.

Le *système Sud-Atlantique* peut être assimilé à un arbre à trois branches, dont le tronc, très large, part du continent antarctique et vient s'appuyer sur la côte du sud-ouest africain, le Cap et le sud de Madagascar : la longueur est d'une demi-longueur d'onde. Une branche s'étend le long de la côte est d'Afrique jusqu'au Belutshistan, sur une longueur $\frac{\Lambda}{2}$. Une seconde branche, de longueur Λ, va jusqu'à la côte est des États-Unis, tandis que la troisième, d'une demi-longueur d'onde, s'appuie sur la côte du Brésil, au sud du cap Saint-Roque.

Nous aurions entre le continent antarctique et les États-Unis trois lignes nodales : l'une dans le voisinage de l'île Bouvet, la seconde passant près de l'Ascension et la troisième près de la Guadeloupe. Quant à la ligne nodale de la branche indo-africaine, elle passe un peu au sud de Guardafui.

Les heures cotidales sont 6^h pour l'extrême sud, 12^h pour le sud de l'Afrique et Madagascar (abstraction faite de l'effet du système indien), 6^h pour la côte du Belutshistan (sous les mêmes réserves), 6^h pour la côte du Brésil et 12^h aux États-Unis.

On voit qu'il y a toute une région entre le Brésil et les îles du cap Verd, où les deux systèmes atlantiques se superposent.

223. Le *système Nord-Pacifique* comprend d'abord un grand triangle s'étendant entre le nord de l'Amérique et l'Asie. Ce triangle diffère assez peu d'un triangle isoscèle ayant un angle obtus de 120° à la presqu'île d'Alaska et dont les angles aigus, de 30° chacun, seraient placés, l'un aux Philippines et l'autre en Colombie.

Les oscillations propres d'une telle aire triangulaire peuvent se déterminer d'après les mêmes principes que pour un bassin rectangulaire (§ 39, 40).

Considérons six ondes progressives d'égale intensité, se propageant suivant des directions opposées deux à deux et faisant entre elles des angles de 60°.

Elles constitueront par leur superposition l'oscillation propre d'une aire de profondeur constante, si l'on peut représenter le mouvement résultant par une fonction φ de x et de y satisfaisant à l'équation

$$\lambda^2 \varphi = gh\, \Delta\varphi,$$

et si l'on a de plus

$$\frac{d\varphi}{dn} = 0$$

sur toutes les parois.

Or, on satisfait à ces conditions en prenant

$$\varphi = \left(2 \cos \sqrt{3}\, \frac{\pi x}{2a} \cos \frac{\pi y}{2a} - \cos \frac{\pi y}{a}\right) e^{\lambda t},$$

la période de l'oscillation étant déterminée par l'équation

$$\lambda^2 = -gh \frac{\pi^2}{a^2}.$$

On voit immédiatement que la fonction φ admet les systèmes d'axes de symétrie rectangulaires correspondant à

$$x = 0, \quad \frac{2a}{\sqrt{3}}, \quad \frac{4a}{\sqrt{3}}, \quad \ldots,$$
$$y = 0, \quad 2a, \quad 4a, \quad \ldots.$$

Nous obtenons deux autres systèmes d'axes de symétrie en faisant tourner les premiers de 60° et de 120°; et le long de chaque axe on aura $\frac{d\varphi}{dn} = 0$ (*fig.* 54).

La fonction φ nous donnera donc bien l'oscillation propre des triangles qu'on peut former avec les directions de ces axes prises trois à trois : triangle équilatéral, triangle isoscèle avec angle au sommet de 120°, enfin triangle rectangle dont les angles aigus sont de 30° et 60°. a est la hauteur relative à l'hypoténuse.

Fig. 54.

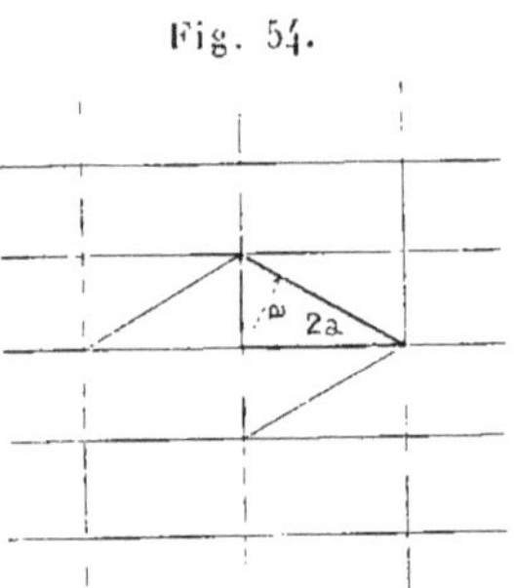

On voit que φ est proportionnel à 3 aux sommets des angles aigus et à 1 au sommet de l'angle droit, ainsi qu'au milieu de l'hypoténuse : la marée sera donc trois fois plus forte aux sommets des angles aigus qu'en ces deux derniers points.

Les lignes nodales sont données par l'équation

$$2\cos\sqrt{3}\,\frac{\pi x}{2a}\cos\frac{\pi y}{2a} = \cos\frac{\pi y}{a}.$$

Il y en a deux qui partagent l'hypoténuse en trois parties égales.

Le grand triangle du Nord-Pacifique peut être considéré comme formé par la juxtaposition de deux triangles rectangles semblables ayant le sommet de l'angle droit un peu au sud des îles Hawaï (*fig.* 55) : ainsi s'expliquent les marées assez fortes du golfe d'Alaska.

Le système Nord-Pacifique est complété dans sa partie sud par une très grande aire trapézoïdale s'appuyant sur le grand triangle nord et s'étendant jusqu'à la côte du Chili sur une longueur d'à peu près une longueur d'onde. Il y aurait donc dans cette aire trois plages : l'heure cotidale serait 3 dans le voisinage du Chili, puis 9 jusque vers Tahiti, enfin 3 entre Tahiti et les îles Hawaï. Cette même heure 3 est celle de la plage centrale du grand triangle; on retrouve ensuite l'heure 9 au golfe d'Alaska ainsi qu'au Japon.

Le *système Sud-Pacifique* consiste en une sorte de ceinture s'étendant d'abord depuis le sud du Chili et la terre de Graham jusqu'à une ligne allant des Nouvelles-Hébrides à l'archipel de Cook, puis se dirigeant ensuite vers le Nord-Est jusqu'à la côte de Californie. Chacune de ces bandes se trouve plus ou moins grossièrement appuyée sur un seuil et a pour longueur une longueur d'onde. Nous aurons donc en tout quatre lignes nodales; les alternances des heures cotidales sont 6 et 12, avec l'heure 6 près du cap Horn et sur la côte de Californie.

Fig. 55.

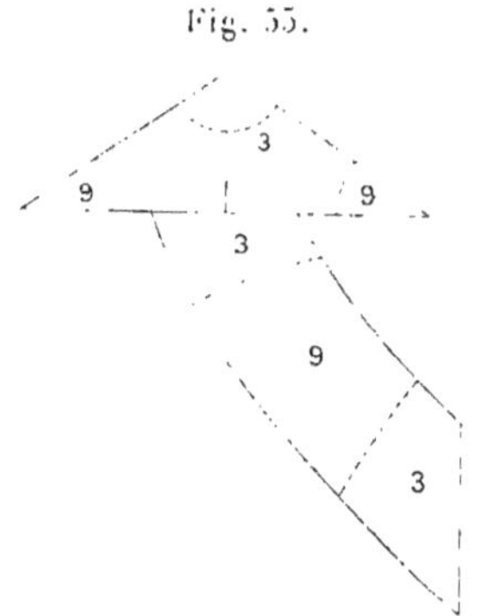

Entre cette ceinture et la côte américaine se trouve compris une espèce de secteur circulaire qui empiète sur le trapèze du système Nord-Atlantique, mais qui n'est pas assez nettement délimité pour modifier essentiellement l'oscillation propre de ce dernier.

224. Le *système Nord-Indien* consiste en une aire sensiblement rectangulaire, de longueur Λ, qui s'étend de la côte nord-ouest d'Australie à la côte des Somalis et à celle d'Arabie. On y distinguera donc trois plages cotidales : il y a l'heure 3 à chaque extrémité, et l'heure 9 au centre.

A ce système, se rattache le golfe de Bengale dont la longueur est d'à peu près $\frac{\Lambda}{4}$: il s'y formera donc une onde stationnaire de forte amplitude (§ 213); l'heure cotidale y est 3.

Le *système Sud-Indien* s'étend d'abord de la côte sud de l'Australie dans la direction du Sud-Ouest jusqu'au continent antarctique, sur une longueur $\frac{\Lambda}{2}$; puis, de là, vers le Nord-Ouest, jusqu'au cap de Bonne-Espérance et la pointe sud de Madagascar, avec une longueur de $\frac{\Lambda}{2}$ également. Les heures cotidales sont 3 en Australie et vers Madagascar, 9 dans la plage centrale.

Enfin, le *système Sud-Australien* s'étend de la côte sud de l'Australie au continent antarctique. Sa longueur est d'environ une demi-longueur d'onde solaire; il sera donc en résonance avec la marée S_2, tandis que les systèmes précédents étaient en résonance avec M_2.

225. **Systèmes diurnes**. — Les systèmes diurnes sont constitués par des aires dont la période d'oscillation propre est très voisine d'une journée lunaire.

M. Harris en distingue deux principaux : le système Nord-Pacifique et le système Indien.

Le *système diurne Nord-Pacifique* s'étend de la côte américaine au nord de la Californie jusqu'au Japon; sa longueur est d'une demi-longueur d'onde de marée diurne.

M. Harris assimile cette aire à un canal tracé suivant un parallèle, et, de ce que le centre de ce canal se trouve par la longitude $11^h,5$ à l'ouest de Greenwich, il en conclut que l'heure cotidale est de $11^h,5$ à l'extrémité est, sur la côte d'Amérique, et de $23^h,5$ au Japon.

D'autre part, en considérant que l'aire de résonance est limitée au Sud par une ligne allant des îles Salomon à la Californie par les îles Hawaï, M. Harris trouve 15 pour l'heure cotidale sur la côte américaine et 3 dans le voisinage de la Nouvelle-Guinée.

Or, que donne l'observation? On a l'heure 18 en Alaska et l'heure 6 aux îles Molusques, c'est-à-dire des valeurs qui ne sont pas comprises entre les résultats de la théorie, selon que l'on considère l'une ou l'autre des deux aires.

M. Harris essaie d'expliquer cette discordance par la considération d'une onde progressive naissant de la superposition des deux ondes stationnaires de phases différentes.

Mais cette explication n'est pas nécessaire, car l'anomalie constatée peut tenir uniquement à la façon dont M. Harris calcule l'heure cotidale d'un système en résonance approchée avec la force perturbatrice. Il prend, en effet, pour point de départ la théorie de l'équilibre, et suppose qu'au maximum de la force perturbatrice correspond le maximum de la surélévation. Or, cette manière de procéder est illégitime.

Rappelons en quoi consiste le phénomène de résonance.

Si nous considérons un système possédant un nombre fini de degrés de liberté, l'expression de la surélévation due à une force perturbatrice de période $\frac{2\pi\sqrt{-1}}{\lambda}$ est une fonction rationnelle qu'on peut décomposer en éléments simples (§ 10) sous la forme

$$\zeta_i = \sum_j \frac{A_j \alpha_{ij}}{\lambda - \lambda_j} e^{\lambda t}.$$

Les α_{ij} sont les coefficients du facteur exponentiel $e^{\lambda_j t}$ dans chaque oscillation propre du système, et l'on a

$$A_j = -\frac{1}{2}\lambda_j \sum_h K_h \beta_{hj}.$$

Si λ est très voisin de λ_j, l'expression de la surélévation se réduira sensiblement à

$$\zeta_i = -\frac{1}{2}\frac{\lambda_j}{\lambda - \lambda_j}\alpha_{ij} e^{\lambda t}\sum K_h \beta_{hj}.$$

Lorsqu'on ne tient pas compte de la force centrifuge composée, les coefficients α et β sont réels (§ 8) : il y aura donc concordance de phase entre la force perturbatrice et le coefficient de $\frac{\lambda_j}{\lambda - \lambda_j}$. Mais, selon le signe de $\frac{\lambda - \lambda_j}{\sqrt{-1}}$, la marée sera directe ou inversée.

Tout dépend donc du sens dans lequel se fait la résonance, et il faut bien plutôt s'étonner de ce que l'apparente contradiction de l'Alaska soit le seul exemple du phénomène d'inversion.

Nous pouvons donc supposer qu'au lieu des heures cotidales 11,5 et 23,5 dans la première aire du système diurne Nord-Pacifique, nous ayons les heures 23,5 et 11,5.

L'heure 18 donnée par l'observation pour la côte d'Alaska se trouve bien alors comprise entre les heures 23,5 et 15 qui résulteraient de la considération des deux aires dont nous avons parlé. De même, l'heure 6 observée aux Philippines est comprise entre 11,5 et 3.

On peut d'ailleurs donner des résultats de l'observation une explication beaucoup plus simple, en assimilant le système diurne Nord-Pacifique à un canal de longueur $\frac{\Lambda}{2}$ grossièrement dirigé suivant un parallèle.

Dans ce cas, contrairement aux assertions de M. Harris uniquement basées sur la théorie de l'équilibre, il doit y avoir décalage de 90°, soit de 6 heures, entre la marée et le passage de l'astre au méridien *central* (§ 129). Celui-ci étant de $11^h,5$, on aurait bien les heures 17,5 et 5,5, c'est-à-dire celles données par l'observation en Alaska et aux Philippines, sans avoir besoin de faire intervenir une seconde aire de résonance.

Le *système diurne indien* consiste en une aire d'une demi-longueur d'onde qui s'étend de l'Australie à la côte des Somalis : l'heure cotidale est de 12 sur la plage australienne et 24 sur la plage africaine.

226. Il existe un certain nombre d'autres systèmes diurnes moins étendus, mais qui peuvent néanmoins entrer en résonance, parce que, la mer y étant moins profonde, la longueur d'onde sera plus courte. Tels sont :

1° L'ensemble du golfe du Mexique et de la mer des Antilles, avec les heures cotidales 2 dans la partie nord et 14 dans le Sud ;

2° La Méditerranée, avec l'heure 10 dans le bassin occidental et l'heure 22 dans le bassin oriental.

L'absence de résonance diurne dans l'Atlantique est un fait remarquable, qui tient à ce que cet océan est trop étroit comparativement à sa profondeur. Il en résulte que, sur la côte est principalement, où l'influence des systèmes semi-diurnes est forte, on n'observe pour ainsi dire pas de marée diurne. Nous reviendrons sur ce point qui avait particulièrement frappé Laplace.

Au contraire, le golfe du Mexique et la mer des Antilles, où l'on constate des marées diurnes sensibles, sont en dehors des systèmes semi-diurnes.

Enfin, il faut signaler un système diurne spécial qui se rattache au système Nord-Pacifique : c'est celui de la mer de Chine, dont la longueur est d'environ $\frac{\lambda}{4}$. Cette résonance explique les fortes marées diurnes du golfe du Tonkin.

227. **Formation des ondes progressives** — La théorie que nous venons d'esquisser dans ses grandes lignes est nécessairement très approximative, car les aires partielles dont on détermine les périodes d'oscillation propre sont beaucoup trop étendues pour qu'il soit légitime de ne pas faire intervenir la force centrifuge composée. Cette objection a moins de valeur en ce qui concerne les mers plus étroites; aussi, la théorie de M. Harris est-elle beaucoup plus satisfaisante lorsqu'on l'applique aux mers intérieures.

Mais, dans les larges aires océaniques qui constituent les systèmes, au lieu d'avoir uniquement des plages cotidales, l'action de la force centrifuge composée, même en cas de résonance parfaite, se traduira par l'existence de lignes cotidales plus ou moins espacées.

Cette raison n'est pas la seule qui doive donner naissance à des ondes progressives.

Supposons qu'un détroit sépare deux régions appartenant à deux systèmes différents S et S′ (*fig.* 56). En général, il n'y aura

Fig. 56.

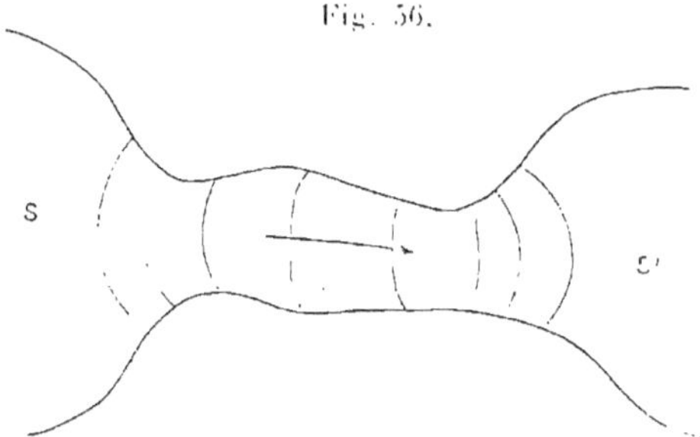

pas concordance des heures cotidales dans les deux plages sur lesquelles débouche le détroit, et nous aurons, par suite, dans ce détroit, une onde progressive.

L'influence de cette onde se fera sentir également dans les parties avoisinantes des deux océans. Si S′ retarde sur S, nous aurons un peu d'avance dans les environs du détroit du côté de S′, et un peu de retard du côté de S; de telle sorte que l'onde se propagera bien d'un point où la marée est en retard sur la marée statique vers un point où elle est en avance.

De même, si l'océan S appartient à un système et si S' n'est pas en résonance, il y aura aussi une onde progressive allant du premier au second, en général.

Beaucoup de ces ondes progressives ont une grande importance. Une d'entre elles nous intéresse particulièrement : c'est celle qui dérive du système Nord-Atlantique et produit les marées européennes.

Une autre va du sud de l'Atlantique vers le Nord, le long de la côte africaine ; une troisième provient du système Sud-Pacifique, contourne le cap Horn et se fait sentir dans l'Atlantique.

A l'est de l'Australie, se trouve un seuil sous-marin, lequel provoque la formation d'une onde réfractée qui se propage vers l'Ouest.

De la superposition des ondes stationnaires des différents systèmes et des ondes progressives qui en dérivent, devrait découler alors l'explication de toutes les manifestations du phénomène des marées. Nous allons voir, en entrant un peu plus dans le détail, jusqu'à quel point cette théorie suffit à expliquer les diverses particularités mises en évidence par les observations.

228. **Étude particulière des marées de l'océan Atlantique.** — Les oscillations des deux aires trapézoïdales constituant le système Nord-Atlantique sont en concordance très satisfaisante avec les observations concernant les régions qu'elles recouvrent. L'existence d'un angle aigu explique pourquoi les marées sont plus fortes sur les côtes du Maroc et du Portugal qu'aux Açores ; de même, la forte amplitude des marées sur les côtes de France trouve sa raison dans l'existence d'une résonance secondaire qui, toutefois, ne suffirait pas à elle seule si le système Nord-Atlantique n'existait pas.

La superposition des deux systèmes Nord-Atlantique et Sud-Atlantique se fait dans la région comprise entre le Brésil et les îles du Cap-Verd : cette aire constituant un ventre du système Sud, c'est l'heure cotidale 6 qui y dominera, et la ligne nodale du système Nord s'y trouvera masquée. Par contre, l'heure cotidale 2 règne dans toute la plage au nord-ouest du Maroc, qui appartient au système Nord. La juxtaposition de ces deux aires, d'heures cotidales différentes, et appartenant à des systèmes distincts, détermine la formation d'une onde progressive allant de l'une à l'autre : d'où un resserrement très accentué des lignes cotidales entre le cap Verd et les Canaries. Il est à peine nécessaire de faire remarquer que l'allure d'une onde progressive de cette nature n'a rien de commun avec la propagation d'une onde libre s'effectuant avec une vitesse égale à $\sqrt{gh}$.

M. Harris admet un point amphidromique sur le 40e parallèle Nord, au sud-est de Terre-Neuve. Son origine peut être attribuée à trois causes différentes. En premier lieu, la superposition des deux systèmes Nord et Sud fait que deux lignes nodales se croisent à peu près en ce point.

Nous savons, d'autre part, que l'action de la force centrifuge composée se traduit par la formation de lignes cotidales rayonnant autour de points où la marée est nulle.

Enfin, du système Nord-Atlantique dérive une onde progressive qui, se dirigeant vers l'Est, pénètre dans la Manche.

L'influence de cette onde se fera sentir en amont du détroit et déterminera la formation de lignes cotidales dans une plage où, théoriquement, l'heure cotidale eût dû être constante : elle contribuera ainsi à la formation du point amphidromique.

En outre de ce point principal, il existe deux autres points amphidromiques secondaires : un dans le voisinage des Feröe; un autre entre les Feröe et l'Islande. Ils sont dus aux interférences de deux ondes dérivées, dont l'une contourne l'Islande par le Nord, l'autre passant entre les Iles Britanniques et l'Islande.

Dans le voisinage des Feröe, les lignes cotidales sont très serrées, parce que, la profondeur étant faible, la vitesse de propagation des ondes est également très réduite.

Ce qui caractérise avant tout les marées de l'Atlantique, c'est l'absence presque complète de marée diurne. On peut se demander pourquoi. En effet, dans le système Nord-Atlantique, la longueur totale est A et il en résulte une résonance semi-diurne avec deux lignes nodales. Mais cette longueur, étant égale à la demi-longueur d'onde diurne, devrait nous donner également une résonance diurne, avec une seule ligne nodale qui aboutirait à Gibraltar.

Mais il convient de remarquer que nos aires d'oscillation ne sont pas entièrement limitées et sont, sur une grande étendue, dépourvues de parois latérales. Si des ouvertures se trouvent en face d'une ligne nodale, cela ne troublera pas l'oscillation du système; mais, si elles se trouvent au contraire dans la région d'un ventre, l'oscillation ne pourra pas prendre naissance.

Or, les ouvertures du système Nord-Atlantique se trouvent juste en face des lignes nodales semi-diurnes, c'est-à-dire des maxima de l'oscillation diurne. Il en résulte que la résonance diurne ne pourra pas se produire.

Dans le système Sud-Atlantique, la longueur totale, depuis le continent antarctique jusqu'à la côte des États-Unis, est, par rapport à l'onde semi-diurne, de $\frac{3\lambda}{2}$; elle n'est donc pas multiple de la demi-longueur d'onde diurne et ne se prête pas à la résonance. Il n'en serait pas de même de la branche sud, qui s'étend du continent antarctique au Brésil; mais, là encore, les ouvertures sont en regard des lignes nodales semi-diurnes.

Ainsi donc, pas de marée diurne dans l'Atlantique.

Il s'en produit seulement dans le golfe du Mexique, qui constitue un système diurne indépendant des grands systèmes semi-diurnes.

229. Sur la côte est de l'Atlantique, la progression se fait vers le Nord. Sur la côte ouest de l'Atlantique Nord, nous aurions plutôt une progression vers le Sud, par suite de l'existence du point amphidromique. Il en résulte des lignes cotidales très serrées et convergentes vers les Antilles.

Sur la côte de Patagonie, qui est en dehors de l'influence du système Sud-Atlantique, les marées sont dues à une onde dérivée venant du Pacifique.

La distance du continent antarctique au cap de Bonne-Espérance se rapproche plus de la demi-longueur d'onde solaire semi-diurne que de la demi-longueur d'onde lunaire. Il en résulte un renforcement de S_2 plus considérable que celui de M_2; par suite, le rapport $\frac{S_2}{M_2}$ sera, dans cette aire, supérieur à sa valeur théorique. Toutefois, la côte sud du Cap est trop étroite pour qu'une onde solaire indépendante puisse prendre naissance (§ 210, 3°). Aussi, ce renforcement ne se ferait-il guère sentir s'il n'était également favorisé par l'action du système Sud-Indien, qui se trouve aussi dominé par l'influence solaire. Au Cap même, on trouve pour $\frac{S_2}{M_2}$ la valeur 0,42; sur la côte est de la colonie, elle augmente jusqu'à 0,55 à Durban.

La côte nord-est du Brésil appartient à la plage sud du système Nord-Atlantique et se trouve très voisine de la limite latérale du système Sud. Les heures cotidales de ces deux aires étant 8 et 6, il n'y a pas de différence sensible et le passage se fait graduellement de l'une à l'autre.

L'estuaire considérable de l'Amazone est le siège d'un phénomène particulier. Une onde progressive remonte le fleuve, mais, en raison de la faible profondeur, le frottement est assez fort pour que l'énergie de cette onde soit complètement absorbée. Il en résulte que l'onde s'éteint sans se réfléchir; par suite, il n'y aura pas d'onde stationnaire, mais une onde purement progressive dont l'effet sera de retarder la marée sur la côte avoisinant l'estuaire.

Aux îles du Vent, les deux systèmes interferent encore; la marée est forte à la Trinité et diminue rapidement de la Trinité à la Guadeloupe. Comme cette région est dans le voisinage d'une ligne nodale du système Sud, c'est le système Nord qui agira surtout et alimentera la faible marée semi-diurne de la mer des Antilles, dont il gouvernera l'heure.

Les marées sur la côte est des États-Unis sont gouvernées presque uniquement par le système Sud; aussi, la marée est-elle à très peu près simultanée depuis Haïti jusqu'à la Nouvelle-Écosse : l'heure cotidale est voisine de 12. Quant à l'amplitude, elle variera avec la profondeur et sera plus forte sur les hauts-fonds que dans les fosses (§ 45).

Il y a lieu de remarquer que la longueur de la branche principale du système Sud-Atlantique, à laquelle appartient la côte des États-Unis, est un peu supérieure à $\frac{3\lambda}{2}$. La résonance sera donc plus satisfaisante pour la marée lunaire que pour la marée solaire dont la période est plus courte.

Par suite, aux États-Unis, le rapport $\frac{S_2}{M_2}$ sera plus faible que sa valeur théorique; nous avons vu, en effet, qu'il y prenait la valeur remarquablement faible 0,16 (§ 203).

Le golfe du Mexique a des marées semi-diurnes très faibles qui sont à peu près celles que donnerait pour une mer fermée la théorie de l'équilibre. On trouve l'heure cotidale 3 dans presque toute la région est du golfe; mais, sous l'action d'une onde progressive pénétrant par le canal de la Floride, l'heure 9 ne se manifeste que tout près de la côte ouest. A cette marée semi-diurne, se superpose une marée diurne un peu plus importante, qui se fait sentir également dans la mer des Antilles (§ 226).

230. Certains golfes de la côte américaine présentent des particularités qui méritent une mention particulière.

Le golfe Saint-Laurent se comporte sensiblement comme une aire indépendante, assimilable à un canal de longueur $\frac{\Lambda}{4}$: il y aura donc une ligne nodale à l'entrée et un maximum d'amplitude à l'extrémité. Mais ici le phénomène se complique par suite de la juxtaposition au canal principal de plusieurs anses d'assez large étendue. Il en résulte la formation d'ondes dérivées, et l'existence d'un point amphidromique au milieu du golfe.

Une onde progressive remonte le fleuve Saint-Laurent, et, malgré la diminution d'énergie, sa concentration sur une section de plus en plus restreinte fait que l'amplitude de cette onde va en croissant jusqu'à l'île d'Orléans, à peu de distance en aval de Québec. La marée cesse seulement d'être sensible au lac Saint-Pierre, entre Québec et Montréal.

Le golfe du Maine, séparé du large par un banc, constitue également une aire indépendante de longueur $\frac{\Lambda}{4}$. Il se produira donc une résonance. La marée est simultanée dans tout le golfe, et l'observation montre qu'elle présente une différence de phase de 3 heures avec la marée extérieure. Nous avons déjà fait observer (§ 213) que cette différence pourrait être quelconque, et que les raisons par lesquelles M. Harris cherche à démontrer qu'elle doit être nécessairement de 3 heures reposent sur une hypothèse inexacte.

La même observation s'applique à l'onde stationnaire de Long Island Sound.

231. Étude particulière des marées de l'océan Indien. — En y comprenant le golfe du Bengale, le système Nord-Indien se compose de quatre aires cotidales séparées par trois lignes nodales. La ligne nodale orientale, qui passerait par le détroit de la Sonde, se trouve obscurcie sous l'action d'une onde progressive qui se dirige vers l'Est par l'ouverture de la mer de Timor. La ligne nodale occidentale est également fort troublée par suite de la superposition du système Sud-Atlantique au système Nord-Indien. Au contraire, la ligne nodale qui ferme le golfe du Bengale est très bien marquée.

Les aires du système Sud-Indien sont à peu près situées par les mêmes longitudes que les aires correspondantes du système Nord; aussi les heures cotidales sont-elles les mêmes pour les deux systèmes.

Chacun de ces systèmes a pour longueur totale une longueur d'onde semi-diurne. Tous deux devraient donc aussi, semble-t-il, se trouver en résonance avec la marée diurne. Mais dans le système Sud, il y a deux larges ouvertures situées en regard des lignes nodales semi-diurnes, de sorte que l'oscillation diurne ne peut prendre naissance.

Dans le système Nord, au contraire, il n'y a pas l'équivalent de ces ouvertures; c'est pourquoi la résonance diurne se manifeste effectivement.

Dans la région rectangulaire qui s'étend le long de la côte d'Afrique, depuis le Cap jusqu'au Belutshistan, la branche indienne du système Sud-Atlantique se superpose successivement au système Sud-Indien et au système Nord-Indien. Voici de quelle manière M. Harris fait cadrer les effets de cette superposition avec les résultats des observations.

Si le système Sud-Atlantique existait seul, nous devrions avoir l'heure cotidale 12 dans la plage qui s'étend du Cap jusque par le travers de Ras-Hafun, et l'heure cotidale 6 dans la mer d'Oman. Mais, d'un autre côté, le système Sud-Indien, s'il existait seul, imposerait à la région du canal de Mozambique l'heure cotidale 3. On peut donc admettre pour cette aire l'heure intermédiaire 1,5; ce qui est parfaitement conforme aux observations.

L'oscillation de la branche indienne (*fig.* 57) du système Sud-Atlantique se trouvant ainsi modifiée, nous aurons l'heure cotidale 1,5 dans sa plage méridionale et, par suite, l'heure cotidale 7,5 dans sa plage septentrionale. Mais cette dernière est directement influencée par le système Nord-Indien, qui lui imposerait l'heure 3.

Fig. 57.

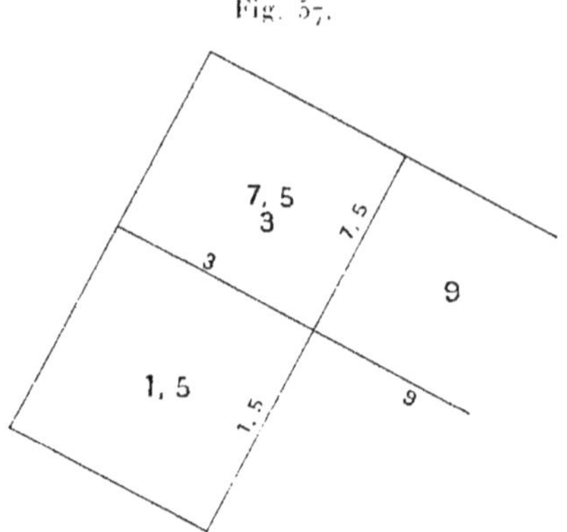

La ligne nodale de chaque oscillation ne pouvant subir que l'influence de l'oscillation superposée, il en résultera finalement un point amphidromique autour duquel les lignes cotidales rayonneront dans le sens des aiguilles d'une montre. La force centrifuge composée ne joue aucun rôle dans la formation de ce point, qui est situé à très peu près sur l'équateur (*fig.* 58).

Fig. 58.

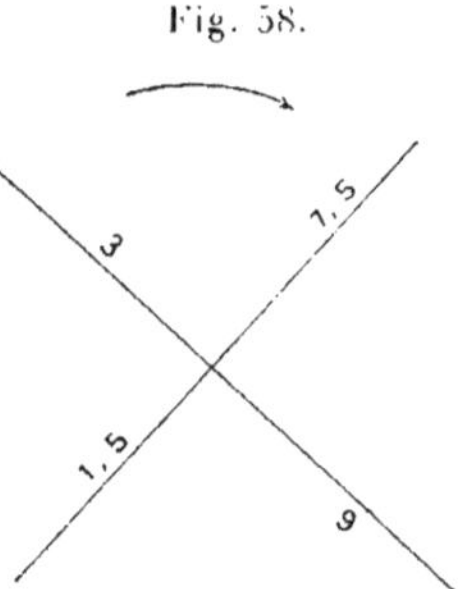

Il est à peine nécessaire de faire remarquer à quel point les raisonnements que nous avons faits manquent de rigueur : cette tentative d'explication ne saurait être considérée que comme une ébauche assez grossière.

232. On remarquera que la région qui s'étend entre la côte ouest d'Australie et Madagascar sépare les deux systèmes indiens et ne constitue pas une aire de résonance.

Ainsi s'expliquent bien les faibles marées semi-diurnes que l'on observe à Freemantle, à Maurice, à la Réunion et à Tamatave.

Le système Sud-Indien lui-même est délimité d'une façon assez vague, et ne donne pas naissance à des marées bien considérables; à l'île Kerguelen, l'amplitude moyenne est d'environ 1^m.

Au nord de cette île, dans l'aire de non-résonance, il existe toute une région entièrement close par la ligne cotidale d'heure 8 et à partir de laquelle la progression de la marée s'effectue dans tous les sens.

Sur la côte sud d'Australie, on constate des marées très particulières dues à l'influence du système Sud-Australien qui se trouve en résonance avec la marée solaire. Le rapport $\frac{S_2}{M_2}$ prend alors des valeurs très remarquables et devient sensiblement égal à l'unité à Port-Adélaïde. Il en résulte pour le phénomène une allure toute spéciale : à certains moments, la marée paraîtra se produire toujours à la même heure, sans retard d'un jour à l'autre.

D'ailleurs, tous les systèmes semi-diurnes de l'océan Indien, pris dans leur ensemble, sont en résonance plus complète avec S_2 qu'avec M_2; aussi, le rapport $\frac{S_2}{M_2}$ est-il, en général, supérieur à sa valeur théorique.

233. **Golfe Persique.** — M. Harris admet que la marée du golfe Persique est due à une onde progressive se propageant lentement à cause de la faible profondeur du golfe; il figure sur sa Carte des lignes cotidales extrêmement serrées à partir du détroit d'Ormuz.

Cette hypothèse demande à être examinée avec attention.

Une pareille onde progressive ne pourrait se produire que s'il n'y avait pas de réflexion du tout au fond du golfe.

Il faudrait donc supposer que l'énergie de l'onde est entièrement absorbée par le frottement. Or, rappelons que, d'après M. Hough, l'effet du frottement est négligeable. Les hypothèses sur lesquelles M. Hough a basé ses calculs sont assez bien appuyées pour qu'on puisse être certain que l'action du frottement est effectivement négligeable dans une mer de profondeur moyenne.

Mais, en ce qui concerne le golfe Persique, la réponse est plus douteuse. Il est bien vraisemblable qu'avec les chiffres de M. Hough on trouverait également qu'il ne doit pas y avoir d'effet du tout; mais, pour des profondeurs aussi faibles, les hypothèses ne sont peut-être pas suffisantes.

On ne saurait donc *a priori* repousser ou admettre sans réserves l'hypothèse de M. Harris : les observations peuvent seules montrer s'il existe ou non une onde progressive.

Or, elles sont encore insuffisantes pour qu'on puisse se prononcer définitivement ; nous ne possédons que quelques observations sur la côte persane et presque rien sur la côte arabique. Il y aurait là une question intéressante à étudier de plus près. Peut-être constaterait-on une onde stationnaire ou l'existence d'un point amphidromique.

234. **Marées de la mer Rouge.** — Les observations sont surtout relatives aux deux extrémités, nous en avons peu dans la partie médiane.

A l'entrée du détroit de Bab-el-Mandeb, l'heure cotidale est 4,5. On observe tout de suite une variation très rapide, l'heure cotidale étant 9 à Moka, puis on a dans toute la région sud une heure à peu près constante, comprise entre 10 et 11. Dans la région nord, entre le tropique et le détroit de Jubal, on trouve presque partout l'heure 3,5, puis, brusquement, l'heure 9 dans tout le golfe de Suez. Dans le golfe d'Akaba, c'est l'heure 4 qui règne.

De ces données, il résulte que la mer Rouge prise dans son ensemble, depuis le détroit de Jubal jusque vers Moka, se comporte sensiblement comme un canal fermé de longueur $\frac{\Lambda}{2}$: la marée constatée présente, en effet, tous les caractères d'une onde stationnaire ayant une ligne nodale au milieu et dont les plages seraient à peu près affectées des heures cotidales 4 au Nord et 10 au Sud.

Ce résultat s'accorde assez bien avec celui qu'aurait donné la théorie. Entre les limites que nous venons de signaler, la profondeur moyenne de la mer Rouge est d'environ 640^{m} : il en résulte, pour la demi-longueur d'onde de l'oscillation semi-diurne lunaire se propageant dans ce canal, une longueur de 954 milles marins, différant assez peu de la longueur 972 milles du canal lui-même. Il devrait donc se former une oscillation propre dont les heures cotidales calculées seraient respectivement 4,5 et 10,5.

En fait, la marée observée étant en avance sur la marée statique, nous savons que, pour maintenir cette avance, il est nécessaire de supposer une onde progressive venant du large; mais, la différence des heures étant peu importante, cette onde progressive sera faible.

Son effet sera de nous donner, d'abord, des lignes cotidales serrées dans le détroit de Bab-el-Mandeb, puis quelques lignes cotidales plus espacées dans la mer Rouge elle-même.

Quant au golfe de Suez et au golfe d'Akaba, on peut les considérer comme des canaux de faible longueur dont la marée dépend directement de celle de la mer Rouge.

La profondeur moyenne du golfe de Suez est d'environ 37^m. A cette profondeur, correspond pour $\frac{\lambda}{4}$ une longueur de 114 milles qui est un peu inférieure à celle du golfe. Nous devrons donc avoir un nœud un peu au nord du débouché du golfe, à Tor, et, de là, jusqu'à Suez, l'heure cotidale sera 9,5. Connaissant les distances à Suez des différentes stations, on pourra calculer l'amplitude de la marée théorique correspondante, celle de Suez étant $2^m,14$, et comparer aux observations.

On trouve ainsi, de part et d'autre du nœud, les résultats suivants :

Calcul.........	2,14	1,65	0,79	0,40	0,21	0,79	1,07
Observations...	2,14	1,68	0,92	0,46	0,37	0,53	0,92

La vérification est très satisfaisante.

Le golfe d'Akaba est encore moins long, et aussi plus profond. Pour cette double raison, il ne renfermera pas de nœud, et se mettra dans toute son étendue en concordance de phase avec la mer Rouge.

235. **Étude particulière des marées de l'océan Pacifique.** — Nous avons vu que les limites du système Sud-Pacifique étaient assez peu nettes et que l'on pourrait, à la rigueur, considérer ce système comme étant constitué par un secteur de cercle ayant son centre vers les îles Viti, et dont la circonférence serait formée par la côte américaine.

En prenant le rayon du secteur pour unité, on trouve, par un calcul très grossier, que la longueur d'onde de l'oscillation propre est environ 0,90 et qu'il y a deux lignes nodales circulaires de rayons 0,34 et 0,79.

Si l'on réduit le système à la ceinture extérieure du secteur, dont la résonance est plus efficace, il suffira de conserver les positions interceptées de ces circonférences pour avoir sensiblement les lignes nodales utiles.

L'amplitude de l'oscillation d'un secteur circulaire étant beaucoup plus forte au centre que sur la circonférence, on peut, en attribuant cette forme au système Sud-Atlantique, expliquer aisément les marées importantes observées sur la côte nord de la Nouvelle-Zélande.

Quoi qu'il en soit, le système Sud-Atlantique présente un ventre au sud du cap Horn, dans une région où sa limite est constituée par des hauts-fonds. Il en résulte la formation d'une onde réfractée très importante qui progressera dans l'Atlantique. C'est à cette onde dérivée que sont dues les marées de la côte est de l'Amérique du Sud jusqu'au nord de Montevideo, qui ne se trouvent sous l'influence d'aucun système d'oscillation propre.

L'onde se propage plus vite dans les grands fonds à l'est des îles Malouines que le long de la côte; les interférences donnent naissance à deux points amphidromiques locaux situés, l'un à l'ouvert du golfe de Saint-George, l'autre à l'est du golfe de San-Mathias.

Dans le Pacifique même, trois points amphidromiques très importants sont à signaler. Le premier est à mi-distance entre San-Francisco et les îles Hawaï, à l'intersection de deux lignes nodales appartenant respectivement au système Nord et au système Sud : la rotation des lignes cotidales s'effectue autour de ce point dans le sens inverse des aiguilles d'une montre. Le second, situé au nord-ouest des îles de la Société, se trouve également au voisinage de deux lignes nodales des systèmes Nord et Sud. Quant au troisième, il est situé au sud-est de la Nouvelle-Zélande, sur la limite sud du système Sud-Pacifique.

La formation de ce point est due à l'action d'une onde dérivée réfractée qui franchit le seuil compris entre la Nouvelle-Zélande et la Nouvelle-Calédonie et continue sa progression tout autour de la Nouvelle-Zélande. Il en résulte une rotation des lignes cotidales autour de cette île dans le sens inverse et, autour du point amphidromique, dans le sens même des aiguilles d'une montre, ainsi qu'il est naturel dans l'hémisphère austral.

La côte américaine du Pacifique est successivement atteinte par les différents systèmes ; on n'y trouve pas de progression proprement dite, mais des lignes cotidales très serrées lorsqu'on passe d'un système à l'autre. Vers le détroit de Magellan, nous avons l'heure 6 imposée par le ventre sud-est du système Sud-Pacifique. Plus au Nord, on trouve l'heure 3 provenant de l'aire trapézoïdale du système Nord-Pacifique ; puis, tout de suite après, dans le golfe de Panama, l'heure 9 due à l'aire triangulaire. En Californie, c'est le système Sud qui se rencontre de nouveau, donnant l'heure 6 ; mais on retombe immédiatement dans le système Nord, dont l'heure est 9.

Il n'y a pas absolument simultanéité de la marée dans chacune de ces diverses plages, mais les lignes cotidales y sont beaucoup plus espacées que sur les frontières des systèmes.

De part et d'autre des îles Galapagos, le système Nord-Pacifique présente deux aires ayant la même heure cotidale 9 ; nous aurons donc toute une vaste région dans laquelle la marée devra être simultanée.

Il convient de remarquer que les systèmes du Pacifique sont en résonance plus parfaite avec la marée lunaire qu'avec la marée solaire ; aussi, le rapport $\frac{S_2}{M_2}$ est-il, en général, plus faible que sa valeur théorique. On ne constate guère d'exceptions que pour certaines îles, comme Tahiti, qui se trouvent dans le voisinage d'une ligne nodale.

236. **Marées des mers dérivées du Pacifique.** — D'une façon générale, l'heure cotidale 6 règne le long du Kamtshatka, des îles Kuriles et de Yeso. Une onde dérivée progresse dans la mer d'Okhotsk et pénètre dans la mer du Japon par le golfe de l'Amour, où l'on trouve déjà l'heure 4.

Une autre onde passe par le sud du Japon et remonte vers le Nord. La réunion de ces deux ondes se fait vers le milieu de la mer du Japon, où elle cause une quasi-simultanéité de la marée. Plus au Sud, dans le détroit de Corée, on trouve un point amphidromique autour duquel la rotation s'effectue en sens inverse des aiguilles d'une montre.

Dans la mer Jaune, nous avons des lignes cotidales très serrées. Lorsque l'onde arrive dans le golfe de Petshili, une branche se dirige vers le Nord-Ouest et une autre vers le golfe de Liao-Tung : il en résulte un point amphidromique au milieu du golfe.

M. Harris dit que l'onde s'avance avec la rapidité due à la profondeur. Il suppose, par conséquent, que tout se passe comme si l'on avait une onde progressive entièrement absorbée. Mais ceci est peu probable.

Pour nous rendre compte des conditions de la propagation dans un golfe, reportons-nous aux équations générales du paragraphe **132**. Soit s la longueur de l'arc comptée le long d'un canal de profondeur constante, à partir de l'extrémité fermée. Nous supposons que, abstraction faite du facteur exponentiel $e^{\lambda t}$, l'expression du potentiel perturbateur peut se réduire à

$$W = \alpha s^2 + 2\beta s + \gamma.$$

L'équation différentielle

$$gh\frac{d^2\varphi}{ds^2} = \lambda^2\varphi - W = g\zeta$$

nous donne alors

$$\frac{d^2\zeta}{ds^2} - \frac{\lambda^2}{gh}\zeta = -\frac{2\alpha}{g}.$$

L'intégration introduit deux constantes arbitraires que l'on déterminera en écrivant que ζ prend une valeur donnée à l'extrémité libre, et que l'on a au fond du golfe

$$\frac{d\varphi}{ds} = \frac{1}{\lambda^2}\left(2\alpha s + 2\beta + g\frac{d\zeta}{ds}\right) = 0,$$

c'est-à-dire

$$\frac{d\zeta}{ds} = -\frac{2\beta}{g}.$$

Il est donc certain que les conditions de la propagation dépendent de α et de β.

M. Harris fait, au contraire, le calcul comme si l'on avait

$$\lambda^2\zeta = \frac{d^2\zeta}{dt^2} = gh\frac{d^2\zeta}{ds^2},$$

c'est-à-dire

$$\frac{d\zeta}{ds} = \frac{\lambda}{\sqrt{gh}}\zeta.$$

Les deux manières de procéder ne sont nullement équivalentes. Il est donc impropre de parler d'une propagation avec la vitesse due à la profondeur.

237. Le long de la côte du large des îles Philippines, l'heure cotidale est environ 9,5 comme dans toute la plage ouest du système Nord-Pacifique. Cette onde stationnaire fournit une onde dérivée qui pénètre dans la mer de Chine à la fois par le canal des Bashi, au nord de Luçon, et par la mer de Célèbes. Dans toute la partie centrale de la mer de Chine, la marée semi-diurne est très faible et presque simultanée. Au nord et au sud de Haïnan, on trouve l'heure 3. Cette faible marée semi-diurne contourne alors l'île d'Haïnan et pénètre dans le golfe du Tonkin, où nous avons alors deux ondes, l'une allant du Sud vers le Nord, l'autre du Nord vers le Sud.

L'interférence est presque complète et il en résulte dans cette région une disparition de la marée semi-diurne d'autant plus manifeste que la marée diurne est relativement considérable dans toute la mer de Chine.

Cette mer peut être, en effet, considérée comme un bassin à peu près fermé qui débouche sur le système diurne Pacifique, et sa longueur est sensiblement le quart de la longueur d'onde diurne. Il y aura donc résonance et simultanéité de marée diurne dans toute la mer de Chine ; mais il n'y a, comme nous le savons (§ 213), aucune raison théorique pour que la différence de phase avec la marée diurne du large ait une valeur plutôt qu'une autre. L'heure cotidale diurne observée au Tonkin est 12. Cela fait bien, comme le voudrait la théorie incomplète de M. Harris, une différence d'un quart de période avec l'heure cotidale 6 observée aux Philippines (§ 225), mais on ne peut voir là qu'une simple coïncidence.

On pourrait, d'ailleurs, tout aussi bien rattacher la mer de Chine au système diurne Indien qui donne l'heure 12 dans sa plage voisine.

De la partie centrale de la mer de Chine, l'onde semi-diurne marche vers la Cochinchine et pénètre dans le golfe de Siam. Les lignes cotidales y sont très serrées; peut-être des observations plus complètes mettraient-elles en évidence un point amphidromique. Nous pouvons remarquer que, pas plus dans le golfe de Siam que dans le golfe de Petshili, il n'est vraisemblable d'assimiler ce phénomène à la progression d'une onde s'effectuant avec la vitesse due à la profondeur.

Les îles de la Sonde nous offrent des marées extrêmement compliquées, mais qui ont été l'objet de nombreuses et bonnes observations. On trouve dans le détroit de Malacca des lignes cotidales excessivement serrées, indiquant une progression vers l'Est. Au sud des îles, il y a également progression vers l'Est : l'onde, dérivée du système Nord-Indien, entre par la mer de Timor et vient se rencontrer au détroit de Torrès avec la branche de l'onde réfractée dérivée du système Sud-Pacifique, qui passe au nord de la Nouvelle-Calédonie.

L'onde progressive, qui descend de la partie centrale de la mer de Chine, se rencontre entre Bornéo et Sumatra avec l'onde progressive venant du golfe du Bengale par le détroit de Malacca : le conflit de ces deux ondes donne naissance à un point amphidromique très particulier autour duquel les heures cotidales se succèdent en faisant deux fois le tour du cadran; il y a 24 lignes cotidales au lieu de 12. La marée est très faible dans cette région. Celle de la mer de Java progresse également vers ce point.

238. **Marées des mers arctiques.** — Nous pouvons observer d'abord que, si les mers arctiques étaient entièrement fermées, il ne s'y produirait aucune marée. En effet, le potentiel perturbateur s'annule au pôle, aussi bien pour les marées semi-diurnes que pour les marées diurnes ; il sera donc très faible dans les régions polaires. D'un autre côté, rien n'indique *a priori* que les formes et les dimensions des mers arctiques se prêtent à une résonance quelconque. Il paraît donc légitime d'admettre que leurs marées proviennent presque uniquement de celles des autres mers.

L'influence des mers environnantes peut s'exercer par trois voies différentes : la large ouverture entre la Norvège et le Groënland, la baie de Baffin et le détroit de Behring. Il résulte des observations que l'action qui s'exerce à travers le détroit de Behring est très minime.

Nous savons que, dans l'Atlantique Nord, la différence $S_2^0 - M_2^0$ a une valeur assez forte correspondant à ce qu'on a appelé l'âge de la marée semi-diurne (§ 203). Cette différence va encore en s'accentuant dans les mers arctiques, où l'âge de la marée peut atteindre 60 heures.

On constate aussi dans ces mers une marée diurne assez importante, qui s'explique mal ; elle ne pourrait venir que du système diurne Pacifique, par le détroit de Behring.

Entre le Groënland, le Spitzberg et le cap Nord, nous avons d'abord toute une région où les lignes cotidales sont très espacées : la marée s'y produit à peu près simultanément, vers 12^h. Nous trouvons ensuite une série de lignes cotidales tournant autour de la terre de François-Joseph et redescendant dans la mer de Kara, ainsi qu'à l'ouest de la Nouvelle-Zemble, pour pénétrer dans la mer Blanche, où les lignes sont très serrées.

Une autre série suit vers l'Est la côte asiatique jusqu'au détroit de Behring. Tout ceci est naturellement un peu hypothétique, en raison du petit nombre des observations.

Sur la côte américaine, la propagation continue dans le même sens. Mais, sur la côte nord du Groënland, nous avons, au contraire, une progression vers l'Ouest. L'effet produit par la rencontre de ces deux ondes dans le voisinage du pôle reste encore entièrement conjectural.

Dans la baie de Baffin, on observe des marées très fortes présentant assez nettement le caractère d'une onde stationnaire avec une ligne nodale au milieu.

En somme, on peut supposer que tout se passe dans les mers arctiques comme si l'on avait deux bassins distincts : d'une part, la baie de Baffin, qui constitue à peu près un bassin rectangulaire ; d'autre part, l'ensemble même des mers polaires. Il est probable que cet ensemble possède une résonance suffisante, de telle sorte que la force perturbatrice, malgré sa faiblesse, se trouvera suffisamment amplifiée pour produire de fortes marées.

Mais, comme la force centrifuge composée acquiert au voisinage du pôle son maximum d'action, nous aurons très probablement une région amphidromique.

Cette hypothèse s'accorde assez bien avec les lignes cotidales telles que les a tracées M. Harris.

Les observations sont surtout nombreuses dans l'archipel au nord de l'Amérique, entre les deux bassins dont nous venons de parler. On y constate des ondes dérivées provenant des deux régions principales et cheminant dans des canaux extrêmement compliqués; on ne peut encore songer à en faire la théorie. Pour la plupart, ces ondes se dirigent de l'Ouest à l'Est lorsqu'elles dérivent de la mer principale; d'autres, venant de la baie de Baffin, vont de l'Est à l'Ouest.

Faisons encore remarquer à ce sujet l'impossibilité de la pénétration de trois ondes progressives allant vers le Nord, ainsi que le voulait la théorie de Whewell, et comme le suppose aussi M. Harris. Il faudrait, en effet, comme nous le savons (§ 217), que le potentiel perturbateur eût une valeur considérable; or, il est presque nul.

On peut donc affirmer que la progression ne se fait pas dans le même sens par les trois ouvertures.

239. **Marées de la Méditerranée.** — Les observations montrent que les marées de la Méditerranée sont, en général, très faibles. Cela tient à ce que cette mer peut être sensiblement assimilée à une mer intérieure entièrement fermée.

Dans une mer intérieure, les seules marées possibles sont dues aux forces perturbatrices locales. Si la mer est peu étendue, les valeurs du potentiel différeront très peu, de sorte que les oscillations possibles seront faibles. Elles ne pourraient devenir fortes que s'il y avait une résonance très complète.

De plus, ces faibles oscillations doivent s'effectuer conformément à la théorie statique. Il y a marée statique, en effet, lorsque la période de la marée est longue; et il faut entendre par là que cette période est longue par rapport à la période d'oscillation propre de la mer considérée.

Or, cette période d'oscillation propre est d'autant plus courte que la mer est plus profonde et plus étroite.

L étant la longueur du bassin oscillant, nous avons

$$\tau = \frac{2L}{\sqrt{gh}}.$$

Pour certaines mers, nous pourrons donc considérer une période de 12 heures comme une période très grande, et, dans ce cas, la marée produite sera une marée statique.

On peut d'ailleurs s'en rendre compte en partant de l'équation générale de la marée dans un canal de profondeur et de largeur constantes (§ 129)

$$gh\varphi'' = \lambda^2\varphi - W.$$

Si la période $\frac{2\pi}{i\lambda}$ de la force perturbatrice est grande, λ^2 sera très petit. Posons

$$\lambda^2\varphi = V - p = \psi.$$

L'équation s'écrira

$$gh\psi'' - \lambda^2\psi = -\lambda^2 W.$$

Si h est grand et λ^2 petit, cette équation se réduit sensiblement à

$$\psi'' = 0,$$

d'où

$$\psi' = \text{const.}$$

Mais on doit avoir aux extrémités

$$\psi' = 0.$$

Donc ψ' est nul dans tout le canal, et l'on a

$$\psi = \text{const.}$$

Par suite

$$V = \text{const.},$$

et l'on retombe bien sur la théorie statique.

Cette conclusion cesserait d'être exacte si la profondeur n'était plus très grande.

240. La Méditerranée n'étant pas une mer entièrement fermée, les marées y auront une double origine. En plus des marées qui se produiraient si le détroit de Gibraltar n'existait pas, il faudra tenir compte de l'onde qui pénètre par ce détroit. Mais cette onde est très faible à cause de l'étroitesse de l'ouverture, et son influence est minime.

Les observations faites dans le détroit montrent que l'amplitude diminue rapidement jusqu'à n'être plus que de quelques centimètres à l'est de Gibraltar.

Il reste donc à considérer surtout les marées qui prennent naissance dans la Méditerranée elle-même.

On peut, à ce point de vue, supposer cette mer partagée en deux bassins différents : la Méditerranée orientale et la Méditerranée occidentale.

Dans le bassin oriental, limité par l'Italie et la Sicile, les marées observées sont presque exactement celles qui se produiraient si l'on avait affaire à un bassin entièrement fermé.

L'étendue étant très faible, la période d'oscillation propre sera très courte par rapport à celle de l'oscillation contrainte, et cette dernière oscillation pourra se traiter alors conformément à la théorie statique.

Le niveau oscillera autour du centre de gravité du bassin, qui est approximativement situé au voisinage de la Crète : la marée y sera sensiblement nulle et, de ce point, divergeront des lignes cotidales, plus serrées dans la direction du méridien. En Crète, effectivement, les marées sont plus faibles que partout ailleurs, et l'ensemble des observations s'accorde bien avec cette conception.

Dans la Méditerranée occidentale, la question est un peu plus compliquée, parce que, si l'on peut comme dans le bassin oriental appliquer la théorie de l'équilibre, il faut néanmoins adjoindre à la marée produite l'effet, pas absolument négligeable, de l'onde provenant de l'Atlantique. Quant à l'influence du bassin oriental, elle est trop insignifiante pour qu'il y ait lieu d'en tenir compte.

La théorie de l'équilibre seule donnerait les heures cotidales 6 et 7 à Marseille et à Toulon, tandis qu'on observe en réalité 7 et 8 ; d'autre part, l'amplitude observée est notablement supérieure à l'amplitude calculée (environ trois fois). Pour expliquer ce fait, M. Harris considère la partie de la Méditerranée limitée à l'Est par la Corse et la Sardaigne, et constate que sa longueur est d'environ $\frac{\lambda}{4}$. Si donc cette région était complètement fermée, elle se trouverait vis-à-vis de l'Atlantique comme un golfe en résonance. Malgré les ouvertures, il peut se produire une résonance approchée, causant l'augmentation d'amplitude constatée.

Entre la Tunisie et la Sicile, ainsi que dans le détroit de Messine, on observe une variation rapide des lignes cotidales. Ce phénomène est aisé à expliquer.

Supposons les deux bassins de la Méditerranée complètement fermés. Ils obéiront à la théorie statique et dans chaque bassin, comme les longitudes diffèrent peu, les oscillations se feront à peu près simultanément : il y aura donc, dans les parties adjacentes, basse mer pour un bassin en même temps que pleine mer pour l'autre. Si maintenant nous ouvrons les détroits, il y aura nécessairement des lignes cotidales très serrées, pour qu'une variation d'environ 6 heures se produise d'un bassin à l'autre. Au voisinage de la Sicile, les lignes cotidales passent de l'heure 2 à l'heure 7.

241. On observe également dans la Méditerranée une marée diurne très nette, qui est à peu près la moitié de la marée semi-diurne. Ce rapport étant plus considérable que dans l'Atlantique, on en conclut qu'il doit exister une résonance entre la période diurne et l'ensemble de la Méditerranée. Cependant, si l'on considérait cette mer comme un bassin rectangulaire de profondeur uniforme, sa période d'oscillation propre atteindrait tout au plus 14 heures. Mais il faut tenir compte de ce fait que la période d'oscillation propre d'un canal est augmentée lorsqu'il y a vers le milieu du canal un rétrécissement ou un seuil (§ 211). Dans le cas de la Méditerranée, les deux circonstances sont réunies : il peut donc en résulter une résonance assez bonne avec la période diurne.

242. **Marées de l'Adriatique et du golfe de Gabès.** — Dans le fond de l'Adriatique, ainsi que dans le fond du golfe de Gabès, on observe des marées plus fortes que partout ailleurs dans la Méditerranée.

L'Adriatique peut être considérée comme un golfe de longueur $\frac{\lambda}{2}$. Il y aura donc un ventre à l'entrée et au fond, et une ligne nodale au milieu, mais aucune résonance ne se produit de ce fait, puisque l'Adriatique débouche librement sur la Méditerranée (§ 132).

Ce qui explique le renforcement constaté au fond, c'est que la profondeur y est moindre.

Nous savons, en effet (§ 45), que, si l'on considère l'oscillation propre d'un bassin constitué par une série de biefs, l'amplitude est plus considérable dans les biefs de moindre profondeur. Ceci s'applique également aux oscillations contraintes, et l'on pourra, dans des mers peu profondes, observer sous certaines conditions des marées relativement considérables.

Considérons, par exemple, un bassin fermé constitué par la succession de deux canaux de profondeurs h et h' différentes, le canal profond s'étendant de $s = -b$ à $s = 0$ et le canal peu profond de $s = 0$ à $s = a$. Choisissons les unités, de telle sorte qu'on ait $g = 1$; l'équation du problème sera alors

$$h\varphi'' - \lambda^2\varphi = -W.$$

Prenons, comme précédemment, pour expression du potentiel, au facteur $e^{\lambda t}$ près,

$$W = \alpha s^2 + 2\beta s + \gamma.$$

L'intégrale générale de l'équation sans second membre pourra se mettre sous la forme $B\cos(\mu s + \varepsilon)$, B et ε étant deux constantes arbitraires à déterminer; de sorte qu'en sous-entendant toujours le facteur $e^{\lambda t}$, on aura, dans le canal profond,

$$\varphi = B\cos(\mu s + \varepsilon) + \frac{W}{\lambda^2} + \frac{2h\alpha}{\lambda^4},$$

et dans l'autre canal

$$\varphi = B'\cos(\mu' s + \varepsilon') + \frac{W}{\lambda^2} + \frac{2h'\alpha}{\lambda^4}$$

avec

$$-\lambda^2 = h\mu^2 = h'\mu'^2.$$

Si nous supposons que la profondeur h soit grande, mais finie, λ étant infiniment petit d'ordre 1, nous aurons sensiblement dans le canal profond $\varphi = \text{const.}$ et sa marée obéira à la théorie de l'équilibre (§ 239).

Mais il peut arriver que B' soit beaucoup plus grand que B. Écrivons, en effet, les deux conditions de continuité pour $s = 0$. On doit avoir, d'abord,

$$B\cos\varepsilon + \frac{2h\alpha}{\lambda^4} = B'\cos\varepsilon' + \frac{2h'\alpha}{\lambda^4},$$

puis, en exprimant que $\tau \frac{d\varphi}{dx}$, c'est-à-dire $h \frac{d\varphi}{dx}$, est continu,

$$B h \mu \sin\varepsilon = B' h' \mu' \sin\varepsilon'.$$

Supposons que h' soit infiniment petit d'ordre 2 ; dans ces conditions, μ' sera d'ordre zéro comme h et μ d'ordre 1 comme λ. Par conséquent, le rapport

$$\frac{B'}{B} = \frac{h \mu \sin\varepsilon}{h' \mu' \sin\varepsilon'}$$

sera infiniment grand du premier ordre, à moins que $\sin\varepsilon$ ne soit nul.

En général donc, dans les parties peu profondes, la théorie de l'équilibre ne s'appliquera plus et l'amplitude sera considérablement augmentée.

Près du golfe de Gabès se trouve précisément une région beaucoup moins profonde et assez étendue : les marées y seront donc relativement plus fortes.

De même dans l'Adriatique où il y a, de plus, un rétrécissement : les deux conditions agissent dans le même sens, et produisent l'augmentation d'amplitude constatée.

D'après M. Harris, il y aurait, dans l'Adriatique, superposition d'une onde stationnaire et d'une onde progressive. Nous avons déjà indiqué au paragraphe 236 les restrictions qu'il convenait d'apporter à la façon dont M. Harris concevait la propagation du phénomène.

Sous l'action de la force centrifuge composée, les lignes cotidales dans l'Adriatique paraîtront rayonner autour d'un point amphidromique situé dans le voisinage de la côte italienne.

243. **Marées des mers européennes proprement dites.** — A l'entrée de la Manche et au large des Iles Britanniques, nous trouvons la ligne cotidale d'heure 4 à peu près parallèle à la côte. La marée est maximum sur la côte de France et va en diminuant vers le Nord ; cet affaiblissement tient à la présence de la ligne nodale du système Nord-Atlantique.

De la frontière orientale de ce système, dérivent des ondes allant toutes vers l'Est. Une de ces ondes suit la côte nord de l'Écosse et redescend vers le Sud dans la mer du Nord. Une autre pénètre dans la Manche et se dirige vers le Nord-Est (*fig.* 59).

Fig. 59.

Le concours de ces deux ondes donne naissance dans la mer du Nord à une région amphidromique située à l'ouvert du Skagerrak ; un autre point amphidromique se trouve également formé plus au Sud, entre la Hollande et l'Angleterre. En général, les points de marée nulle, se trouvant en pleine mer, n'ont pour la plupart qu'une existence hypothétique. Il n'en est pas de même des deux points de la mer du Nord ; en profitant des petits fonds de cette mer, on a pu constater leur existence par l'observation, soit en immergeant un manomètre enregistreur, soit plus simplement par des sondages effectués à bord d'un bâtiment au mouillage.

C'est à l'effet de la force centrifuge composée qu'est due la formation du point amphidromique situé dans la région sud de la mer du Nord. Nous avons, en effet, dans cette portion assimilable à un canal, deux ondes allant en sens contraires; leur expression (§ 66) sera de la forme

$$\varphi = e^{\pm \frac{2\omega y}{\sqrt{gh}}} \cos i\lambda\left(t \pm \frac{x}{\sqrt{gh}}\right),$$

et chacune d'elles sera plus forte sur une rive que sur l'autre. L'onde venant de l'Ouest sera en quelque sorte collée sur la côte continentale et celle qui vient du Nord sur la côte anglaise.

La marée sur la côte ouest de Norvège est alimentée par une portion de l'onde dérivée du système Nord-Atlantique qui passe entre les Shetland et les Feröe. Nous avons expliqué précédemment (§ 228) comment les interférences des ondes qui contournent l'Islande produisaient deux points amphidromiques dans la région des Feröe.

La mer d'Irlande présente cette particularité que la marée y est franchement stationnaire. On trouve, à l'entrée, l'heure cotidale 5 jusqu'au nord du canal de Bristol, puis l'heure 11 depuis Anglesey jusqu'au canal du Nord. Dans la région intermédiaire, vers la ligne nodale de ce système stationnaire, les lignes cotidales sont très serrées. Cette onde stationnaire est due à l'interférence de deux ondes dérivées d'amplitudes sensiblement égales et marchant en sens contraires après avoir contourné l'Irlande, l'une par le Nord, l'autre par le Sud.

Sous l'influence de cette double propagation, la mer d'Irlande se comporte comme un canal de longueur Λ, dont les deux extrémités ouvertes sont soumises à la même marée océanique, sans différence de phase. Il y aura addition des amplitudes, avec formation de deux lignes nodales intermédiaires. Néanmoins, l'onde progressive venant du Sud étant prédominante, c'est sur la rive orientale que l'on constatera les marées les plus considérables, par suite de l'action de la force centrifuge composée. Nous savons que, dans une onde stationnaire (§ 131), les phases de la marée et du courant doivent être décalées de 90°. On observe, en effet, que dans le voisinage de l'île de Man, où se trouve un ventre pour la marée, les courants sont minima; ils sont, au contraire, très violents un peu plus au Sud, vers la ligne nodale de la marée.

Dans le canal du Nord, la ligne nodale qui devrait exister est remplacée par une région amphidromique due à l'action de la force centrifuge composée. Dans la partie sud, le maximum d'amplitude de la marée est surtout très net sur la côte anglaise, à l'ouvert du canal de Bristol; on le constate également sur la côte d'Irlande, à l'est de Cork.

La Manche, ainsi que nous avons déjà eu l'occasion de le signaler (§ 199, 219), est parcourue par une onde progressive très nette, dont la vitesse de propagation est bien en rapport avec la profondeur. Mais on peut, d'autre part, considérer la Manche comme un golfe de longueur $\frac{\Lambda}{2}$ fermé par le Pas de Calais.

On observe, en effet, l'heure cotidale 5 à l'entrée et l'heure 11 au fond, et les lignes cotidales sont très serrées près de Cherbourg, dans une région centrale qui correspondrait à la ligne nodale. De plus, on constate dans cette région un minimum de la marée.

Sur la côte anglaise, la valeur moyenne de l'amplitude semi-diurne, qui est de $3^m,6$ à Falmouth, diminue jusqu'à $1^m,2$ seulement à l'ouest de l'île de Wight pour remonter à $5^m,7$ à Dungeness.

De même, sur la côte française, on a $4^m,2$ à Ouessant, puis $7^m,2$; $8^m,4$ à Saint-Malo; 4^m à Cherbourg; $5^m,2$ au Havre; $6^m,6$ à l'embouchure de la Somme. Il y a donc bien un minimum, quoique l'amplitude reste encore considérable.

La superposition d'une onde progressive à une onde stationnaire rend bien compte de l'ensemble des observations. L'hypothèse d'une onde progressive ne soulève ici aucune difficulté, puisque cette onde peut sortir par le Pas de Calais. La présence de l'onde stationnaire explique le décalage mis en évidence par les observations entre la marée et le courant, et qui ne devrait pas avoir lieu si l'onde progressive existait seule.

La force de Coriolis produit une inflexion des lignes cotidales. Il en résulte que sur une certaine région de la côte anglaise, entre

Selsea-Bill et Dungeness, la marée paraît se propager de l'Est vers l'Ouest.

244. **Considérations générales sur l'état actuel de la théorie.** — Nous ne pousserons pas plus loin l'exposé de l'intéressante synthèse par laquelle M. Harris a tenté de relier d'une manière plausible l'ensemble des observations que nous possédons actuellement. Sa manière de voir s'écarte beaucoup de celle de Whewell et ne se heurte pas, dans ses principes généraux, aux mêmes objections essentielles. Il est vraisemblable que la théorie définitive devra emprunter à celle de Harris une part notable de ses grandes lignes.

Les idées qui ont guidé M. Harris nous permettent de mieux apercevoir le parti qu'on peut espérer tirer de la méthode de Fredholm.

Ainsi que nous l'avons dit, cette méthode d'intégration fournit théoriquement la solution du problème des marées ; mais la nécessité de tenir compte analytiquement de la loi de profondeur et de la forme des continents conduit, en pratique, à des calculs inextricables. Même en se contentant d'une loi schématique grossière, les calculs, quoique considérablement simplifiés, seraient encore tellement compliqués qu'un tel labeur serait hors de proportion avec l'approximation incertaine du résultat. Nous ne sommes donc pas encore en mesure de calculer les marées d'un bassin océanique réellement existant. Mais la méthode de Fredholm pourrait être néanmoins très utile si l'on se bornait à l'appliquer à un des bassins systématiques de M. Harris.

L'idée directrice de la théorie de M. Harris est de chercher à découper dans l'ensemble des mers un système en résonance avec la période d'une des différentes marées diurnes ou semi-diurnes. Il est donc nécessaire de savoir évaluer la période d'oscillation propre d'un bassin dont les limites sont plus ou moins imposées. Pour cela, M. Harris est amené à faire un certain nombre d'hypothèses simplificatrices. Il assimile le bassin considéré, soit à un rectangle, soit à un triangle, soit à une autre figure géométrique très simple et plane : il ne tient donc pas compte de la sphéricité. D'autre part, il néglige également l'action de la force centrifuge composée; la profondeur est supposée constante, on ne tient pas compte de ce que les limites du bassin sont souvent très mal définies, de ce qu'elles sont percées d'ouvertures, etc.

Comment se rendre compte de l'influence de toutes ces circonstances si diverses sur la période d'oscillation propre du bassin? M. Harris essaie d'y parvenir à l'aide de certains lemmes empruntés soit à la théorie, soit à l'expérience, soit encore à l'observation, et qui indiquent dans quelle direction telle ou telle circonstance fera varier la période.

Un premier parti à tirer de la méthode de Fredholm serait de donner à ces lemmes un fondement plus solide.

Par exemple, en négligeant la force centrifuge composée, nous avons pu traiter (§ 211) le cas d'un canal présentant en son milieu ou vers ses extrémités une différence de profondeur; l'emploi de la méthode de Fredholm permettrait de se rendre compte de l'influence de la force de Coriolis dans des cas simples, de savoir si la période serait allongée ou raccourcie, et de combien.

Même on pourrait prendre un des systèmes de M. Harris, et calculer sa période propre; il suffirait de l'obtenir à une décimale.

En second lieu, M. Harris traite ses systèmes indépendamment les uns des autres, comme s'ils constituaient des mers fermées. Or il n'en est pas ainsi, puisqu'ils se superposent; et bien souvent, pour obtenir la concordance avec les observations dans les parties communes, on est obligé de recourir à des hypothèses qui ne s'imposent pas. La méthode de Fredholm permettrait précisément de voir dans quelle mesure on a le droit de traiter chaque système isolément, et quel serait l'effet de la superposition.

Une autre question fort importante se pose encore à tout instant, c'est de savoir ce qui se passe dans un golfe ou un détroit. Nous avons affaire, dans ce cas, à une aire bien délimitée, et l'on peut considérer comme une donnée la marée observée à l'embouchure. Il serait très intéressant de faire une théorie complète à l'aide de la méthode de Fredholm et de la comparer aux observations, quitte à tenir compte dans cette comparaison de certaines circonstances locales susceptibles de troubler, dans le voisinage des marégraphes, la marée qu'il y aurait lieu d'observer.

Il est aisé d'apercevoir l'importance qu'aurait une pareille théorie. Examinons, en effet, quelles sont les inconnues qui restent à déterminer. En somme, presque tout peut être considéré comme certain d'avance, et le doute ne peut pas porter sur les points essentiels de la théorie.

Les seuls points sur lesquels on puisse avoir doute sont, d'une part l'action du frottement, d'autre part l'action des marées internes du globe. Analysons brièvement l'influence possible de ces deux inconnues.

245. En ce qui concerne le frottement, nous avons exposé précédemment (§ 121) les calculs de M. Hough. Il en résulterait que l'influence du frottement doit être considérée comme négligeable dans les grands bassins profonds.

Mais dans quelle mesure les coefficients employés par M. Hough correspondent-ils à la réalité? Ici, le doute est permis. Le coefficient de viscosité de l'eau a été, en effet, déterminé expérimentalement dans des bassins à fond plat. Si le fond est accidenté, d'autres phénomènes peuvent se manifester; il peut se produire des remous, des tourbillons permanents : à la limite de ces tourbillons, on aurait alors un frottement plus considérable et, par suite, une absorption de force vive. Dans quelle mesure la marée en sera-t-elle affectée, c'est ce qu'il est assez difficile de dire. Pour les grands bassins, il n'y a certainement rien à changer à la théorie; mais il n'en est peut-être pas de même pour un golfe peu profond, et il serait très intéressant d'avoir par les observations un moyen de trancher la question.

Assimilons le golfe à un canal; s'il n'y a pas de frottement, et si nous supposons la profondeur constante, la hauteur ζ de la marée doit satisfaire à l'équation différentielle (§ 236)

$$gh\frac{d^2\zeta}{ds^2} - \lambda^2\zeta = -2h\alpha.$$

Au fond du golfe, nous aurons une relation exprimant que $\frac{d\varphi}{ds}$ est nul et d'où nous tirerons la valeur de $\frac{d\zeta}{ds}$ au fond du golfe, soit en plaçant l'origine au fond

$$\frac{d\zeta}{ds} = -\frac{2\beta}{g}.$$

Nous pourrons donc intégrer l'équation et comparer les résultats théoriques avec ceux de l'observation.

Si, au contraire, le frottement est sensible, il faudrait en tenir compte par l'introduction d'un terme $k\frac{d\zeta}{ds}$, et notre équation différentielle deviendrait

$$gh\frac{d^2\zeta}{ds^2}+k\frac{d\zeta}{ds}-\lambda^2\zeta=-2h\alpha.$$

Il peut en résulter de très grandes différences, surtout si α est négligeable.

En effet, si α est négligeable, et s'il n'y a pas de frottement, on ne peut avoir qu'une onde stationnaire, parce qu'il y a égalité entre l'onde réfléchie et l'onde incidente.

Il n'en est pas de même si $k \gtrless 0$, *même si* $\alpha = 0$, car alors l'onde réfléchie n'est pas de même grandeur que l'onde incidente. Dans ce cas, nous aurons superposition d'une onde stationnaire et d'une onde progressive.

Seulement, il ne faut pas croire que cela donne une onde progressive se propageant avec la vitesse due à la profondeur; la vitesse dépendra nécessairement de k et se trouvera donc modifiée.

C'est ce qu'on observe, par exemple, dans l'estuaire d'un fleuve. Dans le golfe lui-même, on a l'équation ordinaire

$$gh\frac{d^2\zeta}{ds^2}-\lambda^2\zeta=0.$$

Un peu plus loin, dans le fleuve, il faut introduire le terme du frottement. Non seulement la vitesse de propagation se trouve modifiée, mais l'amplitude va en diminuant rapidement; la marée finit par s'annihiler sans se réfléchir. Il n'y a donc pas d'onde réfléchie et, dans le golfe même, subsiste seulement l'onde progressive incidente se propageant avec la vitesse $\sqrt{gh}$.

On pourrait donc se rendre compte, par la comparaison des observations avec la théorie, s'il est légitime de considérer dans un golfe le frottement comme négligeable ou, dans le cas contraire, déterminer son coefficient.

Mais il y a encore une autre inconnue. La croûte solide du globe n'est pas invariable, elle est soumise à des marées dont l'action se combine avec les marées propres de la couche liquide. Si l'on possédait une valeur théorique exacte de ces dernières dans une aire bien délimitée, il serait possible de déterminer par comparaison avec les observations la part qui revient aux marées de l'écorce.

Ces considérations suffisent pour montrer combien la théorie est loin d'être achevée, et dans quel sens il y aurait lieu de travailler à la perfectionner.

QUATRIÈME PARTIE.

CHAPITRE XVII.

MARÉES FLUVIALES.

246. **Marées dans un fleuve de section rectangulaire.** — Jusqu'ici, nous avons toujours supposé que la profondeur était suffisamment grande pour qu'il n'y eût pas lieu de tenir compte de ses variations dues à la marée elle-même. Dans les rivières, la profondeur est, au contraire, trop faible pour qu'on puisse conserver cette hypothèse, et les équations du problème ne seront plus aussi simples.

En premier lieu, nous n'aurons pas le droit de négliger le frottement.

De plus, les déplacements n'étant plus très petits par rapport à la profondeur, nous ne pourrons plus négliger leurs carrés, et nous n'obtiendrons pas des équations linéaires.

Il est donc nécessaire de recourir à une analyse plus complète. Nous nous bornerons à l'étude d'un cas simple. Nous supposerons un fleuve rectiligne, de largeur et de profondeur constantes, et dont le fond est constitué par une surface plane d'inclinaison I constante. S'il n'y avait pas de marée, la surface libre serait un plan parallèle au fond et, en coupant le fleuve par des plans verticaux, on obtiendrait comme sections des rectangles égaux. Par suite de la marée, la surface libre deviendra une surface courbe.

Prenons le plan du Tableau, soit le plan vertical moyen de la rivière, comme plan des xz (*fig.* 60).

Désignons par x, y, z les coordonnées d'une molécule à l'instant zéro, s'il n'y avait pas de marée; et par x', y', z' les coordonnées de cette même molécule à l'instant t, en tenant compte de la marée.

Nous aurons d'abord comme dans un canal

$$y' = y.$$

Le plan vertical projeté suivant AB découpe dans le fleuve une section rectangulaire appelée *tranche*. Sous l'action de la marée, cette tranche se déplacera et viendra occuper la position A'B'.

Fig. 60.

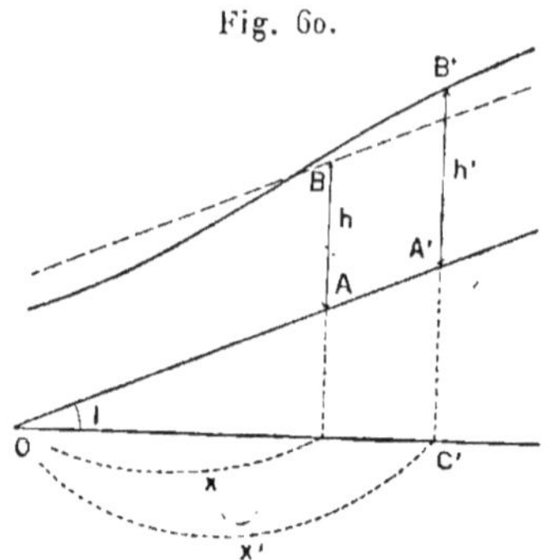

Nous ferons cette hypothèse que A'B' est comme AB un plan parallèle au plan yz, c'est-à-dire que x' est fonction de x seulement.

Cette hypothèse a toujours été faite jusqu'ici : la fonction φ était constante le long d'une même verticale à cause de la petitesse relative de la profondeur de la mer par rapport à la longueur d'onde. Ici, la longueur d'onde devient beaucoup plus courte, mais l'hypothèse continue à être légitime parce que la période est relativement très longue.

Posons

$$\text{AB} = h,$$
$$\text{A'B'} = h',$$

h étant, par hypothèse, une constante.

Soit u le déplacement; nous aurons

$$x' = x + u. \tag{1}$$

Lorsque nous négligions les carrés des déplacements, nous

avions comme équation du mouvement

$$\frac{d^2 u}{dt^2} = \frac{d(V-p)}{dx}.$$

Il était alors indifférent de considérer u comme fonction de t et des coordonnées initiales x, y, z ou comme fonction de t et des coordonnées actuelles x', y', z'. Ici, il est nécessaire de faire attention : $\frac{d^2 u}{dt^2}$ représente l'accélération, u doit être considéré comme fonction de t et des variables initiales x, y, z qui restent les mêmes pour la molécule considérée. Dans le second membre, au contraire, ce sont les coordonnées actuelles qui doivent intervenir. Nous devrons donc écrire l'équation sous la forme

$$(2) \qquad \frac{d^2 u}{dt^2} = \frac{\partial(V-p)}{\partial x'}.$$

Mais de (1) on tire

$$\frac{d^2 x'}{dt^2} = \frac{d^2 u}{dt^2},$$

d'où, en portant dans (2),

$$\frac{d^2 x'}{dt^2} = \frac{\partial(V-p)}{\partial x'}.$$

Multiplions par $\frac{dx'}{dx}$ (x' est fonction de x et de t); il viendra

$$(3) \qquad \frac{d^2 x'}{dt^2}\frac{dx'}{dx} = \frac{d(V-p)}{dx}.$$

Or, $V-p$ est, à un facteur constant près, la fonction φ qui a la même valeur tout le long d'une même verticale. En B′, on a

$$V-p = V_0 - gz' - p_0 + W,$$

W étant le potentiel des forces perturbatrices et V_0 la valeur constante du potentiel dû à la pesanteur dans le plan horizontal des xy. Par conséquent,

$$\frac{d(V-p)}{dx} = \frac{d(W-gz')}{dx}.$$

Nous avons, d'ailleurs,

$$(4) \qquad z' = C'B' = x' \operatorname{tang} I + h',$$

d'où

$$\frac{dz'}{dx} = \operatorname{tang} I \frac{dx'}{dx} + \frac{dh'}{dx}$$

et

$$\frac{d(V-p)}{dx} = -g \operatorname{tang} I \frac{dx'}{dx} + \frac{d(W-gh')}{dx}.$$

En portant cette valeur dans l'équation (3), nous obtenons finalement

$$(5) \qquad \left(\frac{d^2x'}{dt^2} + g \operatorname{tang} I\right)\frac{dx'}{dx} = \frac{d(W-gh')}{dx}.$$

De plus, nous avons l'équation de continuité. Considérons deux tranches infiniment voisines, elles délimitent le volume d'un petit prisme de base h et de hauteur dx. Par suite du déplacement, la base devient h' et la hauteur dx'. On aura donc

$$(6) \qquad h\,dx = h'\,dx'.$$

247. Tenons compte maintenant du frottement.

Il faudra, pour cela, introduire un terme proportionnel à la vitesse, et changer $\frac{d^2x'}{dt^2}$ en $\frac{d^2x'}{dt^2} + f\frac{dx'}{dt}$. L'équation (5) deviendra alors

$$(7) \qquad \left(\frac{d^2x'}{dt^2} + f\frac{dx'}{dt} + g \operatorname{tang} I\right)\frac{dx'}{dx} = \frac{d(W-gh')}{dx}.$$

Désignons par U_0 la vitesse d'écoulement du fleuve vers la mer, abstraction faite de la marée. C'est une vitesse uniforme, qui se déterminera par cette condition qu'elle doit équilibrer le frottement. S'il n'y a pas de marée, le second membre de l'équation (7) est nul; on a, d'autre part,

$$\frac{d^2x'}{dt^2} = 0, \qquad \frac{dx'}{dt} = -U_0, \qquad \frac{dx'}{dx} = 1.$$

Donc la vitesse U_0 est donnée par l'équation

$$(8) \qquad fU_0 = g \operatorname{tang} I.$$

Posons

$$(9) \qquad x' = x - U_0 t + \xi.$$

S'il n'y avait pas de marée, on aurait simplement

$$x' = x - U_0 t.$$

Par conséquent, ξ représente le déplacement dû à la marée.

Posons également

$$h' = h + w, \tag{10}$$

w étant la hauteur de la marée.

ξ et w sont des quantités très petites, mais qui ne sont pas négligeables par rapport à h.

Nous pourrons en général faire $W = 0$, c'est-à-dire supposer que le fleuve n'a pas de marée propre, parce qu'en raison de la petite étendue du fleuve, le potentiel perturbateur est constant sur toute cette étendue. Il n'y aura pas ainsi d'autre marée que celle qui proviendra de l'extérieur.

Dans ces conditions, que deviennent nos équations ?

De (9), nous tirons

$$\frac{dx'}{dx} = 1 + \frac{d\xi}{dx},$$

$$\frac{dx'}{dt} = - U_0 + \frac{d\xi}{dt},$$

$$\frac{d^2 x'}{dt^2} = \frac{d^2 \xi}{dt^2},$$

et de (10)

$$\frac{dh'}{dx} = \frac{dw}{dx}.$$

En substituant ces valeurs dans (7), nous obtenons

$$\left(\frac{d^2\xi}{dt^2} + f\frac{d\xi}{dt} - f U_0 + g \operatorname{tang} I\right)\left(1 + \frac{d\xi}{dx}\right) = - g \frac{dw}{dx},$$

c'est-à-dire, en tenant compte de (8),

$$\left(\frac{d^2\xi}{dt^2} + f\frac{d\xi}{dt}\right)\left(1 + \frac{d\xi}{dx}\right) = - g \frac{dw}{dx}. \tag{11}$$

Quant à l'équation de continuité (6), elle s'écrit

$$h = (h + w)\left(1 + \frac{d\xi}{dx}\right),$$

c'est-à-dire

$$(12)\qquad \left(1+\frac{d\xi}{dx}\right)\left(1+\frac{\varpi}{h}\right)=1.$$

Les deux équations (11) et (12) nous détermineront ξ et ϖ qui sont les deux inconnues du problème.

248. Première approximation. — Nous allons d'abord supposer qu'on néglige le frottement et les carrés des inconnues ; par suite, le produit $\frac{d^2\xi}{dt^2}\frac{d\xi}{dx}$. Nos deux équations se réduisent alors à

$$\frac{d^2\xi}{dt^2}=-g\frac{d\varpi}{dx}$$

et

$$\frac{d\xi}{dx}+\frac{\varpi}{h}=0.$$

On déduit, de cette dernière équation,

$$\frac{d\varpi}{dx}=-h\frac{d^2\xi}{dx^2},$$

d'où, en substituant dans la première,

$$\frac{d^2\xi}{dt^2}=gh\frac{d^2\xi}{dx^2}$$

et

$$\frac{d^2\varpi}{dt^2}=gh\frac{d^2\varpi}{dx^2}.$$

C'est l'équation des cordes vibrantes; elle s'intègre immédiatement et nous donne

$$\varpi=F(x-t\sqrt{gh})+F_1(x+t\sqrt{gh}).$$

On peut remplacer x par sa valeur $x'+U_0t-\xi$, et comme, à ce degré d'approximation, nous négligeons ξ dans l'expression de ϖ, nous aurons

$$\varpi=F[x'-t(\sqrt{gh}-U_0)]+F_1[x'+t(\sqrt{gh}+U_0)].$$

On retrouve bien, comme cela devait être, deux ondes progressives : l'une se propage dans le sens des x positifs, c'est-à-dire vers l'amont, avec la vitesse $\sqrt{gh}-U_0$, l'autre se propage vers l'aval avec la vitesse $\sqrt{gh}+U_0$. Les deux ondes sont donc entraînées par le courant

Mais la solution complète convient-elle, et quelle valeur faut-il attribuer aux fonctions F et F_1?

Si nous considérons la rivière comme indéfinie, il n'y aura pas d'onde réfléchie et l'onde d'amont subsistera seule.

En réalité, la rivière s'arrête et, s'il n'y avait pas de frottement, l'onde se réfléchirait totalement, il faudrait faire $F = F_1$ et l'on aurait une onde stationnaire. Seulement, tout se passe dans la nature comme si l'onde se propageait en diminuant d'intensité et se trouvait éteinte à l'extrémité. On s'étonnera peut-être que, dans cette première approximation où nous négligeons le frottement, nous tenions compte néanmoins d'un des effets de ce frottement qui est d'annihiler l'onde réfléchie. C'est que par suite du frottement l'onde réfléchie se trouve divisée par un facteur de la forme e^{fl}; l étant une longueur de l'ordre de la longueur de la rivière. Or, ce facteur peut être très grand, bien que f soit assez petit pour ne pas influer d'une manière sensible sur la vitesse de propagation. Nous devons donc admettre qu'il n'y a pas d'onde se propageant vers l'aval, et prendre

$$F_1 = 0.$$

Quant à la fonction F, on la déterminera par cette considération que la marée est donnée à l'embouchure $x' = 0$; nous devrons avoir en ce point

$$w_0 = F[-t(\sqrt{gh} - U_0)]$$

et la fonction F se trouve ainsi complètement déterminée.

Si nous comparons la solution ainsi obtenue avec les résultats des observations, il faut naturellement s'attendre à trouver des discordances.

D'après la théorie, la marée se propagerait sans s'affaiblir ni se déformer, c'est-à-dire qu'on retrouverait la même fonction F en tous les points de la rivière. Or, l'expérience montre d'abord que la marée va en s'affaiblissant; cela tient à l'influence du frottement, comme nous le verrons tout à l'heure.

En second lieu, puisque la forme de la marée n'est pas altérée, si nous supposons à l'embouchure une simple marée sinusoïdale, la marée restera sinusoïdale en tous les points de la rivière.

Soit donc

$$w \sim \cos \mu (x - t\sqrt{gh}).$$

La mer mettrait alors le même temps à monter qu'à descendre. Or, l'observation montre que la durée du flot est inférieure à celle du jusant.

De plus, $\frac{d\xi}{dx}$ étant proportionnel à w, ξ sera proportionnel à $\sin \mu (x - t\sqrt{gh})$ et le courant $\frac{d\xi}{dt}$ sera proportionnel à la marée w.

Les maxima et minima du courant correspondraient à ceux de la marée. Ceci n'est pas vérifié non plus : il n'y a pas maximum du courant de flot au moment de la pleine mer.

Il est donc impossible de se borner à la première approximation.

243. **Deuxième approximation.** — Nous continuerons à négliger le frottement, mais nous tiendrons compte du carré des déplacements.

Posons

$$1 + \frac{w}{h} = \frac{h'}{h} = \eta,$$

$$gh = \gamma^2.$$

L'équation de continuité (12) s'écrit alors

$$1 + \frac{d\xi}{dx} = \frac{1}{\eta}.$$

Quant à l'équation (11), elle devient, en supprimant le terme relatif au frottement,

$$\frac{d^2\xi}{dt^2}\frac{1}{\eta} = -gh\frac{d\eta}{dx}.$$

Nous avons donc finalement à résoudre le système d'équations

$$\frac{d^2\xi}{dt^2} = -\gamma^2\eta\frac{d\eta}{dx}, \tag{13}$$

$$\frac{d\xi}{dx} = \frac{1}{\eta} - 1, \tag{14}$$

les deux inconnues étant ξ et η. Nous ne chercherons pas l'intégrale générale, mais une intégrale particulière, qui a été indiquée par de Saint-Venant, et qui donne la solution du problème. Pour cela, nous chercherons si l'on peut satisfaire à la fois aux équations (13) et (14) et à l'équation

$$\frac{d\xi}{dt} = \alpha\sqrt{\eta} - \beta, \tag{15}$$

α et β étant des constantes.

Il s'agit de montrer que ces trois équations peuvent être compatibles.

Calculons $\frac{d^2\xi}{dt^2}$; nous aurons, de deux manières différentes,

$$\frac{d^2\xi}{dt^2} = \frac{\alpha}{2\sqrt{\eta}}\frac{d\eta}{dt} = -\gamma^2\eta\frac{d\eta}{dx}.$$

De même

$$\frac{d^2\xi}{dx\,dt} = \frac{\alpha}{2\sqrt{\eta}}\frac{d\eta}{dx} = -\frac{1}{\eta^2}\frac{d\eta}{dt}.$$

D'où, en multipliant membre à membre,

$$\frac{\alpha^2}{4\eta}\frac{d\eta}{dt}\frac{d\eta}{dx} = \frac{\gamma^2}{\eta}\frac{d\eta}{dx}\frac{d\eta}{dt},$$

ce qui se réduit à

$$\alpha^2 = 4\gamma^2.$$

Telle est la condition que doit remplir α pour que les trois équations soient compatibles. Il en résulterait deux solutions distinctes correspondant à deux ondes; mais, les équations n'étant pas linéaires, leur superposition ne donnerait pas l'intégrale générale.

Nous prendrons

$$\alpha = 2\gamma,$$

ce qui correspond à une onde se propageant vers l'amont dans une rivière indéfinie.

Alors, toute solution du système d'équations

$$\frac{d\xi}{dt} = 2\gamma\sqrt{\eta} - \beta,$$

$$\frac{d\xi}{dx} = \frac{1}{\eta} - 1$$

satisfera également à l'équation (13), et nous aurons

$$\frac{d\eta}{dt} = -\gamma\eta^{\frac{3}{2}}\frac{d\eta}{dx}.$$

L'inconnue η est donc assujettie à satisfaire à une équation aux dérivées partielles du premier ordre.

L'intégration de cette équation se ramène, comme on sait, à celle d'un système d'équations différentielles ordinaires, lequel est ici

$$\frac{dt}{1} = \frac{dx}{\gamma\eta^{\frac{3}{2}}} = \frac{d\eta}{0}.$$

Nous avons de même

$$d\xi = dx\left(\frac{1}{\eta} - 1\right) + dt(2\gamma\sqrt{\eta} + \beta),$$

ce qui, en remplaçant dx et dt par les quantités qui leur sont proportionnelles, nous donne

$$\frac{dt}{1} = \frac{dx}{\gamma\eta^{\frac{3}{2}}} = \frac{d\eta}{0} = \frac{d\xi}{3\gamma\sqrt{\eta} - \gamma\eta^{\frac{3}{2}} + \beta}.$$

Calculons également dx'. De (9), on tire

$$dx' = dx - U_0\,dt - d\xi$$

et, en remplaçant dx, dt et $d\xi$ par les quantités respectivement proportionnelles, on a finalement

$$(16)\qquad \frac{dx'}{3\gamma\sqrt{\eta} + \beta - U_0} = \frac{dt}{1} = \frac{dx}{\gamma\eta^{\frac{3}{2}}} = \frac{d\eta}{0} = -\frac{d\xi}{3\gamma\sqrt{\eta} - \gamma\eta^{\frac{3}{2}} + \beta}.$$

Maintenant, quelle est la valeur de β ?

ξ représente une fonction périodique; par conséquent, la valeur moyenne de $\frac{d\xi}{dt}$ sera nulle. Or,

$$\frac{d\xi}{dt} = 2\gamma\sqrt{\eta} + \beta.$$

La valeur moyenne de η est sensiblement 1; on aura donc sensiblement

$$\beta = -2\gamma.$$

250. Nous venons ainsi d'intégrer, non pas l'équation différentielle elle-même, mais le système équivalent. Pour passer de l'un à l'autre, prenons comme variables η, x' et t.

Nous aurons d'abord, puisque $d\eta = 0$,

$$\eta = \text{const.}$$

avec

$$\frac{dx'}{dt} = 3\gamma\sqrt{\eta} + \beta - U_0$$

Or, β est une constante, U_0 est également une constante ; on peut donc poser

$$\frac{dx'}{dt} = \frac{1}{\varepsilon},$$

ε étant une fonction de η. Donc, nous avons

$$(17)\qquad \begin{cases} \eta = \text{const.}, \\ t = \varepsilon x' + \text{const.} \end{cases}$$

Si nous considérons η, x' et t comme les coordonnées rectangulaires d'un point dans l'espace, on voit que les équations (17) représentent des droites qui sont toutes parallèles au plan $\eta = 0$. Celles de ces droites qui sont dans un même plan sont parallèles entre elles et ont pour coefficient angulaire ε ; mais la direction varie d'un plan à l'autre.

Le lieu des points η, x', t est donc une surface réglée à plan directeur. Toute surface réglée engendrée par les droites du système (17) satisfera à l'équation aux dérivées partielles, et l'équation générale de ces surfaces réglées, c'est-à-dire l'intégrale générale de l'équation aux dérivées partielles, se mettra sous la forme

$$(18)\qquad \eta = f(t - x'\varepsilon).$$

Cette équation nous donne à un instant quelconque t la hauteur de la marée $w = h(\eta - 1)$ en un point quelconque x' du fleuve. x' détermine bien, en effet, le point du fleuve envisagé, celui où se trouverait un observateur non entraîné par le courant ; c'est le point où passe à l'instant t la molécule dont la coordonnée était x à l'instant initial : x' représente donc la localisation du phénomène dans l'espace.

La solution donnée par l'équation (18) représente une onde se propageant avec la vitesse

$$\frac{1}{\varepsilon} = 3\gamma\sqrt{\eta} + \beta - U_0.$$

Cette vitesse est variable avec η ; elle sera plus grande si η est plus grand : par conséquent, la pleine mer se propage plus vite que la basse mer. Nous verrons bientôt une conséquence importante de ce fait.

Si l'on néglige le carré de w, η est peu différent de un, et la vitesse de propagation se réduit à $\gamma - U_0$: on retrouve le résultat de la première approximation.

Il reste à déterminer la forme de la fonction arbitraire qui entre dans la formule (18). Pour cela, il suffit de connaître la marée à l'embouchure, qui est la cause du phénomène. Nous devons la considérer comme une donnée de la question ; à l'embouchure $x' = 0$, la loi de la marée nous fournit donc la relation

$$\eta = f(t)$$

et la fonction f est complètement déterminée.

La solution particulière de M. de Saint-Venant satisfait ainsi aux conditions du problème, la rivière étant toutefois considérée comme indéfinie.

Quant au courant, son expression est celle de $\frac{dx'}{dt}$, mais en prenant x comme variable indépendante, soit

$$-U_0 + \frac{d\xi}{dt} = 2\gamma\sqrt{\eta} - 2\gamma - U_0.$$

On voit que le courant est encore fonction de η seulement, c'est-à-dire de la hauteur de la marée : ses maxima et minima coïncideront donc avec ceux de la marée, tout comme en première approximation. C'est au frottement qu'est dû le décalage qu'on observe réellement.

251. Explication de la formation des ondes composées. — Nous avons vu (§ 185) que l'analyse harmonique décelait la présence d'ondes composées. La formule (18) rend parfaitement compte de ce phénomène.

Nous avons

$$\eta = f(t - x'\varepsilon);$$

donc

$$w = h(\eta - 1) = \varphi(t - x'\varepsilon).$$

ε est une fonction de η, donc de w. Développons ε suivant les puissances croissantes de w :

$$\varepsilon = \varepsilon_0 + \varepsilon_1 w + \varepsilon_2 w^2 + \ldots.$$

Comme w est petit, nous pouvons négliger les termes du second ordre, et nous aurons

$$w = \varphi(t - x'\varepsilon_0 - x'\varepsilon_1 w).$$

Si nous faisons $x' = 0$, nous aurons

$$w = \varphi(t)$$

et cette formule représentera la loi connue de la marée à l'embouchure.

Supposons que cette marée se compose de deux ondes simples, M_2 et S_2 par exemple, et prenons

$$w = A \sin \alpha t + B \sin \beta t.$$

Posons

$$t - x'\varepsilon_0 = \tau.$$

Il viendra, pour l'expression de la marée dans la rivière,

$$w = \varphi(\tau - x'\varepsilon_1 w),$$

ou, en développant,

$$w = \varphi(\tau) - x'\varepsilon_1 w \varphi'(\tau),$$

c'est-à-dire, en remplaçant dans le second membre w par sa valeur approchée $\varphi(\tau)$,

$$w = \varphi(\tau) - x'\varepsilon_1 \varphi(\tau) \varphi'(\tau).$$

Or

$$\varphi'(\tau) = A\alpha \cos \alpha\tau + B\beta \cos \beta\tau.$$

Nous aurons donc à l'intérieur de la rivière

$$w = A \sin \alpha\tau + B \sin \beta\tau - x'\varepsilon_1 (A \sin \alpha\tau + B \sin \beta\tau)(A\alpha \cos \alpha\tau + B\beta \cos \beta\tau).$$

En effectuant le produit, nous obtiendrons des termes en

$$\sin 2\alpha\tau, \qquad \sin 2\beta\tau$$

et des termes en

$$\sin(\alpha+\beta)\tau, \qquad \sin(\alpha-\beta)\tau.$$

Les deux premiers donnent des ondes supérieures, dont la période est deux fois moindre que celle des ondes principales ; les deux autres termes donnent des ondes composées.

252. Explication du mascaret. — Nous avons dit que, la vitesse de propagation de l'onde étant

$$3\gamma\sqrt{\eta} - 2\gamma - U_0,$$

cette vitesse sera plus grande pour l'onde de pleine mer que pour l'onde de basse mer.

Considérons l'onde-marée à l'embouchure ; elle suit la loi océanique et sera sensiblement sinusoïdale : la mer mettra le même temps à monter et à descendre, le flot et le jusant auront la même durée. Prenons comme instant zéro l'heure de la basse mer à l'embouchure ; la pleine mer se produira à l'heure 6 et la basse mer suivante à l'heure 12. Considérons maintenant une station en amont, dans le fleuve, et supposons que la basse mer mette 4 heures à se propager et la pleine mer seulement 3 heures.

En cette station, la première basse mer se produira à l'heure 4, la pleine mer à l'heure 9 et la seconde basse mer à l'heure 16. La durée du flot sera de 5 heures seulement, tandis que celle du jusant sera de 7 heures.

Il n'y aura plus égalité de durée comme à l'embouchure, et, dans l'intérieur de la rivière, le flot sera toujours plus court que le jusant. Ce résultat est parfaitement conforme à l'observation.

Mais il peut même se faire que la pleine mer rattrape la basse mer précédente. Que va-t-il se passer alors ?

Pour nous en rendre compte, considérons la surface réglée à plan directeur dont les coordonnées courantes sont η, x' et t.

Les génératrices de cette surface se projettent toutes sur le plan des tx' suivant des droites

$$t - x'\varepsilon = \varphi(\eta),$$

dont l'équation, puisque η est fonction de ε, peut aussi s'écrire

$$t - x'\varepsilon = \psi(\varepsilon).$$

Le long de chacune de ces génératrices, η est une constante ; c'est-à-dire que, si nous envisageons tous les points du fleuve dont les distances à l'embouchure sont données par les ordonnées x' des différents points de la projection d'une de ces génératrices, la hauteur w de la marée y deviendra la même à des époques respectivement données par les abscisses correspondantes. Cette hauteur w se déduira d'ailleurs immédiatement du coefficient angulaire ε de la droite par la relation

$$\frac{1}{\varepsilon} = 3\gamma\sqrt{\eta} - 2\gamma - U_0.$$

Pour connaître la fonction ψ, il suffit de connaître la loi de la marée à l'embouchure; celle-ci nous fournit, en effet, pour $x' = 0$, entre t et η et, par suite, entre t et ε, une relation $t = \psi(\varepsilon)$, qui est une donnée de la question. Si nous construisons la courbe $t = \psi(\varepsilon)$, nous aurons une espèce de sinusoïde qui, entre les points correspondant à un maximum et un minimum successifs de ε, présentera certainement un point d'inflexion.

Ceci posé, supposons tracées dans le plan des tx' toutes les droites

$$t - x'\varepsilon = \psi(\varepsilon), \tag{19}$$

dont l'équation dépend du paramètre ε, et considérons leur enveloppe ; nous l'obtiendrons en éliminant ε entre l'équation (19) et l'équation

$$x' + \psi'(\varepsilon) = 0. \tag{20}$$

Les points d'inflexion de la courbe $t = \psi(\varepsilon)$ étant donnés par

$$\psi''(\varepsilon) = 0, \tag{21}$$

il résulte des trois équations (19), (20) et (21) que l'enveloppe considérée admettra des points de rebroussement D (*fig.* 61), pour les valeurs de ε qui correspondent aux points d'inflexion de la courbe $t = \psi(\varepsilon)$.

De plus, il est évident que l'enveloppe aura pour asymptotes les droites de coefficient angulaire ε minimum et maximum. La première correspondra à la basse mer et coupera l'axe des t en A, OA étant l'époque de la basse mer à l'embouchure $x' = 0$. Chaque point de cette droite nous fera connaître par son abscisse t l'heure de la basse mer au point du canal dont la distance à l'embouchure est égale à l'ordonnée correspondante x'.

Fig. 61.

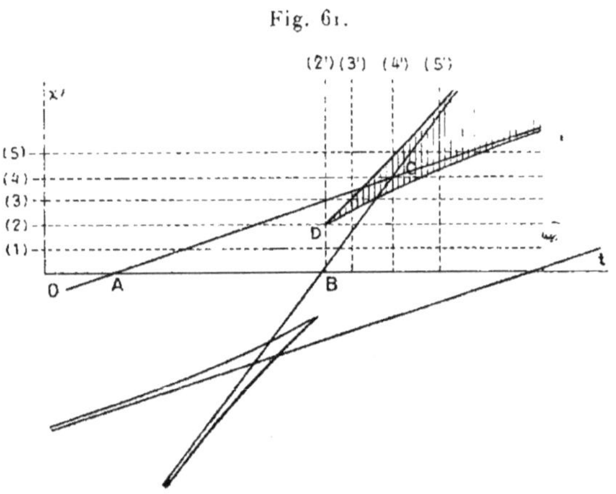

De même, la deuxième asymptote correspond à la pleine mer et coupera Ot en B, OB étant l'heure de la pleine mer à l'embouchure. Cette deuxième asymptote est plus inclinée sur l'axe des temps que la première, qu'elle rencontre en C : le point C correspond donc à un point du fleuve qui serait atteint en même temps par l'onde de basse mer et l'onde de pleine mer suivante, la hauteur de la marée devant alors avoir à la fois deux valeurs différentes.

Par tout point du plan des tx' extérieur à l'enveloppe, on ne pourra mener qu'une seule tangente à cette enveloppe : nous aurons donc pour le point correspondant x' du fleuve une seule valeur bien déterminée de la hauteur de la marée à l'époque t.

Mais si nous considérons un point situé dans la région du plan couverte de hachures, intérieurement à l'enveloppe, on pourra de là mener trois tangentes aux différentes branches de la courbe.

Dans cette région, plusieurs nappes de la surface réglée se projettent l'une sur l'autre, et η n'est plus déterminé.

Nous aurons donc dans le fleuve, aux points et aux instants correspondants, la superposition de plusieurs ondes se propageant avec des vitesses différentes. Il en résultera un phénomène compliqué, produisant des mouvements irréguliers et constituant la perturbation connue sous le nom de *mascaret*.

Fig. 61 *bis*.

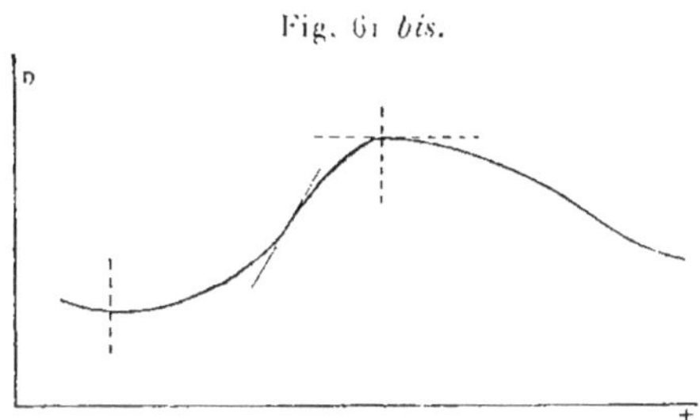

En amont de la région atteinte par la perturbation, nous aurons basse mer ; en aval, pleine mer ; dans l'intervalle, les mouvements tumultueux du mascaret.

253. Pour analyser le phénomène d'un peu plus près encore, supposons-nous en différents points x' du fleuve, et voyons quelle est en ces points la loi de variation de la marée. Nous obtiendrons la courbe représentative de cette loi en coupant notre surface réglée par les différents plans $x' =$ const. Supposons, par exemple, à l'embouchure une sinusoïde régulière. Un peu en amont, la durée du flot étant inférieure à celle du jusant, la sinusoïde se déformera et nous obtiendrons une courbe telle que celle de la figure 61 *bis*. Les points où la droite $x' =$ const. rencontre, dans le plan des tx', les asymptotes de l'enveloppe, correspondent aux heures de basse mer et de pleine mer, c'est-à-dire aux tangentes horizontales de la courbe de marée en fonction du temps.

En tout point où la droite x' touchera l'enveloppe elle-même, nous aurons deux valeurs de la marée confondues en une seule, par suite une tangente verticale pour la courbe de marée (*fig.* 62).

Pour la valeur de x' correspondant à l'ordonnée du point de rebroussement D, nous aurons trois valeurs confondues : donc tangente verticale et point d'inflexion, courbe (2).

Plus en amont, nous aurons deux tangentes verticales, la courbe de marée se repliera sur elle-même, courbe (3). Il y a tout un intervalle de temps pendant lequel la marée devrait prendre trois valeurs différentes.

A une distance de l'embouchure égale à l'ordonnée du point C où se coupent les asymptotes de l'enveloppe, nous avons la courbe (4) : à un certain instant, la pleine mer rattrape la basse mer.

Fig. 62.

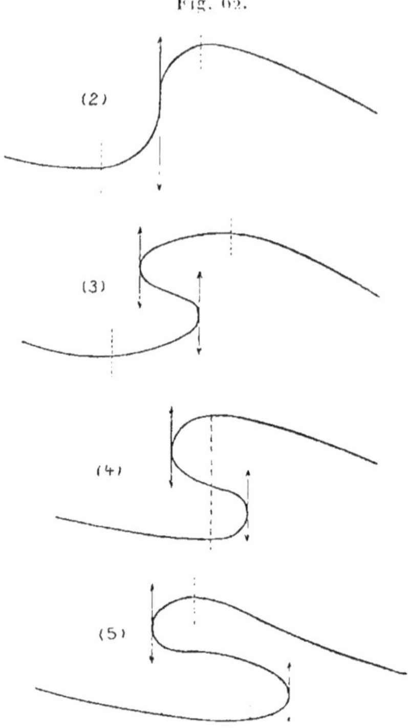

Plus en amont encore, on rencontre d'abord l'enveloppe avant ses asymptotes ; les points où la courbe de marée a ses tangentes horizontales sont compris entre ceux où les tangentes sont verticales ; on aurait brusquement pleine mer avant même que la basse mer précédente ait eu le temps de se produire : courbe (5) (*fig.* 62).

On obtient des résultats tout à fait analogues si, au lieu de chercher la loi de la marée en différents points du fleuve, on cherche la forme que prend l'onde de marée dans le fleuve à différents instants.

Cela revient à couper la surface réglée par des plans $t =$ const. En se bornant à figurer le profil de l'onde dans les régions du fleuve atteintes par le mascaret aux différents époques considérées, on obtient facilement les courbes (2′), (3′), (4′) et (5′) correspondant à des époques t données par les abscisses des plans sécants.

Fig. 63.

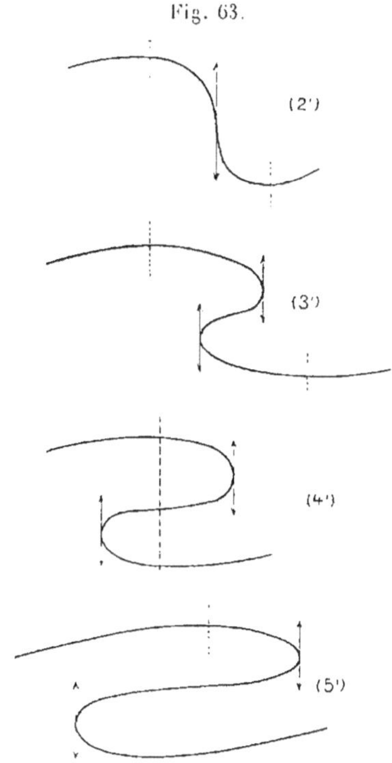

La surface de l'eau ne peut évidemment affecter de pareilles formes. C'est qu'en réalité, l'hypothèse des tranches ne s'applique plus.

254. **Troisième approximation.** — Jusqu'ici, en deuxième comme en première approximation, nous obtenions une onde qui se propageait sans s'affaiblir.

De plus, le courant était maximum en même temps que la marée. Ces deux résultats ne sont pas vérifiés par l'observation et, pour expliquer ces divergences, nous sommes obligés de recourir au frottement.

Toutefois, pour ne pas compliquer le problème, nous supposerons qu'on peut alors négliger les carrés des déplacements.

Dans ces conditions, l'équation (11) devient

$$\frac{d^2\xi}{dt^2} + f\frac{d\xi}{dt} = -g\frac{dw}{dx},$$

et l'équation (12)

$$\frac{d\xi}{dx} + \frac{w}{h} = 0.$$

On a donc

$$(22)\qquad \frac{d^2\xi}{dt^2} + f\frac{d\xi}{dt} = \gamma^2\frac{d^2\xi}{dx^2}.$$

On reconnaît l'équation, dite *des télégraphistes*, que l'on rencontre dans l'étude de la propagation d'une perturbation électrique le long d'un fil conducteur : on sait que cette perturbation s'affaiblit et s'étale, la tête se propageant avec la vitesse de la lumière et la queue avec une vitesse moindre.

Nous intégrerons très simplement l'équation (22), sans nous préoccuper de l'intégrale générale, en cherchant ici à y satisfaire par une expression de la forme

$$\xi = e^{\lambda t+\alpha x},$$

λ et α étant des constantes imaginaires. L'équation, étant linéaire et à coefficients constants, sera satisfaite également par $\frac{d\xi}{dx}$ ainsi que par w.

Mettons en évidence les coordonnées t et x' ; nous aurons

$$\xi = e^{\lambda t+\alpha x} = e^{\lambda' t+\alpha' x'}.$$

Au degré d'approximation adopté, il suffit de prendre

$$x' = x - U_0 t.$$

Nous aurons donc en identifiant

$$\lambda = \lambda' + \alpha' U_0,$$
$$\alpha = \alpha'.$$

L'équation différentielle sera satisfaite si nous avons

$$(\lambda' + \alpha' U_0)^2 + f(\lambda' + \alpha' U_0) = \gamma^2 \alpha'^2; \tag{23}$$

λ' est purement imaginaire : c'est une donnée de la question, connue par la loi de la marée à l'embouchure.

L'équation (23) déterminera donc α' de manière que l'équation (22) soit satisfaite. Nous obtenons ainsi pour α' deux valeurs; mais une seule convient au problème, car nous devons avoir une onde se propageant vers les x' positifs. Si nous posons

$$\lambda' = i\mu,$$

μ étant réel et positif, nous aurons

$$\alpha' = -i\nu - \beta,$$

ν et β étant également réels et positifs.

Alors

$$\xi = e^{-\beta x'} e^{i(\mu t - \nu x')},$$

et, en prenant la partie réelle, ce qui est légitime, puisque l'équation est linéaire, on aura la solution réelle

$$\xi = e^{-\beta x'} \cos(\mu t - \nu x').$$

Elle représente une onde se propageant avec la vitesse uniforme $\frac{\mu}{\nu}$, mais allant en s'affaiblissant à cause du coefficient d'affaiblissement $e^{-\beta x'}$.

Ceci est bien conforme à l'observation. De plus, si nous considérons la hauteur w de la marée, et le courant de marée $\frac{d\xi}{dt}$, il n'y aura plus concordance de phase comme précédemment. En effet, w est proportionnel à $\frac{d\xi}{dx}$, et nous avons

$$\frac{d\xi}{dx} = \alpha\xi.$$

$$\frac{d\xi}{dt} = \lambda\xi.$$

Il y aura donc concordance ou discordance de phase entre ces deux expressions, selon que le rapport $\frac{\lambda}{\alpha}$ sera réel ou imaginaire. Or

$$\frac{\lambda}{\alpha} = U_0 + \frac{\lambda'}{\alpha'} = U_0 - \frac{i\mu}{i\nu + \beta} = U_0 - \frac{1}{\frac{\nu}{\mu} - i\frac{\beta}{\mu}}.$$

Si donc $\beta \neq 0$, il y aura décalage.

CINQUIÈME PARTIE.

ÉTUDE DE L'INFLUENCE DES MARÉES SUR LES CORPS CÉLESTES.

CHAPITRE XVIII.

MARÉES DU NOYAU INTERNE DU GLOBE.

255. Nous consacrerons cette dernière Partie à l'étude sommaire de quelques questions accessoires, telles que les marées du noyau interne du globe, et l'action séculaire exercée par le frottement des marées sur la rotation de la Terre, le mouvement de la Lune et celui des corps célestes en général.

Jusqu'ici, dans l'étude des marées océaniques, nous avons toujours procédé comme si le noyau terrestre était un solide invariable. Or, il n'en est pas ainsi. Plusieurs considérations, d'ordres divers, conduisent à admettre, soit un noyau liquide, soit un noyau constitué par un solide élastique. L'attraction de la Lune s'exercera donc sur ce noyau, qui va se déformer et sera, comme la mer, soumis à des marées. La marée océanique observable ne sera que la différence des marées de l'Océan et du noyau interne. C'est surtout à sir G. Darwin que nous devons les travaux théoriques les plus importants sur cette question. Nous allons en donner un court résumé.

256. **Marées d'une sphère homogène élastique.** — Supposons d'abord le noyau constitué par une sphère parfaitement élastique.

Considérons à l'intérieur de cette sphère un élément de surface $d\omega$ perpendiculaire à l'axe des x; la pression sur cet élément sera généralement oblique et ses trois composantes seront

$$P_{xx}\,d\omega,\quad P_{xy}\,d\omega,\quad P_{xz}\,d\omega.$$

De même, pour un élément $d\omega$ perpendiculaire à Oy, nous aurons les composantes

$$P_{yx}\,d\omega,\quad P_{yy}\,d\omega,\quad P_{yz}\,d\omega,$$

et pour un élément $d\omega$ perpendiculaire à Oz

$$P_{zx}\,d\omega,\quad P_{zy}\,d\omega,\quad P_{zz}\,d\omega.$$

Dans ces expressions, le premier indice indique l'axe perpendiculaire au plan sur lequel s'exerce la pression, le second l'axe parallèle à la composante.

En vertu de la théorie de l'élasticité, si l'on intervertit les deux indices, la composante conserve la même valeur :

$$P_{xy} = P_{yx}.$$

La théorie de l'élasticité nous fait connaître également les expressions de ces composantes. Désignons par u, v, w les composantes du déplacement, et posons

$$\delta = \sum \frac{du}{dx},$$

δ représentant la dilatation cubique.

Nous aurons

$$(1)\qquad \left\{\begin{aligned} P_{xx} &= (m-n)\delta + 2n\frac{du}{dx},\\ P_{xy} &= n\left(\frac{du}{dy} + \frac{dv}{dx}\right),\\ P_{xz} &= n\left(\frac{du}{dz} + \frac{dw}{dx}\right),\end{aligned}\right.$$

les autres expressions se déduisant de celles-ci par symétrie. Afin de conserver les signes habituels, nous considérerons P_{xx} comme une pression et non une traction : les coefficients d'élasticité m et n sont alors négatifs.

En désignant par X, Y, Z les composantes de la force extérieure rapportées à l'unité de masse, nous aurons trois équations d'équilibre de la forme

$$\frac{dP_{xx}}{dx} + \frac{dP_{xy}}{dy} + \frac{dP_{xz}}{dz} = X = \frac{dV}{dx},$$

V étant le potentiel d'où dérive la force extérieure.

Il est inutile de tenir compte des forces d'inertie, car, pour des raisons que nous allons bientôt faire connaître, il nous suffira de faire une théorie purement statique (*voir* § 265).

En remplaçant les composantes de la pression par leurs valeurs, les équations de l'équilibre s'écrivent

$$(2)\quad \begin{cases} m\dfrac{d\delta}{dx} + n\,\Delta u = \dfrac{dV}{dx}, \\ m\dfrac{d\delta}{dy} + n\,\Delta v = \dfrac{dV}{dy}, \\ m\dfrac{d\delta}{dz} + n\,\Delta w = \dfrac{dV}{dz}. \end{cases}$$

257. Le potentiel V se compose de trois parties, et nous pouvons écrire

$$V = W + V' + V''.$$

Le premier terme W est le potentiel dû à l'action de la Lune; le deuxième V' représente l'attraction de la sphère non déformée; le troisième terme V'' représente l'attraction du bourrelet, en partie positif, en partie négatif, compris entre la sphère non déformée et la sphère déformée.

En général, dans l'étude des marées océaniques, on pouvait négliger le terme analogue, désigné par H'', parce qu'il s'agissait alors d'un bourrelet liquide de densité bien inférieure à celle de la partie solide du globe; mais, ici, nous avons affaire à une sphère entièrement homogène, et il faudra tenir compte du bourrelet.

Nous poserons

$$(3)\quad \lambda^2\varphi = V - m\delta.$$

Les équations d'équilibre deviennent alors

$$(4)\quad \begin{cases} n\,\Delta u = \lambda^2\dfrac{d\varphi}{dx}, \\ n\,\Delta v = \lambda^2\dfrac{d\varphi}{dy}, \\ n\,\Delta w = \lambda^2\dfrac{d\varphi}{dz}. \end{cases}$$

Ces équations étant linéaires, nous pourrons tenir compte séparément de V' et de $W + V''$. Le premier terme donnera certaines valeurs pour u, v, w; nous en aurons d'autres avec $W + V''$; il suffira d'additionner pour obtenir la solution.

258. Occupons-nous d'abord de V'; V' étant une fonction de la seule distance r du point considéré au centre de la sphère, nous pourrons satisfaire aux équations (2) en posant

$$u = \frac{dH}{dx}, \qquad v = \frac{dH}{dy}, \qquad w = \frac{dH}{dz},$$

H étant une fonction de r à déterminer.

En effet, nous aurons alors, d'une part,

$$\delta = \sum \frac{du}{dx} = \Delta H,$$

puis, en substituant dans (2) et réduisant le potentiel au terme V',

$$m \frac{d}{dx} \Delta H + n \Delta \frac{dH}{dx} = \frac{dV'}{dx},$$

c'est-à-dire

$$(m + n) \Delta \frac{dH}{dx} = \frac{dV'}{dx},$$

ainsi que

$$(m + n) \Delta \frac{dH}{dy} = \frac{dV'}{dy},$$

$$(m + n) \Delta \frac{dH}{dz} = \frac{dV'}{dz}.$$

Ces équations seront satisfaites, si l'on pose

$$(m + n) \Delta H = V'.$$

Les expressions des composantes de la pression deviennent alors

$$P_{xx} = (m - n) \Delta H + 2n \frac{d^2 H}{dx^2},$$

$$P_{xy} = 2n \frac{d^2 H}{dx\, dy},$$

$$P_{xz} = 2n \frac{d^2 H}{dx\, dz}.$$

Ce que nous avons besoin de connaître, ce sont les trois composantes ξ, η et ζ de la pression qui s'exerce sur un élément de la surface même de la sphère. Si nous prenons le rayon de la sphère comme unité et si nous désignons par x, y, z les coordonnées du centre de gravité de l'élément superficiel, x, y, z représenteront également les cosinus directeurs de la normale à cet élément, et nous aurons

$$\xi = x P_{xx} + y P_{xy} + z P_{xz},$$

c'est-à-dire, en remplaçant les composantes P par leurs valeurs,

$$\xi = x(m - n)\Delta H + 2nU,$$

après avoir posé pour abréger (§ 259)

$$U = x\frac{d^2H}{dx^2} + y\frac{d^2H}{dx\,dy} + z\frac{d^2H}{dx\,dz} = \sum x\frac{d^2H}{dx\,dx}.$$

Or, si nous considérons la dérivée de la fonction H suivant un rayon, nous avons

$$x\frac{dH}{dx} + y\frac{dH}{dy} + z\frac{dH}{dz} = r\frac{dH}{dr},$$

c'est-à-dire

$$\sum x\frac{dH}{dx} = rH'.$$

On en déduit

$$\frac{d}{dx}(rH') = \frac{dH}{dx} + x\frac{d^2H}{dx^2} + y\frac{d^2H}{dx\,dy} + z\frac{d^2H}{dx\,dz} = \frac{dH}{dx} + U;$$

d'où

$$U = \frac{d}{dx}(rH') - \frac{dH}{dx} = \frac{x}{r}H' + xH'' - H'\frac{x}{r} = xH''.$$

Par conséquent,

$$\xi = (m - n)x\Delta H + 2nxH''.$$

Mais, la fonction H ne dépendant que de r, on a, pour l'expression de son laplacien en coordonnées polaires,

$$\Delta H = H'' + \frac{2}{r}H',$$

et il vient alors

$$\xi = (m + n)x\Delta H - \frac{4nx}{r}H' = xV' - \frac{4nx}{r}H'.$$

A la surface d'équilibre de la sphère, pour $r = 1$, cette expression doit être nulle; nous avons donc, sur cette surface, H' proportionnel à V'.

D'autre part, on a

$$\frac{\xi}{x} = \frac{\eta}{y} = \frac{\zeta}{z},$$

et, par suite, la pression sur tout élément sphérique à la distance r du centre est normale à cet élément.

Si nous considérons un point très voisin de la surface d'équilibre, à la distance R de cette surface, de telle sorte qu'on ait pour ce point

$$r = 1 + R,$$

les composantes de la pression sur l'élément sphérique passant par le point considéré seront données par les expressions

$$\frac{\xi}{x} = \frac{\eta}{y} = \frac{\zeta}{z} = V' - \frac{4n}{r} H',$$

et elles s'annuleront pour $r = 1$. Si donc on suppose R petit, il suffira, pour connaître les composantes de la pression, d'avoir la valeur $-\gamma$ pour $r = 1$ de la dérivée de la fonction $V' - \frac{4n}{r} H'$ par rapport à r. Il en résultera alors

$$\xi = -\gamma R x.$$

Le calcul de γ se fera d'ailleurs très simplement en observant que pour une sphère homogène de rayon *un*, dont la densité est prise pour unité, on a à la surface

$$V' = \frac{4\pi}{3} = g.$$

Dans le cas d'une sphère sensiblement incompressible, n serait très petit par rapport à m; l'expression de $\frac{\xi}{x}$ se réduira à V' et, comme $\frac{dV'}{dr} = g$ à la surface d'équilibre, on aura simplement

$$\xi = -g R x.$$

En résumé,

$$\xi = -\gamma R x, \tag{5}$$

γ étant proportionnel à g, et égal à g pour $\frac{m}{n} = \infty$.

259. Considérons maintenant le groupe de termes $W + V''$. W, le potentiel de l'astre, est une fonction sphérique du second ordre; on aura donc

$$\sum x \frac{dW}{dx} = 2W$$

et

$$\Delta W = 0.$$

Nous chercherons à satisfaire aux équations du problème, en posant

$$\lambda^2 \varphi = \alpha W,$$
$$\delta = \beta W,$$
$$u = AxW + Br^2 \frac{dW}{dx} + C \frac{dW}{dx},$$

α, β, A, B, C étant des coefficients à déterminer.

Nous aurons

$$\frac{du}{dx} = AW + Ax \frac{dW}{dx} + (Br^2 + C) \frac{d^2W}{dx^2} + 2Bx \frac{dW}{dx},$$

d'où

$$\delta = \sum \frac{du}{dx} = 3AW + (A + 2B) \sum x \frac{dW}{dx} = (5A + 4B)W,$$

et, par conséquent,

$$\beta = 5A + 4B. \tag{6}$$

Calculons également Δu. On a, d'abord,

$$\Delta(xW) = x\Delta W + 2\frac{dW}{dx} = 2\frac{dW}{dx},$$

puis

$$\frac{d^2}{dx^2}\left(r^2 \frac{dW}{dx}\right) = 2\frac{dW}{dx} + 4x \frac{d^2W}{dx\,dx},$$

d'où

$$\Delta\left(r^2 \frac{dW}{dx}\right) = 6 \frac{dW}{dx} + 4 \sum x \frac{d^2W}{dx\,\underline{|dx}}.$$

Cette dernière notation $\sum x \frac{d^2W}{dx\,\underline{|dx}}$, signifie que, dans les deux autres termes de la somme, on doit changer x en y et en z et de même le premier dx non souligné en dy et dz, mais que l'on doit conserver le $\underline{|dx}$ souligné.

Mais, $\frac{dW}{dx}$ étant une fonction homogène du premier degré en x, y, z, on a

$$\sum x \frac{d^2 W}{dx\, dx} = \frac{dW}{dx};$$

donc

$$\Delta\left(r^2 \frac{dW}{dx}\right) = 10 \frac{dW}{dx}.$$

Le troisième terme de u ne donnant rien, puisque W est du second degré, on a

$$\Delta u = \frac{dW}{dx}(2A + 10B).$$

En substituant dans (4), il vient

$$(7) \qquad \alpha = n(2A + 10B).$$

Désignons par R l'expression

$$R = xu + yv + zw = A r^2 W + 2B r^2 W + 2CW;$$

$\frac{R}{r}$ est la composante du déplacement suivant le rayon vecteur. Sa valeur à la surface, pour $r = 1$, représentera donc la hauteur de la marée, soit

$$R = W(A + 2B + 2C),$$

c'est-à-dire une fonction sphérique du second ordre.

Le bourrelet d'épaisseur R engendrera un potentiel V″, dont l'expression en un point de la surface sera

$$V'' = \frac{4\pi}{5} R = \frac{4\pi}{5} W(A + 2B + 2C).$$

Les deux fonctions V″ et $\frac{4\pi}{5}$R, qui ont la même valeur sur la surface, satisfont, en outre, dans l'intérieur de la sphère, toutes deux à l'équation de Laplace; elles sont donc identiques en tous les points de la sphère, et nous avons, en substituant dans l'équation (3),

$$(8) \qquad \alpha = 1 + \frac{4\pi}{5}(A + 2B + 2C) - m\beta.$$

260. Nous avons ainsi les trois relations (6), (7) et (8) entre les cinq coefficients qu'il s'agit de déterminer; nous en obtiendrons deux autres en cherchant à calculer les pressions. Nous avons

$$\xi = x P_{xx} + y P_{xy} + z P_{xz};$$

d'où, en remplaçant les composantes par leurs valeurs tirées de (1),

$$\xi = (m-n)x\delta + n\sum x\frac{d\lfloor u}{dx} + n\sum x\frac{du}{d\lfloor x}.$$

Or,

$$\sum x\frac{d\lfloor u}{dx} = r\frac{du}{dr};$$

et, en différentiant

$$R = \sum xu,$$

on obtient

$$\sum x\frac{du}{d\lfloor x} = \frac{dR}{dx} - u.$$

Donc

$$\begin{aligned}\xi &= (m-n)x\delta + nr\frac{du}{dr} + n\left(\frac{dR}{dx} - u\right)\\ &= (m-n)x\delta + n\left(r\frac{du}{dr} - u\right) + n\frac{dR}{dx}.\end{aligned}$$

Reportons-nous à l'expression de u,

$$u = AxW + Br^2\frac{dW}{dx} + C\frac{dW}{dx}.$$

Les termes en A et en B sont du troisième degré et le terme en C est du premier. Si la valeur de u était réduite à ses deux premiers termes, nous aurions donc

$$r\frac{du}{dr} = \sum x\frac{du}{dx} = 3u,$$

et, par suite,

$$r\frac{du}{dr} - u = 2u.$$

De même, si u ne comprenait que le terme en C, on aurait

$$r\frac{du}{dr} = u$$

et

$$r\frac{du}{dr} - u = 0.$$

Il suffit donc de tenir compte des termes en A et B pour former le second terme de l'expression de ξ; on aura

$$n\left(r\frac{du}{dr}-u\right)=2\,\mathrm{A}\,nx\mathrm{W}+2\,\mathrm{B}\,nr^2\frac{d\mathrm{W}}{dx}.$$

D'autre part,

$$\frac{d\mathrm{R}}{dx}=2x\mathrm{W}(\mathrm{A}+2\mathrm{B})+(\mathrm{A}r^2+2\mathrm{B}r^2+2\mathrm{C})\frac{d\mathrm{W}}{dx}.$$

On a donc finalement

$$\begin{aligned}\xi=(m-n)x\beta\mathrm{W}+2\,\mathrm{A}\,nx\mathrm{W}+2\,\mathrm{B}\,nr^2\frac{d\mathrm{W}}{dx}\\+2nx\mathrm{W}(\mathrm{A}+2\mathrm{B})+n(\mathrm{A}r^2+2\mathrm{B}r^2+2\mathrm{C})\frac{d\mathrm{W}}{dx}.\end{aligned}$$

Or, que doit être la pression ξ? Si nous considérons un élément de la surface déformée, la pression totale doit y être nulle. Celle-ci comprend d'abord la pression provenant du potentiel V', et dont l'expression, donnée par (5), est $-\gamma\mathrm{R}x$; puis la pression provenant des termes en $\mathrm{W}+\mathrm{V}''$, que nous venons de calculer. Pour avoir l'expression de cette dernière à la surface libre, il faudrait faire $r=1+\mathrm{R}$; mais on peut négliger R parce que V'' et W sont beaucoup plus petits que V'. L'expression précédente doit donc se réduire à

$$\xi=+\gamma\mathrm{R}x$$

pour $r=1$.

En identifiant, nous obtenons les deux autres relations cherchées, à savoir

$$\mathrm{A}+4\mathrm{B}+2\mathrm{C}=0, \tag{9}$$

$$(m-n)\beta+4n(\mathrm{A}+\mathrm{B})=\gamma(\mathrm{A}+2\mathrm{B}+2\mathrm{C}). \tag{10}$$

Comme γ est connu, les cinq équations (6), (7), (8), (9) et (10) détermineront les cinq coefficients A, B, C, α et β.

261. Cas d'une sphère sensiblement incompressible. — Dans ce cas, m est très grand par rapport à n; δ est infiniment petit et l'on peut négliger β ainsi que $n\beta$; mais $m\delta$ est fini ainsi que $m\beta$. Si nous posons

$$m\delta=p,$$

les composantes des pressions ont pour expressions

$$P_{xx} = p + 2n\frac{du}{dx},$$

$$P_{xy} = n\left(\frac{du}{dy} + \frac{dv}{dx}\right),$$

et l'on a pour l'équilibre

$$\frac{dp}{dx} + n\,\Delta u = \frac{dV}{dx}.$$

Les équations qui déterminent les coefficients deviennent alors, puisque, d'autre part, $\gamma = g$,

$$(11)\quad \left\{\begin{aligned} &5A + 4B = 0,\\ &\alpha = n(2A + 10B),\\ &\alpha + m\beta = 1 + \frac{4\pi}{5}(A + 2B + 2C),\\ &A + 4B + 2C = 0,\\ &m\beta + 4n(A + B) = g(A + 2B + 2C). \end{aligned}\right.$$

On peut satisfaire à ces équations en prenant

$$A = 4\varepsilon, \qquad B = -5\varepsilon, \qquad C = 8\varepsilon,$$

ε étant fourni par la relation

$$10\varepsilon\left(\frac{4\pi}{3} - \frac{4\pi}{5} - 3,8n\right) = 1;$$

et la hauteur de la marée à la surface aura pour expression

$$R = 10\varepsilon W.$$

Posons

$$G = \frac{4\pi}{3} - \frac{4\pi}{5}$$

et

$$k = \frac{1}{1 - \dfrac{3,8n}{G}}.$$

Il viendra

$$R = \frac{kW}{G}.$$

Remarquons que le coefficient k est inférieur à *un*, car en considérant, comme nous l'avons fait, les pressions comme positives,

on a

$$n < 0.$$

Si la sphère était entièrement incompressible, on aurait $n = 0$ et, par suite, $k = 1$; on retrouverait bien pour la hauteur de la marée l'expression

$$R = \frac{W}{G},$$

qui convient à une sphère liquide.

La hauteur de la marée est donc plus faible pour une sphère solide que pour une sphère liquide.

262. Marées d'une couche liquide recouvrant un noyau solide élastique. — Nous considérerons seulement la marée statique, en négligeant, à cause de la différence des densités, l'influence du bourrelet liquide ; mais il faudra tenir compte du bourrelet solide, d'où provient le potentiel V''. En désignant par R' la hauteur de la marée liquide *absolue*, nous aurons donc, V' étant constant,

$$gR' = W + V''.$$

Nous avions, d'autre part, pour la marée du noyau,

$$R = \frac{kW}{G} = \frac{kW}{g - \frac{4\pi}{5}},$$

d'où

$$gR - \frac{4\pi}{5}R = kW.$$

Mais

$$\frac{4\pi}{5}R = V'';$$

donc

$$gR = V'' + kW.$$

La marée observée sera la différence $R' - R$ de la marée liquide absolue et de la marée du noyau ; elle sera donnée par

$$g(R' - R) = (1 - k)W.$$

Si le noyau était un solide invariable, on aurait $k = 0$, et la marée relative, égale dans ce cas à la marée absolue, serait $\frac{W}{g}$. Dans le cas général, la marée relative est donc égale à la marée sur noyau invariable multipliée par $1-k$; elle est, par suite, diminuée.

263. Marées dans le cas d'un noyau constitué par un fluide incompressible et très visqueux. — Supposons maintenant qu'au lieu d'une sphère élastique, nous ayons un noyau sphérique formé d'un fluide visqueux. Soit ν le coefficient de viscosité.

En posant toujours $m\delta = p$, δ étant infiniment petit, les composantes des pressions seront

$$P_{xx} = p + 2\nu \frac{d}{dx}\frac{du}{dt},$$

$$P_{xy} = \nu \frac{d}{dt}\left(\frac{du}{dy} + \frac{dv}{dx}\right);$$

et l'on aura pour l'équilibre

$$\frac{dp}{dx} + \nu\Delta\frac{du}{dt} = \frac{dV}{dx}.$$

En supposant une marée isochrone, on aura

$$u \sim e^{\lambda t},$$

λ étant purement imaginaire, et, par suite,

$$\frac{du}{dt} = \lambda u.$$

Alors les équations du problème seront

$$\frac{dp}{dx} + \nu\lambda\,\Delta u = \frac{dV}{dx}.$$

Nous retrouvons donc exactement les mêmes équations que dans le cas d'un noyau solide incompressible, avec cette seule différence que n est devenu purement imaginaire. Pour avoir alors les expressions du coefficient k et de la hauteur de la marée, posons

$$\frac{3.8\nu\lambda}{G} = i \tang\eta.$$

Il viendra

$$k = \frac{1}{1 - i\tang\eta} = \frac{\cos\eta}{\cos\eta - i\sin\eta} = \cos\eta\, e^{i\eta}.$$

De même, à un facteur constant près, nous avons

$$W = e^{\lambda t},$$

d'où, pour la marée du noyau,

$$GR = \cos\eta\, e^{i\eta+\lambda t}.$$

Si l'on compare cette marée à celle d'une sphère entièrement liquide, on voit donc que l'amplitude est multipliée par le coefficient de réduction $\cos\eta$, et qu'il y a une différence de phase égale à η.

Si nous imaginons maintenant que ce noyau visqueux est recouvert d'une couche liquide, la marée relative de cette couche sera donnée par

$$g(R' - R) = (1 - k)W.$$

On a

$$1 - k = e^{i\eta}(e^{-i\eta} - \cos\eta) = -i\sin\eta\, e^{i\eta} = \sin\eta\, e^{i\left(\eta - \frac{\pi}{2}\right)}.$$

Donc

$$g(R - R') = \sin\eta\, e^{i\left(\eta - \frac{\pi}{2}\right) + \lambda t}.$$

Le coefficient de réduction est ici $\sin\eta$ et la différence de phase

$$\eta - \frac{\pi}{2}.$$

Le cas d'un noyau constitué par un solide imparfait, à la fois élastique et visqueux, a été également traité par Darwin : le coefficient n est alors complexe.

264. Résultats numériques. — Pour que la viscosité du noyau produise un effet sensible, c'est-à-dire, par exemple, pour que η soit de 45°, il faudrait que l'on ait un coefficient de viscosité égal à 313.10^{10} s'il s'agit d'une marée semi-diurne et à 8300.10^{10} s'il s'agit d'une marée semi-mensuelle.

Or, le coefficient de viscosité de la poix est seulement de $1,3.10^{8}$.

Au contraire, si l'on suppose le noyau constitué par un corps élastique, le calcul donne pour la réduction de la marée apparente une valeur très notable. En attribuant au noyau terrestre la rigidité du verre, on trouve que la marée, comparée à la marée sur noyau invariable, deviendra 0,398; elle deviendrait 0,679 pour une rigidité égale à celle de l'acier.

265. Dans toute la théorie précédente, nous avons négligé l'inertie et la force centrifuge composée. On est en droit de le faire lorsque la période d'oscillation contrainte est beaucoup plus longue que la période d'oscillation propre. Or, il s'agit ici d'une sphère entière et nous avons vu, par l'analyse des travaux de M. Hough, que, dans le cas d'une mer liquide, les périodes d'oscillations propres sont d'autant plus courtes que la profondeur est plus grande. Pour la sphère tout entière, les périodes d'oscillations propres seront donc très courtes. Il est, par suite, légitime de traiter les marées du noyau, même à courte période, comme des marées statiques; et comme, d'ailleurs, des courants permanents ne peuvent prendre naissance dans cette masse rigide, les marées du noyau seront des marées statiques de la première sorte.

266. **Comparaison des résultats avec les observations.** — La théorie des marées semi-diurnes ou diurnes de l'écorce terrestre n'était pas, jusqu'à ces dernières années, assez avancée pour qu'on pût en tirer des conclusions précises. Dans ses recherches antérieures sur ce sujet, M. Darwin a donc dû s'adresser aux marées à longue période, en particulier aux marées semi-mensuelles.

Supposons que la marée théorique soit donnée par

$$A\cos(\mu t + \varepsilon),$$

et la marée observée par

$$xA\cos(\mu t + \varepsilon) + yA\sin(\mu t + \varepsilon);$$

x donnera la diminution d'amplitude et y le retard de phase; par suite, x mesurera l'élasticité et y la viscosité du noyau.

En traitant un grand nombre d'observations par la méthode des moindres carrés, Darwin a trouvé

$x = 0,675,$	erreur probable :	$\pm 0,056$
$y = 0,020,$	»	$\pm 0,055$

Nous ne sommes donc pas sûrs du tout que le noyau terrestre présente une viscosité quelconque. Le coefficient de réduction est exactement celui que fournirait la rigidité de l'acier, résultat qui est peu favorable à l'hypothèse d'un noyau interne fluide.

Si l'on tient compte uniquement des marées de l'Inde, on obtient

$$x = 0,931,$$
$$y = 0,155,$$

ce qui correspondrait à une rigidité bien supérieure à celle de l'acier.

De plus, il faut remarquer que Darwin a fait porter ses comparaisons sur les marées statiques de la première sorte. Or, d'après les travaux de M. Hough, le frottement serait assez faible pour qu'on doive prendre les marées statiques de la deuxième sorte, qui sont notablement plus faibles que celles de la première. On trouverait alors que la marée observée est, au contraire, trop grande. Il est difficile d'en tirer une conclusion bien certaine; toutefois, l'observation des marées océaniques à longue période semblait prouver que le noyau terrestre est beaucoup plus invariable que l'acier, et qu'il n'y a pas de marée interne du tout. Les mêmes calculs repris par Darwin avec des données plus récentes ont conduit à d'autres conclusions, la rigidité du globe semblant voisine de celle de l'acier. Depuis, Heckert a opéré d'une autre manière. Il a observé à Potsdam, au fond d'un puits profond, les déviations d'un pendule horizontal sous l'influence de la Lune et du Soleil. Les résultats des expériences correspondent à une réduction d'un tiers, c'est-à-dire que les marées du noyau terrestre seraient les mêmes que si le globe était en acier. Nous remarquerons ici que le calcul des paragraphes 256 et suivants a été fait en regardant les marées comme statiques et négligeant la force centrifuge composée. Cela était légitime parce qu'il s'agissait de la vérification des expériences de Darwin et des marées à très longue période. Il semble qu'en ce qui concerne les marées à courte période observées par Heckert, l'influence de la force centrifuge composée ne sont pas non plus très grande.

267. **Relation générale entre la marée océanique et le potentiel perturbateur lorsqu'on tient compte de la déformation de la Terre.** — En supposant le noyau terrestre constitué par un solide invariable, nous avons établi au paragraphe 134 la formule générale

$$\int \lambda^2 \left[\varphi \frac{dN}{dt} \right] d\sigma = 0,$$

dans laquelle N représente la composante du déplacement suivant la normale intérieure à l'élément de surface $d\sigma$ d'un volume liquide quelconque.

Lorsque nous considérions un volume liquide limité par une portion du fond de la mer, la valeur de N sur cette partie de la surface limite était constamment nulle. Il n'en sera plus ainsi, puisque nous admettons que le fond lui-même est soumis à des marées. Voyons alors quelle conséquence on peut tirer de la formule générale.

Pour conserver les notations employées dans les précédentes Parties, désignons par ζ la marée *observée* et par ζ' la marée du globe solide, ces quantités étant comptées positivement vers le bas, dans le sens des z positifs. La dénivellation absolue de la surface de la mer, comptée positivement dans le même sens, sera alors $\zeta + \zeta'$ et nous aurons, avec les notations du présent Chapitre, les relations de concordance

$$\zeta = -(R - R'),$$
$$\zeta' = -R.$$

Représentons toujours par V'' l'accroissement de potentiel dû à la déformation du globe solide, les mers conservant leur profondeur, et par H'' le potentiel provenant du bourrelet liquide de hauteur ζ.

Nous aurons, à la surface libre,

$$\lambda^2\varphi = g(\zeta + \zeta') + V'' + H'' + W.$$

Considérons alors l'intégrale

$$\int \lambda^2 \left[\varphi \frac{dN}{dt}\right] d\sigma = 0,$$

étendue à tous les éléments de la surface d'un volume liquide limité par une courbe quelconque tracée sur la surface libre, par le fond et par la surface latérale d'un cône ayant pour directrice cette courbe et pour sommet le centre de la Terre ; cette dernière surface n'existe d'ailleurs pas lorsque le volume liquide considéré comprend un bassin océanique tout entier.

Ce cas est le seul qui nous intéresse, et nous aurons à distinguer deux portions dans l'intégrale. Nous aurons, d'une part, à la surface libre,

$$N = \zeta + \zeta',$$

et, d'autre part, au fond,

$$N = -\zeta'.$$

Comme d'ailleurs φ est constant sur une même verticale (§ 137), on a

$$\int \lambda^2 \left[\varphi \frac{d\zeta}{dt}\right] d\sigma = 0.$$

Remplaçons φ par sa valeur; les termes en $\zeta \frac{d\zeta}{dt}$ et $\Pi'' \frac{d\zeta}{dt}$ étant les dérivées de fonctions périodiques auront des valeurs moyennes nulles (§ 136), et il restera la relation

$$\int \left[(g\zeta' + V'' + W) \frac{d\zeta}{dt}\right] d\sigma = 0.$$

Or, la marée du noyau solide pouvant se traiter comme une marée statique, nous avons (§ 259) pour chaque composante isochrone

$$\zeta' \sim W \sim V'';$$

$\frac{\zeta'}{W}$ et $\frac{V''}{W}$ sont donc constants, et nous pouvons poser

$$\frac{g\zeta' + V''}{W} = \alpha.$$

D'où la formule générale

$$\int \left[(1 + \alpha) W \frac{d\zeta}{dt}\right] d\sigma = 0,$$

l'intégrale étant étendue à tous les éléments de la surface libre.

Si le noyau terrestre était constitué par un solide parfaitement élastique, il n'y aurait pas de différence de phase entre la marée du noyau et le potentiel (§ 261); par conséquent, le coefficient α serait réel. On retombe alors sur la formule ordinaire

$$\int \left[W \frac{d\zeta}{dt}\right] d\sigma = 0.$$

Mais, si le noyau terrestre présente un certain degré de viscosité, la constante α ne sera plus réelle, et sa partie imaginaire représentera la mesure de la viscosité. Considérons alors deux composantes isochrones imaginaires conjuguées, de telle sorte que W et $\frac{d\zeta}{dt}$ soient de la forme

$$W = W_0 + \overline{W_0} = \beta_0 e^{t} + \overline{\beta_0} e^{-\lambda t},$$

$$\frac{d\zeta}{dt} = \frac{d\zeta_0}{dt} + \frac{d\overline{\zeta_0}}{dt} = \gamma_0 e^{\lambda t} + \overline{\gamma_0} e^{-\lambda t},$$

β_0, $\overline{\beta_0}$ ainsi que γ_0, $\overline{\gamma_0}$ étant respectivement imaginaires conjugués. Nous aurons

$$W \frac{d\zeta}{dt} = \beta_0 \gamma_0 e^{2\lambda t} + \overline{\beta_0}\,\overline{\gamma_0} e^{-2\lambda t} + (\beta_0 \overline{\gamma_0} + \overline{\beta_0} \gamma_0).$$

Or, nous avons

$$[e^{2\lambda t}] = [e^{-2\lambda t}] = 0.$$

Il reste, par conséquent,

$$\left[W \frac{d\zeta}{dt}\right] = \beta_0 \overline{\gamma_0} + \overline{\beta_0} \gamma_0 = 2\,\mathcal{R}(\beta_0 \overline{\gamma_0}),$$

en désignant par le symbole $\mathcal{R}(X)$ la partie réelle de la quantité complexe X. Mais

$$\beta_0 \overline{\gamma_0} = W_0 \frac{d\overline{\zeta_0}}{dt}.$$

On a donc finalement

$$\mathcal{R}(1 + \alpha) \int \left[W_0 \frac{d\overline{\zeta_0}}{dt}\right] d\sigma = 0.$$

Nous obtenons ainsi une relation à laquelle doit satisfaire α; W_0 représente la composante en $e^{\lambda t}$ du potentiel, et $\overline{\zeta_0}$ la composante en $e^{-\lambda t}$ de la marée correspondante.

Si donc on avait observé ζ en tous les points, on pourrait calculer la précédente intégrale et reconnaître ainsi si le noyau terrestre présente de la viscosité.

CHAPITRE XIX.

INFLUENCE DES MARÉES SUR LES MOUVEMENTS DES CORPS CÉLESTES.

268. **Retard de la rotation terrestre dû aux marées.** — La durée de la rotation terrestre est l'unité de temps qui nous sert à évaluer la durée des mouvements des corps célestes; c'est elle qui constitue notre montre. Mais nous ne sommes pas certains que la marche de cette montre soit invariable : si elle retarde, les mouvements célestes paraîtront s'accélérer. Or, l'explication de certains phénomènes astronomiques paraît devoir être précisément cherchée dans un ralentissement de la rotation terrestre. C'est ainsi qu'on a observé depuis longtemps que la Lune subissait une accélération séculaire de 10″ ou, pour parler plus correctement, qu'à la fin de chaque siècle, la longitude moyenne de la Lune surpassait de 10″ la valeur qu'elle devrait avoir si le moyen mouvement de l'astre était resté constant. D'après Laplace, cette accélération aurait été due à la variation séculaire de l'excentricité de l'orbite terrestre, et le calcul lui avait fourni la valeur théorique de 12″. Mais Laplace avait omis un facteur 2, de sorte que la véritable valeur calculée ne serait plus que de 6″ : il resterait donc avec l'observation un désaccord de 4″, qu'on peut imputer à un ralentissement de la rotation terrestre.

L'action des marées est-elle capable d'expliquer ce ralentissement? *A priori*, il n'est pas douteux qu'un semblable effet doive avoir lieu; car le frottement des marées absorbe nécessairement de l'énergie, qui ne saurait être empruntée qu'à la force vive de rotation du globe.

Quant au mécanisme du ralentissement, on en rend compte de la façon suivante : par suite du frottement, la marée est en retard sur le passage de la Lune au méridien, et la protubérance formée par les eaux soulevées ne se trouve pas dans le même méridien que la Lune. Il s'ensuit que la résultante de l'attraction lunaire sur ce bourrelet ne passe pas par l'axe de la Terre, et possède par rapport à cet axe un moment qui tend à ralentir la rotation.

Mais cette explication très simple suggère les réflexions suivantes : c'est parce qu'il y a décalage de la marée qu'il existe un couple retardateur. Or, nous savons que le frottement n'est nullement la cause principale de ce décalage et que son influence est même, pour ainsi dire, inappréciable. Dans ces conditions, on peut donc se demander d'abord si, *alors même qu'il n'y aurait pas de frottement*, l'action de la Lune sur le bourrelet ne va pas avoir une résultante ne rencontrant pas l'axe et ne va pas tendre à faire varier la vitesse de rotation de la Terre.

La réponse doit être négative.

Considérons, en effet, un élément du bourrelet; on peut l'assimiler à un petit prisme de base $d\sigma$ et de hauteur ζ. Quelle est la valeur du couple agissant sur cet élément? Si nous supposons que nous imprimions au globe terrestre une rotation virtuelle $\delta\psi$, le travail du couple sera égal au produit de $\delta\psi$ par la valeur du couple; d'autre part, l'expression de ce travail sera $\zeta\, d\sigma . \delta W$. On aura donc pour l'action de la Lune sur l'élément du bourrelet

$$\frac{dW}{d\psi}\zeta\, d\sigma,$$

ψ étant la longitude du lieu, et le couple total sera

$$\int \frac{dW}{d\psi}\zeta\, d\sigma.$$

Je dis que la valeur moyenne de cette intégrale est nulle. En effet, supposons d'abord que W se réduise à une composante isochrone quelconque réelle; nous savons que cette composante est de la forme

$$W = f(\theta)\cos\left(\frac{\lambda t}{i} + s\psi\right),$$

θ étant la colatitude et s un nombre entier pouvant prendre les valeurs 0, 1 ou 2.

Ainsi donc, chacun des termes de W satisfait à une équation de la forme

$$\frac{dW}{d\psi} = \frac{si}{\lambda}\frac{dW}{dt}.$$

On aurait, par conséquent, si W se réduisait à un seul terme,

$$\int \frac{dW}{d\psi} \zeta \, d\sigma = \frac{si}{\lambda} \int \frac{dW}{dt} \zeta \, d\sigma.$$

Or, on a

$$\int \frac{dW}{dt} \zeta \, d\sigma + \int W \frac{d\zeta}{dt} d\sigma = \frac{d}{dt} \int \zeta W \, d\sigma,$$

et, l'intégrale du second membre étant une fonction périodique du temps, la valeur moyenne de sa dérivée est nulle.

Par suite,

$$\int \left[\frac{dW}{d\psi} \zeta\right] d\sigma = -\frac{si}{\lambda} \int \left[W \frac{d\zeta}{dt}\right] d\sigma = 0.$$

Nous avons, en effet, démontré (§ 136) que la valeur moyenne de l'intégrale

$$\int W \frac{d\zeta}{dt} d\sigma,$$

étendue à la surface libre de l'Océan tout entier, était rigoureusement nulle.

Supposons maintenant que W se compose de plusieurs termes; et, pour fixer les idées, réduisons ces termes à deux seulement, le raisonnement qui va suivre s'étendant sans peine au cas d'un nombre quelconque de termes. Soient W_1 et W_2 ces deux termes et ζ_1 et ζ_2 les termes correspondants de ζ. Nous aurons

$$\begin{aligned}\int \frac{dW}{d\psi} \zeta \, d\sigma = & \int \frac{dW_1}{d\psi} \zeta_1 \, d\sigma + \int \frac{dW_1}{d\psi} \zeta_2 \, d\sigma \\ & + \int \frac{dW_2}{d\psi} \zeta_1 \, d\sigma + \int \frac{dW_2}{d\psi} \zeta_2 \, d\sigma.\end{aligned}$$

La première et la quatrième intégrale du second membre ont leur valeur moyenne nulle, d'après ce qui précède.

Je dis, de plus, que la deuxième intégrale (de même que la troisième) a également sa valeur moyenne nulle.

Supposons, en effet, que l'on ait

$$W_1 \sim \cos(\mu_1 t + s_1 \psi),$$
$$W_2 \sim \cos(\mu_2 t + s_2 \psi).$$

La marée partielle ζ_2 serait alors proportionnelle à $\cos(\mu_2 t + \alpha)$, de sorte que notre deuxième intégrale se présenterait sous la forme d'une somme de deux termes, le premier proportionnel à une ligne trigonométrique de $(\mu_1 - \mu_2)t$, le second à une ligne trigonométrique de $(\mu_1 + \mu_2)t$. Comme nous supposons que les deux composantes W_1 et W_2 sont distinctes, ni $\mu_1 - \mu_2$ ni $\mu_1 + \mu_2$ ne sont nuls; par suite, les valeurs moyennes de ces deux termes sont bien nulles.

Ainsi donc, le moment de la résultante de l'action de la Lune sur le bourrelet des eaux soulevées a toujours sa valeur moyenne nulle, de sorte que, s'il n'y avait pas de frottement, il ne pourrait y avoir aucun changement dans la durée de la rotation de la Terre.

Voyons maintenant si l'action du frottement suffit à expliquer l'avance séculaire résiduelle de $4''$ que présente la longitude moyenne de la Lune. Un déplacement de $4''$ de la Lune sur son orbite correspond à une rotation d'environ $120''$ de la Terre; au bout d'un siècle, la Terre devrait donc retarder de $\frac{120^s}{15}$ sur une montre dont la marche serait restée invariable.

Si nous envisageons un intervalle de 2000 ans, ce retard sera de $\frac{20 \times 120}{15}$; et, par suite, le mouvement de rotation de la Terre, supposé égal à 1 à l'époque zéro, sera devenu

$$1 - \frac{20.120}{15.100.360.24.60.60},$$

soit environ

$$1 - \frac{1}{2}10^{-7}.$$

Pour nous rendre compte, d'autre part, de l'influence des marées, comparons leur force vive avec celle de la rotation terrestre. En admettant pour les molécules un déplacement de 5^m effectué en 6 heures, on trouve à peu près $\frac{1}{3}\cdot 10^{-14}$ pour le rapport des forces vives. Or, d'après M. Hough, il faudrait environ 20 ans pour que l'effet du frottement réduisît les mouvements à $\frac{1}{e}$. Si nous adoptons ce chiffre, on voit qu'au bout de 2000 ans, le retard produit serait de $\frac{1}{6}10^{-12}$, tandis qu'il devrait être $\frac{1}{2}10^{-7}$.

L'action de la Lune par l'intermédiaire des marées est donc plus de 100 000 fois trop faible pour rendre compte du phénomène observé.

Mais nous n'avons considéré dans tout ceci que les marées océaniennes. Si on fait intervenir le noyau terrestre, rien n'empêche de lui attribuer la viscosité nécessaire pour obtenir l'augmentation voulue de la durée du jour sidéral. C'est là l'hypothèse que Darwin a soumise au calcul.

269. **Action sur la Lune du bourrelet soulevé par les marées.** — Nous venons de voir que l'action de la Lune sur le bourrelet soulevé par les marées pouvait produire un retard de la rotation terrestre. Il ne s'agit, bien entendu, que du bourrelet du noyau solide, puisque le bourrelet liquide ne peut avoir qu'une action négligeable.

Inversement, cette action de la Lune aura une réaction, et l'attraction du bourrelet solide sur la Lune produira une perturbation séculaire dans le mouvement de cet astre.

Pour étudier cette perturbation, nous appliquerons la méthode générale de détermination des perturbations planétaires. Nous exprimerons toutes les quantités en fonction des éléments

$$L = \sqrt{a},$$
$$H = \sqrt{a}\,(1 - \sqrt{1 - e^2}),$$
$$\Theta = \sqrt{a(1 - e^2)}\,(1 - \cos i),$$

les trois autres variables conjuguées étant

l, longitude moyenne,
ϖ, longitude du périhélie changée de signe,
θ, longitude du nœud changée de signe.

Si nous désignons alors par Ω la fonction perturbatrice, les équations différentielles du mouvement seront

$$\frac{dL}{dt} = \frac{d\Omega}{dl},$$
$$\frac{dH}{dt} = \frac{d\Omega}{d\varpi},$$
$$\frac{d\Theta}{dt} = \frac{d\Omega}{d\theta}.$$

Pour former Ω, considérons le potentiel W générateur des marées : W est une fonction du temps t et des coordonnées x, y, z, rapportées à des axes mobiles entraînés par le mouvement de la Terre. Nous pouvons décomposer W en composantes isochrones, sous la forme

$$W = \Sigma C_k e^{\lambda_k t},$$

les λ_k étant purement imaginaires, et les C_k ne dépendant pas du temps, mais seulement de x, y, z : ce sont des polynomes sphériques du deuxième ordre en x, y et z. Chacune de ces composantes isochrones produira dans le noyau solide une marée $R_k e^{\lambda_k t}$, telle que l'on ait (§ 261)

$$R_k = 10\varepsilon_k C_k;$$

et la marée totale sera

$$R = \Sigma R_k e^{\lambda_k t}.$$

Le potentiel V'' dû à l'attraction de ce bourrelet sera

$$V'' = \Sigma V''_k e^{\lambda_k t}.$$

R_k est une fonction sphérique du second ordre; nous aurons donc, à la surface,

$$V''_k = \frac{4\pi}{5} R_k;$$

d'où

$$V'' = \frac{4\pi}{5} \Sigma R_k e^{\lambda_k t} = 8\pi \Sigma \varepsilon_k C_k e^{\lambda_k t}.$$

Mais ce qui nous intéresse ici, c'est le potentiel du bourrelet sur un point extérieur à la distance r du centre; son expression, en ce qui concerne chaque composante, sera

$$V''_k = \frac{4\pi}{5} R_k r^{-5} = 8\pi\varepsilon_k C_k r^{-5},$$

les coordonnées x, y, z qui entrent dans la fonction sphérique R_k étant remplacées par les coordonnées du point potentié.

Par conséquent, notre fonction perturbatrice sera

$$\Omega = \Sigma V''_k e^{\lambda_k t} = 8\pi r^{-5} \Sigma \varepsilon_k C_k e^{\lambda_k t},$$

à condition d'y remplacer x, y, z par les coordonnées du corps troublé.

270. Nous considérerons à l'exemple de Darwin deux satellites, l'un produisant les marées, et que j'appellerai Soleil dans le cas des marées solaires, Diane dans le cas des marées lunaires; l'autre qui sera le corps troublé, c'est-à-dire la Lune. Pour étudier l'action sur la Lune du bourrelet soulevé par les marées lunaires, nous ferons le calcul comme si Diane et la Lune étaient deux astres distincts, coïncidant par hasard à l'instant considéré. Ainsi, Ω sera fonction, non seulement de l, longitude moyenne de la Lune, mais encore de l', longitude moyenne de Diane. On aura donc

$$\frac{d\Omega}{dl} = f(l, l'),$$

et il faudra faire $l = l'$, après avoir différentié seulement, et non pas dans Ω.

Soient D Diane, L la Lune, O le centre de la Terre, M le point de la surface terrestre dont les coordonnées par rapport à des axes mobiles liés à la Terre sont x, y, z; r la distance OM.

Désignons par Æ, δ l'ascension droite et la distance polaire de la Lune, par L, l, H, ϖ, Θ, θ ses éléments elliptiques. Soient, de même, Æ$'$, δ'; L$'$, l', H$'$, ϖ', Θ', θ' les éléments correspondants de Diane; x', y', z' et r' les coordonnées et la distance de son centre; et σ l'angle DOM.

Le potentiel du corps troublant (Diane) au point M de la Terre est

$$W = \frac{K(3\cos^2\sigma - 1)r^2}{r'^3}.$$

On a donc

$$r^{-5}W = \frac{K}{r^3 r'^3}(3\cos^2\sigma - 1).$$

D'ailleurs, si nous considérons maintenant le point M comme étant le centre du corps troublé (Lune), on a

$$\cos\sigma = \cos\delta\cos\delta' + \sin\delta\sin\delta'\cos(\text{Æ} - \text{Æ}').$$

En substituant cette valeur pour $\cos\sigma$, W se trouvera décomposé en trois groupes de termes : les termes semi-diurnes, les terme diurnes et les termes à longue période, sous la forme

$$r^{-5}W = \Sigma\, U_s U'_s e^{is(\text{Æ} - \text{Æ}')};$$

s est un entier pouvant prendre les valeurs ± 2, ± 1, 0, et les U sont des fonctions de r et δ, dont les valeurs sont, à un facteur constant près,

$$U_{\pm 2} = \frac{\sin^2 \delta}{r^3}, \qquad U'_{\pm 2} = \frac{\sin^2 \delta'}{r'^3},$$

$$U_{\pm 1} = \frac{\sin 2\delta}{r^3}, \qquad U'_{\pm 1} = \frac{\sin 2\delta'}{r'^3},$$

$$U_0 = \frac{3\cos^2 \delta - 1}{r^3}, \qquad U'_0 = \frac{3\cos^2 \delta' - 1}{r'^3}.$$

L'expression de $r^{-5}W$ peut s'écrire de deux manières différentes. Nous avons, d'abord,

$$r^{-5} W = \Sigma U_s e^{is\mathcal{R}} U'_s e^{-is\mathcal{R}'},$$

et, dans chaque produit, le premier facteur dépend uniquement des coordonnées δ, $\mathcal{R}$, r de la Lune par rapport à des axes *fixes*, tandis que le second dépend des coordonnées δ', $\mathcal{R}'$, r' de Diane par rapport à ces axes.

Mais nous pouvons également écrire

$$r^{-5} W = \Sigma U_s e^{is(\mathcal{R} - \omega t)} U'_s e^{-is(\mathcal{R}' - \omega t)},$$

ω étant la vitesse de rotation de la Terre; et, sous cette forme, on voit que le premier facteur dépend seulement de δ, r, $\mathcal{R} - \omega t$, coordonnées de la Lune par rapport à des axes *mobiles* entraînés par la Terre, tandis que le second dépend de δ', r', $\mathcal{R}' - \omega t$, coordonnées de Diane par rapport à ces mêmes axes. Par conséquent, le premier facteur dépend de x, y, z et le deuxième de x', y', z', c'est-à-dire seulement du temps et pas de x, y, z.

Remplaçons maintenant r, δ, $\mathcal{R}$; r', δ', $\mathcal{R}'$ par leurs valeurs en fonction des éléments elliptiques de la Lune et de Diane. Nous aurons

$$U_s e^{is\mathcal{R}} = \Sigma M e^{i\varphi},$$

M étant une fonction de L, H, Θ tandis que φ est une combinaison telle que

$$\varphi = ml + p\varpi + q\theta,$$

où m, p, q sont des entiers.

De même

$$U'_s e^{-is\mathcal{R}'} = \Sigma M' e^{-i\varphi'},$$

M' étant une fonction de L', H', Θ'; et φ' une combinaison telle que

$$\varphi' = m'l' + p'\varpi' + q'\theta'.$$

Il vient alors

$$r^{-5}W = \Sigma MM' e^{i(\varphi-\varphi')} = \Sigma M e^{i(\varphi - s\omega t)} M' e^{-i(\varphi' - s\omega t)}.$$

Le premier facteur de la seconde expression dépend seulement de x, y, z. Quant au second facteur, il dépend de x', y', z', donc du temps seulement : M' sera une constante, mais φ', au contraire, varie, puisque

$$l' = n't,$$

n' étant le moyen mouvement de Diane. A un facteur constant près, l'exponentielle relative au corps troublant se mettra donc sous la forme

$$e^{i(s\omega - m'n')t},$$

et l'on aura, par suite,

$$\lambda_k = i(s\omega - m'n').$$

Il en résulte que l'expression de la fonction perturbatrice sera

$$\Omega = \Sigma\, 8\pi\varepsilon_k MM' e^{i(\varphi-\varphi')}.$$

271. Nous supposons que nous avons affaire à un noyau visqueux; par conséquent, nous aurons (§ 261, 263)

$$8\pi\varepsilon_k = \frac{A}{2}\cos\eta_k\, e^{i\eta_k},$$

avec

$$i \operatorname{tang} \eta_k = \frac{3,8\nu\lambda_k}{\frac{4\pi}{3} - \frac{4\pi}{5}}.$$

Remarquons qu'il suffit de considérer l'action des termes séculaires. A une constante près,

$$\varphi - \varphi' = ml - m'l'.$$

Le coefficient de t sera $mn - m'n'$ et les termes séculaires correspondront à

$$mn - m'n' = 0.$$

Si les deux satellites sont différents (Soleil et Lune), n et n'

sont incommensurables, et l'on n'aura de termes séculaires que si

$$m = m' = 0,$$

ce qui correspond aux marées K_2 et K_1.

Si les deux satellites sont identiques (Diane et Lune), la condition se réduit à

$$m = m'.$$

Or, pour tous les termes, on a, la fonction perturbatrice ne changeant pas lorsque les axes tournent,

$$m - p - q = m' - p' - q'.$$

Il faut donc que l'on ait

$$p + q = p' + q'.$$

Nous ne considérerons pas de termes contenant à la fois l'excentricité et l'inclinaison; on aura donc, soit $p = p'$, soit $q = q'$. Par conséquent, dans les termes qui nous intéressent,

$$\varphi = \varphi'.$$

Si nous remplaçons ε_k par sa valeur, l'expression de la fonction perturbatrice devient

$$\Omega = \sum \frac{A}{2} MM' \cos\eta_k \, e^{i(\varphi - \varphi' + \eta_k)},$$

c'est-à-dire, les termes étant imaginaires conjugués deux à deux,

$$\Omega = \sum A MM' \cos\eta_k \cos(\varphi - \varphi' + \eta_k).$$

En écrivant les trois équations du mouvement sous la forme abrégée

$$\frac{d(L, H, \Theta)}{dt} = \frac{d\Omega}{d(l, \varpi, \theta)},$$

et remarquant que

$$\frac{d\varphi}{d(l, \varpi, \theta)} = (m, p, q),$$

on aura donc

$$\frac{d(L, H, \Theta)}{dt} = -\sum A MM' \cos\eta (m, p, q) \sin(\varphi - \varphi' + \eta).$$

En faisant maintenant $\varphi = \varphi'$, on a les trois équations

$$\frac{d(\mathrm{L}, \mathrm{H}, \Theta)}{dt} = -\sum \frac{\mathrm{A}}{2} \mathrm{MM}'(m, p, q) \sin 2\eta.$$

On voit que le bourrelet soulevé par l'action du Soleil sur la Terre n'aura aucune influence sur le grand axe de l'orbite lunaire, puisque alors $m = 0$.

272. La seule difficulté provient du facteur

$$\sin 2\eta = \frac{2 \tang \eta}{1 - \tang^2 \eta}.$$

Considérons, avec Darwin, deux cas extrêmes de viscosité. Si la viscosité est faible, $\sin 2\eta$ est proportionnel à $\tang \eta$, c'est-à-dire à $\frac{\lambda}{i}$, vitesse de la marée.

Si, au contraire, la viscosité est forte, $\sin 2\eta$ est proportionnel à $\frac{1}{\tang \eta}$, donc inversement proportionnel à la vitesse de la marée. Il convient de faire la première hypothèse, car une viscosité faible correspond à des propriétés élastiques comparables à celles de l'acier.

Supposons alors qu'il n'y ait à l'origine ni obliquité, ni excentricité, ni inclinaison.

Il est clair, d'abord, que l'inclinaison restera nulle, car il n'existe aucune raison d'écart.

Je dis qu'il en sera de même de l'excentricité. Posons, en effet,

$$\sqrt{2\mathrm{H}} \cos \varpi = \xi,$$
$$\sqrt{2\mathrm{H}} \sin \varpi = \eta,$$

et prenons pour variables L, l, ξ, η. Les équations restent canoniques, et nous aurons

$$\frac{d\xi}{dt} = \frac{d\Omega}{d\eta},$$
$$\frac{d\eta}{dt} = -\frac{d\Omega}{d\xi}.$$

On peut développer Ω suivant les puissances croissantes de ξ et η, et la partie séculaire ne contiendra que des termes de degré pair en ξ et η. Alors, les dérivées $\frac{d\Omega}{d\eta}$ et $\frac{d\Omega}{d\xi}$ ne renfermeront que des puissances d'ordre impair et notamment aucun terme constant.

L'orbite, circulaire à l'origine, le restera donc constamment. Nous ne savons pas toutefois encore si cette forme de l'orbite, sans inclinaison ni excentricité, constitue une position d'équilibre stable.

273. Pour étudier cette question, nous n'avons qu'à écrire l'équation des moments de rotation.

Soient x et y le moment de la quantité de mouvement de la Lune et le moment de rotation de la Terre. On peut choisir les

Fig. 64.

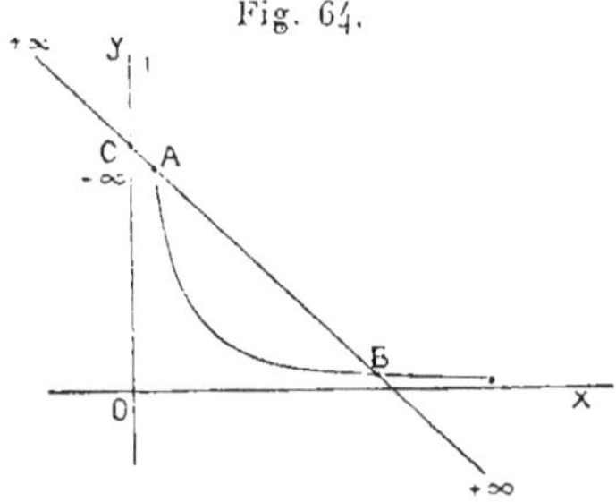

unités de telle sorte que les moyens mouvements de révolution de la Lune et de rotation de la Terre soient x^{-3} et y. On a alors, en écrivant que le moment total de rotation est constant,

$$x + y = h.$$

Quant à l'énergie totale du système, comprenant la force vive de rotation de la Terre, celle du mouvement de la Lune, et l'énergie potentielle, son expression sera

$$y^2 - \frac{1}{x^2}.$$

Cherchons les maxima et minima de cette énergie. Ils seront donnés par les deux équations

$$dx + dy = 0,$$
$$2y\,dy + \frac{2\,dx}{x^3} = 0,$$

d'où

$$x^3 y = 1.$$

Cette équation exprime que les deux moyens mouvements sont égaux, c'est-à-dire que le mois est égal au jour.

Les deux corps se meuvent alors comme s'ils faisaient partie d'un même ensemble rigide : c'est l'équation de rigidité.

Cette loi reste encore vraie si l'on tient compte des variations de l'aplatissement.

En effet, désignons par

W_0 l'énergie potentielle provenant de l'attraction mutuelle des éléments de la Terre;

W_1 l'énergie potentielle provenant de l'attraction de la Terre sur la Lune;

n le moyen mouvement de révolution de la Lune et J le moment d'inertie correspondant;

ω et I les quantités analogues dans le mouvement de rotation de la Terre.

L'expression de l'énergie totale sera

$$W_0 + W_1 + \frac{n^2 J}{2} + \frac{\omega^2 I}{2}.$$

L'équation des moments donne

$$nJ + \omega I = h,$$

d'où, en différentiant,

$$n\,\delta J + J\,\delta n + \omega\,\delta I + I\,\delta\omega = 0.$$

Écrivons que l'énergie est maximum

$$\delta W_0 + \delta W_1 + \frac{n^2\,\delta J}{2} + J n\,\delta n + \frac{\omega^2\,\delta I}{2} + I\omega\,\delta\omega = 0.$$

Or, lorsque la vitesse de rotation varie, l'aplatissement varie de telle sorte qu'il y ait équilibre entre le travail virtuel $-\delta W_0$ des forces de gravitation et le travail virtuel $+\omega^2 \frac{\delta I}{2}$ de la force centrifuge; d'où

$$-\delta W_0 + \frac{\omega^2\,\delta I}{2} = 0.$$

De même, sur l'orbite circulaire que décrit la Lune, il y a équilibre entre la force centrifuge et l'attraction; donc

$$-\,\delta W_1 + \frac{n^2\,\delta J}{2} = 0.$$

La condition des maxima et minima de l'énergie est, par suite,

$$n(n\,\delta J + J\,\delta n) + \omega(\omega\,\delta I + I\,\delta\omega) = 0,$$

et, si on la compare à l'équation des moments différentiée, on obtient

$$n = \omega.$$

La loi reste donc bien la même.

274. Négligeons maintenant les variations de l'aplatissement, et revenons à l'équation

$$x^3 y = 1.$$

Construisons la courbe représentative de cette équation : elle rappelle grossièrement une hyperbole équilatère ayant les axes pour asymptotes. Si nous supposons que la quantité h soit positive, la droite

$$x + y = h,$$

inclinée à $45°$ sur chacun des axes, ne passera pas dans le troisième quadrant. Ou bien donc elle ne coupera pas la courbe, ou bien elle la coupera en deux points seulement situés dans le premier quadrant.

Considérons d'abord le cas où la droite coupe la courbe en deux points A et B.

Chaque abscisse x donne, en vertu de la troisième loi de Képler, la racine carrée de la distance de la Lune à la Terre, ou, plus généralement, du satellite à la planète. Pour cette distance, l'ordonnée correspondante de la droite donne la vitesse de rotation de la planète.

Pour les positions représentées par les points A et B, il y a maximum ou minimum de l'énergie. Or, d'après l'expression de l'énergie, si le point x, y parcourt la droite AB en partant de l'infini, vers la gauche, la valeur de l'énergie est d'abord $+\infty$; elle devient $-\infty$ au point C où la droite coupe l'axe Oy, puis on retrouve $+\infty$

pour les grandes valeurs positives de x. Il y a donc un maximum de l'énergie pour la position A, et un minimum pour la position B.

Dans le premier quadrant, x et y sont positifs, c'est-à-dire que les deux rotations ont lieu dans le sens direct; dans le second quadrant, la rotation de la Terre a lieu dans le sens direct, mais la révolution de la Lune s'effectue dans le sens rétrograde; c'est le contraire qui se produit dans le quatrième quadrant.

Supposons alors que nous partions d'une position initiale, le point x, y se trouvant quelque part sur la droite AB.

Par suite du frottement causé par les marées, l'énergie va décroître, le moment total de rotation h restant constant. En ce qui concerne le système Terre-Lune, on doit admettre que le point représentatif est parti de A, à l'origine des temps, le satellite tournant alors rapidement autour de la planète qui lui montrait toujours la même face, puisque le mois était égal au jour; puis, ce point a tendu constamment vers B. C'est le cas le plus intéressant.

Si le point représentatif se trouve entre l'asymptote et la courbe (entre les points A et C), la rotation et la révolution sont de même sens, mais le mois est plus petit que le jour; tel est le cas de l'un des satellites de Mars, le plus voisin de la planète.

Le point représentatif se déplace alors de A vers C, et le satellite tend à tomber sur la planète.

Si le point représentatif se trouvait à droite de B, la révolution et la rotation seraient d'abord de sens contraires; mais le point se rapprocherait de B, la distance du satellite à la planète diminuerait, la rotation s'annulerait, puis deviendrait de même sens que la révolution, et l'on arriverait finalement à l'égalité.

Si la droite ne rencontrait pas la courbe, quelle que soit la position initiale, comme il n'y a plus de minimum, l'énergie décroîtrait constamment jusqu'à la valeur $-\infty$ qui correspond à $x = 0$: le satellite tendrait donc à tomber sur la planète.

En résumé, le système solaire nous offre deux cas intéressants : celui de la Lune et celui du satellite de Mars.

Les valeurs numériques qui conviennent actuellement au cas de la Lune sont

$$x = 3,2, \qquad y = 0,8.$$

Donc

$$h = 4.$$

Considérons d'abord l'excentricité, et supposons que cette excentricité, primitivement nulle, prenne une valeur positive.

Si $\frac{de}{dt} > 0$, e augmentera et il y aura instabilité.

Tout dépend donc du signe de $11 - \frac{18n}{\omega}$.

Si

$$11\omega > 18n, \qquad \text{instabilité,}$$

et si

$$11\omega < 18n, \qquad \text{stabilité.}$$

Construisons la courbe

$$x^3 y = \frac{18}{11};$$

elle coupe en A′ et B′ la droite $x + y = h$.

Fig. 66.

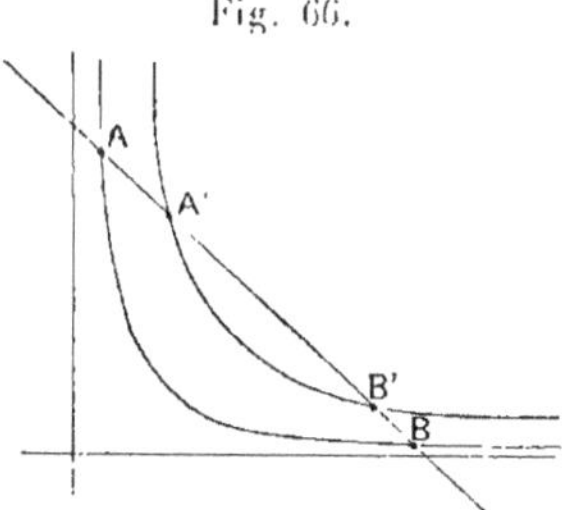

Si l'on imagine que le point représentatif x, y du couple planète-satellite se déplace de A vers B, on voit qu'il y aura, en ce qui concerne l'excentricité,

De A	en A′	....	stabilité
A′	B′	....	instabilité
B′	B	....	stabilité

c'est-à-dire instabilité si 18 jours sont plus courts que 11 mois.

Occupons-nous maintenant de l'obliquité totale $i + j$.

On a

$$\frac{d(i+j)}{dt} = \frac{k}{2}(i+j)\left[\frac{1}{\omega}\left(1 - \frac{2n}{\omega}\right) - \frac{1}{x}\right].$$

La condition de stabilité est donc

$$\frac{1}{\omega}\left(1 - \frac{2n}{\omega}\right) - \frac{1}{x} < 0.$$

c'est-à-dire, en remplaçant n par x^{-3} et ω par $h - x$,

$$2x^4 - 3hx^3 + h^2x^2 + 2 > 0.$$

Si nous faisons $x = 3$, $h = 4$, ce qui correspond à peu près à l'état actuel du système Terre-Lune, on obtient pour le premier membre de l'inégalité la valeur -16 : il y a donc instabilité.

Au contraire, pour $x = 0$ et pour $x = h = 4$, on obtient $+2$: donc stabilité.

En résumé, à l'origine, lorsque la Lune s'est séparée de la Terre (point A), les deux vitesses de rotation étaient les mêmes, l'excentricité et l'obliquité étaient nulles et stables. A un certain moment, l'excentricité et l'obliquité ont cessé d'être stables et se sont écartées de zéro.

Puis elles diminueront et tendront vers zéro. A la fin, les deux vitesses de rotation redeviendront les mêmes, tandis que l'excentricité et l'obliquité redeviendront nulles et stables.

Cet état final est celui auquel la Lune est déjà parvenue : elle est arrivée à l'égalité entre les durées de sa révolution et de sa rotation, et l'inclinaison de son orbite est très peu sensible.

276. Darwin a cherché quelles hypothèses il conviendrait de faire pour rendre compte de l'accélération séculaire du mouvement de la Lune.

Une première solution correspond à une viscosité très faible et donne, pour les marées semi-diurnes,

$$\eta = 28'.$$

En supposant, au contraire, une viscosité forte, la solution serait donnée par les valeurs

$$\eta = \frac{\pi}{2} - 16' \quad \text{(marées semi-diurnes)},$$

$$\eta = \frac{\pi}{2} - 32' \quad \text{(marées diurnes)},$$

$$\eta = \frac{\pi}{2} - 7^\circ 20' \quad \text{(marées séculaires)}.$$

Il faudrait 500 millions d'années pour amener dans l'obliquité une diminution de 1°.

Le temps minimum nécessaire pour que puisse se produire toute la série des changements du système Terre-Lune correspond au maximum du facteur $\sin 2\eta$: l'action des marées semi-diurnes exigerait un temps minimum de 54 millions d'années.

277. Il y a lieu de considérer également l'action du Soleil, laquelle deviendrait prédominante dans le voisinage des points A et B. En effet, dans ces deux positions du couple Terre-Lune, le mois étant égal au jour, il n'y a plus de marées lunaires; mais les marées solaires subsistent et ralentissent la rotation terrestre. Leur action est particulièrement sensible sur l'obliquité.

L'action des marées solaires sur les planètes a été aussi étudiée par Darwin : il résulte de ses calculs que Mercure et Vénus sont déjà parvenus à l'état final.

Enfin, le frottement des marées produisant de la chaleur, on peut se demander si les marées ne seraient pas la cause de la chaleur interne du globe : on trouve que la chaleur dégagée suffirait à entretenir la chaleur interne pendant 3 milliards 560 millions d'années.

FIN DU TOME III.

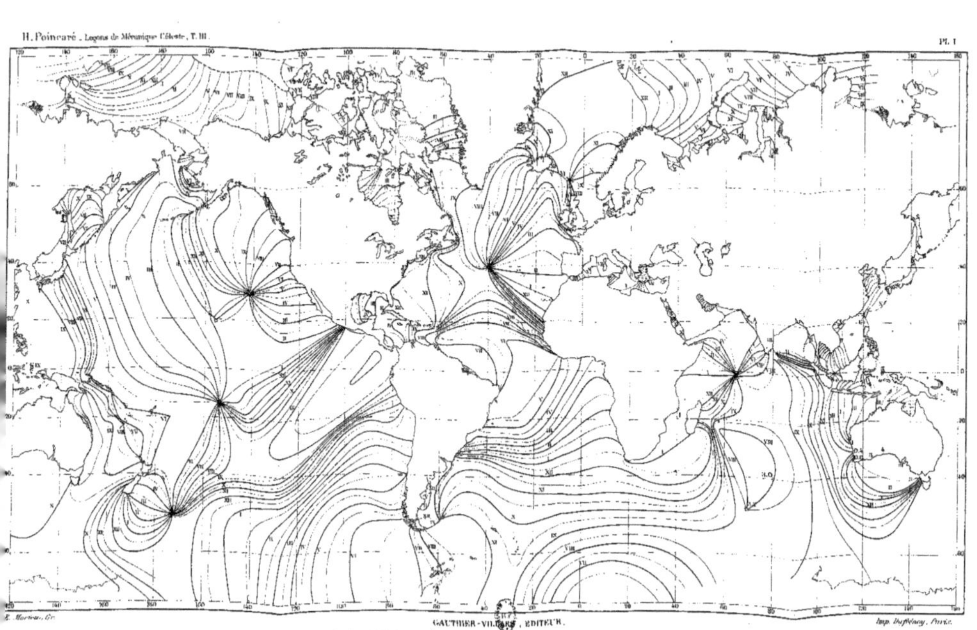

E. Morieu, Gr. GAUTHIER-VILLARS, ÉDITEUR. Imp. Dufrénoy, Paris.

LIGNES COTIDALES DE LA MARÉE SEMI-DIURNE, D'APRÈS M. ROLLIN_A. HARRIS.

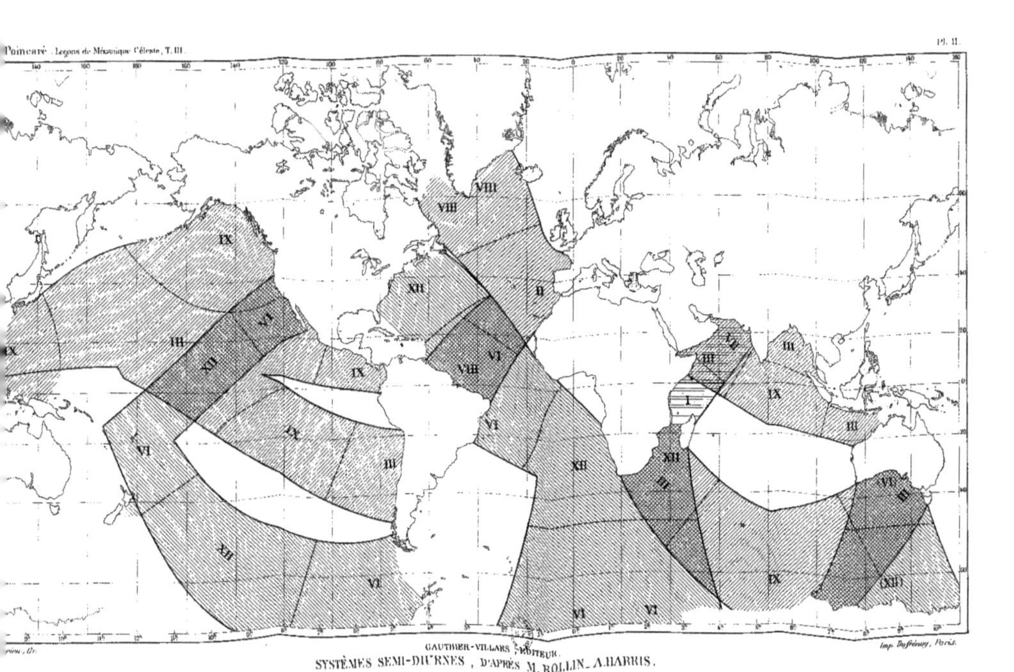

GAUTHIER-VILLARS, ÉDITEUR.

SYSTÈMES SEMI-DIURNES, D'APRÈS M. ROLLIN-A.HARRIS.

Imp. Dufrénoy, Paris.

Les valeurs relatives au maximum et au minimum de l'énergie sont alors données par l'équation

$$x^4 - 4x^3 + 1 = 0,$$

qui a deux racines réelles. On trouve, pour le point B qui correspond au minimum,

$$x = 4 - \frac{1}{64}, \qquad y = \frac{1}{64},$$

et pour le point A correspondant au maximum

$$x = 0,7, \qquad y = 3,3.$$

Le point A représente l'état initial du système; on avait alors

$$\text{mois} = \text{jour} = 5^{h}36^{m},$$

et la valeur de l'aplatissement était d'environ $\frac{1}{12}$.

Le système tend vers un état final représenté par le point B et pour lequel on aura

$$\text{mois} = \text{jour} = 55^{j}\tfrac{1}{2}.$$

275. Nous avons dit que l'inclinaison et l'excentricité demeuraient constantes. Demandons-nous maintenant si la position

$$i = 0, \qquad e = 0$$

est une position d'équilibre stable. Nous nous placerons toujours dans l'hypothèse d'une viscosité faible, qui correspond à l'acier, et paraît être le cas de la nature.

Si l'on désigne par $n = x^{-3}$ le moyen mouvement de la Lune, par ω la vitesse de rotation de la Terre, par i l'obliquité de l'équateur et j l'inclinaison de l'orbite lunaire sur le plan invariable de telle sorte que l'angle de l'équateur et de l'orbite soit $i+j$, par k enfin un coefficient proportionnel à x^{-12} et contenant en facteur le coefficient ν de viscosité, on a, en supposant qu'on puisse négliger les carrés de l'excentricité et de l'inclinaison, les équations

$$\frac{dx}{dt} = k\left(1 - \frac{n}{\omega}\right),$$

$$\frac{dj}{dt} = -\frac{k}{2}\,\frac{i+j}{x},$$

$$\frac{1}{e}\,\frac{de}{dt} = \frac{k}{2}\,\frac{1}{x}\left(11 - \frac{18n}{\omega}\right).$$

[Cf. *On the secular changes in the elements of the orbit of a satellite resolvind about a tidally distorted planet* (DARWIN, *Philosophical Transactions*, Part II, 1880).]

Fig. 65.

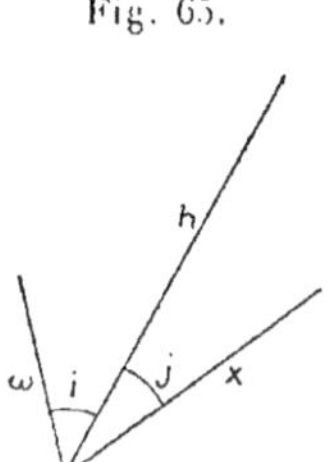

Représentons le moment ω de la rotation terrestre, celui x de la révolution lunaire, et leur résultante invariable h perpendiculaire au plan invariable des aires.

On a

$$\omega \sin i = x \sin j,$$
$$\omega \cos i + x \cos j = h,$$

c'est-à-dire, en négligeant les termes du second ordre,

$$\omega i = x j,$$
$$\omega + x = h.$$

De la seconde de ces équations, on déduit

$$\frac{d\omega}{dt} = -\frac{dx}{dt} = -k\left(1 - \frac{n}{\omega}\right),$$

et de la première

$$\omega\, di = x\, dj + j\, dx - i\, d\omega;$$

d'où, en tenant compte des valeurs précédentes,

$$\omega \frac{di}{dt} = -\frac{k}{2}(i + j) + jk\left(1 - \frac{n}{\omega}\right) + ik\left(1 - \frac{n}{\omega}\right),$$

c'est-à-dire

$$\frac{di}{dt} = \frac{k}{2}\,\frac{i+j}{\omega}\left(1 - \frac{2n}{\omega}\right).$$

TABLE DES MATIÈRES

QUATRIÈME PARTIE.

Marées fluviales.

CINQUIÈME PARTIE.

Étude de l'influence des marées sur les corps célestes.

PLANCHES.

FIN DE LA TABLE DES MATIÈRES DU TOME III.

43934 Imprimerie GAUTHIER-VILLARS, 55, Quai des Grands-Augustins, Paris.

[illegible]. — Paris, Imp. GAUTHIER-VILLARS, quai des Grands-Augustins, 55.

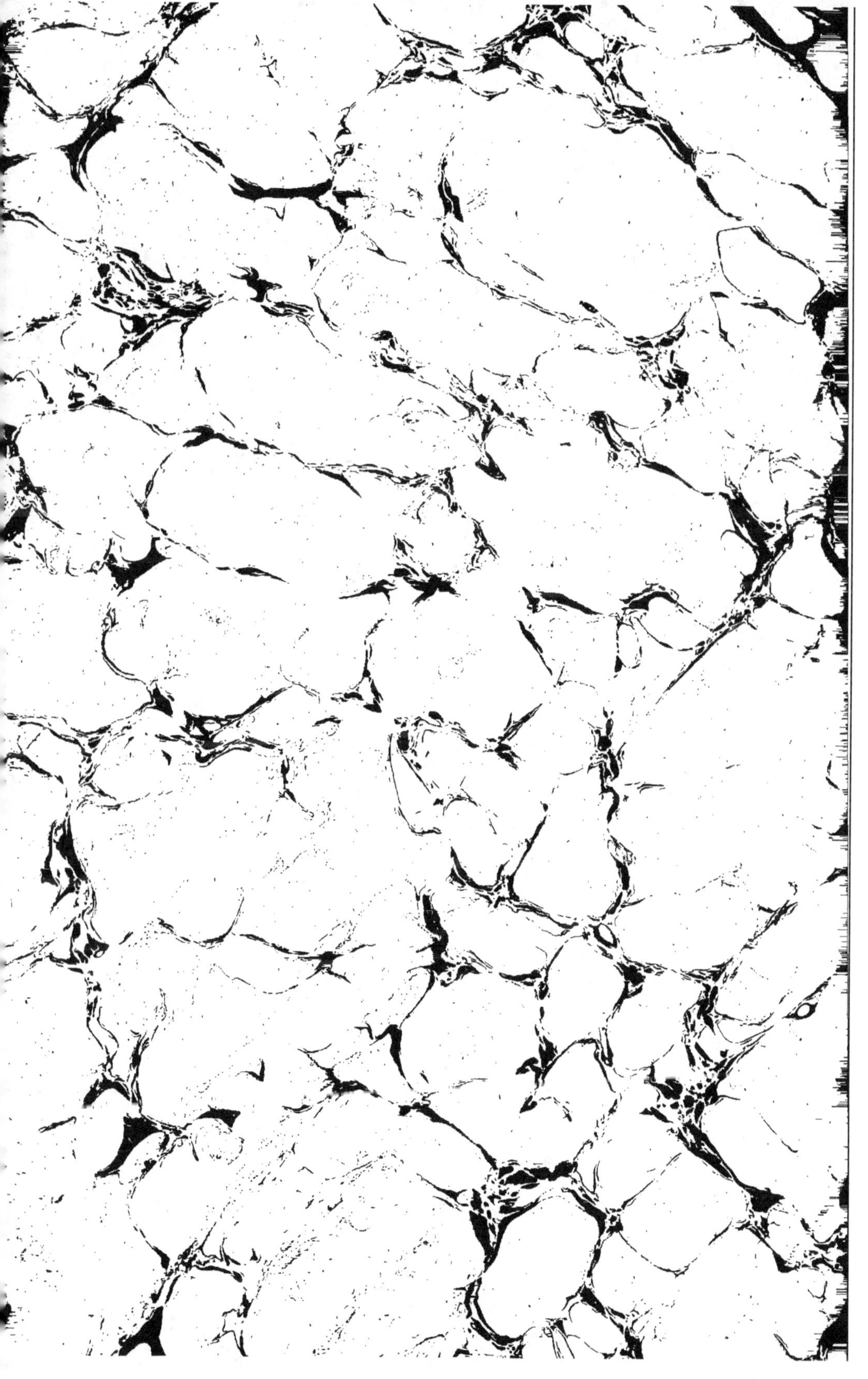

www.ingramcontent.com/pod-product-compliance
Lightning Source LLC
LaVergne TN
LVHW010123230826
846091LV00001BA/128

* 9 7 8 2 0 1 9 6 2 2 6 3 3 *